FISIOLOGIA GERAL INTEGRATIVA

VOLUME 3

O meio interno

FISIOLOGIA GERAL INTEGRATIVA

VOLUME 3

O meio interno

José Guilherme
Chaui-Berlinck

manole
editora

Produção editorial: Sônia Midori Fujiyoshi
Projeto gráfico: Departamento Editorial da Editora Manole
Diagramação: R. G. Passo
Ilustrações do miolo: Sirio José Braz Cançado e R. G. Passo
Capa: Ricardo Yoshiaki Nitta Rodrigues

CIP-BRASIL. CATALOGAÇÃO NA PUBLICAÇÃO
SINDICATO NACIONAL DOS EDITORES DE LIVROS, RJ

B437f

Chaui-Berlinck, José Guilherme
Fisiologia geral integrativa : o meio interno, vol. 3 / José Guilherme Chaui-Berlinck. - 1. ed. - Barueri [SP] : Manole, 2025. (Fisiologia geral integrativa ; 2)

Inclui bibliografia e índice
ISBN 9788520459430

1. Fisiologia. I. Título. II. Série.

25-99899.0 CDD: 612
CDU: 612

Gabriela Faray Ferreira Lopes - Bibliotecária - CRB-7/6643

1ª edição – 2025

Editora Manole Ltda.
Alameda Rio Negro, 967 – cj. 717
Alphaville – Barueri – SP – Brasil
CEP: 06454-000
Fone: (11) 4196-6000
www.manole.com.br | https://atendimento.manole.com.br/

Impresso no Brasil
Printed in Brazil

Sobre o autor

José Guilherme Chaui-Berlinck. Possui graduação em Medicina (1987) pela Universidade de São Paulo (USP), mestrado (1993) e doutorado (1997) em Fisiologia Comparativa do Metabolismo Energético pelo Instituto de Biociências da Universidade de São Paulo (IB-USP) e doutorado (2006) em Engenharia Elétrica pela Escola Politécnica da Universidade de São Paulo (Poli-USP). É professor livre-docente do Departamento de Fisiologia do IB-USP, onde coordena o Laboratório de Energética e Fisiologia Teórica. Tem experiência nas áreas de Fisiologia Geral, Comparativa, Cardiovascular e do Metabolismo Energético, com ênfase nos seguintes temas: modelagem matemática, sistemas dinâmicos, geração de entropia em processos biológicos, escala biológica, efeitos da temperatura, métodos de medição e estimativa. É faixa preta de Kung Fu estilo Tang Lang (2018).

Para D&G

Agradecimentos

Escrever esta obra não seria possível sem a formação e a experiência que tive durante décadas, e o papel exercido pelo meu então orientador José Eduardo Pereira Wilken Bicudo foi essencial nessa formação e nessa experiência. Seu laboratório sempre foi um espaço aberto para discussões científicas e acadêmicas, e sua formação com grandes nomes da Fisiologia Comparativa, como Knut Schmidt-Nielsen e Kjell Johansen, foi muito bem trazida para dentro desse ambiente. Assim, desfrutei de um local no qual pude não somente fazer como também conhecer o que tinha sido feito, de primeira mão. Hoje, Zé Eduardo é meu colega e grande amigo, e mantemos colaborações ativas, tanto científicas quanto gastronômicas.

Já contratado como docente do Instituto de Biociências, conheci, por acaso, José Roberto Castilho Piqueira, professor na Engenharia Elétrica da Escola Politécnica, quando ele apresentou uma palestra sobre sistemas dinâmicos. Procurei-o para um eventual novo mestrado, que se efetivou como um doutorado sob orientação de Luiz Henrique Alves Monteiro. Assim, durante outros tantos anos mantive contato bastante próximo com Piqueira e, obviamente, com Luiz, que se tornaram meus amigos e me possibilitaram um entendimento bem mais aprimorado acerca de sistemas dinâmicos e nuances da "matemática". Nesses, o conhecimento de Luiz é imbatível e muitíssimo do que hoje eu (acho que) domino se deve ao que ele me ensinou.

Durante meu doutorado na Escola Politécnica, conheci Silvio de Oliveria Junior, do Departamento de Engenharia Mecânica, professor da disciplina Termodinâmica Avançada I, a qual cursei. Silvio me proporcionou um entendimento real dessa área, a qual percebi que eu não entendia nada, de fato. Nesse "pacote", conheci Carlos Eduardo Keutenedjian Mady, então doutorando no laboratório de Silvio, e hoje professor do Instituto de Energia e Ambiente. Formou-se, então, outro círculo de amizades, com Silvio e Cadu, do qual tirei muito proveito para tentar aprender as inúmeras sutilezas da termodinâmica. Se tive sucesso nessa empreitada, caberá aos leitores julgarem... nas amizades, nessas sei que tive.

No processo interminável do aprendizado tanto científico quanto didático sobre Fisiologia, muitas outras pessoas tiveram papéis na jornada. Erasmo Garcia Mendes, Professor Emérito e já aposentado na época quando o conheci, tinha seu escritório junto ao laboratório de Zé Eduardo, e com seu amplo conhecimento na área sempre foi um grande incentivador para todos nós. Participando da primeira turma da disciplina Fundamentos Matemáticos em Fisiologia, durante meu mestrado, meus amigos Marcus Vinícius Baldo e Ronald Ranvaud me mostraram o caminho da modelagem matemática como ferramenta importantíssima na vida científica. E como não lembrar das contribuições feitas por meus amigos de infortúnio (ou de departamento, alguns diriam) que, por diferentes caminhos, se fizeram presentes na minha formação. Assim, Gilberto Fernando Xavier, Silvia Cristina Ribeiro de Souza, Marilene Camponez Bianconcini e Luiz Carlos Salomão são pessoas às quais somente tenho agradecimentos.

Os alunos que passaram pelo Laboratório de Energética e Fisiologia Teórica, sob minha coordenação, foram, sem a menor sombra de dúvidas, essenciais para o desenvolvimento do conjunto de conhecimentos que tenho hoje. E tão importante quanto isso é o fato de que se tornaram amigos, tanto entre si quanto meus. Assim, todos têm minha gratidão e meu reconhecimento pelo que fizeram junto a mim, e são elas e eles, Ana Paula Dantas Passos, Breno Teixeira Santos, Eric Cito Becman, Fernando Silveira Marques, Gabriel Pato, Gustavo Bueno Romero, Ingrid El-Dash, José Eduardo Soubhia Natali, Kátia Iadocicco, Paulo Nogueira Starzynski, Pedro Goes Nogueira de Sá, Ricardo Alves Martins, Ricardo Gabriel Oliveira Maia, Sergio Rhein Schirato, Talita Sebrian, Thiago Paes de Barros de Luccia, Vitor Hugo Rodrigues, Vitor Rodrigues da Silva e Vivian El-Dash.

Finalmente, aquilo que para muitos já é claro e evidente, não tenho como retribuir tudo o que me foi dado pela minha mãe, a começar por um óvulo. O que poderia ter terminado nessa doação única, porém essencial, se estende por mais de seis décadas nas mais diferentes formas. Para o presente interesse desta obra, o ambiente crítico e aberto da minha criação foi, e é, impagável.

José Guilherme

Sumário

Apresentação

O costume acadêmico é a escrita na 1ª pessoa do plural, ou indefinido, de maneira a manter a impessoalidade do texto. Nessa apresentação, contudo, irei utilizar a 1ª pessoa do singular, ou seja, eu, e também me referirei às leitoras e aos leitores por "você". Afinal, aqui, é algo pessoal. Assim...

Esta é uma coleção sobre Fisiologia. Mais especificamente, ou talvez menos dependendo do ponto de vista, sobre Fisiologia Geral, ou seja, não diz respeito a um sistema orgânico particular. Também não é uma coleção voltada à Fisiologia Comparativa, isto é, as adaptações que os sistemas orgânicos apresentam nas diferentes linhagens de animais em decorrência do processo evolutivo da seleção natural. Como podemos perceber, então, estas duas negativas acerca do que esta obra não é nos levam a um paradoxo: todos os sistemas orgânicos que hoje observamos são fruto do processo evolutivo, e, portanto, refletem as adaptações filogenéticas originadas pela seleção natural, e, é claro, o estudo se dá sobre tais sistemas e, portanto, falaremos sobre sistemas particulares. Dessa forma, curiosamente, o adjetivo "geral" acaba sendo definido, nesse contexto, mais por aquilo que não será do que por aquilo que é. Além disso, o título da coleção ainda tem um outro adjetivo: Integrativa. Então, em que pé estamos?

Bem, com o "integrativa" eu pretendo dizer aquilo que o texto será. Ou seja, apesar de não me ater a um sistema específico, esses serão, na medida do possível, apresentados dentro de uma perspectiva de seus funcionamentos interconectados. Mais ainda, também na medida do possível, apresentarei uma perspectiva evolutiva desses sistemas. Dessa maneira, o "geral" termina por indicar que os conceitos apresentados podem ser, a partir da perspectiva proposta, aplicados a uma grande parte dos animais, ou ao menos dos Vertebrados, em termos de operação de seus sistemas orgânicos.

Nem todos os capítulos dizem respeito a sistemas específicos. E nem todos os capítulos, ou parte desses, dizem respeito à "fisiologia" diretamente.

Do ponto de vista científico, as observações empíricas e experimentais são interpretadas a partir de modelos teóricos, e os modelos teóricos são aquilo que criam a possibilidade do entendimento dos processos e da geração de previsões. Assim, há um capítulo dedicado à modelagem teórica básica, pois o entendimento atual que temos dos processos relacionados aos sistemas orgânicos depende de conhecermos essas bases teóricas de intepretação.

Escrevi, também, um capítulo dedicado a questões físico-químicas mais diretamente. Por quê? Porque essas questões são o substrato dos fenômenos orgânicos. Não há mágica nos processos vitais.

Como disse há poucas linhas atrás, há capítulos que não tratam de sistemas específicos. Assim, em "Energética", as questões abordadas têm um cunho termodinâmico embutido e apresentam o organismo de um ponto de vista de suas interações energéticas com o meio ambiente, do controle da temperatura corpórea e das vias moleculares do metabolismo energético. Além disso, nesse capítulo, apresento algumas ideias relacionadas a questões de escala, isto é, dos efeitos do tamanho corpóreo nos processos orgânicos.

Ainda falando sobre capítulos não específicos, a regulação ácido-básica tem um capítulo dedicado a ela. Nesse capítulo, tenho a pretensão de mostrar a abordagem quantitativa criada por Peter Stewart, por volta de 1980. Em um primeiro momento, essa abordagem parecerá muito mais complicada que a direta e tradicional "equação de Henderson-Hasselbach". Contudo, veremos que ela não somente contém e explica a abordagem tradicional como, ainda, termina por simplificar o nosso entendimento acerca da regulação ácido-básica.

Na segunda metade do século XX, criou-se a impressão, tanto no público leigo quanto no acadêmico, que para entendermos o funcionamento orgânico deveríamos entender suas "moléculas", por assim dizer. Em certos níveis de abordagem e em certas situações, isso é fato. Em vários outros níveis e situações, porém, isso não poderia estar mais longe da verdade. Assim, por exemplo, se você quer entender o funcionamento do sistema circulatório de nada adianta conhecer as proteínas e os genes expressos ou reprimidos no coração ou nos vasos sanguíneos. Você terá de entender mecânica de fluidos, ponto.

Dessa maneira, ao mesmo tempo em que não darei uma abordagem microscópica e molecular na maior parte dos processos, é fato que as unidades básicas da vida são as células. Isso torna inexorável falarmos sobre como as diversas funções orgânicas estão relacionadas às células que compõem os respectivos órgãos. De tal modo, há um capítulo acerca de processos celulares no qual faço um apanhado não específico acerca dos eventos celulares que me parecem mais relevantes para o estudo das operações dos sistemas orgânicos no decorrer da coleção.

Sem ter nenhuma pretensão histórica ou filosófica, podemos considerar que o estudo das funções orgânicas se faz de três modos: (1) o da subtração, no qual determinada estrutura é eliminada ou tornada inoperante e observam-se as consequências para o sistema ou o organismo como um todo; (2) o da mensuração direta, no qual uma ou mais propriedades que se julgam relevantes para a operação de um sistema são medidas em diferentes condições de operação; (3) o da abordagem via princípio de Krogh,[1] no

1 August Krogh (1874-1949; Prêmio Nobel de Fisiologia ou Medicina de 1920). Em uma tradução livre, o princípio de Krogh diz que "para todo problema fisiológico há um animal no qual este pode ser mais convenientemente estudado". Dessa forma, esse princípio reflete uma perspectiva evolutiva/adaptativa dos organismos.

qual, em determinada espécie animal, se observa uma função exacerbada pela adaptação ao ambiente.

O primeiro modo citado corre o risco de criar um desvio ou uma distração acerca da fisiologia. Utilizamos, muitas vezes, uma patologia para exemplificar a fisiologia de um sistema. Considere uma crise de broncoconstrição (diminuição de calibre das vias aéreas terminais, como em uma exacerbação de um quadro asmático). A dificuldade ventilatória se encontra não na inspiração, mas na expiração,[2] o que exemplifica o regime de pressões no sistema respiratório em um ciclo ventilatório e explica sua relação com as vias aéreas. Dessa maneira, muitas vezes, a linha que separa o estudo da patologia do estudo da fisiologia pode parecer tênue. Não é. E os objetos de estudo não devem ser confundidos.

Com isso, chegamos àquilo que, para muitos, seria esperado como o 1º ou 2º parágrafo de uma apresentação sobre Fisiologia Geral Integrativa: o que é "Fisiologia". Fisiologia é o estudo da função, ou seja, o estudo do funcionamento de órgãos ou sistemas para a manutenção da vida do organismo. Contudo, você poderia abrir um dicionário e facilmente encontrar essa definição, sem necessidade do que acabei de fazer. Assim, muito mais importante é definir qual é o objeto de estudo da fisiologia...

O objeto de estudo da Fisiologia se tornou claramente definido a partir das ideias de Claude Bernard (1813-1878) e Walter Bradford Cannon (1871-1945) e diz respeito à *homoiostasis*. Sim, parece que escrevi errado pois você conhece "homeostase". Contudo, esse que você conhece é uma deturpação linguística, e conceitual, do que foi concebido originalmente. A *homoiostasis* de Cannon/Bernard significa a manutenção de condições similares que preservam a vida do organismo. Esse é o objeto central do estudo da Fisiologia, e, então, começo a coleção justamente por esse assunto...

JGC-B

2 É claro que, em casos extremos, tanto a ins quanto a expiração serão dificultados.

1

Regulação hidreletrolítica

INTRODUÇÃO – A IDEIA BÁSICA DO SISTEMA EXCRETÓRIO

Em princípio, como o termo parece indicar, um sistema excretório está voltado à eliminação de substâncias. Em um ser humano adulto, os rins formam algo ao redor de 180 litros por dia, porém apenas 10% disso, ou seja, algo em torno de 1,5 litro, surge como urina. Curiosamente, assim, estamos diante de um órgão denominado excretório cujo principal gasto energético não se encontra no produto a ser eliminado, mas sim naquilo que será retido. Além disso, veremos que o foco do funcionamento dos rins está na reabsorção de água e eletrólitos e portanto, na regulação hidreletrolítica.

Tendo essas informações em mente, podemos nos questionar acerca do papel excretório desses órgãos, pois esse parece ser secundário. Por outro lado, os rins são, de fato, os órgãos relacionados à excreção de substâncias. Outros órgãos, como o fígado, metabolizam compostos, mas não os eliminam, e as eliminações pela pele e trato digestório são mínimas se comparadas às necessidades orgânicas. Nos encontramos, assim, em um dilema: por que os nossos órgãos excretórios se voltam, basicamente, para funções relacionadas ao balanço de água e sais?

Para entendermos essa questão tão curiosa e fundamental, precisamos buscar a resposta sob a óptica evolutiva da origem dos vertebrados e seus rins.

Evolução do sistema excretório de vertebrados

Os vertebrados ancestrais (protovertebrados)[1] surgiram nas águas do mar e, ao que tudo indica, possuíam seus fluidos corpóreos com composição similar ao meio exterior. Dessa maneira, não havia problemas relacionados à água e a eletrólitos. A eliminação (excreção) de substâncias podia ser feita por sistemas bastante simples,

1 Não nos preocuparemos em um detalhamento filogenético preciso; iremos nos ater a uma descrição mais fluida sobre esse processo. Um maior aprofundamento nesse interessantíssimo assunto é dada no livro clássico de Homer Smith, cuja leitura é vivamente recomendada.

compostos por tubulações que drenavam o fluido de cavidades corpóreas (celoma) e vasos sanguíneos circundando essas tubulações. O fluido teria composição similar à do líquido intravascular e, consequentemente, à do meio externo. Substâncias a serem excretadas passariam do sangue ao fluido das tubulações por secreção ativa, difusão ou transportadores de membrana, e seriam eliminadas com esse fluido. A Figura 1 ilustra esse sistema. Notamos, assim, que, nesses ancestrais, o processo de excreção não tem relação com o balanço hidreletrolítico.

Então, esses protovertebrados iniciam uma invasão de estuários e rios, encontrando-se em um ambiente com baixa concentração de eletrólitos diante da concentração de seus fluidos corpóreos. A Tabela 1 apresenta valores de concentrações de vários eletrólitos encontrados em águas marinhas e águas doces, para que tenhamos uma ideia acerca do impacto que essas invasões trouxeram aos vertebrados ancestrais.

Surge, então, um enorme problema: água, em grande quantidade, tende a entrar nos organismos por osmose (ver o capítulo "Difusão e potenciais" no volume 1 desta obra). Além do excesso da própria água, existe, consequentemente, uma diluição dos solutos. A simples drenagem das cavidades corpóreas não dá mais conta de eliminar a água em

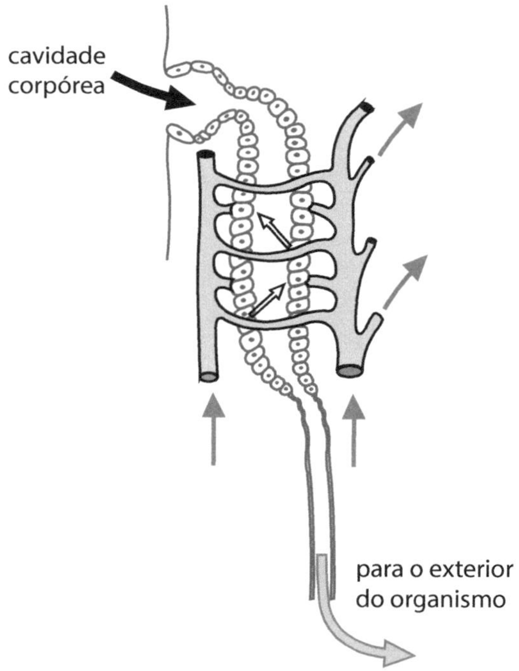

FIGURA 1 O sistema excretório de um protovertebrado. Como descrito no texto, as cavidades corpóreas são drenadas por um sistema simples de tubos (seta preta), em íntimo contato com uma rede de vasos sanguíneos (fluxo indicado por setas cinzas) dos quais as substâncias a serem eliminadas têm sua concentração aumentada no fluido tubular (setas vazadas). Originalmente, esses sistemas de vasos eram do tipo porta, com a rede tendo origem a partir de veias.
Fonte: adaptada de Smith, 1959.

TABELA 1 Composição iônica de água marinha, água doce e fluido extracelular de um teleósteo de água doce (peixe dourado comum – *Carassius auratus*) em mmol/kg H_2O

Íon	Água marinha	Água doce	Peixe dourado
Na^+	478	0,4	142
Cl^-	558	0,23	107
K^+	10	0,04	2
Mg^{2+}	54	0,21	3
Ca^{2+}	10	0,52	6

Fonte: Schmidt-Nielsen, 1997; Eckert e Randall, 1983.

excesso, tampouco de reter os eletrólitos que nela estão diluídos. Surgem, então, estruturas de vasos sanguíneos capilares associadas às entradas dos tubos, de modo que a pressão hidrostática do sistema circulatório começa a fornecer um fluxo aumentado de água no sistema excretório. Ao mesmo tempo, passa a haver reabsorção de eletrólitos do fluido presente nas tubulações para o sangue da rede de vasos sanguíneos já existente. Esse sistema é apresentado na Figura 2.

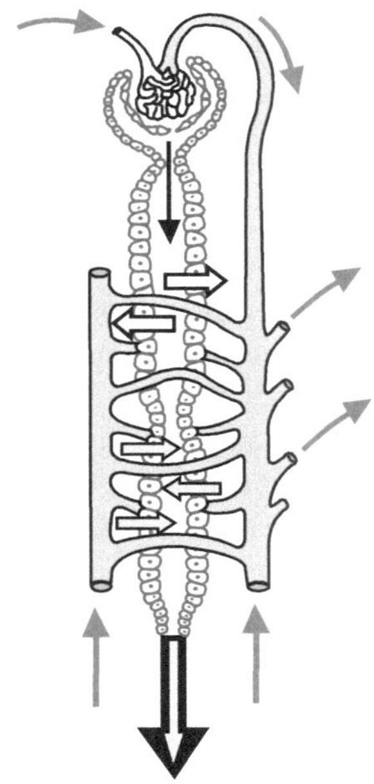

FIGURA 2 Sistema excretório evolutivamente selecionado para lidar com o excesso de água decorrente da invasão de rios pelos protovertebrados. Surge uma estrutura glomerular de capilares sanguíneos associados à tubulação excretória e a pressão hidrostática do sistema circulatório fornece a força hidráulica para aumentar o fluxo de água a ser eliminada do organismo. As setas brancas indicam reabsorção ativa de parte dos eletrólitos do fluido tubular para o sangue, permitindo a eliminação de água (setas pretas) e excretas (setas em cinza claro). As setas em cinza escuro indicam o fluxo de sangue. Note a composição mista da rede de vasos, com parte originária de um sistema porta e parte dos vasos glomerulares.
Fonte: adaptada de Smith, 1959.

Dessa maneira, o sistema passa a conseguir eliminar o excesso de água decorrente da diferença de concentrações de solutos entre o organismo e o entorno. Contudo, a reabsorção de eletrólitos ainda desencadeia um problema, pois há perda junto à água eliminada. Os principais locais de contato com o meio externo são a superfície da pele, do trato gastrointestinal e das brânquias (órgão de troca gasosa em meio aquático). A pele foi tornada, basicamente, impermeável à água em virtude de um processo de queratinização intenso (ocorrido nos ostracodermos – peixes primitivos), que dará origem às escamas. Afora a eventual água ingerida junto a alimentos, o trato gastrointestinal pode ser excluído simplesmente por não se ingerir (beber) água, que é, em essência, o que peixes de água doce fazem. Por outro lado, as brânquias recebem um grande fluxo de água. Evolutivamente, a mucosa branquial passou a contar com uma grande quantidade de transportadores ativos de sódio, cloro e potássio, que permitem, então, que os animais extraiam eletrólitos que se encontram no meio externo, mesmo que tenha uma baixa concentração desses elementos. Assim, o órgão excretório lida, basicamente, com a eliminação do excesso de água e excretas, não recaindo sobre ele a questão de concentrar, efetivamente, a urina formada.

Com o passar do tempo, esse sistema se consolida e, concomitantemente, os peixes passam a ter uma concentração osmótica menor do que a de seus ancestrais marinhos (ver Tabela 1), e, para efeitos práticos, tudo está resolvido. Contudo, as pressões de seleção são incessantes e surgem duas grandes tendências: a invasão do ambiente aéreo e o retorno aos mares. E agora, em ambos os casos, ressurge um problema: um sistema preparado para lidar com um excesso contínuo de água se vê em ambientes nos quais essa substância é escassa.

No mar, a escassez de água decorre da concentração mais alta de solutos no entorno (ver Tabela 1), o que causa um efluxo de água e um afluxo de eletrólitos para o organismo. Os elasmobrânquios (peixes cartilaginosos, como tubarões e raias) resolvem o problema do efluxo de água tornando-se isotônicos ao meio pelo aumento da ureia nos fluidos corpóreos (tonicidade será discutida mais adiante). Os osteíctes (peixes ósseos) resolvem o problema do efluxo de água bebendo água do mar e tendo os transportadores branquiais "invertidos", ou seja, em vez de absorverem eletrólitos do meio, os transportadores secretam íons para a água do entorno.[2] Assim, novamente, não são os rins que têm de lidar com o problema hidreletrolítico decorrente das diferentes concentrações entre os meios externo e interno.

E como lidar com a escassez de água no ambiente aéreo? A solução primária, encontrada nos anfíbios, é manter-se, essencialmente, em contato quase que constante, senão constante mesmo, com fontes de água doce. Dessa forma, nesse grupo, os rins não se encontram em uma situação radicalmente diferente da dos ancestrais aquáticos.

Restam-nos, então, os répteis, as aves e os mamíferos. Esses grupos, que têm hábitats verdadeiramente independentes de fontes constantes de água doce, passaram a depender de seus rins para fazer o oposto ao que haviam sido selecionados. Agora, o sistema

2 Elasmobrânquios também têm os transportadores branquiais invertidos. A ureia que os mantém isotônicos ao meio marinho é o que dá à carne desses animais um odor característico.

necessita ter a retenção de água e eletrólitos como função primária junto à eliminação de excretas (Figura 3). E encontramos, assim, a solução do nosso dilema de por que os órgãos excretórios dos vertebrados terrestres se voltam, basicamente, para funções relacionadas ao balanço de água e sais.

COMPARTIMENTOS DOS LÍQUIDOS CORPÓREOS

Como já sabemos, a água é o solvente nos seres vivos e, assim, é encontrada em todo o organismo. Contudo, sua distribuição e, principalmente, a dos solutos, não é uniforme, e podemos identificar, ao menos em vertebrados e nos invertebrados celomáticos, dois grandes compartimentos, um deles com eventuais subdivisões. **Os dois grandes compartimentos de líquidos corpóreos são o volume intracelular (VIC) e o extracelular (VEC), que perfazem a água corpórea total (ACT).**

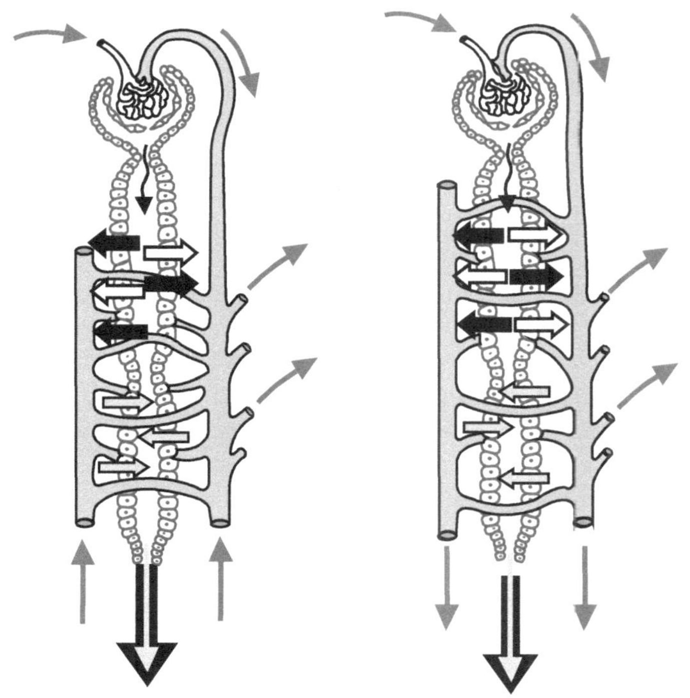

FIGURA 3 O sistema excretório passa a ter uma função de reter água (setas pretas) e eletrólitos (setas brancas), além da eliminação de excretas (setas em cinza claro) quando da invasão do ambiente terrestre. À esquerda, representação do sistema de répteis e aves. Note que a composição dupla (portal e glomerular) da rede de vasos é mantida. À direita, representação do sistema de mamíferos. Note que esse grupo perde a duplicidade da vasculatura na rede circundando as tubulações. Além disso, deixamos levemente realçado que os rins de mamíferos podem ter uma maior capacidade de concentração da urina (menor perda de água) que os rins de aves e répteis, em média.
Fonte: adaptada de Smith, 1959.

O VEC é particionado entre intersticial (que compreende o fluido nos órgãos em contato direto com as células), intravascular (que compreende o plasma sanguíneo), cefalorraquidiano (que compreende o liquor), e compartimentos menores variáveis (como líquido sinovial nas articulações, filme líquido pleural e pericárdico, humor vítreo e humor aquoso oculares etc.). Dessas subdivisões, a mais relevante no conjunto do organismo é o **plasma sanguíneo**, pois sua composição influencia, diretamente, a composição do líquido intersticial que se encontra em contato com as células.

Compartimentos líquidos nos seres humanos

Costumamos falar em "seres humanos" médios para fins de ilustração de vários conceitos ou aspectos fisiológicos. No caso da distribuição dos compartimentos corpóreos, também podemos falar nessa média, mas apenas para finalidades ilustrativas. Isso porque **a distribuição de água entre os compartimentos e no total do organismo é substancialmente diferente entre homens e mulheres, e entre adultos e crianças**. Dessa maneira, caso se tenha uma perspectiva clínica na abordagem, é preciso ter em mente essa importante diferenciação, pois eventuais desbalanços cuja quantidade total é a mesma têm diferentes magnitudes e consequências diversas, dependendo do gênero e da idade.

A Figura 4 ilustra a porcentagem da água corpórea total, do volume extracelular e da fração intravascular, isto é, o volume plasmático, em relação à massa do indivíduo em idades diferentes e para mulheres e homens adultos. Nota-se que a porcentagem de água corpórea diminui ao redor de 10% em mulheres adultas em relação às idades mais jovens, ao passo que em homens essa queda é bem menos acentuada. Nota-se, também, que **o volume plasmático é ao redor de 6% da massa corpórea, independentemente do sexo**.

A figura ilustra, ainda, a fração da água corpórea que se encontra no compartimento extracelular (VEC/ACT) e a fração correspondente ao plasma (VECp/ACT). Percebe-se que tanto homens quanto mulheres têm o VEC com aproximadamente ⅓ da água corpórea total, porém a água plasmática representa algo ao redor de 12% da água corpórea total nas mulheres e 10% nos homens.

A Figura 5 ilustra a composição média de solutos nos diferentes compartimentos orgânicos. Parte dessa composição é discutida no capítulo "Regulação ácido-base" e parte é discutida no capítulo sobre potenciais termodinâmicos (ver "Difusão e potenciais" no volume 1 da coleção). Assim, aqui, estamos apresentando os dados por uma questão de completude do tópico. Tendo em mente o que discutimos quanto às diferenças de idade e sexo, apresentamos, na Figura 6, a composição média da distribuição de água corpórea.

OSMOLALIDADE E TONICIDADE

Tendo em vista que trataremos de movimentos de água e de solutos, o conceito de pressão osmótica, ou a osmolalidade de uma solução, desenvolvido em "Difusão e potenciais" (volume 1 da coleção), é essencial. Contudo, além desse conceito, barreiras

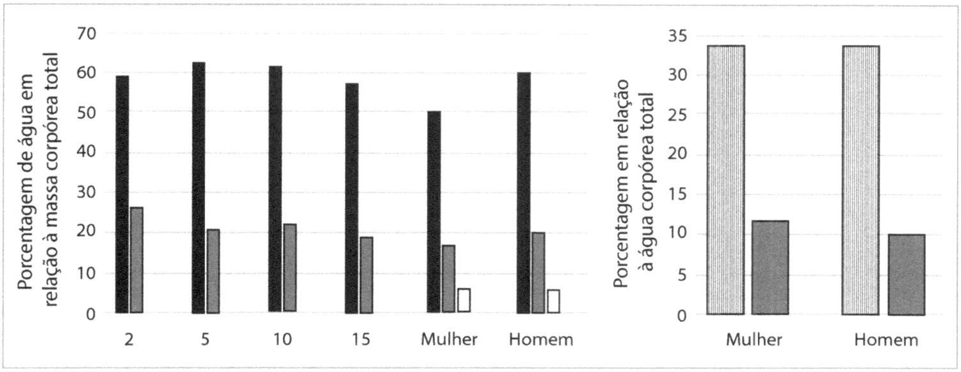

FIGURA 4 No painel à esquerda são ilustradas as porcentagens de água em relação à massa corpórea em diferentes idades e para homens e mulheres adultos. Barras em preto: água corpórea total (ACT). Barras em cinza: volume extracelular (VEC). Barras em branco: volume plasmático. No painel à direita são ilustradas porcentagens em relação à água corpórea total (ACT) para homens e mulheres adultos. Barras hachuradas: VEC/ACT. Barras em cinza: volume plasmático/ACT.

Fonte: adaptada de Preston, 2011; Schloerb et al., 1950.

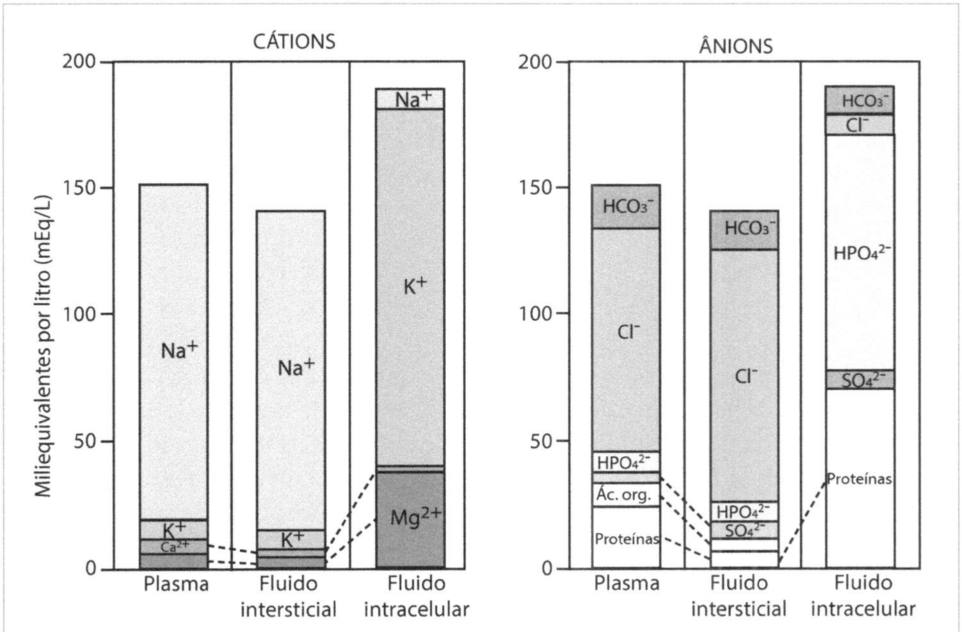

FIGURA 5 Composição eletrolítica dos diferentes compartimentos de água corpórea. Note que, pela concentração expressa em equivalente-grama por litro, os valores totais se tornam diferentes dos valores expressos em molar apresentados em outros capítulos (ver texto para explicação).

Fonte: adaptada de https://quizlet.com/690159107/fluids-electrolytes-acid-base-balance-and-the-reproductive-system-flash-cards/.

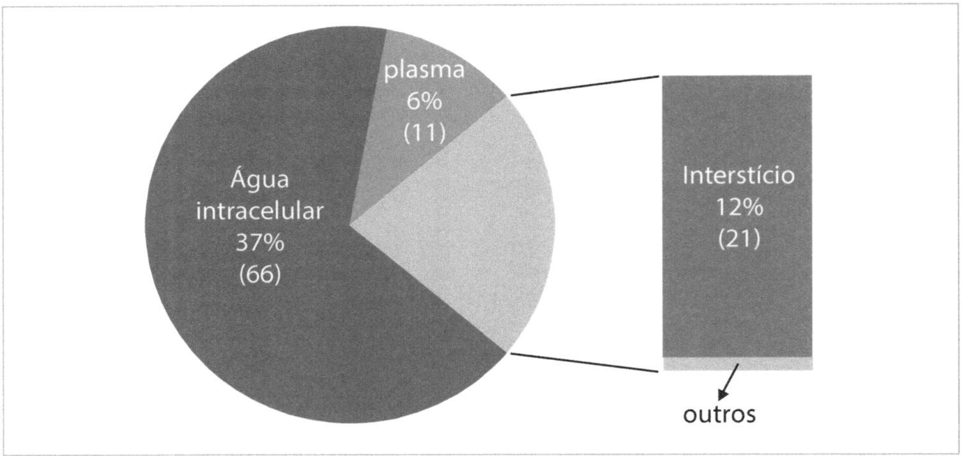

FIGURA 6 Distribuição média de água corpórea. As porcentagens são em relação à massa corpórea; entre parênteses, em relação à água corpórea total. O gráfico representa as proporções relativas aos valores entre parênteses.
Fonte: elaborada pelo autor.

seletivas criam um nível extra de dificuldade, que é denominado tonicidade da solução. Esse conceito é o que explicaremos no texto que segue.

Vamos considerar uma membrana separando duas soluções aquosas. Em uma delas, há uma concentração de 100 mM de NaCl (50 mM de Na^+ e 50 mM de Cl^-) e, na outra, 1.800 mg $decilitro^{-1}$ de glicose. A equação da osmolalidade plasmática O^{plasma}, apresentada em "Difusão e potenciais", é:

$$O^{plasma} = 2 \cdot [Na^+] + \frac{[glicose]}{18} + \frac{[ureia]}{6}$$

Sendo a concentração de sódio em mEq $litro^{-1}$ (ou mM), e as concentrações de glicose e ureia, em mg por decilitro. Como não há ureia envolvida no nosso exemplo, temos que a osmolalidade no lado que contém NaCl é de 100 mOsm e do lado que contém glicose também é de 100 mOsm. Ou seja, se a membrana for permeável à água, não haverá fluxo dela entre os compartimentos, pois a pressão osmótica de ambos os lados é igual. As soluções são isosmóticas.

Considere, agora, que a membrana seja permeável à glicose. Como delineado em "Difusão e potenciais", há um potencial químico para a glicose, que tenderá a ser desfeito pelo trânsito dela pela membrana (o potencial químico do NaCl não se extingue, pois a membrana não é permeável a esse composto). Como não temos carga elétrica em trânsito, a distribuição da glicose atingirá a igualdade de concentrações, ou seja, 900 mg $decilitro^{-1}$ em ambos os lados da membrana.

Essa condição, como amplamente discutido em "Difusão e potenciais", implica que em um dos lados há, agora, mais solutos do que solvente, estabelecendo-se uma diferença osmótica para a água, que tenderá a fluir para o lado com NaCl + glicose. As duas soluções iniciais não deixaram de ser isosmóticas, porém, em virtude das propriedades da membrana de separação, existirá um fluxo de água entre os compartimentos. Diz-se, então, que as soluções têm diferentes tonicidades.

Nota-se, assim, que a **osmolalidade** (ou osmolaridade, dependendo da unidade, como apresentaremos mais adiante) **é uma propriedade física das soluções**, decorrente da concentração osmótica de solutos. Por outro lado, **a tonicidade decorre das propriedades da barreira que separa os meios**, pois se relaciona aos eventuais fluxos de solutos entre os meios.

Dessa forma, no nosso exemplo, as soluções eram isosmóticas, mas não isotônicas.

Vejamos um outro exemplo, este mais real. Colhe-se sangue venoso, as hemácias são separadas por centrifugação e colocadas em quatro diferentes soluções:

a) Água pura.
b) 4 mM de K^+ + 300 mM de Na^+ + 300 mM de Cl^-.
c) 4 mM de K^+ + 146 mM de Na^+ + 150 mM de Cl^-.
d) 4 mM K^+ + 134 mM de Na^+ + 138 mM de Cl^- + 144 mg decilitro^{-1} de ureia.

Sabendo-se que a membrana dos eritrócitos é permeável à água e à ureia, sendo a concentração usual dessa última ao redor de 36 mg decilitro^{-1}, vamos analisar o que ocorrerá com as células em cada uma das soluções.

A solução (a) é hiposmótica e hipotônica em relação ao meio intracelular. Assim, a água entrará nas hemácias. Em virtude da grande diferença de concentração, a entrada de água será em grande quantidade e as células estourarão.

A solução (b) é hiperosmótica em relação ao meio intracelular (ver Figura 5), e a água sairá dos eritrócitos, fazendo-os murcharem.

A solução (c) é isosmótica e isotônica com o meio intracelular, com 300 mOsm, e não haverá fluxo de água entre os meios.

A solução (d) é isosmótica com o meio intracelular (ao redor de 300 mOsm). Contudo, a concentração de ureia é muito mais elevada, e haverá entrada desse composto nas hemácias. Com isso, a concentração osmótica intracelular aumenta e haverá fluxo de água para dentro das células, estourando-as. Portanto, este último caso é o de uma solução isosmótica, porém não isotônica em decorrência das propriedades da membrana que separa os meios.

Equivalente-grama, concentração molar e concentração molal

Historicamente, 1 equivalente-grama (Eq) de um determinado composto ou substância química foi determinado como a quantidade necessária para suprir ou reagir com 1 mol de H^+. A concentração molar, M, é dada pela quantidade de mols do soluto por litro do solvente, ou seja, mol litro^{-1}, enquanto a concentração molal, W, é dada pela quantidade de mols do soluto por quilograma do solvente, mol kg^{-1}.

Dessa maneira, **para íons monovalentes, a concentração em equivalente-grama é igual à concentração molar**. Por outro lado, um íon divalente, por exemplo, terá uma concentração em equivalente-grama que é o dobro da concentração molar. Em clínica, é usual utilizar concentrações de eletrólitos em Eq litro^{-1}. Assim, diferentemente do que fizemos em outros capítulos, aqui utilizaremos a concentração em equivalente-grama em vez de molar.

A grande diferença entre a concentração molar e a molal é que, enquanto o volume de um fluido (solvente) depende da temperatura, a quantidade de matéria não. Portanto, **ao expressar a concentração em molal, o valor expresso não depende da temperatura na qual o sistema se encontra ou na qual a medição foi feita**. Sempre que for o caso, utilizaremos a concentração molal.

Pressões osmótica, coloidosmótica e oncótica

O conceito e a formalização da pressão osmótica foram apresentados e desenvolvidos em "Difusão e potenciais" (volume 1 da coleção). Lá, vimos que a pressão osmótica de 1 mOsm vale, aproximadamente, 19 torr (para um coeficiente osmótico de 1 e uma reflexão de membrana de 1). **Como há proteínas presentes nos meios orgânicos, então costuma-se denominar pressão coloidosmótica a pressão osmótica dos fluidos orgânicos, sendo o coloide as proteínas.**

Se excluirmos os eletrólitos, como sódio, potássio, cloro etc., e ficarmos apenas com a carga de proteínas, a pressão osmótica exercida por elas é comumente denominada pressão oncótica. Assim, a pressão oncótica é a diferença entre a pressão osmótica total e a pressão osmótica exercida somente pelos eletrólitos presentes na solução. Quando discutimos "Volume celular e o efeito Donnan-Gibbs", em "Difusão e potenciais" no volume 1 desta obra, vimos que **a pressão exercida pelas proteínas em uma concentração de 60 g por litro resulta em, aproximadamente, 28 torr, sendo essa a pressão oncótica aproximada do plasma sanguíneo**.

Água livre

Estritamente falando, qualquer solução que não seja de água pura não tem "água livre". Logo, não haverá, nos organismos e nos seus entornos, água livre, a não ser em eventualidades muito particulares e restritas. Contudo, o termo "água livre" é muito útil e importante na fisiologia, como explicamos a seguir.

Vamos considerar, como exemplo, as perdas de água no trato respiratório (ver "Respiração" no volume 2 e "Energética" deste volume para mais detalhes). Basicamente, a mucosa das vias aéreas é umidificada e água é perdida durante a expiração. Contudo, os eletrólitos que acompanharam a umidificação das superfícies mucosas não são perdidos, ficando, assim, na água que não evaporou e, consequentemente, ainda fazem contato funcional com as células da mucosa.[3] Nessa perspectiva, a água perdida foi uma "água livre".

3 Note que este não é o caso na sudorese: os eletrólitos do suor ficam sobre a pele, mas não sobre células vivas, e sim sobre a camada de queratina. Assim, não há o contato funcional desses eletrólitos com os fluidos corpóreos.

Agora, vamos estender o raciocínio para a seguinte situação hipotética: imaginemos, para facilidade de cálculos, um sistema com 10 kg de água contendo 500 mOsm de solutos. Então, 1 kg dessa solução é eliminado do sistema (neste momento, não nos interessa como isso vai ser feito). Em princípio, foram perdidos 50 mOsm nesse 1 kg, restando 450 mOsm em 9 kg de água, o que mantém a concentração osmótica inicial, ou seja, 50 mOsm kg^{-1}. Por outro lado, considere, agora, que o 1 kg eliminado tenha, em vez dos 50 mOsm, 14 mOsm. Restarão no sistema 486 mOsm, resultando em uma concentração de 54 mOsm kg^{-1}.

Essa concentração também seria obtida se, em vez de eliminar 1 kg de água contendo 14 mOsm, tivessem sido eliminados 740 g de água sem solutos: restariam 500 mOsm em 9,26 kg, resultando na concentração de 54 mOsm kg^{-1}.

O conceito de "água livre" é esse, ou seja, uma correspondência que se faz entre a concentração que havia e a concentração que passa a haver em função da perda ou da ingestão (ou administração) de uma solução contendo solutos. *Se há perda de água livre, o que resta se torna mais concentrado. Se há ganho de água livre, a solução que resta se torna menos concentrada.*

Problema: considerando o exemplo dado, se o 1 kg de solução eliminado contivesse 80 mOsm, haveria perda ou ganho de água livre?

Resposta: Como a concentração da solução eliminada é maior que a da solução original, houve perda maior de solutos, o que corresponde a um ganho de água livre.

ANATOMIA E HISTOLOGIA RENAIS

Vamos ver, agora, como é o arranjo daquele sistema de tubulações e vasos sanguíneos cuja evolução apresentamos anteriormente ("A evolução do sistema excretório de vertebrados", p. ex., Figura 3). Os rins são órgãos retroperitoneais localizados bilateralmente na altura dos arcos costais inferiores, com massa aproximada de 100 a 200 g cada um. Cada rim recebe uma artéria e uma veia renal e, junto à entrada delas no órgão, há um ureter. Macroscopicamente, ao corte longitudinal, observa-se o arranjo apresentado na Figura 7A. Para o nosso estudo, as observações mais relevantes são a existência de uma divisão entre um córtex mais exterior e uma medula renal mais central. Nota-se, além disso, que ainda mais centralmente à medula, há a pélvis renal, da qual emana o ureter já citado. Cada ureter, por sua vez, vai até a bexiga urinária.

Ao microscópio, nota-se que a pélvis renal é o resultado da confluência de pequenos tubos, os quais também são resultado da confluência de tubos ainda menores, e chega-se, assim, à unidade funcional dos rins, que são os néfrons (Figura 7B).

O néfron

A Figura 8A apresenta uma visão esquemática da microestrutura de uma unidade funcional renal. Um néfron tem início em um tufo capilar originado de uma arteríola, chamada **arteríola aferente**. Esse tufo capilar é circundado por uma cápsula, chamada de **cápsula de Bowman**. O conjunto formado por tufo capilar e cápsula de Bowman é

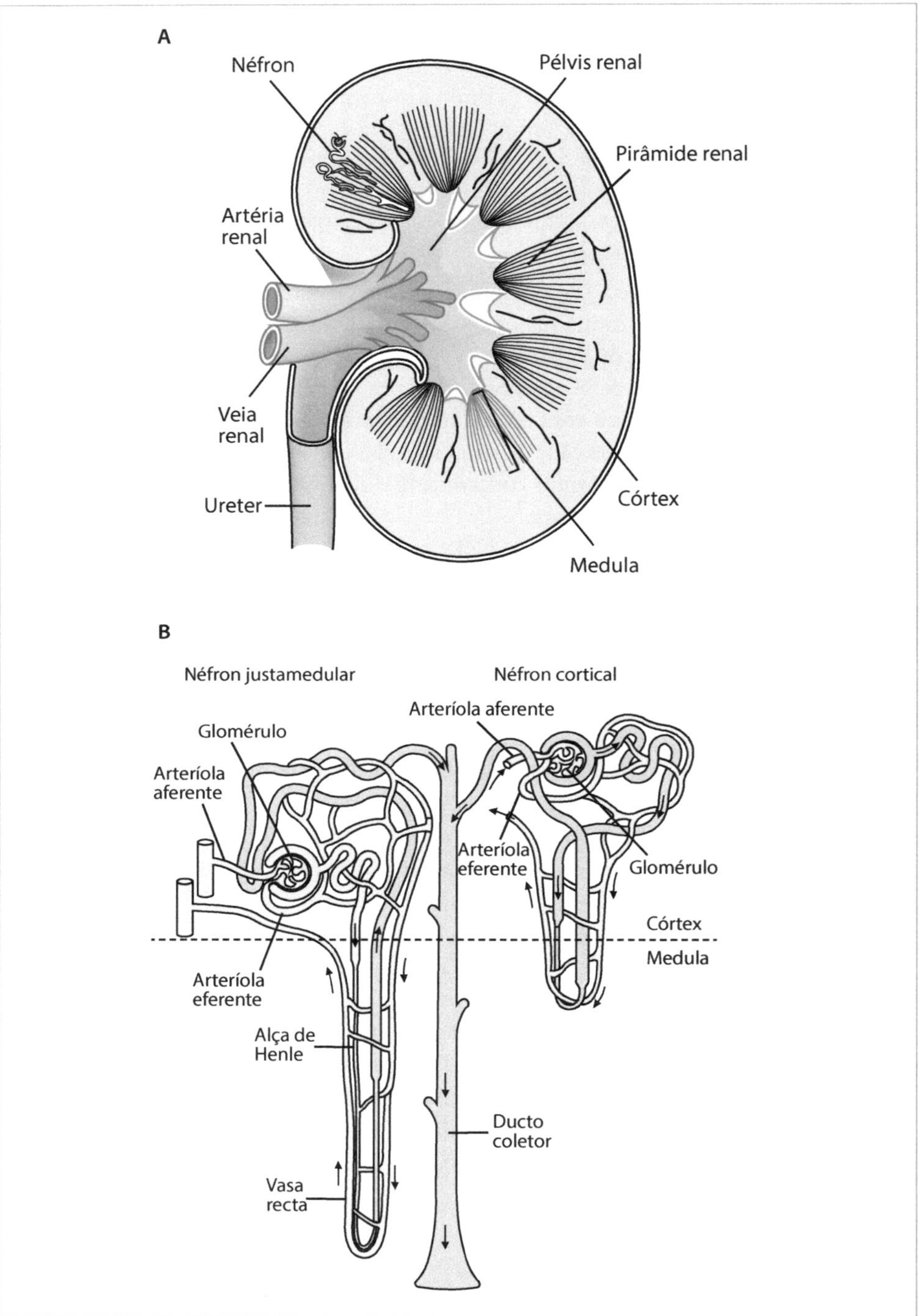

FIGURA 7 A: estrutura macroscópica de um rim. B: néfrons são as unidades funcionais dos rins. Em mamíferos e aves, observa-se a existência de néfrons com tubulações mais longas (justamedulares) e outros com tubulações mais curtas (corticais). As setas indicam o sentido do fluxo sanguíneo e do fluido urinário.

chamado de **corpúsculo renal**. Os capilares glomerulares se confluem em uma arteríola, chamada de **arteríola eferente**, e a cápsula de Bowman continua em uma tubulação.

O tubo que emana da cápsula de Bowman tem um longo trajeto no qual diversas porções desse tubo são identificadas. Junto à cápsula, tem-se o tubo ou túbulo proximal. Em seguida, o túbulo inicia uma incursão em direção à medula renal e, após descer até uma dada profundidade na medula, se curva e retorna em direção ao córtex. Essa estrutura é a chamada alça de Henle, sendo a porção inicial o ramo descendente e a final, o ramo ascendente. Na porção ascendente, identificam-se duas regiões. Logo ao início do retorno, a parede é fina, como na porção descendente e, após uma certa distância, a parede do tubo se torna mais espessa. Tem-se, assim, o ramo ou alça ascendente fina e o ramo ou alça ascendente espessa. A alça de Henle tem continuidade no túbulo distal, que termina no chamado ducto coletor. O ducto coletor desce, novamente, em direção à medula renal, e os ductos coletores de vários néfrons vão confluindo, formando tubos com calibre cada vez maior até desaguarem na pelve renal. A tubulação do néfron está representada de maneira isolada e esquemática na Figura 8B.

A arteríola eferente forma uma rede de vasos ao redor da estrutura tubular, particularmente na alça de Henle. Essa rede é chamada de *vasa recta*. Dessas redes de vasos formam-se as vênulas, que confluem em pequenas veias e assim por diante até a veia renal, que deixa o rim.

O corpúsculo renal

A Figura 9 ilustra a estrutura de um corpúsculo renal. A arteríola aferente se ramifica em um enovelado capilar, o denominado **glomérulo**. Recobrindo as células endoteliais, pelo lado externo dos capilares, ficam células chamadas podócitos. Essas células compõem o folheto visceral da cápsula de Bowman e formam uma rede de pseudópodes engolfando os capilares. Os pseudópodes se interdigitam e se ancoram uns aos outros, criando fendas de filtração. Os capilares glomerulares confluem e saem do corpúsculo renal formando a arteríola eferente. O local de entrada e saída das arteríolas é chamado de polo vascular do corpúsculo.

O folheto visceral da cápsula se verte no polo vascular, formando o folheto parietal. Dessa maneira há, agora, um espaço entre os folhetos, que é o espaço de Bowman. O espaço de Bowman é o local no qual o ultrafiltrado inicial se forma. O folheto parietal se abre, então, em um túbulo, na porção denominada polo urinário do corpúsculo renal. Do polo urinário sai, assim, a primeira porção da tubulação do néfron, o túbulo proximal.

O aparelho justaglomerular

Três componentes formam o chamado aparelho justaglomerular, encontrado em cada unidade funcional renal (Koeppen e Stanton, 2007). Esses componentes e, por consequência, o aparelho justaglomerular, estão envolvidos em alças de controle relacionadas à pressão arterial e balanço de sódio no organismo (que será discutido mais adiante). Os três componentes são:

1. **Mácula densa**: região diferenciada no ramo ascendente espesso da alça de Henle no local em que cruza com o polo vascular do corpúsculo renal. As células da

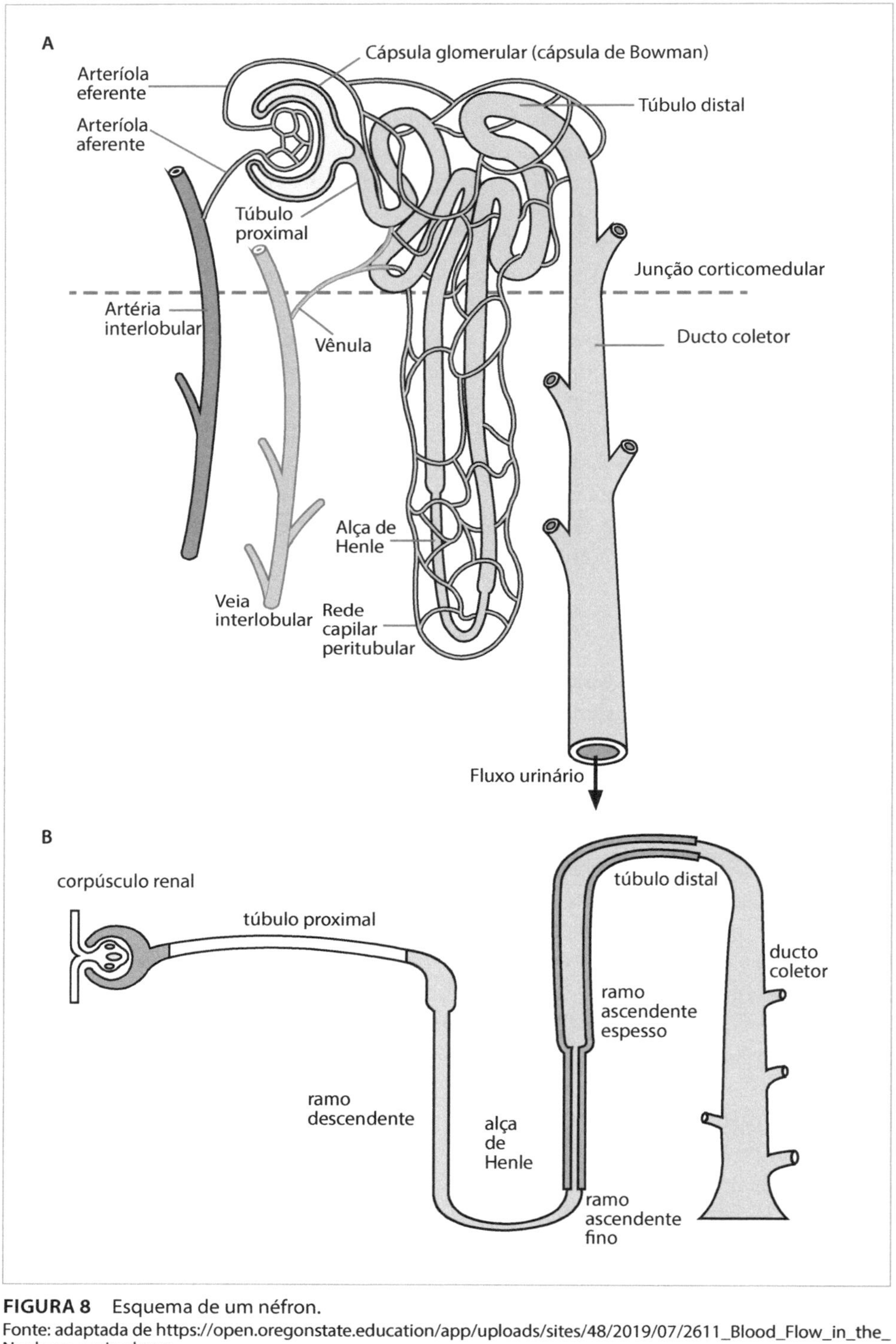

FIGURA 8 Esquema de um néfron.
Fonte: adaptada de https://open.oregonstate.education/app/uploads/sites/48/2019/07/2611_Blood_Flow_in_the_Nephron_revised.png.

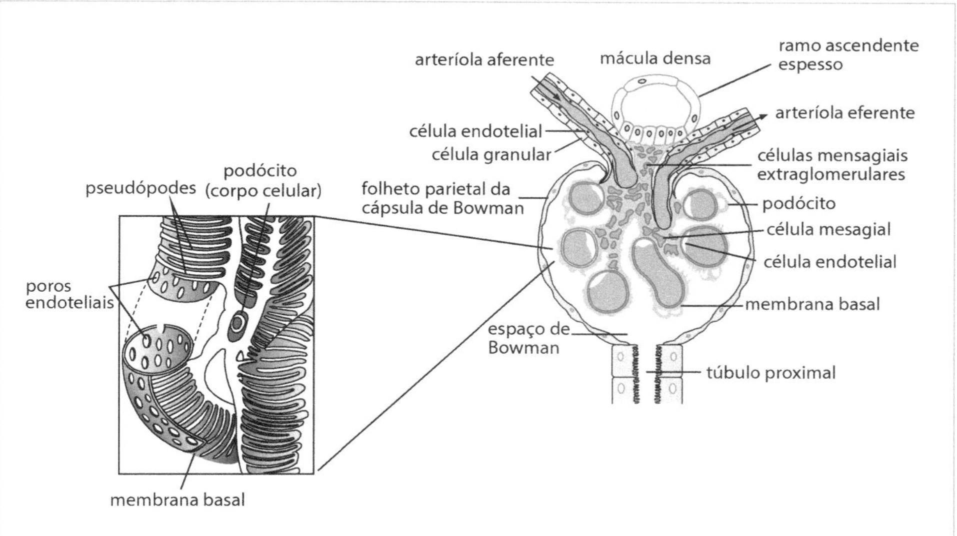

FIGURA 9 A estrutura de um corpúsculo renal. No *inset*, ampliação de uma pequena região no tufo capilar glomerular. Em destaque, os nomes das estruturas que compõem o aparelho justaglomerular.

mácula densa fazem contato tanto com as células mesangiais extraglomerulares quanto com as células granulares na arteríola aferente (ver Figura 9), além, obviamente, do contato com o fluido intratubular nessa porção do néfron.

2. **Células granulares**: produzem e secretam renina (a ser estudada adiante).
3. Células mesangiais extraglomerulares.

As células das paredes dos tubos

No túbulo proximal, as células possuem borda em escova no lado luminal e a borda basal também é bastante invaginada, contendo mitocôndrias. Esses arranjos ampliam muito a área de superfície das células, tanto do lado da luz tubular quanto do lado em contato com os vasos sanguíneos, além de facilitar a produção/transferência de ATP para estruturas de membrana celular. Como veremos, mais de 70% do fluido filtrado é reabsorvido nessa porção tubular e, assim, essas células se voltam ao intenso transporte de água e eletrólitos.

As células do ramo descendente e da porção fina do ramo ascendente possuem poucas mitocôndrias e poucas invaginações de membrana celular. Na porção espessa do ramo ascendente e no túbulo distal, as células voltam a ter grande quantidade de mitocôndrias e invaginações de membrana.

As paredes dos ductos coletores são formadas por dois tipos celulares: as células principais e as células intercalares (Figura 10). As células principais contêm invaginações de membrana e mitocôndrias em quantidade moderada. As células intercalares contêm mitocôndrias em grande quantidade e estão relacionadas à regulação ácido-base, com algumas tendo função de reabsorção de íon bicarbonato e outras tendo função de secreção desse íon. As porções mais terminais dos ductos coletores, nas regiões mais

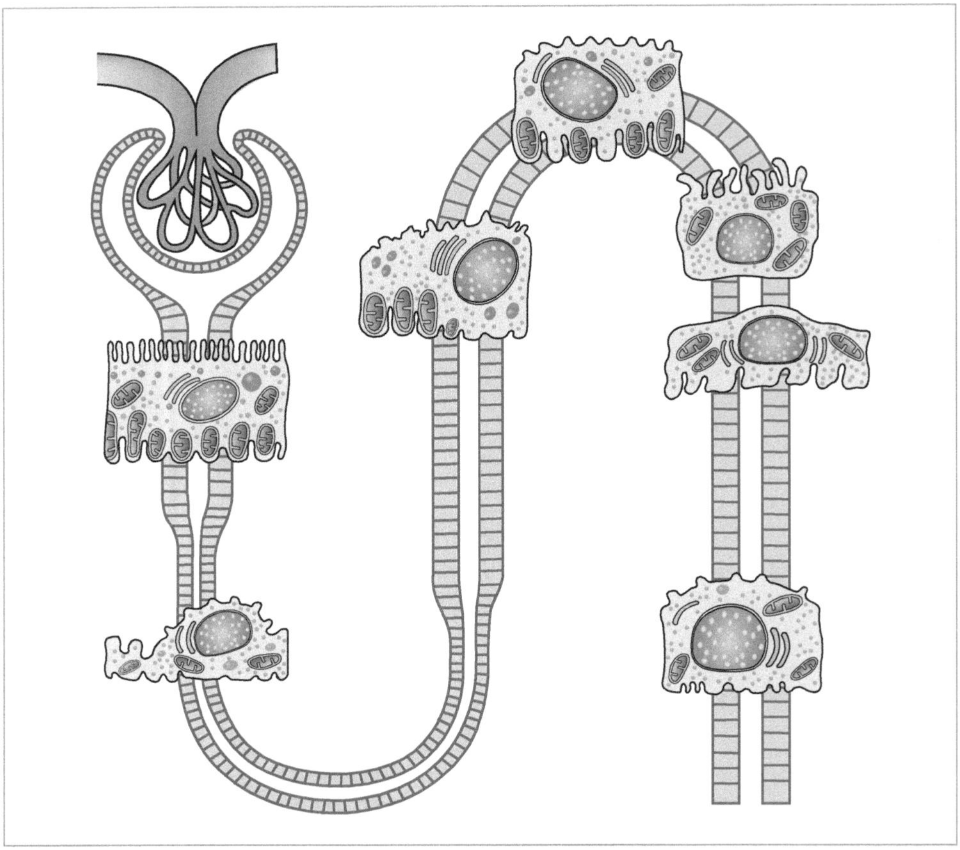

FIGURA 10 Morfologia celular ao longo da tubulação de um néfron.
Fonte: adaptada de https://basicmedicalkey.com/wp-content/uploads/2016/09/F000267f26-07-9781455726509.jpg.

profundas da medula renal, passam a ter poucas mitocôndrias e poucas invaginações de membrana.

O GRANDE QUADRO GERAL

Uma vez que temos, agora, uma noção estrutural dos rins, podemos passar a ver o funcionamento propriamente dito do órgão. Como já deve ter ficado parcialmente claro pelo que apresentamos acerca da evolução dos órgãos excretórios nos vertebrados, os eventos relevantes que ocorrem na tubulação de um néfron dizem respeito à reabsorção de água e eletrólitos, de maneira geral. Isso ocorre porque a formação da urina, que se inicia nos glomérulos, produz uma quantidade de ultrafiltrado praticamente 100 vezes superior ao que será eliminado. Mais adiante nos ateremos a essa formação inicial.

Neste momento, percorreremos a tubulação e observaremos o que e em qual quantidade relativa é absorvido ou secretado em cada local. A Figura 11 apresenta esse panorama e nos permite ter uma percepção visual das dinâmicas de cada composto. A

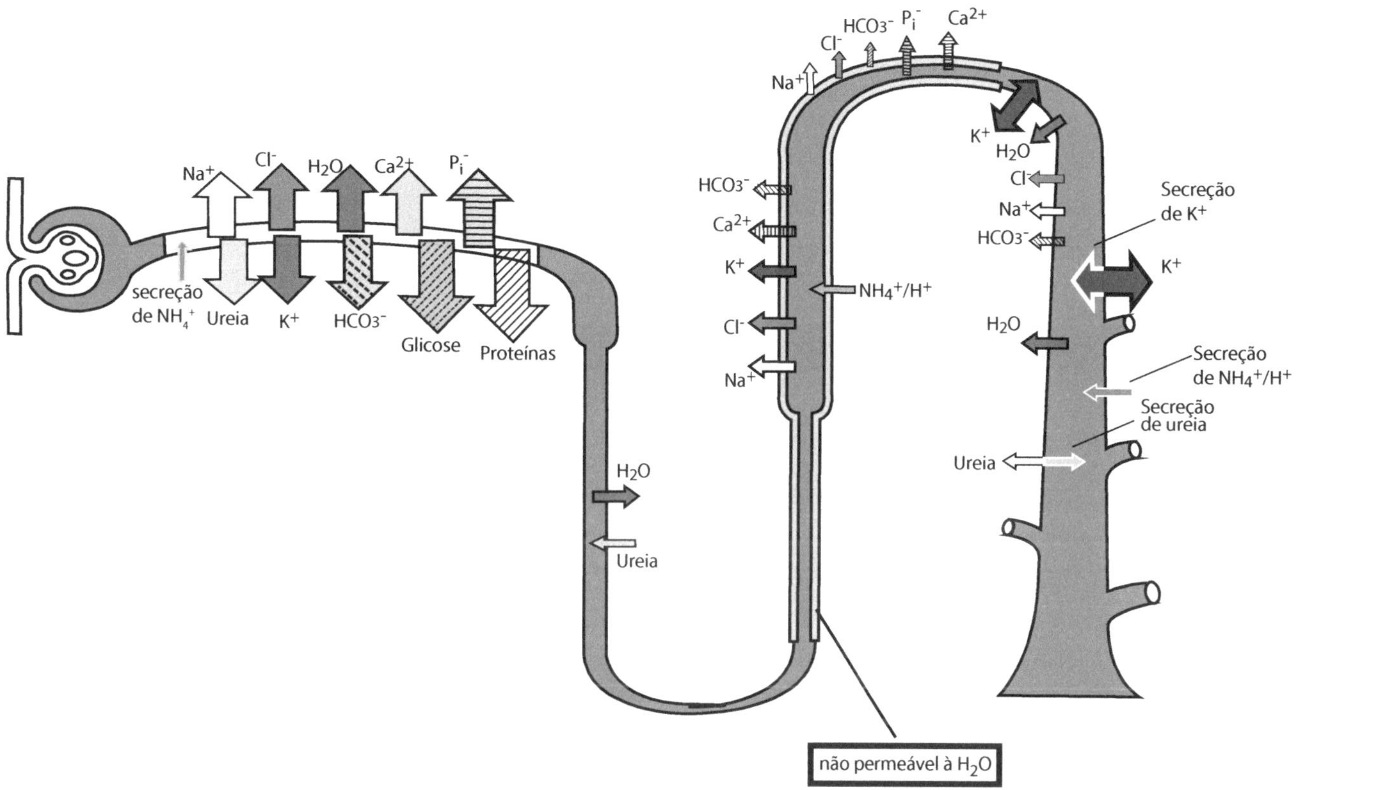

FIGURA 11 Quadro básico geral da reabsorção de água e solutos ao longo de um néfron. As setas têm tamanhos proporcionais às quantidades relativas em relação ao filtrado de cada composto que transita entre a luz tubular e o sangue ou interstício renal. Assim, por exemplo, 80% do fósforo inorgânico e 67% do sódio filtrados são reabsorvidos no túbulo proximal. Contudo, a carga de sódio que transita entre os compartimentos é muito maior que a de fósforo dadas as grandes diferenças de concentrações entre esses compostos.

Tabela 2 apresenta os valores relativos absorvidos dos compostos filtrados, em condições normais dos fluidos corpóreos.

TABELA 2 Porcentagens reabsorvidas dos principais componentes do balanço hidreletrolítico ao longo de um néfron

	Segmento do néfron			
Composto	**Túbulo proximal**	**Alça de Henle**	**Túbulo distal**	**Ducto coletor**
Água	67	15[(rd)]		
NaCl	*67*	*25*	*5*	*3*
K^+	67	20	≅ 0	 (0-70)
Ca^{2+}	70	20	9	-
P_i^-	80		10	-
HCO_3^-	80	10	6	4
Ureia	67		-	 / 
NH_4^+			-	
Glicose	100	-	-	-

Em itálico: valores que podem variar em decorrência da alteração da ingestão hídrica e de NaCl.
rd: ramo descendente

: quantidades variáveis dependendo de regulação hormonal/neural.

: secreção.
0-70: no ducto coletor pode haver a secreção de até 70% da carga de potássio excretada.
A ureia pode ser tanto reabsorvida quanto secretada em quantidades variáveis no ducto coletor.
Proteínas e glicose são 100% reabsorvidas no túbulo proximal.
Ânions e cátions orgânicos têm secreção variável no túbulo proximal.
Fonte: Koeppen e Stanton, 2007.

Pela Figura 11 e pela Tabela 2, percebe-se que **praticamente 70 a 80% do filtrado glomerular é reabsorvido no túbulo proximal, e praticamente 90 a 95% já foi reabsorvido até a chegada ao túbulo distal**. Assim, em condições adequadas do balanço de água e eletrólitos, ou seja, sem ingestão excessiva ou deficitária e nem perdas excessivas ou retenções patológicas, a regulação se dá em uma fração menor que 5% do filtrado inicial.

Vamos quantificar algumas das variáveis envolvidas de modo a ter uma melhor percepção do que ocorre ao longo do néfron. A Tabela 3 apresenta dados de fluxo sanguíneo renal, cerebral e hepático em homens e em mulheres, em condição de repouso. Alguns fatos saltam aos olhos: a fração do débito cardíaco que é dirigida aos rins corresponde a 22% do fluxo orgânico total (14% vai para o cérebro e 27% para o fígado), e o fluxo relativo está ao redor de 3,7 litros por minuto por kg da massa do órgão (um valor 7 vezes maior que o do cérebro e 4 vezes o do fígado). Assim, a tabela nos mostra que **os rins são os órgãos de maior fluxo sanguíneo relativo em condições de repouso** e, em termos absolutos, somente o fígado tem um fluxo sanguíneo total maior.

TABELA 3 Débito cardíaco total e fluxos sanguíneos para rins, cérebro e fígado em condições de repouso

		Homem	Mulher	
Débito cardíaco total		5	4,75	Litros min^{-1}
Rins	Fluxo	1,1	1,0	Litros min^{-1}
	Massa	0,31	0,28	kg
	Fluxo relativo	3,5	3,8	Litros min^{-1} kg^{-1}
	Fração	22%	22%	
Cérebro	Fluxo	0,70	0,67	Litros min^{-1}
	Massa	1,45	1,30	kg
	Fluxo relativo	0,5	0,5	Litros min^{-1} kg^{-1}
	Fração	14%	14%	
Fígado	Fluxo	1,35	1,28	Litros min^{-1}
	Massa	1,84	1,43	kg
	Fluxo relativo	0,7	0,9	Litros min^{-1} kg^{-1}
	Fração	27%	27%	

Fonte: Valentin, 2002.

Com base na Tabela 3, verifica-se que os néfrons recebem entre 1.400 e 1.600 litros de sangue por dia. Por simplificação numérica, vamos considerar que sejam formados entre 140 e 160 litros de ultrafiltrado por dia, nos glomérulos, ou seja, **ao redor de 10% do volume total de sangue que passa por dia nos rins se torna o ultrafiltrado inicial**. Continuando em nossa aproximação simplificada, desses 140 a 160 litros, formam-se 1,4 a 1,6 litro de urina por dia, ou seja, 1% do filtrado inicial é eliminado. Consequentemente, **ao redor de 0,1% (ou um milésimo) do volume sanguíneo que passa pelos rins diariamente se torna urina e é eliminado**.

Dessa forma, os 67 e os 15% de água reabsorvidos no túbulo proximal e alça de Henle, respectivamente (ver Tabela 2) correspondem, aproximadamente, a um volume reabsorvido de 100 litros e 22 litros diários, respectivamente. Vemos que as quantidades movidas diariamente não são desprezíveis. Por outro lado, podemos calcular os fluxos em termos de minutos. Vemos, então, que se formam ao redor de 100 mL de ultrafiltrado por minuto e, como somente 1% é eliminado, tem-se que o fluxo urinário é ao redor de 1 mL por minuto. Voltaremos a discutir fluxos sanguíneos e urinários mais adiante quando formos quantificar a função renal.

Vamos, agora, calcular as cargas de sódio (Na^+) e de fósforo inorgânico (P_i) movidas no túbulo proximal. Para isso, utilizaremos os dados da Tabela 4. Considerando uma concentração plasmática de sódio de 140 mM e a de fósforo de 1,2 mM, tem-se que a carga de sódio ultrafiltrada é ao redor de 21.000 mmols (ou 21 mols) e a de fósforo é de 180 mmols. As cargas reabsorvidas pelo túbulo proximal são, então, 14.000 mmols de sódio e 144 mmols de fósforo. Ou seja, apesar de a reabsorção de sódio ser de 67% e a de P_i, 80%, no túbulo proximal, as cargas movidas são bastante diferentes, com a carga de sódio reabsorvida ao redor de 100 vezes maior, em termos molares, que a de fósforo inorgânico.

TABELA 4 Valores de referência plasmáticos e urinários

Componente	Concentração (mM)	
	Plasma	**Urina**
Na^+	135-147	50-130
Cl^-	95-105	50-130
K^+	3,5-5,0	20-70
HCO_3^-	22-28	(*)
Ca^{2+}	2,1-2,8	2,5-6
P_i	1,0-1,5	0,7-1,2
Ureia	2,5-6,5	200-400
Proteínas (g L^{-1})		
Totais	60-80	0
Albumina	35-55	0
Globulinas	23-35	0
Osmolalidade (mOsm kg^{-1})	285-295	500-800

(*) Dependente de pH e P_{CO_2} (ver "Regulação ácido-base" deste volume).
Fonte: Koeppen e Stanton, 2007.

PROCESSOS ESPECÍFICOS

Uma vez que vimos, na seção anterior, o quadro geral da formação da urina, vamos, agora, passar aos processos de forma mais particular, para, na seção seguinte, discutir os balanços dos componentes mais significativos. Comecemos com a ultrafiltração.

A ultrafiltração

O sangue chega ao néfron via arteríola aferente e entra no tufo capilar glomerular. Nesses capilares, água e solutos deixam o compartimento intravascular e passam ao espaço de Bowman. Então, o sangue dos capilares conflui na arteríola eferente, deixando o corpúsculo renal.

Em "Circulação" (volume 2 desta coleção), vimos as chamadas **forças de Starling** que descrevem a dinâmica da troca de água entre o compartimento vascular (capilar) e o interstício. No caso glomerular, o mesmo princípio se aplica, e o espaço de Bowman funciona como o lado tecidual. As forças de Starling compreendem as pressões hidrostática mecânica e a osmótica (muitas vezes dita coloidosmótica ou oncótica para referenciar a presença das proteínas). Dessa maneira, ao entrar no capilar glomerular, o sangue tem alta pressão hidrostática, ao redor de +60 torr, e, dada a concentração osmótica (ver Tabela 4 e "Difusão e potenciais" do volume 1 desta coleção), ao redor de −28 torr de pressão oncótica. Os sinais de + e de − estão sendo utilizados para indicar a tendência da água de sair do vaso (+) ou de entrar nele (−). Ao deixar o capilar glomerular, no lado da arteríola eferente, a pressão hidrostática caiu, pela resistência imposta ao fluxo (ver "Circulação") e será ao redor de +55 torr. O espaço de Bowman tem uma pressão hidrostática ao redor de −15 torr (ou seja, essa pressão tende a mover água do espaço de

Bowman para os vasos – recomendamos consultar o capítulo “Circulação”, no volume 2 desta coleção, para mais detalhamentos sobre este tópico).

A água que passa dos capilares ao espaço de Bowman tem composição similar à solução plasmática em termos de eletrólitos. Contudo, há uma diferença essencial: **não há passagem de proteínas do plasma ao ultrafiltrado glomerular** (como será explicado mais adiante). Logo, a pressão osmótica total no fluido do espaço de Bowman corresponde à pressão osmótica menos a oncótica. Por outro lado, no capilar, em virtude da saída de água, a concentração de proteínas se eleva, com aumento da pressão oncótica para cerca de −35 torr.

Tabelando-se esses valores, tem-se (Koeppen e Stanton, 2007):

Tipo de pressão	Local	Valor (torr)	Diferença hidrostática ou oncótica (torr)
Hidrostática (h)	Entrada aferente do capilar	+60	+45
	Espaço de Bowman	−15	
	Saída eferente do capilar	+55	+40
Oncótica (π)	Entrada aferente do capilar	−28	−28
	Espaço de Bowman	0	
	Saída eferente do capilar	−35	−35

A força de Starling resultante, $S_r = \sum h_i + \sum \pi_j$, em cada extremo do capilar glomerular é, então:

Entrada aferente → $S_r = +60 - 15 - 28 + 0 = +17$ *torr*
Saída eferente → $S_r = +55 - 15 - 35 + 0 = +5$ *torr*

Nota-se, assim, que durante todo o percurso ao longo dos capilares glomerulares, a pressão resultante sobre o fluido intravascular é positiva, o que causa a saída de água e solutos ao longo de todo o capilar. Essa solução aquosa, sem proteínas, é o ultrafiltrado inicialmente formado. Esse processo está ilustrado na Figura 12.

Como mencionado, o ultrafiltrado não contém proteínas. **Há vários mecanismos que impedem a passagem de proteínas do sangue para o espaço de Bowman.** O primeiro desses mecanismos é o tamanho dos poros na membrana basal dos capilares, cuja dimensão ao redor de 70 nm impede que moléculas grandes (de grande peso molecular, como a albumina e globulinas) passem pelos orifícios. O segundo mecanismo é dado pela carga elétrica na membrana basal. Composta por proteínas carregadas negativamente, a própria membrana basal tende a repelir as proteínas plasmáticas de passarem pelos poros. Um terceiro mecanismo é dado pelas interdigitações dos pseudópodes dos podócitos. Essas interdigitações recobrem os capilares e formam as chamadas fendas de filtração, cuja dimensão se encontra ao redor de 4 × 14 nm (Koeppen e Stanton, 2007). Dessa maneira, a passagem de proteínas do compartimento sanguíneo ao ultrafiltrado glomerular é bastante reduzida.

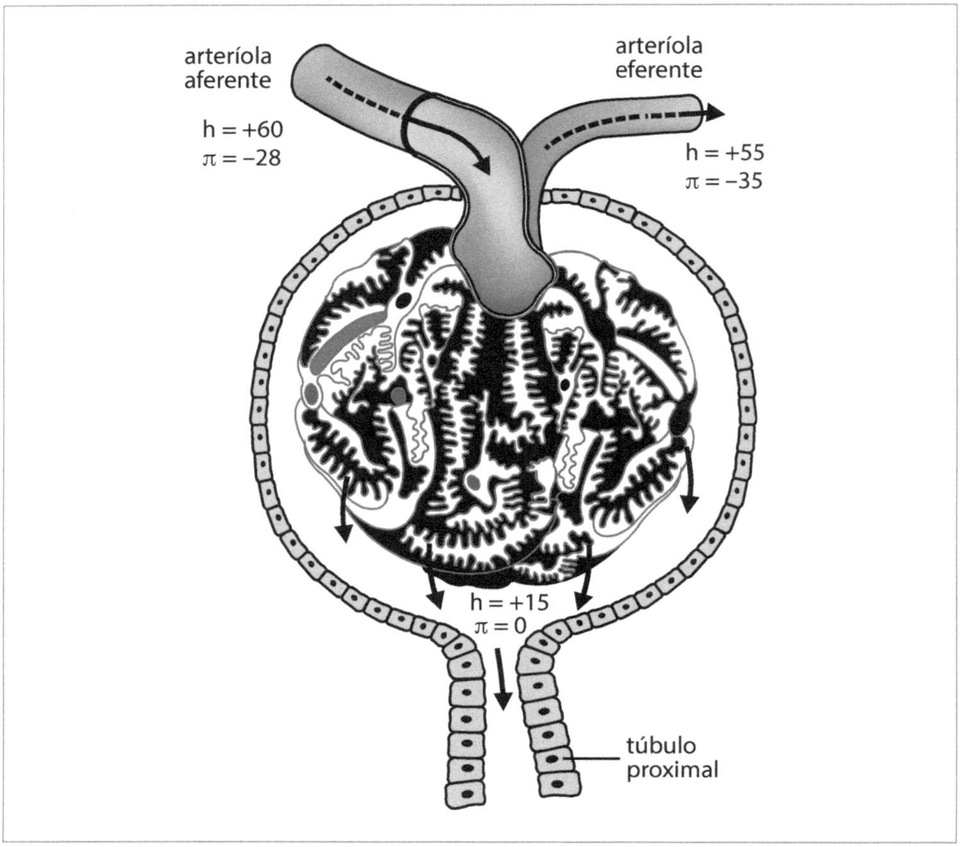

FIGURA 12 Formação do ultrafiltrado nos capilares glomerulares. Os valores apresentados são para as pressões hidrostática (h) e oncótica (π) nos vários locais do corpúsculo renal.

Em situações patológicas como rabdomiólise (destruição de células da musculatura estriada esquelética), proteínas como a mioglobina, cujo peso molecular é quatro vezes menor que o da albumina, conseguem passar do plasma ao espaço de Bowman, resultando em alterações da cor urinária e comprometimento da função renal.

Reabsorções e secreções – mecanismos celulares

Já sabemos que, do ultrafiltrado inicial, algo ao redor de 99% será reabsorvido. Além disso, existem substâncias e compostos que, tendo ou não passado do plasma ao ultrafiltrado, devem ser excretadas e, assim, terão de ser secretadas para a luz tubular. Veremos, nesta seção, quais são os mecanismos celulares envolvidos nessas transações entre o fluido na luz tubular e o sangue.

Sódio e cloro

Não por coincidência, esses dois compostos têm suas dinâmicas intimamente relacionadas. A Tabela 1 nos mostra que as quantidades de sódio e cloro nas águas marinhas e fluidos extracelulares são, em muito, as mais relevantes. Dessa forma, por questões de eletroneutralidade das soluções, manipular sódio implica manipular cloro e vice-versa, e, em virtude da osmolaridade, terminam por implicar fluxos de água concomitantes.

Na Figura 11, apresentamos o quadro geral do que ocorre ao longo da tubulação do néfron. Na Figura 13, temos os processos celulares mais específicos relacionados ao transporte de sódio e cloro, os quais delineamos a seguir:

A. **Porção inicial do túbulo proximal:** na porção luminal (apical) das células, dois mecanismos principais atuam: permutadores Na^+/H^+ e cotransportadores Na^+/glicose. Na porção basal das células, bombas de Na^+/K^+ dependentes de ATP externalizam sódio para o sangue. O H^+ é formado na reação do gás carbônico com a água (ver "Regulação ácido-base", neste volume, e "Respiração", no volume 2 da coleção) catalisada pela anidrase carbônica. Vazamento de potássio (canais de potássio) no lado basal mantém a concentração intracelular de potássio nos níveis fisiológicos, enquanto transportadores de glicose permitem sua passagem para o sangue a favor de gradiente de concentração. A diferença de concentração de sódio leva a uma absorção de água via aquaporinas e via paracelular. Esse fluxo de água causa, também, uma reabsorção de solutos pelo fenômeno de arrasto pelo solvente.
B. **Porção terminal do túbulo proximal:** nessa região, o transporte de sódio ocorre associado ao de cloro, com permutadores de Na^+/H^+ e de ânions A^-/Cl^- permitindo a entrada de NaCl da luz para a célula. O par H^+-A^- jogado para a luz do túbulo retorna, por difusão pela membrana, ao interior das células, permitindo a reciclagem do processo. Na membrana basal, o sódio é externalizado por bombas de sódio/potássio, enquanto o cloro sai via cotransportadores K^+/Cl^-. Além disso, sódio e cloro passam da luz tubular para o sangue por via paracelular.
C. **Ramo ascendente espesso:** nessa região, a membrana apical possui trocadores Na^+/H^+, canais de potássio e cotransportadores $Na^+/2\ Cl^-/K^+$. O H^+ vem da formação de ácido carbônico catalisada pela anidrase carbônica, com concomitante formação de HCO_3^-. Na membrana basal, a operação da Na^+/K^+-ATPase garante a extrusão do sódio e fornece potássio para o cotransportador K^+/Cl^-. O bicarbonato segue para o sangue passivamente por difusão. Nessa região, sódio e potássio passam da luz tubular ao sangue por via paracelular.
D. **Túbulo distal:** a membrana apical possui cotransportadores Na^+/Cl^-. Na membrana basal, bombas de sódio/potássio e canais de cloro permitem a externalização desses íons para o sangue.
E. **Ducto coletor:** as células principais reabsorvem Na^+ e Cl^- por mecanismos similares aos das células no túbulo distal. Na membrana apical, há grande permeabilidade ao potássio, cuja saída para a luz tubular toma parte na secreção de potássio e de regulação na secreção de H^+ e HCO_3^-, como será discutido adiante.

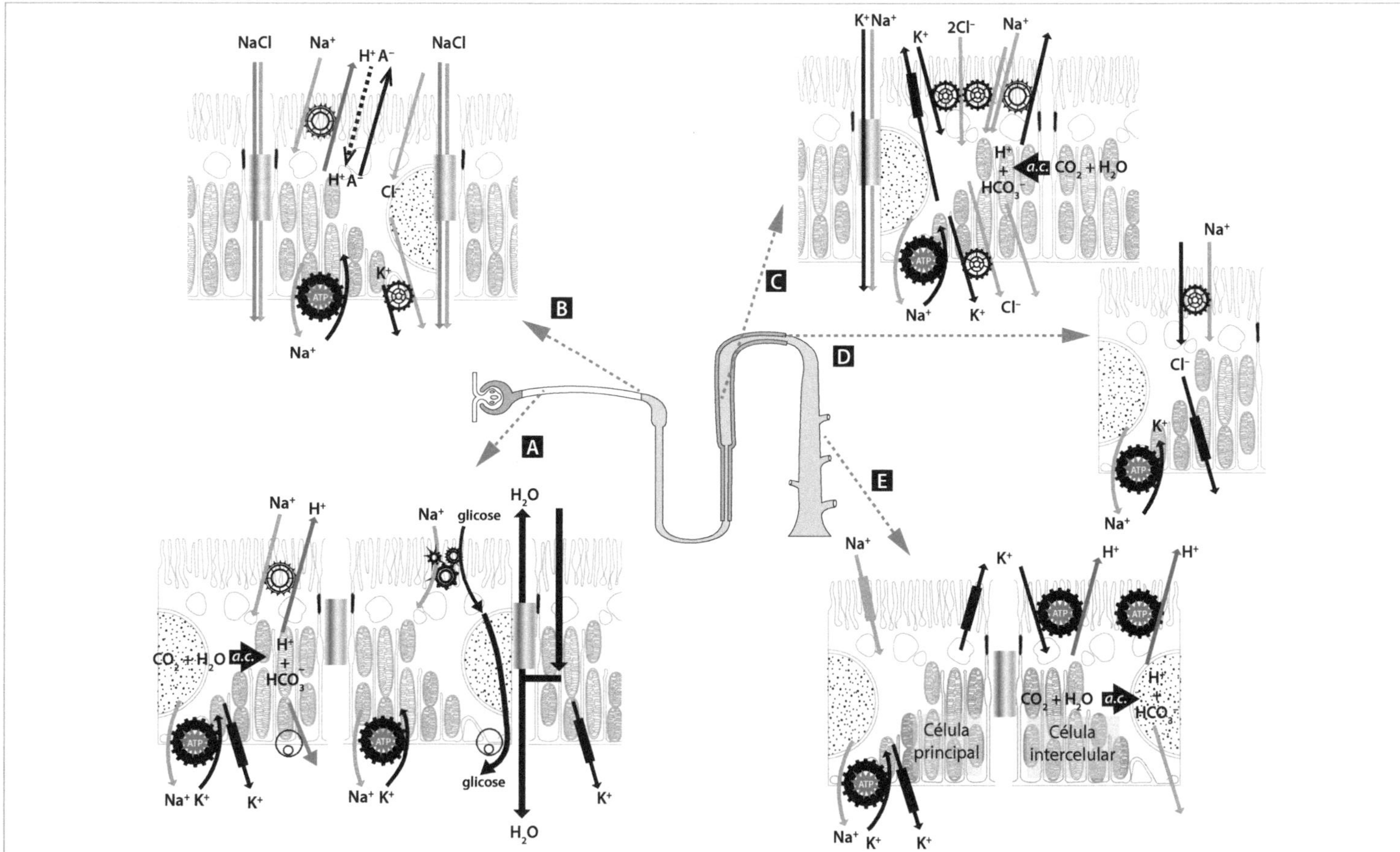

FIGURA 13 Processos de reabsorção e de secreção de íons e transporte de água ao longo do néfron. As setas de A a E indicam a localização dos processos e correspondem às respectivas descrições detalhadas no texto.
a.c.: anidrase carbônica.

Potássio

Parte da reabsorção do potássio ocorre no ramo ascendente da alça de Henle, por via paracelular (note que 67% do potássio do ultrafiltrado já foi reabsorvido no túbulo proximal). Como já mencionado, nas porções mais terminais do túbulo distal e no ducto coletor, ocorrem as trocas de maior magnitude de potássio. A bomba Na^+/K^+ na membrana basal e canais de potássio na membrana apical permitem que ocorra uma variação na quantidade de K^+ secretado nessas porções do néfron em função de mecanismos reguladores (a serem discutidos mais adiante).

Bicarbonato e hidrogênio iônico

De acordo com a Figura 11 e a Tabela 2, sabe-se que 90% do bicarbonato filtrado já foi reabsorvido antes da chegada ao túbulo distal. Além disso, há secreção de carga ácida no túbulo proximal (ver NH_3/NH_4^+ a seguir), e essa carga é variável. No ducto coletor, há dois tipos celulares (principais e intercalares, ver Figura 10), e as células intercalares se subdividem nas que estão relacionadas à secreção de HCO_3^- e nas que estão relacionadas à secreção de H^+. A Figura 14 ilustra os mecanismos celulares envolvidos nessas secreções. Tanto as secretoras de hidrogênio iônico quanto as de bicarbonato têm sua atividade relacionada à formação de H^+ e HCO_3^- a partir do ácido carbônico (e, portanto, da anidrase carbônica).

As células secretoras de H^+ possuem dois tipos de bombas dependentes de ATP na membrana apical: uma que troca K^+ presente na luz do tubo por H^+ intracelular e outra, eletrogênica, que externaliza H^+ para a luz sem troca por outro cátion. No lado basal, um permutador Cl^-/HCO_3^- coloca o bicarbonato para o lado externo (sangue) e cloro para o interior da célula. O cloro intracelular volta ao exterior por canais na membrana.

As células secretoras de bicarbonato têm o permutador Cl^-/HCO_3^- na membrana apical, e a bomba de H^+ ATP dependente na membrana basal, de modo que o resultado do processo, nessas células, é a secreção de bicarbonato.

Amônia (NH_3) e amônio (NH_4^+)

No túbulo proximal, a secreção de carga ácida relacionada à amônia e ao amônio ocorre via metabolismo de **glutamina**. Esse aminoácido é catabolizado formando duas moléculas de NH_4^+ e dois bicarbonatos, que se difundem para fora da célula pela membrana basal, enquanto o amônio tem dois destinos: dissociar em $H^+ + NH_3$ e permanecer como NH_4^+. A amônia cruza as membranas celulares por difusão direta e o H^+ é trocado por Na^+ por permutador na membrana apical. O NH_4^+ é externalizado para a luz tubular por permutador com o sódio. Na luz tubular, em razão do pH (o pK_A do amônio é 9,2 – ver "Regulação ácido-base" neste volume), a NH_3 tende a se combinar com o H^+, formando, novamente, NH_4^+, o qual não cruza livremente a membrana celular e segue, então, com o fluxo de fluido.

No ramo ascendente da alça de Henle, o NH_4^+, em concentração mais elevada no fluido tubular, e canais de membrana permitem a passagem dele para o interstício medular renal, formando amônia, que se difunde, agora, para o fluido no ducto coletor. Como já explicado, as células intercalares secretoras de H^+ tendem a acidificar o fluido

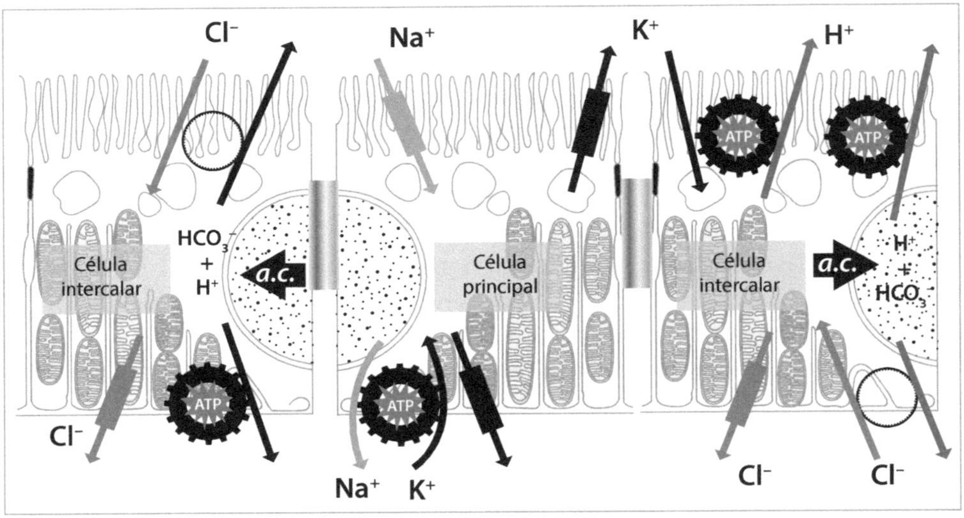

FIGURA 14 Mecanismos celulares de secreção de H^+ (mais à nossa direita) e HCO_3^- (mais à nossa esquerda) por células intercalares no ducto coletor.

e a NH_3 forma, novamente, NH_4^+, o qual, nesse local, não tem permeabilidade pelas membranas apicais, sendo, então, eliminado.

Glicose

A concentração plasmática de glicose se encontra ao redor de 1 g por litro e, em organismos saudáveis, a concentração urinária é zero, ou seja, não há perda de glicose pelos rins. Ao mesmo tempo, a glicose sanguínea passa ao ultrafiltrado glomerular na concentração plasmática na qual se encontrar. Pelos dados apresentados na Tabela 2, vemos que **100% da glicose filtrada é reabsorvida no túbulo proximal**. O mecanismo pelo qual se dá essa reabsorção já foi apresentado (item A da seção "Sódio e cloro"), sendo um cotransportador Na^+/glicose na membrana apical (mais detalhes sobre esse acoplamento de transporte sódio-glicose são descritos no capítulo "Processos celulares" do volume 1 desta obra).

Uma vez que essa reabsorção de glicose depende de transportadores associados à membrana apical das células, pode-se prever que se, em uma dada condição, todos os transportadores estejam transferindo glicose da luz tubular para o meio intracelular, um aumento maior na concentração de glicose no fluido filtrado será acompanhado por uma perda de glicose na urina. Isso ocorre porque os transportadores estarão trabalhando em suas taxas máximas e, portanto, com saturação na taxa de transferência. A Figura 16 ilustra esse fenômeno.

A saturação dos transportadores tem, como consequência, o surgimento de glicose na urina. A presença de glicose nas porções mais distais dos néfrons aumenta a osmolalidade do fluido intratubular e, como consequência, diminui a quantidade de água que consegue ser reabsorvida no ducto coletor (nosso próximo tema), o que aumenta a diurese (volume urinário).

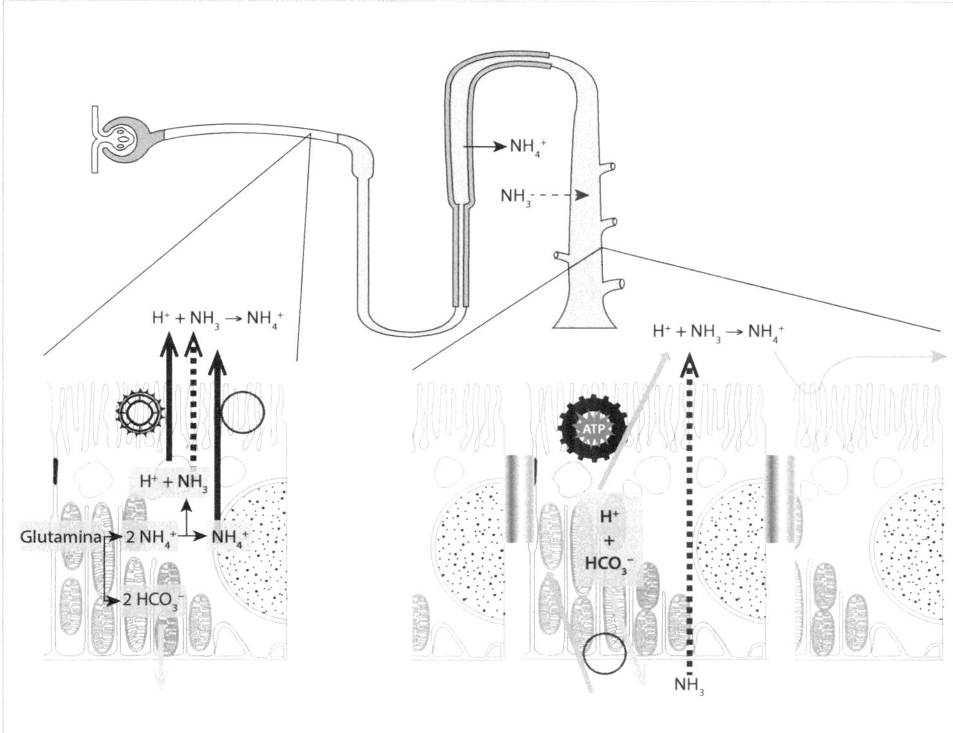

FIGURA 15 Mecanismos celulares envolvidos na secreção de amônia e amônio.

O termo diabetes, originário do grego, significa "passar por sifão", indicando um aumento do volume de urina diário. O termo *mellitus*, do latim, indica "adocicado". O *diabetes mellitus* foi uma das primeiras doenças da qual se tem registro histórico (cerca de 1.500 anos a.C.), sendo sua etiologia relacionada à diminuição da absorção de glicose pelas células. Isso leva a um aumento na concentração de glicose sanguínea e ao quadro descrito no parágrafo anterior.

ÁGUA

Como apresentado em "Evolução do sistema excretório de vertebrados", répteis, aves e mamíferos herdaram um problema: manter uma baixa perda de água por um sistema preparado para eliminar grandes quantidades desse composto. Por outro lado, um certo fluxo de água tem de existir de maneira a permitir lidar com a excreção de cargas ácidas ou alcalinas, compostos nitrogenados, excedentes de potássio etc. Com isso, queremos dizer que a reabsorção de água não pôde permanecer atrelada completamente à reabsorção de NaCl, sendo preciso haver uma separação parcial entre as dinâmicas desses compostos.

Observando a Figura 11, podemos perceber como se dá essa dissociação entre as dinâmicas de NaCl e da água. No ramo descendente da alça de Henle, há uma reabsorção

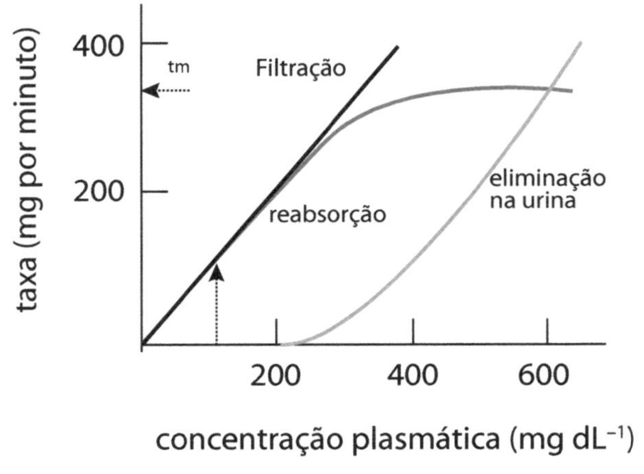

FIGURA 16 Dinâmica da glicose no néfron em função da concentração plasmática. A linha preta indica a taxa de filtração. Nota-se que existe uma linearidade entre a taxa de filtração e a concentração plasmática de glicose, exatamente como é previsto para um composto cuja passagem pelo sistema de filtragem glomerular é livre. A linha em cinza escuro indica a taxa de reabsorção de glicose. Nota-se que, em uma faixa de concentração indo de 0 a algo ao redor de 200 mg dL^{-1} (2 g por litro), toda a glicose filtrada é reabsorvida. Contudo, se a concentração plasmática sobe acima desse valor, passa a haver limitação na reabsorção pela saturação dos transportadores e a glicose passa a ser eliminada na urina (linha em cinza claro). Para valores de concentração plasmática que levem a taxas de filtração superiores à taxa máxima dos transportadores (seta tm) no túbulo proximal, passa a haver uma linearidade entre a concentração plasmática e sua eliminação na urina. A seta vertical pontilhada indica a concentração habitual fisiológica de glicose plasmática. A taxa máxima de reabsorção se encontra ao redor de 320 mg por minuto.
Fonte: adaptada de Eckert e Randall, 1983.

de água não acompanhada de NaCl, ao passo que, na porção espessa do ramo ascendente, há uma intensa reabsorção de NaCl não acompanhada por água. O resultado do que ocorre na alça de Henle é, então, a chegada de uma urina diluída no túbulo distal e ducto coletor e, dessa maneira, nesses locais se torna possível manipular a eliminação ou retenção de água livre.

Em termos quantitativos aproximados, 85% do volume de água do ultrafiltrado glomerular foi absorvido antes do túbulo distal. Assim, **há, aproximadamente, 15% do volume inicial que pode ser alterado em termos de água livre**. Se nos lembrarmos que o volume diário de ultrafiltrado se encontra ao redor de 200 litros, 15% desse montante significam 30 litros. Ou seja, **se não houver mais nenhum processo reabsortivo de água após a alça de Henle, uma diurese de mais de 20 litros diários é esperada**. Esse é o caso de um outro tipo de "sifão" (*diabetes insipidus*), que nada tem a ver com a questão da glicose, mas sim com doenças relacionadas ao hormônio antidiurético (ADH), que atua nessa região do néfron. Trataremos mais especificamente do ADH e de outros mecanismos de regulação adiante.

Aqui, discutiremos como, em termos físico-químicos, elevadas taxas de reabsorção de água e, consequentemente, urinas altamente concentradas, são ou podem ser obtidas pelos rins. Contudo, algumas palavras de aviso são importantes. **Parafraseando Sands e Layton (2014), após mais de 70 anos de estudos, os mecanismos medulares de concentração urinária ainda não são completamente entendidos**. Assim, descreveremos vários processos envolvidos na concentração da urina, mas que não devem ser tomados como o quadro completo.

Os glomérulos

Como descrito anteriormente, há dois tipos de néfrons, os corticais e os justamedulares. Os néfrons corticais compreendem cerca de 85% da população de néfrons (Valtin, 1977) e, em condições normais, recebem aproximadamente 85% do fluxo sanguíneo renal (Gruenewald et al., 1981), ou seja, em situações sem distúrbios, o fluxo sanguíneo se distribui igualmente entre essas duas populações de néfrons. Como será visto adiante, existe um fenômeno denominado "autorregulação renal", no qual o fluxo sanguíneo e a taxa de filtração são mantidos relativamente constantes a despeito de alterações na pressão arterial (e, portanto, no componente hidrostático das forças de Starling atuando na ultrafiltração glomerular).

No entanto, para haver esse fenômeno no órgão como um todo, o processo em si não é semelhante entre as duas populações de néfrons. **Os corticais apresentam o fenômeno de autorregulação, enquanto os justamedulares não**. Isso significa que a taxa de filtração glomerular dos néfrons justamedulares se eleva quando há aumento e diminui quando há diminuição da pressão arterial.

Morfologicamente, a diferença entre as populações de néfrons não é meramente sua localização. Os néfrons corticais têm alças de Henle mais curtas, que penetram menos na medula renal, enquanto os néfrons justamedulares têm alças longas, que vão fundo na medula (ver Figura 7B). Vamos entender a importância disso, associada à questão da ausência de autorregulação nos néfrons justamedulares, na seção a seguir.

A medula renal

Em seres humanos, a osmolalidade urinária pode ser tão baixa quanto 50 mOsm kg^{-1} ou atingir valores da ordem de 1.200 mOsm kg^{-1} (Koeppen e Stanton, 2007). Considerando a osmolalidade plasmática ao redor de 290 mOsm kg^{-1}, percebe-se que **a concentração urinária pode ser 4 a 5 vezes inferior à plasmática ou até 4 vezes superior**. Para produzir uma urina com osmolalidade semelhante à plasmática, basta que a reabsorção de NaCl seja acompanhada pela de água (ver "Água livre"), o que não parece colocar nenhuma dificuldade no processo.

Por outro lado, produzir uma urina algumas vezes mais ou algumas vezes menos concentrada que o plasma exige algum tipo de sistema que permita haver absorção de água livre, ou seja, tornar a reabsorção de água dissociada e proporcionalmente maior que a de solutos, ou exatamente o oposto.

A urina diluída

Como visto na Figura 11, **a dissociação entre a reabsorção de NaCl e a de água se inicia na porção ascendente espessa da alça de Henle.** De fato, o fluido que chega ao túbulo distal é menos concentrado que o plasma, pela alta taxa de reabsorção de NaCl que ocorre no ramo ascendente (ver Figura 11). Se não houver posterior reabsorção de água no túbulo proximal e no ducto coletor (mas com a reabsorção de NaCl no túbulo proximal), tem-se, aproximadamente, o seguinte quadro:

180 litros são filtrados no dia (≅ 180 kg)
250 mEq de Na^+ + Cl^- são encontrados em 1 kg do plasma e do ultrafiltrado
15% da água do ultrafiltrado não é reabsorvida
4% do NaCl do ultrafiltrado não é reabsorvido
Disso, resulta a seguinte concentração urinária:

[U] = (250 · 180 · 0,04) / (180 · 0,15) = 66 mOsm $kg^{-}1$
Em um volume urinário de 180 · 0,15 = 27 litros

Ou seja, **para haver a produção de urina diluída, basta suspender a reabsorção de água no túbulo proximal e no ducto coletor.** De fato, são essas as porções do néfron que se encontram sob a regulação do hormônio antidiurético, como veremos em uma seção mais adiante, e na ausência desse hormônio a reabsorção de água nesses segmentos se torna muito baixa.

Outra lição que temos das contas que acabamos de realizar é que, **mesmo para eliminação de urina diluída, existe perda de eletrólitos**, ou seja, eletrólitos são necessários para a formação de urina, ainda que muito diluída (Berl, 2008). Essa perda pode ser bastante significativa para o organismo. Se considerarmos que houve uma eliminação de 15% da água filtrada (o que, no caso, são 27 litros[4]) com a concentração que calculamos acima, temos uma perda de 1.800 mmol de Na^+ + Cl^- (900 mmol de cada um). Essa quantidade, que corresponde a aproximadamente 105 g de cloreto de sódio,[5] terá de ser reposta ou haverá comprometimento de funções vitais, bem como da própria formação de urina.

A urina concentrada

Como já mencionado, os mecanismos medulares de concentração urinária não são completamente entendidos. Assim, antes de entrarmos nos mecanismos como tais, vamos apresentar uma lista de observações experimentais que parecem estar bem estabelecidas (ver Sands e Layton, 2014; Nawata e Pannabecker, 2018):

4 Estamos utilizando valores das porcentagens que apresentamos na Tabela 2, de modo a facilitar a transposição de dados. Assim, temos que, aproximadamente, 85% da água é reabsorvida antes do túbulo distal, restando os 15% que mencionamos a título de exemplo.

5 1 mol de NaCl tem 58,44 g.

a. As porções mais superficiais da medula operam de maneira diferente das porções mais profundas (mas não iremos nos ater a esse detalhamento, que foge aos objetivos do nosso texto).
b. Existem mecanismos de concentração por contracorrente (descrito mais adiante) entre os vasos sanguíneos da *vasa recta* e entre os ramos descendente, ascendente e ducto coletor.
c. A reabsorção ativa de NaCl na porção ascendente espessa da alça de Henle e a reabsorção de ureia no ducto coletor são essenciais no processo.
d. A água é reabsorvida passivamente em decorrência de diferenças osmóticas estabelecidas pelos processos ativos.
e. As porções mais profundas da medula são os locais de maior concentração osmótica intersticial.

Além desse conjunto observacional, mais recentemente a arquitetura tridimensional dos ductos e vasos sanguíneos medulares e também os movimentos peristálticos papilares passaram a ser considerados fatores importantes nos mecanismos de concentração urinária (Sands e Layton, 2014; Nawata e Pannabecker, 2018).

Contracorrente – uma explicação incompleta

O mecanismo clássico para a concentração urinária, aventado na década de 1940, é o da contracorrente, ilustrado de modo simplificado na Figura 17. A figura ilustra dois tipos de arranjo entre fluxos, um concorrente e outro contracorrente. A diferença essencial entre esses arranjos é que, em concorrente, as saídas têm a mesma concentração, porém, em contracorrente, existe a possibilidade de as saídas terem concentrações diferentes e, em casos extremos, a saída de cada fluxo ter a concentração de entrada do outro.

Nossa próxima pergunta é quais são os fluxos em contracorrente na medula renal. A Figura 18 ilustra, de modo esquemático, a disposição entre o fluxo sanguíneo e o fluxo urinário em um néfron. Como vimos anteriormente, a vazão urinária é ao redor de um milésimo do fluxo sanguíneo. Assim, na Figura 18, fizemos uma representação desses 1:1.000 como sendo um fluxo sanguíneo de entrada (aferente) de 1.000 e uma saída urinária de 1. Pela figura, podemos identificar alguns possíveis arranjos em contracorrente: 1) a *vasa recta* descendente em relação à *vasa recta* ascendente; 2) o ramo descendente da alça de Henle em relação ao ascendente e esse em relação ao ducto coletor; 3) a *vasa recta* descendente e o ramo ascendente da alça de Henle; 4) a *vasa recta* ascendente e o ducto coletor. Por outro lado, as porções descendentes da *vasa recta* e da alça de Henle, e as respectivas porções ascendentes estariam em arranjos do tipo concorrente.

Alguns pontos se tornam evidentes. Uma absorção de água livre de 10 unidades no ramo descendente da alça de Henle levaria o fluido tubular, inicialmente com 20 unidades de volume e 290 mOsm de concentração osmótica, a passar para cerca de 580 mOsm. Por outro lado, o volume sanguíneo na porção inicial da *vasa recta*, ao redor de 980 unidades, seria acrescido de 10 unidades, o que não alteraria, significativamente, a osmolalidade de 290 mOsm. Dessa forma, a contracorrente que seria estabelecida entre a porção ascendente da *vasa recta* e o ducto coletor levaria a uma diluição da urina, e não a uma concentração. Colocamos esses pontos para chamar a atenção para

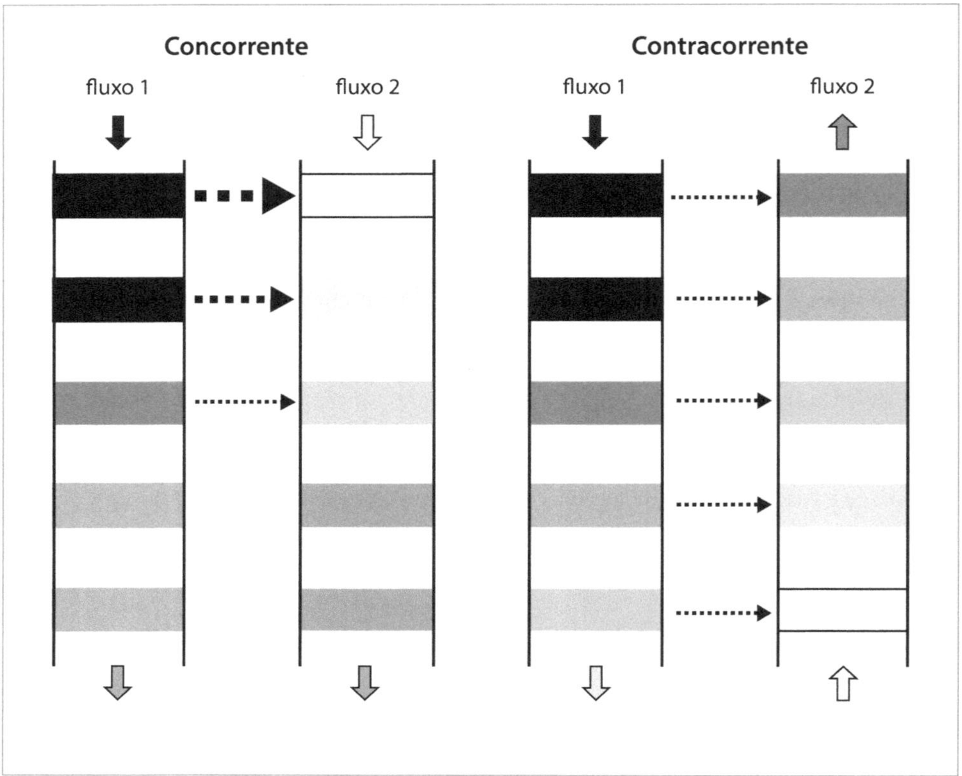

FIGURA 17 Mecanismos de fluxos concorrentes e fluxos contracorrentes. As setas tracejadas indicam troca de matéria por difusão. Como a taxa de troca é dependente da diferença de concentração, caso se igualem, as trocas se encerram. Nota-se que, no arranjo concorrente, existe uma grande diferença de concentração nas porções iniciais de troca, o que leva a uma grande taxa de troca. Contudo, ao longo do percurso, as concentrações tendem a se igualar fazendo com que, nos casos ideais, os fluxos às saídas tenham as mesmas concentrações. No arranjo em contracorrente, a entrada de um fluxo tem contato com a saída do outro, e a diferença de concentração não é tão elevada quanto no arranjo em fluxos concorrentes. Assim, a taxa de troca é menor. Por outro lado, como essa diferença de concentração é mantida ao longo de todo o trajeto, em casos ideais os fluxos às saídas têm suas concentrações "trocadas". Assim, arranjos em contracorrente têm a possibilidade de obter saídas com concentrações marcadamente diferentes. O exemplo foi elaborado considerando a difusão de matéria como caso, porém trocas de energia, particularmente por calor, também podem ocorrer em arranjos desses tipos.

dois fatos: pelo esquema na figura, percebemos que a essência do processo se encontra na transferência de nove unidades de volume ao longo do ducto coletor para o sangue na porção ascendente da *vasa recta*; e somente um mecanismo de contracorrente não pode explicar a concentração urinária obtida nos rins. *Esse segundo fato é o que nos leva a entender que um mecanismo de contracorrente é uma explicação incompleta para o processo de concentração urinária. A peça que falta é um estágio intermediário, obtido por transferências ativas e passivas de solutos, basicamente NaCl e ureia, para a medula. Ou seja, o interstício da medula renal é um elemento essencial na formação de urina concentrada.*

Balanço de massa

A Figura 18 nos auxilia a perceber um outro aspecto muito importante da concentração urinária. Os valores entre parênteses indicam a quantidade de solutos osmoticamente ativos nas diferentes regiões dos vasos sanguíneos e da tubulação do néfron. Note os primeiros 100 mL formados. Neles, como as proteínas (coloides) não passam ao espaço de Bowman, temos a mesma concentração de eletrólitos que no plasma, ou seja, ao redor de 283 mOsm kg^{-1}. Contudo, isso corresponde a 28,3 mOsm de solutos. Assim, o sangue na arteríola eferente tem 261,7 mOsm (entre eletrólitos e o correspondente em coloides) em 900 mL, o que resulta em uma concentração de 291 mOsm kg^{-1}, ou seja, sem diferença significativa com a entrada aferente, apesar da retenção das proteínas no compartimento plasmático.

Continuando a acompanhar a quantidade de solutos ao longo dos vasos e dos néfrons, percebemos que a quantidade dos solutos eliminada é pequena, a despeito da grande concentração urinária. Com isso, o sangue que sai pela veia renal tem uma osmolalidade pouco abaixo do sangue que entrou pela artéria renal.

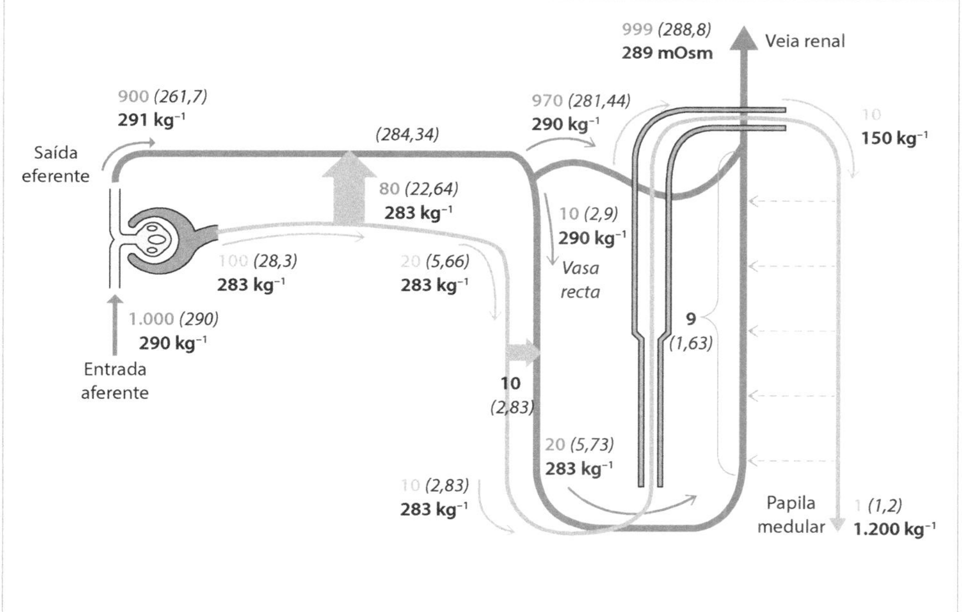

FIGURA 18 Esquema dos fluxos sanguíneo e tubular ao longo do néfron. Considerando uma entrada volumétrica de 1.000, tem-se que a produção de urina será de 1 unidade. Os valores de fluxo sanguíneo estão em preto, a vazão urinária em cinza escuro. Em cinza claro, valores de osmolalidade (mOsm kg^{-1}, indicados apenas por "kg^{-1}" para clareza da imagem) e as reabsorções de água e eletrólitos (setas cinzas largas). Entre parênteses, valores de quantidade de matéria (mOsm). O plasma sanguíneo que chega à arteríola aferente tem ao redor de 290 mOsm kg^{-1}, em situações padrão. A saída eferente tem uma osmolalidade discretamente mais elevada que a entrada aferente pela retenção de proteínas no plasma. No túbulo distal, o fluido se encontra diluído em relação ao plasma pela intensa reabsorção ativa de NaCl no ramo ascendente espesso da alça de Henle (deixamos 150 mOsm kg^{-1} como indicação dessa reabsorção). Note que a *vasa recta* recebe cerca de 1% do fluxo sanguíneo glomerular.
Fonte: adaptada de Koeppen e Stanton, 2007.

Assim, **é importante distinguir entre quantidades eliminadas e concentrações.**

O interstício da medula renal

Observações experimentais mostram que a medula renal pode ser dividida em duas partes. Uma mais superficial próxima ao córtex, e uma mais profunda, indo até a papila. Essas duas partes apresentam importantes características para a formação da urina concentrada. A parte mais superficial tem uma concentração mais elevada que o fluido tubular à custa da transferência ativa de NaCl da luz do ramo ascendente espesso para o interstício. Com isso, água é transferida das porções iniciais do ducto coletor para o sangue (ver a seguir).

Nas porções mais profundas, tanto NaCl quanto ureia fazem o papel de osmólitos para reabsorver água do ducto coletor. A ureia é transferida do próprio ducto coletor por diferença de concentração, como também é produzida localmente a partir de amônia (ciclo da ornitina – ver mais adiante). A Figura 19 ilustra a distribuição de NaCl e ureia intersticial ao longo da profundidade no rim.

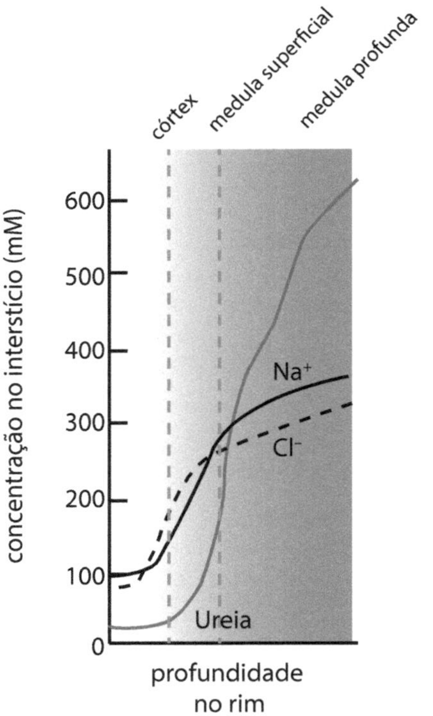

FIGURA 19 Concentração de sódio (linha preta), cloro (linha pontilhada) e ureia (linha cinza) em função da profundidade no rim. Note que o córtex renal tem uma concentração baixa de osmólitos. O fundo cinza representa o progressivo aumento de concentração em direção às papilas renais.
Fonte: adaptada de Eckert e Randall, 1983.

Colocando as peças juntas

Como dito anteriormente, ainda não se tem um quadro completo acerca de como altas concentrações urinárias são obtidas nos rins de mamíferos. Além disso, o próprio modelo de contracorrente é bastante complicado, pois é um sistema de equações a derivadas parciais (tempo e espaço), e o seu estudo detalhado vai bastante além dos nossos objetivos. Contudo, os vários tópicos discutidos até aqui nos permitem delinear esse processo de concentração urinária.

Vamos considerar um néfron justamedular. Sabe-se que o fluxo de sangue por eles diminuirá com a diminuição da pressão arterial. Assim, em uma condição de restrição hídrica, há uma diminuição de fluxo tubular nesses néfrons. Como as alças deles penetram fundo na medula, o baixo fluxo implica em criar um interstício bastante concentrado simplesmente pela reabsorção de NaCl e ureia sem lavagem pela urina dessas unidades.

O fluido nos ductos coletores é uma mistura vinda de néfrons de várias profundidades corticais. Assim, esse fluido se torna menos concentrado que o interstício medular através do qual o ducto coletor passa, e há reabsorção de água. Para onde irá essa água? Havendo aumento da pressão hidrostática no interstício, e com a progressiva queda de pressão hidrostática ao longo da *vasa recta* (ver equação de Hagen-Poiseuille em "Circulação", volume 2 da coleção), as forças de Starling permitem a entrada de água nos vasos sanguíneos, e esses abandonam o rim levando a água, enquanto a urina abandona o rim levando solutos concentrados.

Longe de ser esse o quadro exato e completo da formação de urina concentrada, a intenção, aqui, foi oferecer uma perspectiva física geral do fenômeno. Na próxima seção ("Processos reguladores"), apresentaremos mecanismos orgânicos que desencadeiam os eventos físicos de reabsorção de água e eletrólitos.

Curiosidades auxiliares

A título de curiosidade complementar, vamos expor alguns fatos observacionais/experimentais que podem nos ajudar a entender o processo da formação da urina concentrada.

Por que não podemos beber água do mar? Pelos dados apresentados na Tabela 1, a água do mar tem uma osmolalidade ao redor de 1.100 mOsm kg^{-1}. Essa concentração é, em princípio, menor que a concentração urinária máxima de 1.200 mOsm kg^{-1} que os rins de um ser humano conseguem produzir. Assim, a explicação de por que um náufrago pode morrer desidratado estando cercado de água não deve estar em uma questão de concentração urinária diretamente.

Vamos supor que tenha havido, pela ventilação e exposição ao sol, uma perda de água livre de 1 litro, e que se beba, então, um certo volume de água do mar. Para obter 1 litro de água livre, ignorando o magnésio (cuja concentração elevada pode causar tanto diarreia quanto diurese osmóticas), teriam de ser eliminados 478 mmol de Na^+ e 558 mmol de Cl^- para cada litro ingerido. Em outras palavras, cada litro de urina formada teria de conter 478 mmol de sódio e 558 mmol de cloro. Observando os dados apresentados na Figura 19, vemos que a medula atinge uma concentração máxima de sódio e de cloro ao redor de 300 mOsm kg^{-1}. Ou seja, as quantidades de sódio e de cloro no fluido tubular suplantariam, em mais de 50%, a capacidade dos transportadores em retirar esses compostos do fluido tubular. Como consequência, haveria a perda de água maior que a necessária para obter o 1 litro desejado. A desidratação progrediria em um ritmo ainda mais rápido, apesar de, num aparente paradoxo, os rins terem a capacidade de concentrar a urina a um valor acima da concentração da água do mar (Hervey, 1954). O problema é que, como a Figura 19 mostra, **basicamente 50% dessa capacidade de concentração decorre da ureia e, portanto, cargas excessivas de sal não podem ser eliminadas sem a eliminação conjunta de água**.

Muitos mamíferos marinhos, como as focas (How e Nordøy, 2007), conseguem excretar NaCl em concentrações acima da concentração da água do mar e, portanto, não têm problemas ao ingerir essa água. Outros exemplos de concentração urinária extremamente elevada (Sands e Layton, 2009) são os ratos (3.000 mOsm kg^{-1}), camundongos e *hamsters* (4.000 mOsm kg^{-1}) e chinchilas (7.600 mOsm kg^{-1}).

E como aves e répteis marinhos lidam com o problema da sobrecarga de NaCl, uma vez que somente os rins de mamíferos produzem urina efetivamente mais concentrada que o sangue? O excesso de sal obtido durante a ingestão de alimentos por esses animais não é regulado pelos rins. Esses animais possuem glândulas especializadas na secreção de NaCl em altas concentrações e, assim, já têm dissociada dos rins a regulação hídrica de cloreto de sódio (Schmidt-Nielsen, 1997; Eckert e Randall, 1983).

Observações em ratos e em humanos privados de proteínas mostram uma capacidade reduzida de concentração urinária. Como veremos mais ao final do capítulo, a ureia tem origem no metabolismo proteico. Assim, essa incapacidade de concentração urinária observada decorre da baixa concentração de ureia que esses animais com restrição proteica passam a ter em suas medulas renais. Essas observações enfatizam o papel da ureia na medula profunda. Nesse sentido, deixando a questão das doenças de lado, o castor-das-montanhas (*Aplodontia rufa* – que não é, de fato, um castor, mas um roedor primitivo) não tem as porções profundas da medula renal e somente sobrevive em ambientes úmidos e com disponibilidade de água doce. Assim, temos a evidência evolutiva do papel central da medula profunda e da ureia nos mecanismos de concentração urinária.

PROCESSOS REGULADORES

Nesta seção, delinearemos as principais alças de controle para a regulação hidreletrolítica do organismo. Nessas alças de controle, além de circuitos neurais específicos como o da sede, atuam tanto hormônios sistêmicos quanto locais, bem como fatores químicos e, como já visto em seções anteriores, fatores físicos. Como resultado desses processos, tem-se a manutenção da osmolalidade plasmática em valores próximos a 290 mOsm kg^{-1} H_2O, em condições tanto de restrição quanto de excesso de água – ao menos dentro de condições não extremadas.

Controle local pela autorregulação renal

O primeiro fenômeno que opera nos rins como mecanismo de regulação da formação urinária é o que se denomina autorregulação renal. Esse fenômeno, o qual já mencionamos brevemente, diz respeito à taxa de formação de ultrafiltrado glomerular em função da pressão arterial.

Ao chegar aos capilares glomerulares pela arteríola aferente, o sangue sofre o processo de ultrafiltração, que depende do balanço das forças de Starling entre o interior dos capilares e o espaço de Bowman (ver "A ultrafiltração"). A pressão hidrostática no interior dos capilares decorre da pressão de perfusão do órgão, a qual decorre da pressão arterial sistêmica (ver o capítulo "Circulação" do volume 2 desta obra). Assim, ao haver aumento da pressão arterial, preveríamos aumento da taxa de formação de ultrafiltrado e, no caso de diminuição na pressão arterial, uma queda nessa taxa. Contudo, não é isso o que ocorre, ao menos em uma ampla faixa de variação fisiológica da pressão arterial. O fenômeno está ilustrado na Figura 20.

A Figura 20 evidencia que, para uma ampla faixa de pressões arteriais médias, tanto o fluxo sanguíneo renal quanto a taxa de filtração glomerular (usualmente denominada ritmo de filtração glomerular) se mantêm relativamente fixos. Assim, nessa faixa de pressões, toda a regulação de eliminação/retenção de água e de solutos se dá sem prejuízo de fluxo, ou, em outras palavras, o fluxo tubular é fixo e as taxas de reabsorção dependem das atividades dos transportadores de membrana e não da formação de fluido

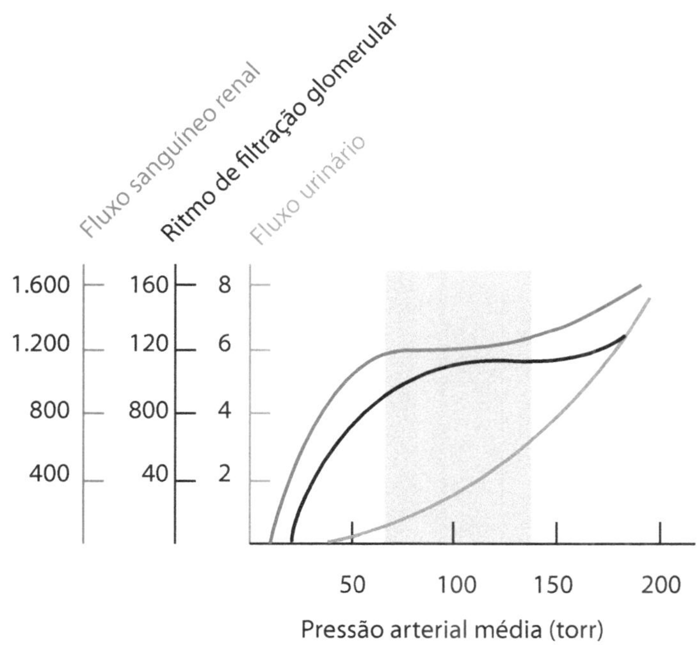

FIGURA 20 Fenômeno da autorregulação renal. Para uma ampla faixa de variação na pressão arterial média, tanto o fluxo sanguíneo renal quanto o ritmo de filtração glomerular permanecem aproximadamente constantes (retângulo cinza). Por outro lado, o fluxo urinário não é constante (ver texto). Fluxos em mL min^{-1}.
Fonte: adaptada de Sipos et al., 2007.

glomerular. Nessa mesma faixa de pressões, observa-se que o fluxo urinário (isto é, a urina efetivamente eliminada) não tem a mesma característica do fluxo sanguíneo renal nem do ritmo de filtração glomerular e aumenta com a elevação da pressão arterial, ou, visto pelo lado oposto, o fluxo urinário fica reduzido com a diminuição da pressão arterial.

Como descrevemos anteriormente, há basicamente dois tipos de néfrons: os corticais, que compreendem 85% das unidades, e os justamedulares, que compõem os demais 15% restantes; **os néfrons corticais apresentam autorregulação e os justamedulares não** (Abe, 1971; Navar, 1978; Britton, 1982). Assim, se não há alterações osmóticas a serem corrigidas, como as discutidas anteriormente acerca da formação de urina diluída ou concentrada, e das quais trataremos mais adiante, os néfrons justamedulares permitem que haja um aumento de fluxo urinário em função do aumento da pressão arterial, o que permite eliminação de excesso de fluido enquanto os néfrons corticais regulam a osmolalidade desse fluido.

A Figura 21 apresenta dados de resistência oferecida pelas arteríolas aferentes e eferentes, obtidos em cães, como função da pressão de perfusão renal. Pela figura, nota-se que as arteríolas eferentes têm maior resistência, porém as maiores variações se dão nas arteríolas aferentes. Mais importante, pode-se ver que existe uma faixa de pressão de perfusão renal (nos dados apresentados, entre 70 e 130 torr) na qual a resistência glomerular é uma função linear da pressão.

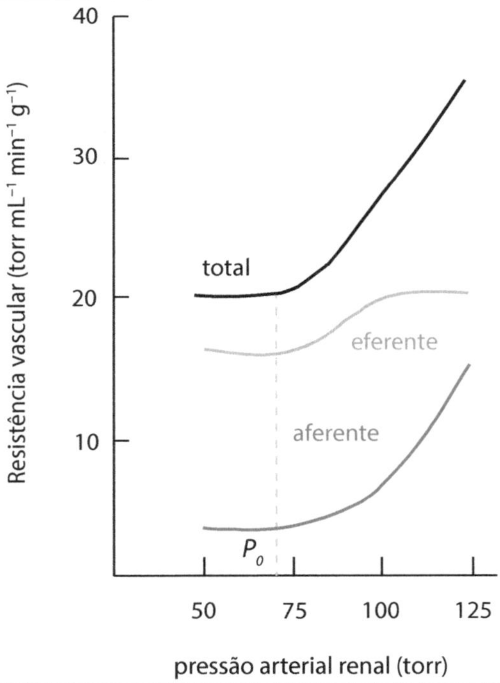

FIGURA 21 Resistência vascular em função da pressão da artéria renal em cães. Pelos dados da figura, tem-se, aproximadamente, uma variação de pressão de perfusão dos capilares glomerulares entre 56 e 64 torr na faixa de autorregulação. P_0: pressão arterial a partir da qual ocorre o processo de autorregulação. Fonte: adaptada de Abe, 1971.

Se fizermos uma aproximação da resistência glomerular, R_G, como uma função linear da pressão de perfusão P na faixa de autorregulação, temos:

$$R_G = R_{G_0} + b \cdot (P - P_0)$$

Sendo b o coeficiente angular da relação, P_0 a pressão de perfusão a partir da qual ocorre a autorregulação e R_{G0} a resistência para pressões abaixo da faixa de autorregulação (ver Figura 21). Uma vez que, nessa faixa de pressão, a resistência aumenta linearmente com a pressão, o fluxo glomerular, Q_G, se mantém quase constante (ver equação de Hagen-Poiseuille no capítulo "Circulação" do volume 2 desta obra). Colocando-se em outra perspectiva, a variação ΔQ_G no fluxo glomerular para pressões acima de P_0 é um valor fixo que independe da pressão:

$$\Delta Q_G = \frac{P - P_0}{R_G - R_{G_0}} = \frac{1}{b}$$

Ou seja, uma vez que $\frac{1}{b}$ é uma constante, o fluxo glomerular em função da pressão P é o fluxo Q_0 na pressão P_0 com um acréscimo ΔQ_G fixo:

$$Q_G(P) = Q_0 + \Delta Q_G = Q_0 + \frac{1}{b}$$

Ao mesmo tempo, a queda de pressão ΔP em um vaso é dada pelo produto da resistência e fluxo:

$$\Delta P = R \cdot Q$$

Assim, a pressão de perfusão dos capilares glomerulares, P_{cg}, é a pressão de perfusão dos rins menos a queda de pressão causada pelas arteríolas aferentes. Como podemos escrever uma relação de resistência nas arteríolas aferentes de modo similar à que escrevemos para o total (ver Figura 21), temos:

$$P_{cg} = P - Q_G \cdot R_a = P \cdot \left(1 - \frac{R_{a_0} + a \cdot (P - P_0)}{R_{G_0} + b \cdot (P - P_0)}\right)$$

Sendo a o coeficiente angular da relação entre resistência na arteríola aferente e a pressão de perfusão. Contudo, inspecionando a Figura 21, notamos que $a \cong b \cong 0{,}2$, e, claramente, $R_{a_0} < R_{G_0}$. Assim:

$$P_{cg} = P \cdot \left(\frac{R_{G_0} - R_{a_0}}{R_{G_0} + b \cdot (P - P_0)}\right)$$

O que leva a *uma baixa* ***variação*** *da pressão de perfusão dos capilares*, e paralela à do fluxo sanguíneo glomerular, dentro da faixa de autorregulação. Como a pressão de perfusão capilar varia pouco, **as forças de Starling nos glomérulos variam pouco dentro da faixa de autorregulação, o que leva a uma constância no ritmo de filtração glomerular**, como apresentado na Figura 20.

Mecanismos envolvidos na autorregulação renal

A essência da autorregulação se dá pela variação do tônus vascular das arteríolas aferentes e eferentes dos glomérulos e, como visto na Figura 21, as variações de calibre (resistência) na arteríola aferente são de maior relevância. O estado vasomotor das arteríolas glomerulares compartilha parte dos mecanismos apresentados por outras unidades de microcirculação sistêmica, como resposta miogênica, vasodilatação mediada por fluxo e vasodilatação induzida por hipóxia capilar/venosa. Esses mecanismos são apresentados e discutidos no capítulo "Circulação" do volume 2 desta obra.

Contudo, adicionalmente a esses mecanismos comuns, as arteríolas glomerulares, particularmente a aferente, possuem outra alça reguladora local de extrema importância. Na porção inicial do túbulo distal, ou na porção terminal do ramo ascendente espesso, existe um conjunto de células que fazem contato com o fluido na luz tubular e com as células da musculatura lisa da parede arteriolar (ver Figura 9). Essas células formam a chamada **mácula densa.**

Localmente, **as células da mácula densa percebem a concentração de NaCl no fluido tubular.**[6] Se ocorre aumento do ritmo de filtração glomerular, há, por consequência imediata, um aumento na concentração de NaCl no fluido que chega ao túbulo distal, simplesmente por aumento do fluxo. Esse aumento na concentração de NaCl na mácula densa leva a uma sinalização para vasoconstrição da arteríola aferente, o que diminuirá o ritmo de filtração glomerular. Por outro lado, se há diminuição do ritmo de filtração glomerular, há queda na concentração de NaCl percebido pela mácula densa. Nessa situação, ocorre liberação de óxido nítrico (NO) e vasodilatação arteriolar, aumentando o fluxo de ultrafiltrado. A Figura 22 resume essas alças de controle local. A mácula densa faz parte do aparelho justaglomerular (ver seções anteriores) e, além desse controle local que acabamos de descrever, a mácula densa, como parte do aparelho justaglomerular, toma parte em uma regulação sistêmica da pressão arterial, o que será discutido adiante.

Controle central – receptores

No hipotálamo anterior se localizam os centros relacionados ao controle central da regulação hídrica do organismo. Lá, temos os osmorreceptores: neurônios cuja atividade se relaciona a osmólitos efetivos no plasma, ou seja, aqueles osmólitos que não cruzam livremente a membrana celular (p. ex., Na^+, Cl^-; a ureia, por outro lado, cruza a membrana e não age, assim, como um osmólito efetivo). Os osmorreceptores são extremamente sensíveis a pequenas variações de osmolalidade.

Além da percepção da osmolalidade, neurônios dessa mesma região no hipotálamo anterior também têm atividade modulada pelo volume sanguíneo e/ou pressão arterial, recebendo sinais vindos do centro vasomotor (ver o capítulo "Circulação" do volume 2 desta obra). Esses estímulos são denominados "sinais hemodinâmicos" ou "controle

---

6 A concentração de NaCl na porção terminal do ramo espesso ascendente da alça de Henle é altamente dependente de fluxo (Briggs et al., 1990).

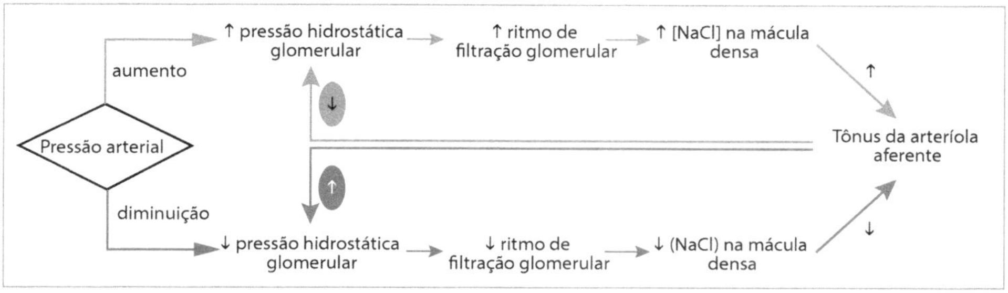

FIGURA 22 Regulação do tônus vasomotor das arteríolas aferentes pela concentração de NaCl na mácula densa. As setas pretas para cima (↑) correspondem ao aumento da variável indicada e as setas pretas para baixo (↓) correspondem à diminuição da variável indicada.

hemodinâmico" da regulação da água corpórea, para diferenciá-los dos sinais de osmolalidade já citados.

As ações do controle osmótico e do controle hemodinâmico tendem a ser sinérgicas uma vez que, dentro de situações não patológicas e evolutivamente cabíveis, perdas de água se associam a diminuições do volume sanguíneo e queda da pressão arterial. Contudo, a sensibilidade do controle osmótico é bem mais elevada que a do controle hemodinâmico. Assim, variações osmóticas da ordem de 1 a 2% desencadeiam respostas expressivas no sistema, enquanto alterações da ordem de 10% são necessárias no lado circulatório para causar um mesmo grau de resposta (Koeppen e Stanton, 2007). A Figura 23 ilustra esses circuitos.

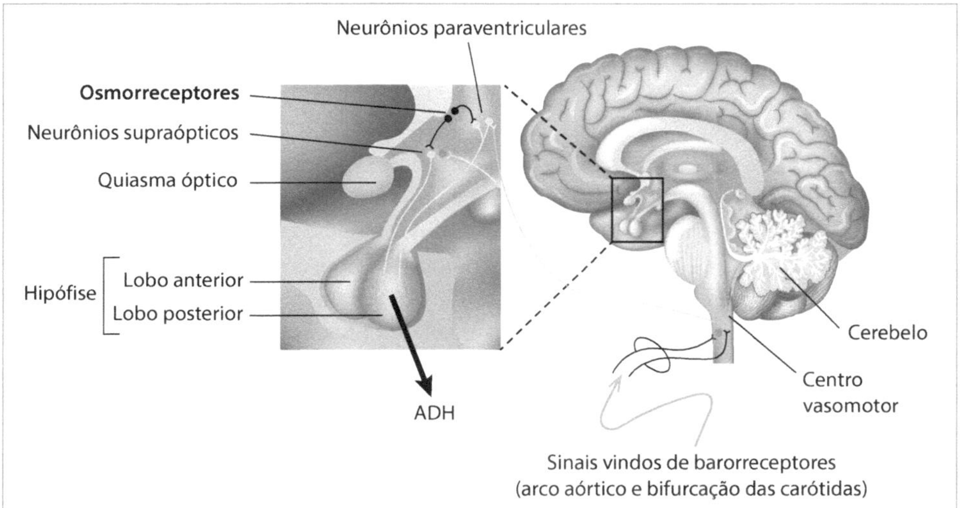

FIGURA 23 Esquema do sistema de controle central do balanço hídrico. Os sinais vindos dos receptores de pressão arterial são passados do centro vasomotor ao hipotálamo anterior. Essa região também contém os osmorreceptores centrais. Sinais relacionados à pressão arterial/volemia e osmolalidade plasmática ativam ou inibem neurônios dos núcleos supraóptico e paraventricular, os quais produzem e liberam ADH (ilustrado na figura). Além da sinalização para liberação ou não de ADH, o hipotálamo anterior faz o controle da sede e ativação simpática.

Água, sódio e cloro

Diante de tudo o que já foi exposto até aqui, talvez tenha ficado evidente que **as regulações de H_2O e de NaCl são interdependentes e correlacionadas.** O que talvez possa ainda não estar completamente aparente são certas relações quantitativas. Já exemplificamos como a eliminação de urina mesmo que altamente diluída, implica perda de NaCl (ver "A urina diluída"). Vamos considerar uma condição que leve à eliminação de urina altamente concentrada, a 1.200 mOsm kg^{-1}, com uma diurese total em 24 horas de 0,2 litro (200 mL), ou seja, aproximadamente um décimo do habitual em condições normais. Apesar da alta concentração, vemos que o total de osmólitos efetivamente eliminados é de apenas $1.200 \times 0{,}2 = 240$ mOsm. Se esses 240 mOsm fossem completamente formados por Na^+ e Cl^-, corresponderiam a 14 g de cloreto de sódio, praticamente o que se encontra em 1 litro de plasma.

Esses dois exemplos extremos de perdas de água e NaCl em urinas diluídas e em urinas concentradas servem para ilustrar três importantes pontos:

1. O primeiro é aquele com o qual iniciamos esta seção, ou seja, da interdependência entre as dinâmicas de H_2O e NaCl.
2. O segundo é a questão de termos em mente uma clara distinção entre concentração e quantidade total. Como vemos nos exemplos, a urina bastante diluída, mas em grande volume, incorre em uma perda de NaCl muito maior que a de uma urina altamente concentrada, porém em pequeno volume.
3. O terceiro é a dinâmica de perda/ganho de água livre que, em última instância, é o que determinará os volumes dos compartimentos corpóreos e, consequentemente, a volemia (i. e., o volume sanguíneo) e a pressão arterial.

Diminuição de água livre

Vamos iniciar examinando os eventos de regulação desencadeados pela perda de água livre, ou seja, quando a perda de água é maior que a perda de solutos (os quais, para nossas finalidades, serão Na^+ e Cl^- em essência). Nessa condição, a osmolalidade plasmática se eleva, e isso é percebido pelos osmorreceptores hipotalâmicos.

Essa condição pode ou não estar associada à queda de pressão arterial por concomitante queda do volume sanguíneo. Se há queda da pressão arterial, sinais do sistema circulatório chegarão ao hipotálamo (ver Figura 23). Os eventos circulatórios relacionados à queda de pressão arterial são discutidos em "Circulação", e nosso foco, aqui, serão os eventos relacionados à reabsorção renal de água e NaCl.

A ativação dos osmorreceptores centrais leva a três importantes eventos:

1. Aumento na produção/secreção de hormônio antidiurético (ADH) pela neuroipófise.
2. Aumento da sede.
3. Ativação simpática.

Nesta seção, veremos o hormônio antidiurético e a sede. Deixaremos para apresentar as consequências da ativação simpática na próxima seção, na qual discutiremos a perda de água corpórea de uma maneira mais geral.

Hormônio antidiurético

O hormônio antidiurético (**ADH** ou vasopressina) é produzido pelas células neuroendócrinas que compõem parte da neuroipófise,[7] sendo liberado nos capilares que perfundem essa região do sistema nervoso central. Esse hormônio é um peptídeo com nove aminoácidos na cadeia e, no sangue, é metabolizado (inativado) com **meia-vida ao redor de 15 minutos**.

Por sua curta meia-vida, a ausência de secreção de ADH terá efeito rapidamente, permitindo um aumento na diurese.[8] Por outro lado, sua presença leva à reabsorção de água nos túbulos distais e, principalmente, ductos coletores. Esse **aumento de reabsorção de água é mediado pela expressão de aquaporina AQP2 na membrana apical das células** (AQP3 e AQP4 são expressas no lado basal e não estão relacionadas ao ADH). Dessa maneira, AQP2 é o limitante na reabsorção de água (Brown, 2017). Além de levar à expressão de AQP2 na membrana apical das células no ducto coletor, o **ADH aumenta a expressão de UT-A1, um dos tipos de transportadores de ureia em mamíferos,[9] bem como um aumento na reabsorção de NaCl no ramo ascendente espesso da alça de Henle**. Esses efeitos permitem uma maior concentração medular e aumentam a própria reabsorção de água (ver "A urina concentrada").

A Figura 24 apresenta a relação entre a concentração de ADH e a osmolalidade plasmática. Notamos que com a queda da osmolalidade, que indica um aumento na quantidade de água livre no plasma, há uma diminuição na concentração plasmática de ADH. Essa diminuição decorre da inibição da produção/secreção do hormônio na neuroipófise. Se a osmolalidade plasmática atinge valores muito baixos (no caso, ao redor de 260 mOsm kg^{-1}), o ADH plasmático se torna praticamente indetectável, o que leva à eliminação de urina bastante diluída. Por outro lado, o aumento da osmolalidade plasmática causa uma liberação de ADH quase que linear em uma determinada faixa, o que desencadeia uma progressiva concentração urinária.

Como visto anteriormente, a manipulação do ADH se dá sobre um montante ao redor de 9 a 15% do total de água ultrafiltrada nos glomérulos e, em casos de concentrações plasmáticas extremamente elevadas do hormônio, a diurese pode ser menor que 0,5 litro nas 24 horas. Uma condição não fisiológica de aumento da concentração plasmática de ADH é a chamada síndrome da secreção inapropriada de hormônio antidiurético (SIADH – "inapropriada" deve ser entendido como "aumentada"). Há diversas etiologias para essa síndrome, porém escapa aos nossos objetivos apresentá-las.

---

7 A neuroipófise é apresentada em mais detalhes no capítulo "Controle e regulação hormonal" neste volume.

8 Note que acabamos de descrever o oposto do efeito do ADH, ou seja, aumento de diurese decorrente da ausência do hormônio.

9 Os transportadores de ureia atuam como canais de membrana.

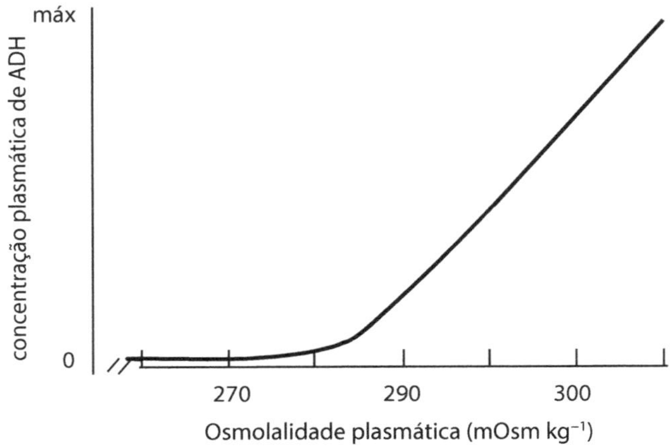

FIGURA 24 Relação entre a concentração plasmática de ADH e a osmolalidade plasmática.
Fonte: adaptada de Koeppen e Stanton, 2007.

Por outro lado, **na ausência de ADH, o volume urinário pode atingir valores acima de 20 litros nas 24 horas.** Essas situações são, na maioria das vezes, patológicas, como citamos anteriormente. O exemplo mais marcante é o *diabetes insipidus*. Há quatro formas etiológicas dessa síndrome,[10] e a forma dita central ocorre por alguma lesão ou distúrbio na neuroipófise levando a uma marcada diminuição ou ausência de ADH circulante. Na forma nefrogênica, são as células tubulares que não respondem ao ADH. Pode haver, ainda, uma diurese aumentada pela ingestão excessiva de água livre, o que pode ser potenciado pelo álcool etílico, que é um inibidor da produção de ADH na neuroipófise.

A Figura 25 apresenta um gráfico da relação entre fluxo urinário, concentração urinária e excreção de solutos em função da concentração de ADH plasmático. Essa figura ressalta uma questão que temos repetidamente mencionado. Vemos que a variação da eliminação de água livre (i. e., desde retenção extrema de água até sua perda excessiva) está associada à perda de solutos, e a manipulação da água, isoladamente, não alterará significativamente a quantidade de solutos perdida nas 24 horas (linha horizontal tracejada no gráfico).

Sede

A sede pode ser informalmente definida como "apetite por água" (Millard-Stafford et al., 2012), sendo, claramente, um mecanismo de controle essencial para a vida terrestre. Apesar de que, hoje em dia, os seres humanos ingerem diversos compostos e em diversas situações, que muitas vezes nada tem a ver com o mecanismo da sede em

10 Das quais citaremos duas, pois as demais fogem aos nossos interesses.

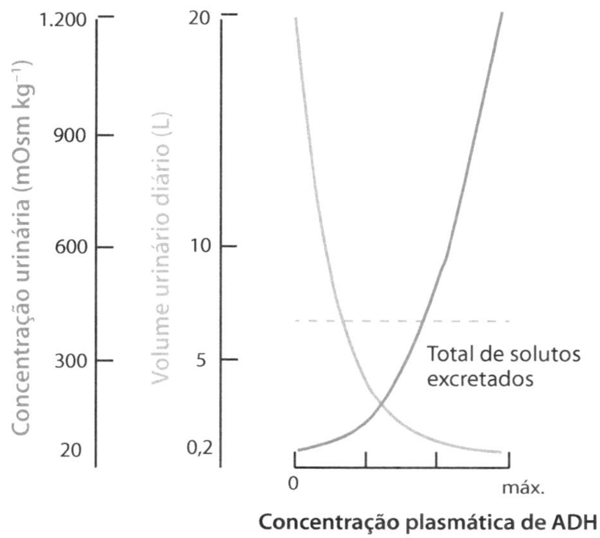

FIGURA 25 Volume urinário de 24 horas e concentração urinária em função da concentração plasmática de hormônio antidiurético.
Fonte: Orloff et al., 1958; Koeppen e Stanton, 2007.

si; a base neural da busca por água é similar à dos demais mamíferos (Millard-Stafford et al., 2012).

A sensação de sede é desencadeada pelo aumento da osmolalidade plasmática. Além desse estímulo osmótico, *a queda da pressão arterial também é um fator que leva ao aumento da sensação de sede.* Contudo, **a sensibilidade à elevação da osmolalidade é significativamente maior que a sensibilidade à queda de pressão.** O centro regulador da sede se encontra na mesma região hipotalâmica que regula a secreção de ADH, porém não se sabe se são os mesmos neurônios que estão envolvidos nos dois processos (Koeppen et al., Millard-Stafford et al., 2012). A percepção da queda de água livre desencadeando o mecanismo da sede ocorre em grupos de neurônios pertencentes à *lamina terminalis* (uma estrutura frontal ao diencéfalo – ver "Sistema nervoso" no volume 4 da coleção). Parte desses neurônios não são recobertos pela barreira hematoencefálica e, assim, têm acesso direto ao plasma sanguíneo, disparando sinais excitatórios em decorrência do aumento de osmolalidade (Augustine et al., 2020).

Podemos observar a relação entre a osmolalidade plasmática e a busca por água nos gráficos apresentados na Figura 26. Notamos que existe, à semelhança com a secreção de ADH, uma relação quase linear entre a ingestão de água e a osmolalidade plasmática (painel A). No painel B, além da questão da ingestão em relação à alteração de osmolalidade plasmática, vemos que a ingestão de água tende a resolver uma carga hipertônica recebida em tempos menores para cargas menores.

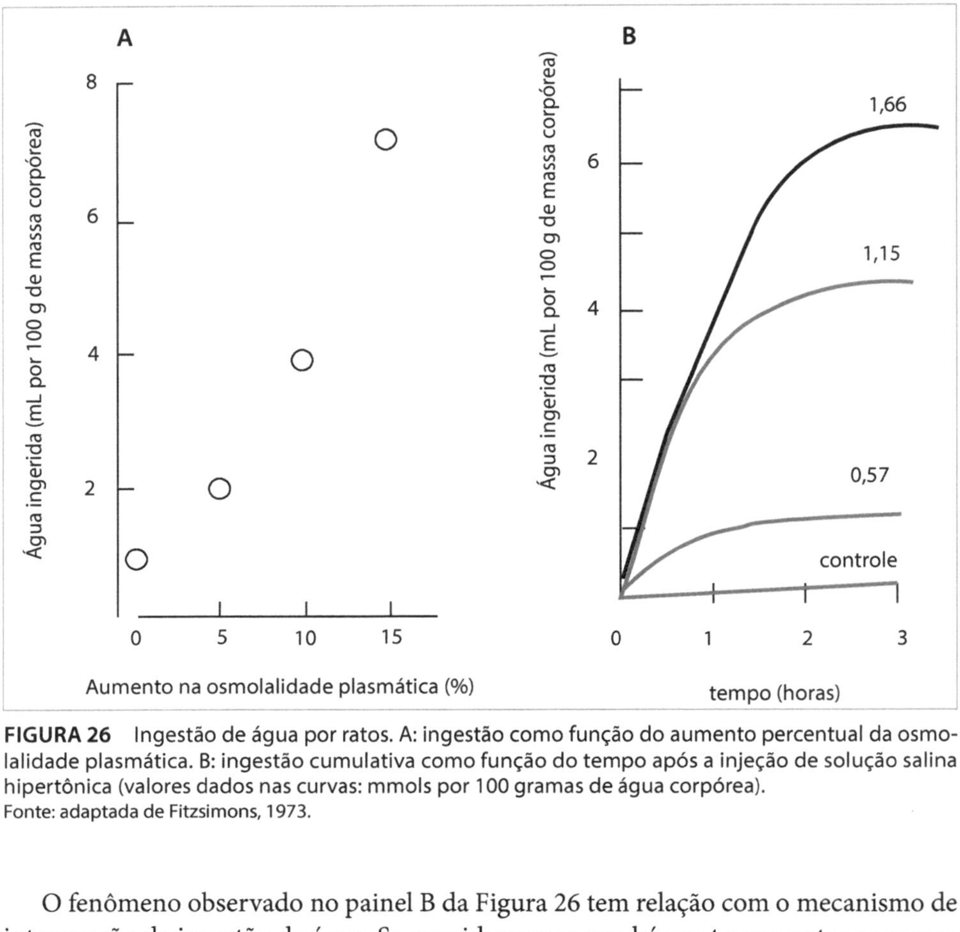

FIGURA 26 Ingestão de água por ratos. A: ingestão como função do aumento percentual da osmolalidade plasmática. B: ingestão cumulativa como função do tempo após a injeção de solução salina hipertônica (valores dados nas curvas: mmols por 100 gramas de água corpórea).
Fonte: adaptada de Fitzsimons, 1973.

O fenômeno observado no painel B da Figura 26 tem relação com o mecanismo de interrupção da ingestão de água. Se considerarmos que há um tempo entre ocorrer a ingestão e haver tanto a absorção quanto a distribuição de água entre os compartimentos de fluidos corpóreos, percebemos que, se parássemos de beber somente ao ter corrigida a alteração osmótica teríamos ingerido uma quantidade muito maior que a necessária para a correção da alteração. Assim, **existem mecanismos de controle baseados em antealimentação a partir de receptores na orofaringe e no estômago que causam uma interrupção na ingestão de água antes que a alteração osmolar tenha sido corrigida completamente**. Contudo, pouco tempo após cessados os sinais desses receptores, se a osmolalidade plasmática permanece elevada, uma nova busca e ingestão de água ocorre (Koeppen e Stanton, 2007).

Diminuição de água corpórea geral

Na seção anterior, vimos o impacto da perda de água livre sobre os mecanismos de regulação, tendo constatado que o componente osmótico desempenha um papel muito importante nesses mecanismos. Agora, vamos nos direcionar a um quadro de diminuição da água corpórea de uma forma geral, não necessariamente como uma perda de água livre. Por exemplo, em uma hemorragia há perda de água corpórea, e essa perda é acompanhada por solutos na mesma proporção da do plasma (uma vez que é o próprio plasma que está sendo perdido). Nessa situação, não há alteração de osmolalidade.

A perda de água implica uma diminuição de volume de todos os compartimentos corpóreos. No compartimento vascular, tal diminuição de volume acarreta uma diminuição na pressão arterial média e mecanismos reguladores entram em cena (ver "Circulação" no volume 2 da coleção). Além de eventos relacionados ao sistema cardiovascular, como aumento da frequência cardíaca e vasoconstrição arteriolar generalizada, eventos relacionados à perda de água pelos rins também são desencadeados. Como já citado, esses estímulos são denominados "controle hemodinâmico" da regulação da água corpórea. E, como também já mencionado, os controles hemodinâmico e osmótico operam de maneira sinérgica. Assim, dois dos principais componentes relacionados à regulação pela perda de água, tanto a liberação de ADH quanto o estímulo da sede tomam parte no quadro geral.

Na Figura 22, delineamos a autorregulação renal que mantém, dentro de uma faixa de pressão arterial, o ritmo de filtração glomerular. Vamos considerar, agora, uma diminuição de pressão aquém dessa faixa, o que implica que a autorregulação renal não pode mais operar, assim como não é mais desejável que o ritmo de filtração glomerular seja mantido: é preciso reter água.

Citamos, anteriormente, **o aparelho justaglomerular**. Esse conjunto de células, no qual toma parte a mácula densa, **atua como um sensor de pressão arterial renal e um sensor de NaCl intratubular**. Uma vez que o ritmo de filtração glomerular diminui, a quantidade de NaCl que chega à mácula densa também diminui. Ao mesmo tempo, ocorre a diminuição da pressão de perfusão renal. Esses sinais desencadeiam a liberação de renina pelas células granulares das arteríolas justaglomerulares. Além desse estímulo direto para a secreção de renina, existe, pela ativação simpática decorrente da queda da pressão arterial, o estímulo sobre as células granulares vindo do sistema nervoso autônomo via receptores beta-adrenérgicos. O papel da renina será apresentado logo mais. A Figura 27 apresenta um resumo esquemático dos eventos desencadeados pela diminuição da água corpórea. Note que, além dos eventos associados aos rins, são apresentados eventos relacionados diretamente ao sistema cardiovascular.

Ativação simpática

A ativação do sistema nervoso autônomo simpático ocorre pela queda de pressão arterial. A inervação das arteríolas aferentes e eferentes leva, via receptores alfa-adrenérgicos, à vasoconstrição desses vasos, o que causa uma queda na pressão hidrostática glomerular e consequente diminuição no ritmo de filtração. A ativação simpática também causa, diretamente, um aumento na reabsorção de NaCl ao longo dos néfrons, ainda por via alfa-adrenérgica.

Na via beta-adrenérgica ocorre a estimulação da secreção de renina pelas células granulares das arteríolas aferentes. Como veremos a seguir, a renina toma parte no sistema renina-angiotensina-aldosterona (RAA) e inicia um conjunto muito importante e potente para a recuperação da pressão arterial diminuída.

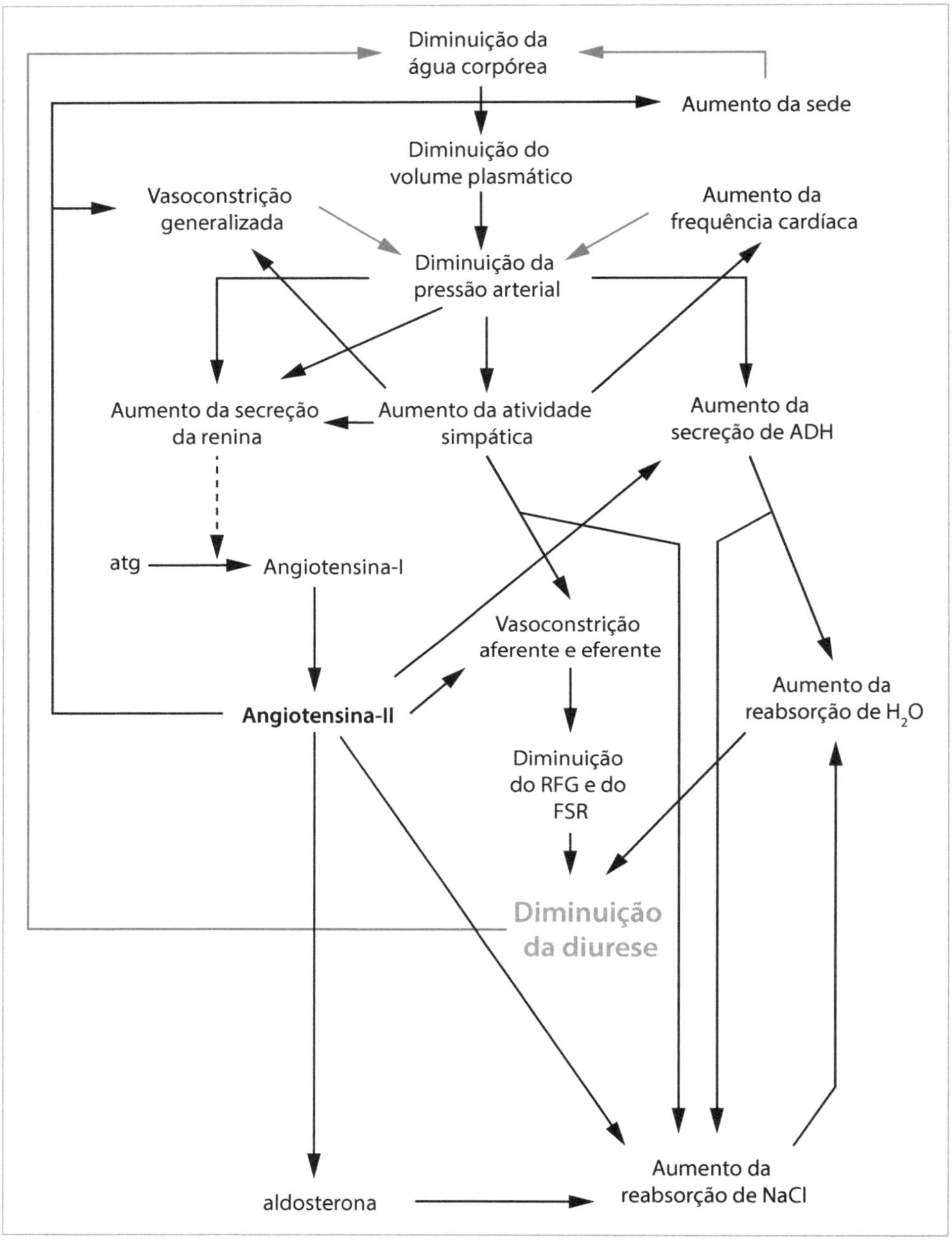

FIGURA 27 Esquema dos eventos desencadeados pela diminuição da água corpórea. As setas pretas devem ser entendidas como "leva a" ou "causa". As setas cinzas devem ser entendidas como "neutraliza", "contrabalanceia" ou "reverte". A seta preta tracejada indica que a renina leva a um aumento na quebra de angiotensinogênio (atg) em angiotensina I. Por clareza visual, omitimos a estimulação da produção de renina em decorrência da diminuição do NaCl na mácula densa.
FSR: fluxo de sangue renal; RFG: ritmo de filtração glomerular.

Resumidamente, **de maneira direta a ativação simpática age via alfa-adrenérgica (vasoconstrição arteriolar e aumento de reabsorção de NaCl) e via beta-adrenérgica (liberação de renina).**

Sistema renina-angiotensina-aldosterona

A renina é produzida por células nas arteríolas aferentes e secretada diante de três estímulos principais:

1. Queda de pressão de perfusão renal.
2. Aumento da atividade simpática.
3. Diminuição da quantidade de NaCl que chega à mácula densa.

A renina é uma enzima proteolítica que quebra o angiotensinogênio plasmático, produzido pelo fígado, **formando angiotensina I**. A angiotensina I é um peptídeo com 10 aminoácidos e não tem efeitos relevantes, porém sofre nova quebra, catalisada pela **enzima de conversão de angiotensina** (**ECA**) presente no endotélio vascular, principalmente dos pulmões e dos próprios rins. A ECA acelera a formação da **angiotensina II**.

A angiotensina II é um dos mais potentes vasoconstritores fisiológicos. Além de promover uma vasoconstrição no organismo como um todo, esse composto induz uma grande constrição das arteríolas renais, causando intensa queda de pressão hidrostática glomerular, levando a uma diminuição do ritmo de filtração. Nota-se que a ação da angiotensina II nas arteríolas renais é diretamente potencializada pela atividade do sistema nervoso autônomo simpático. Ainda nos néfrons, a angiotensina II estimula a reabsorção de NaCl.

Como ações indiretas da angiotensina II, tem-se o estímulo para secreção de ADH pela neuroipófise, cujos efeitos já estudamos, e o estímulo da secreção de aldosterona pelo córtex da glândula adrenal. A aldosterona é um hormônio esteroide que age no ramo ascendente espesso da alça de Henle, no túbulo distal e no ducto coletor, aumentando a reabsorção de NaCl.

Assim, **as ações da angiotensina II são**: (1) vasoconstrição sistêmica, concorrendo para aumento da pressão arterial; (2) intensa vasoconstrição de arteríolas renais, levando a uma diminuição da filtração glomerular; (3) aumento de reabsorção de NaCl, causando aumento da reabsorção de água; (4) estimular secreção de ADH; (5) estimular secreção de aldosterona.

Por outro lado, é importante notar que **o aumento da pressão de perfusão renal e o aumento da quantidade de NaCl na mácula densa inibem a secreção de renina**. Dessa forma, o sistema RAA, como um todo, atua como um mecanismo de controle por retroalimentação negativa na regulação da pressão arterial. A Figura 28 resume os componentes relevantes que participam do sistema RAA e de sua ativação.

Efeitos combinados de osmolalidade e pressão arterial na secreção de ADH

Como citado anteriormente, tanto o aumento da osmolalidade plasmática quanto a queda da pressão arterial são sinais para aumento na secreção de ADH pela neuroipófise (ver Figuras 23 e 27). Também citamos que o estímulo osmótico é mais potente que o

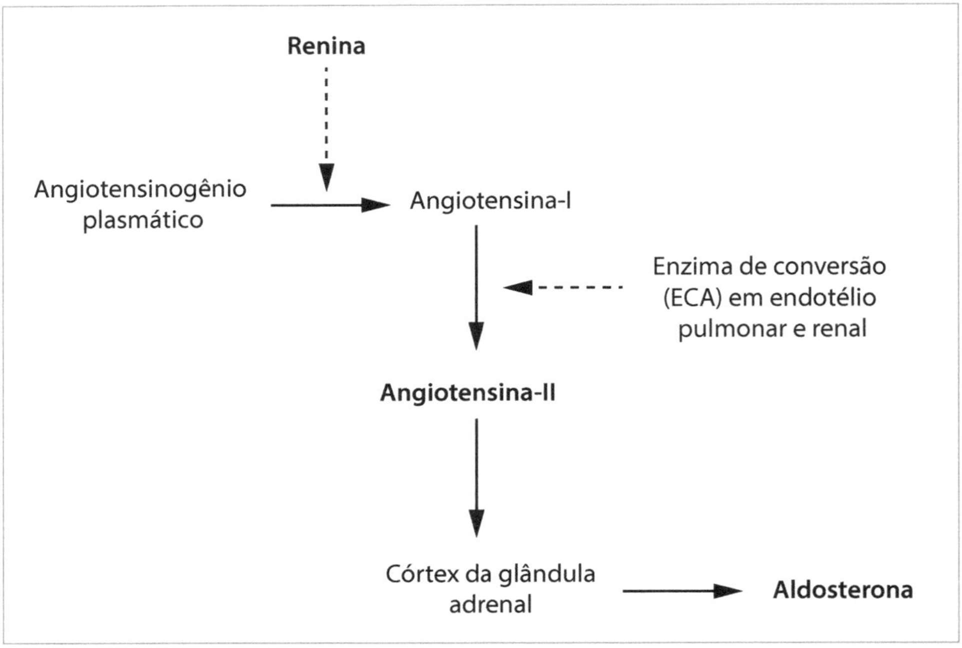

FIGURA 28 Componentes do sistema RAA (renina-angiotensina-aldosterona) e os principais elementos envolvidos em sua ativação.

estímulo hemodinâmico. A Figura 29 ilustra, em uma representação tridimensional, essas relações. Note que, se percorrermos a superfície apresentada na figura paralelamente ao eixo "osmolalidade plasmática", teremos inclinações maiores que se percorrermos paralelamente ao eixo "variação de pressão arterial", exatamente pelas diferentes potências de respostas causadas por esses dois fatores.

Aumento de água corpórea

Apesar de menos comum que a diminuição da água corpórea no ambiente terrestre, pode ocorrer o quadro inverso, isto é, um aumento na quantidade de água no organismo. De maneira semelhante ao que ocorre nos casos de diminuição, o aumento de água pode ser um aumento de água livre (e, portanto, com diminuição da concentração de solutos) ou um aumento isosmótico de água. O aumento hiperosmótico de água decorre da ingestão de soluções hiperosmóticas, como água do mar, e discutimos os eventos relacionados a esse tipo de episódio quando falamos sobre a formação de urina concentrada. Agora, nos ateremos aos casos nos quais ocorre uma expansão do volume extracelular sem nos preocuparmos se há concomitante aumento ou diminuição na carga de solutos (particularmente NaCl), e deixaremos para apresentar esses eventos em uma próxima seção.

Havendo aumento do VEC, todos os mecanismos relacionados à queda de volume apresentados na Figura 27 ficam, em essência, suprimidos. Ao mesmo tempo, com a

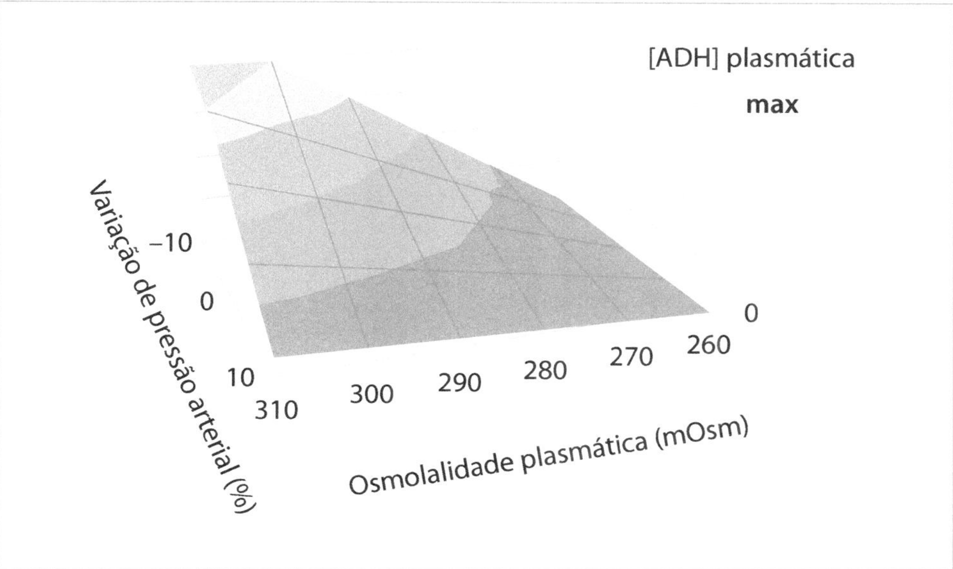

FIGURA 29 Representação 3D da relação entre a concentração plasmática de ADH e a osmolalidade e variação percentual da pressão arterial.
Fonte: Koeppen e Stanton, 2007.

expansão de volume, ocorre aumento da pressão hidrostática, a qual, não contrabalanceada por vasoconstrição das arteríolas aferentes, leva a um aumento da pressão hidrostática glomerular e a aumento do ritmo de filtração.

O aumento do VEC causa uma distensão diastólica das câmaras cardíacas, ou seja, átrios e ventrículos, e da vasculatura pulmonar. Mecanorreceptores nesses locais são denominados "sensores de baixa pressão" (para contrastar com os barorreceptores do arco aórtico e bifurcação das carótidas, que operam como sensores de alta pressão) e, ao serem estimulados, levam a um aumento na secreção de peptídeo atrial natriurético (PAN) pelos átrios e circulação pulmonar e peptídeo cerebral natriurético (PCN) pelos ventrículos. Esses hormônios diminuem a reabsorção de Na^+ (e de Cl^-) nos túbulos distais/ductos coletores, o que diminui a reabsorção de água. Sinergicamente ao PAN e ao PCN, há, nos próprios rins, a liberação de um hormônio de atuação local, a urodilatina, que também diminui a reabsorção de NaCl nos néfrons. Além disso, os túbulos proximais produzem dopamina, a qual, localmente, diminui a reabsorção de NaCl. A Figura 30 resume essas alças de controle da regulação do volume extracelular.

Regulação do NaCl

Como já chamamos a atenção algumas vezes ao longo do capítulo, H_2O e NaCl estão intimamente relacionados. Esse fato pode ser ressaltado pela seguinte "máxima" (Preston, 2011; Koeppen et al., 2007): *para saber o estado do sódio corpóreo, olhe para a água; para saber o estado da água corpórea, olhe para o sódio.*

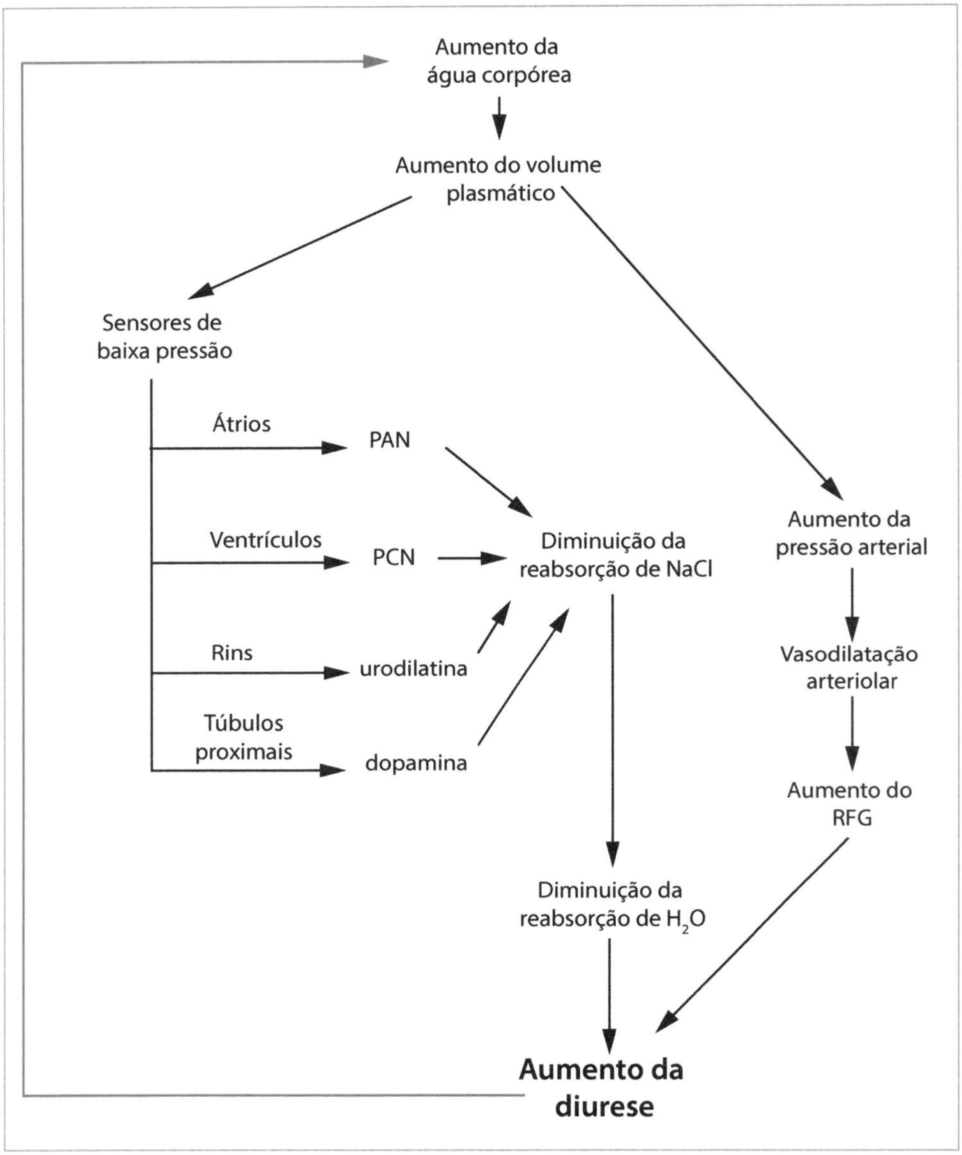

FIGURA 30 Esquema dos eventos desencadeados pelo aumento da água corpórea. As setas pretas devem ser entendidas como "leva a" ou "causa". As setas cinzas devem ser entendidas como "neutraliza", "contrabalanceia" ou "reverte".
PAN: peptídeo atrial natriurético; PCN: peptídeo cerebral natriurético; RFG: ritmo de filtração glomerular.

O que essa frase nos diz é que, se o sódio plasmático está diminuído (ou aumentado), há água em excesso (ou falta). Por outro lado, se há aumento de água (p. ex., edemas), o sódio está sendo retido. As Figuras 27 e 30 nos indicam essas relações e como a manipulação da água é mediada pela manipulação do NaCl. A regulação da reabsorção de NaCl nas condições de aumento de VEC foram apresentadas na seção anterior. Aqui, veremos a regulação do NaCl em condições ditas euvolêmicas, ou seja, condições nas quais existe uma ingestão aumentada (ou diminuída) de NaCl, mas não acompanhada por ingestão de água.[11]

O primeiro fato a ser notado é que há um regime permanente de sódio no organismo, isto é, a quantidade de sódio ingerida será eliminada. O segundo ponto é que esse estado de regime permanente não é atingido quando ocorre uma alteração na quantidade de NaCl ofertada. Ou seja, há um período transiente no qual existe uma alteração na quantidade total de NaCl no organismo.

Esse transiente, com mudança na carga total de NaCl orgânico, é acompanhado por uma alteração na quantidade total de água corpórea, como seria de se esperar, uma vez que as concentrações de Na^+ e Cl^- são mantidas dentro de faixas estreitas. Dessa forma, **ao ocorrer um aumento na ingestão de NaCl, ocorrerá uma retenção maior de água, enquanto o oposto ocorre se há uma diminuição no aporte desse sal**.

Como vimos, praticamente 92% do NaCl filtrado é reabsorvido entre o glomérulo e o túbulo distal. Esses 8% restantes são o montante primariamente manipulado de modo a equalizar a perda urinária à ingestão. A manutenção dessa carga aproximadamente fixa de 8% às porções mais terminais dos néfrons decorre de três mecanismos:

1. Autorregulação renal (a qual permite variações no ritmo de filtração glomerular [RFG] em decorrência da pressão arterial).
2. Aumento (diminuição) da reabsorção de NaCl na alça de Henle em decorrência da própria concentração de NaCl presente no fluido tubular.
3. Fenômeno do balanço glomérulo-tubular pelo ritmo de filtração glomerular.

Desses mecanismos, ainda não conhecemos o terceiro, o qual pode ser entendido como alterações do RFG levando a alterações na carga de Na^+ na urina. Essas alterações de RFG implicam a própria quantidade de NaCl que passa ao fluido tubular e, na ausência de alteração de reabsorção no túbulo proximal e na alça de Henle, levam a uma alteração na carga de NaCl que chega ao túbulo distal/ducto coletor, permitindo, assim, a manipulação de reabsorção nesses segmentos.

O principal regulador da carga de Na^+ (e Cl^-) excretada na urina é a aldosterona. Como vimos, esse hormônio toma parte do sistema RAA e tem sua secreção estimulada pela angiotensina II. **A aldosterona age no ramo ascendente espesso, túbulo distal e ducto coletor, aumentando a reabsorção de Na^+ em troca de K^+**, com consequente aumento da reabsorção de Cl^- – note, assim, que as ações da aldosterona e do ADH são complementares em aumentar o VEC (Scott et al., 2021).

Enquanto a aldosterona diminui a excreção urinária de sódio, o aumento da ingestão de NaCl leva à liberação, no trato gastrointestinal, de **guanilina** e **uroguanilina**. Esses

11 Note que estamos fazendo referência à ingestão por ser esse o processo fisiológico básico por trás de variações na carga de sal. Contudo, outras situações não fisiológicas, como a infusão intravenosa de solução hipertônica, podem ser facilmente consideradas de modo similar.

hormônios causam menor reabsorção tanto de água quanto de NaCl nas porções finais dos néfrons, aumentando, assim, a perda renal de sódio e cloro.

Como mencionado inicialmente, alterações na carga de NaCl ingeridas serão contrabalanceadas por alterações de excreção, havendo, contudo, um período transiente no qual a ingestão e a excreção não são de igual monta. Para pequenas variações da ingestão, o período transiente é curto, porém, para grandes alterações, esse transiente se torna mais longo (Koeppen and Stanton, 2007). A Figura 31 ilustra o período transiente para uma alteração significativa na ingestão de NaCl.

De maneira similar à sede ("apetite por água"), existe, também, o "apetite por sal", ou mais especificamente, por sódio. Neurônios relacionados a tal apetite se encontram próximos aos grupos de neurônios relacionados à sede, na *lamina terminalis*, e, também, no núcleo do trato solitário. A ativação desses neurônios ocorre pela presença de aldosterona e angiotensina II (Augustine et al., 2020).

Tabela dos principais hormônios relacionados à regulação de água e NaCl

De modo a termos uma visão sintética das alças de controle envolvidas na regulação orgânica de água e NaCl, apresentamos, de maneira tabular, os principais hormônios que estudamos relacionados a essas regulações. Na Tabela 5 constam, adicionalmente, prostaglandinas. Esses compostos, que não são propriamente hormônios, mas fatores de liberação e atuação locais, foram colocados na tabela por sua importância em manter

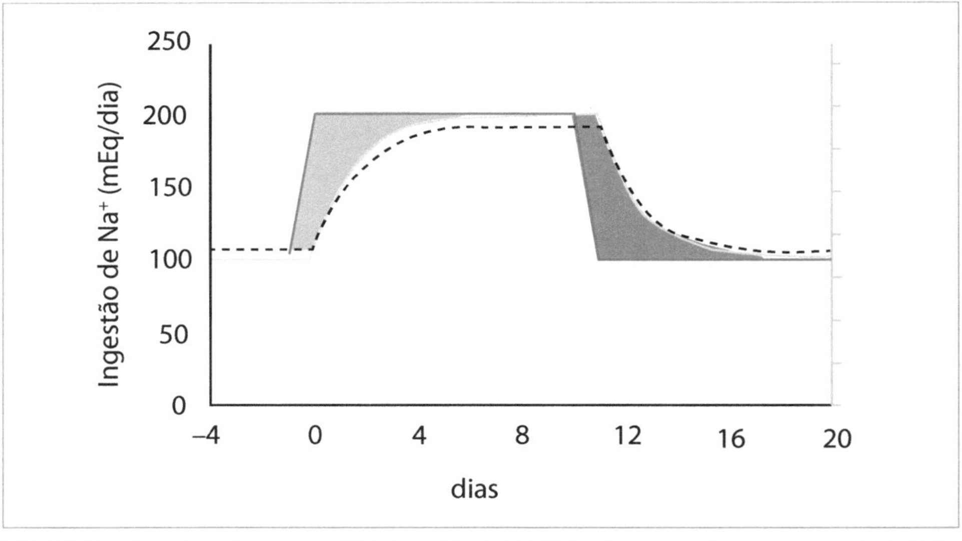

FIGURA 31 Relação entre a carga diária ingerida de Na^+ (linha cinza escuro) e a carga excretada (linha cinza claro) ao longo do tempo para mudanças significativas na ingestão (dias 0 e 11). A área em cinza claro representa ganho (balanço positivo) e a área em cinza escuro representa perda (balanço negativo) de sódio. A linha tracejada ilustra a variação de massa corpórea (isto é, água) que acompanha os balanços positivo e negativo de Na^+.
Fonte: adaptada de Koeppen e Stanton, 2007.

um grau de vasodilatação renal contrabalanceando as ações vasoconstritoras intensas de outros compostos, como angiotensina II e adrenalina/noradrenalina. Essa ação dilatadora é importante para manter o fluxo sanguíneo renal necessário para a viabilidade das células desse órgão. Na ausência dessa ação, como pelo uso indevido de certos compostos anti-inflamatórios não hormonais, ou no excesso de atividade vasoconstritora, como no choque hipovolêmico, pode ocorrer a morte de células tubulares pela baixa perfusão sanguínea. Essa morte celular terá consequências na qualidade e quantidade da urina formada, resultando em desbalanços orgânicos ainda maiores.

TABELA 5 Principais hormônios envolvidos na regulação de água e NaCl

Hormônio	Condição	Ação
	Diminuição geral de eliminação de H_2O e de NaCl	
Adrenalina/noradrenalina [SNA simpático]	Diminuição do VEC	1. Vasoconstrição aferente via receptores alfa 1 causando diminuição do RFG e do FSR 2. Aumento da reabsorção de H_2O e NaCl {TP, RAE, TD, DC} 3. Secreção de renina via receptores beta
ADH (vasopressina) [neuroipófise]	Aumento da osmolalidade plasmática/diminuição do VEC	Aumento da reabsorção de H_2O {TD, DC}
Renina [ver sistema RAA]	Diminuição do VEF/diminuição da pressão arterial	Quebra do angiotensinogênio circulante em angiotensina I
Angiotensina II [ver sistema RAA]	Aumento da renina circulante	1. Vasoconstrição arteriolar 2. Aumento de reabsorção de NaCl {TP, RAE, TD, DC} 3. Aumento da secreção de aldosterona 4. Aumento da secreção de ADH 5. Aumento da sede
Aldosterona [córtex adrenal – ver sistema RAA]	Aumento da angiotensina II/ aumento do [K^+] plasmático	1. Aumento da reabsorção de H_2O e NaCl {RAE, TD, DC} 2. Aumento da secreção de potássio
	Aumento geral de eliminação de H_2O e de NaCl	
Dopamina [túbulo proximal]	Aumento do VEC	Diminuição da reabsorção de H_2O e NaCl {TP}
PAN [átrios]/PCN [ventrículos]	Aumento do VEC	1. Diminuição da reabsorção de H_2O e NaCl {DC} 2. Diminuição da secreção de ADH
Uroguanilina/guanilina [intestino]	Ingestão de NaCl	Diminuição da reabsorção de H_2O e NaCl {TP, DC}
Prostaglandinas (PGI_2, PGE_1, PGE_2) [produção local nos rins]	Desidratação/estresse/ angiotensina II/atividade do SNA simpático	Contrabalanceamento da vasoconstrição renal induzida, com aumento do FSR

Entre colchetes: local de produção; entre chaves: local de atuação.
ADH: hormônio antidiurético; DC: ducto coletor; FSR: fluxo sanguíneo renal; PAN: peptídeo atrial natriurético; PCN: peptídeo cerebral natriurético; RAE: ramo ascendente espesso da alça de Henle; RAA: renina-angiotensina-aldosterona; RFG: ritmo de filtração glomerular; SNA: sistema nervoso autônomo; TD: túbulo distal; TP: túbulo proximal; VEC: volume extracelular.

Regulação de K^+

O potássio é o mais abundante cátion no meio intracelular e, com sódio, cloro e proteínas, forma o núcleo funcional dos processos eletrofisiológicos de membrana e de regulação de volume celular (ver "Difusão e potenciais" no volume 1 da coleção). Sua concentração extracelular é baixa, ao redor de 3 a 4 mM, sendo essa a faixa normal encontrada no plasma. Ao sair da faixa fisiológica de concentração, o potássio gera grandes impactos ao funcionamento celular, levando, com facilidade, a quadros potencialmente letais.

A atenção que se deve ter a esse íon decorre do fato de que seu grande *pool* se encontra no ambiente intracelular e, assim, existe um tamponamento de suas alterações extracelulares decorrente das quantidades em cada compartimento. Tomando-se uma mulher de 55 kg e um homem de 75 kg, temos, em decorrência da água nos diferentes compartimentos corpóreos (ver "Compartimentos líquidos corpóreos"), os seguintes valores aproximados de K^+:

	$[K^+]$ (mEq/litro)		K^+ total (mEq)			Razão IC/EC
	Extracelular	**Intracelular**	**Extracelular**	**Intracelular**	**Organismo**	
Mulher (55 kg)	4	140	37	2.567	2.604	70
Homem (75 kg)			60	4.200	4.260	

Assim, há, aproximadamente, **70 vezes a quantidade de potássio no ambiente intracelular em relação ao extracelular** e **pequenas variações na quantidade total no compartimento extracelular podem ser tamponadas a partir do compartimento intracelular**. É por esse motivo que, **quando se detectam alterações da concentração de potássio plasmática, o quadro é potencialmente grave**: o ambiente intracelular já se encontra depletado ou sobrecarregado desse cátion.

Aumentos na concentração plasmática de potássio levam a um aumento na secreção de aldosterona. Como vimos, esse hormônio induz um aumento na reabsorção de Na^+, o que se dá à custa de uma diminuição na reabsorção de K^+, elevando, assim, a excreção renal desse último. Em razão desse mecanismo, pacientes com insuficiência renal crônica geralmente apresentam quadros de hiperpotassemia.[12]

Além de aumentar a secreção de K^+ nos túbulos distais e ductos coletores, a aldosterona promove a entrada de potássio nas células. Esse efeito, de aumentar a entrada de potássio, também é realizado pela insulina e pela adrenalina, e **a insulina é o hormônio**

12 Por motivos históricos, é costume se referir às alterações de potássio plasmático por hipocalemia, no caso de diminuição, e por hipercalemia, no caso de aumento, o que em inglês não gera confusões, pois se escrevem *hypokalemia* e *hyperkalemia*, respectivamente. Contudo, em português, existe uma grande possibilidade de confusão entre esses termos e os referentes ao cálcio: hipocalcemia e hipercalcemia, respectivamente. Dessa forma, apesar de não ser o usual em clínica, utilizaremos hipopotassemia e hiperpotassemia para nos referirmos às alterações de concentração plasmática de potássio, evitando possíveis confusões.

de maior importância na transferência de uma carga de potássio ingerida para o compartimento intracelular.

O ADH promove um aumento na secreção de potássio, também por aumentar a reabsorção de Na^+ como a aldosterona, porém esse efeito é pequeno. Por outro lado, a diminuição do ADH pode levar a um aumento na perda de potássio pelo aumento de diurese, como já vimos em termos de perdas totais de solutos na urina.

Os néfrons não conseguem reabsorver potássio na mesma magnitude em que são capazes de reabsorver sódio. Como consequência, indivíduos em dietas com baixa quantidade de potássio podem desenvolver hipopotassemia pela incapacidade de reter esse íon.

Parte da regulação do potássio decorre de mecanismos que independem de alças hormonais de controle. A elevação do potássio plasmático aumenta a atividade da Na^+/K^+-ATPase na membrana basolateral das células dos túbulos distais e ductos coletores, o que aumenta a concentração intracelular de K^+ e, com isso, aumenta a saída desse cátion na membrana apical, indo para a luz tubular. Além disso, a própria hiperpotassemia induz um aumento na permeabilidade (canais) de potássio na membrana apical, facilitando ainda mais sua extrusão para a luz tubular.

O aumento do fluxo de fluido tubular é um estímulo mecânico que eleva a excreção de potássio na urina. O mecanismo relacionado a esse efeito se dá por uma organela celular denominada **cílio primário**, que atua como um sensor mecânico e químico (Praetorius e Spring, 2003; Kormarynets et al., 2020) (Figura 32). Uma discussão mais aprofundada sobre esse mecanismo vai além dos objetivos do presente texto. Contudo, é interessante notar que estudos recentes indicam que a aldosterona pode ter um papel no comprimento dessas organelas (Kormarynets et al., 2020) (e, consequentemente, na percepção mecânica e química do fluido tubular) e, assim, se não regula, ao menos modula, em uma alça de controle hormonal, a sensibilidade desse mecanismo relacionado à reabsorção de Na^+ e à excreção de K^+.

Condições não fisiológicas de alteração do potássio

Alterações na osmolalidade plasmática levam a alterações de potássio extracelular. Isso ocorre pela transferência de água, por osmose, entre os compartimentos. Assim, uma elevação da osmolalidade plasmática causa saída de água das células e, consequentemente, um aumento na concentração intracelular de potássio, o que leva a uma maior saída desse cátion para o fluido extracelular. O efeito oposto ocorre quando há diminuição da osmolalidade plasmática. Uma estimativa desse efeito pode ser feita: para cada 10 mOsm kg^{-1} de aumento na osmolalidade plasmática, espera-se um acréscimo entre 0,4 e 0,8 mEq por litro (Koeppen e Stanton, 2007), o que corresponde a, aproximadamente, 10 mEq de K^+ saindo do compartimento intracelular. Nota-se que, em termos do total de potássio intracelular, isso não representa algo significativo, porém, o impacto no extracelular é grande. Voltaremos a essas questões acerca de quantidades mais ao final do capítulo.

Certas condições patológicas, particularmente o *diabetes mellitus* não tratado, podem ser complicadas por esse trânsito de potássio decorrente de alterações osmóticas. Vamos, a título de exemplo, considerar um paciente diabético cuja glicemia se encontra

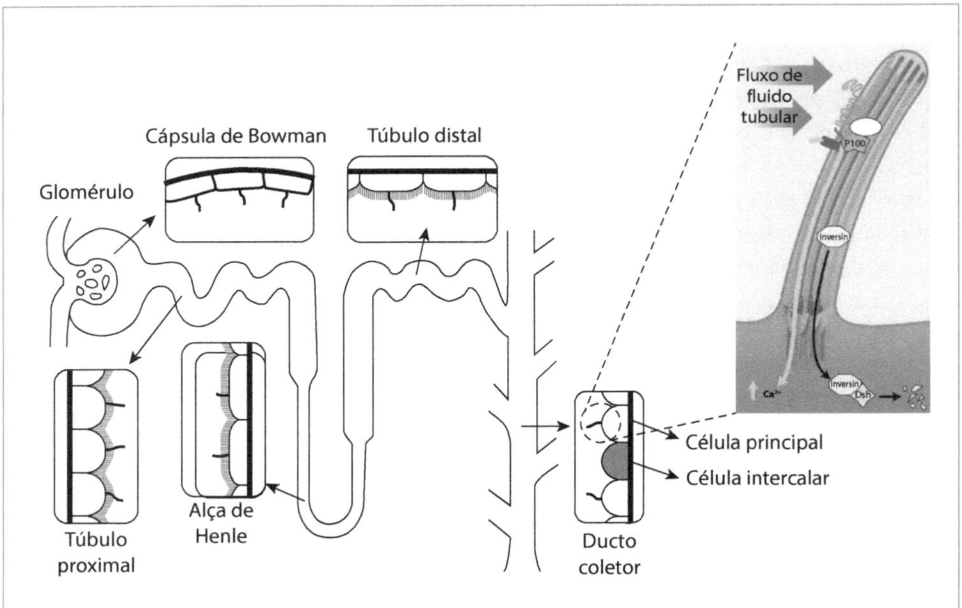

FIGURA 32 Cílios primários ao longo do néfron, com esquema do aumento da concentração de cálcio causada pelo efeito mecânico do fluxo de fluido tubular sobre o cílio (*inset*).

em 360 mg por decilitro (valores fisiológicos se encontram ao redor de 90 mg/dL). Isso representa um acréscimo de 15 mOsm na osmolalidade plasmática (ver "Osmolalidade e tonicidade") além do esperado para a glicose. Como acabamos de ver, uma elevação da concentração plasmática do potássio, ao redor de 1 mEq por litro (i. e., $[K^+]_{plasmática} \cong 5$ mEq/L), ocorre e, associada a uma secreção rebaixada de insulina (no caso de diabetes tipo 1), pode representar risco para o desenvolvimento de uma hiperpotassemia grave. Por outro lado, durante a correção do quadro, com a administração de insulina e eventual oferta de água, uma intensa transferência de potássio para o compartimento intracelular poderá ser desencadeada, levando, agora, a uma potencial hipopotassemia grave.

Finalmente, é importante apresentar como distúrbios ácido-básicos causam alterações na excreção urinária de potássio. Em quadros agudos, uma **alcalose leva a aumento na secreção renal de potássio**, enquanto uma acidose desencadeia diminuição. Esses efeitos podem ser entendidos ao recordarmos que o potássio se comporta como um íon forte (ver o capítulo "Regulação ácido-base" deste volume) e, assim, **aumentar a concentração de K^+ na urina implica diminuir a de H^+** (ou aumentar a de HCO_3^-), e vice-versa.

A alcalose metabólica crônica acentua essa perda renal de potássio. Em um aparente **efeito paradoxal**, a acidose metabólica crônica também passa a ter um aumento na perda renal de K^+. Isso se deve à saída de K^+ celular para o plasma sanguíneo como parte da resposta de compensação do distúrbio no pH (mesmo motivo apontado anteriormente). O acréscimo da potassemia leva a um aumento na secreção de aldosterona, o que, como já vimos, causa um incremento na perda urinária de potássio. Caso a alcalose ou a acidose sejam acompanhadas por perda de água, isto é, contração do VEC, a perda renal de potássio é ainda mais acentuada, dado o aumento sobreposto de liberação de aldosterona.

A Figura 33 apresenta a relação entre a concentração plasmática de potássio e a secreção desse cátion em túbulo distal e ducto coletor sob diferentes condições de pH. E isso nos leva ao nosso próximo tópico.

Regulação de H^+

Nosso último tópico nesta seção sobre regulações são as alterações na excreção de íons H^+ e HCO_3^- em decorrência de distúrbios ácido-básicos. As questões relacionadas aos distúrbios de pH são tratadas no capítulo "Regulação ácido-base". Aqui nos ateremos a alguns aspectos de eventos renais relacionados aos íons citados.

A taxa de carga ácida excretada, $\dot{A}_{exc}$, pode ser aproximada como:

$$\dot{A}_{exc} = Q_U \cdot ([NH_4^+] + [AT] - [HCO_3^-])$$

Sendo Q_U o fluxo urinário e AT os ácidos tituláveis (não voláteis) medidos na urina. Em condições normais (i. e., sem distúrbios de pH), a eliminação de bicarbonato é praticamente nula ($HCO_3^- \cong 0$). O amônio é estimado indiretamente, pelo *anion gap* urinário: $[Na^+] + [K^+] - [Cl]$, e valores negativos do *anion gap* urinário são tomados como iguais a $[NH_4^+]$. Os mecanismos relacionados à formação de amônio no fluido

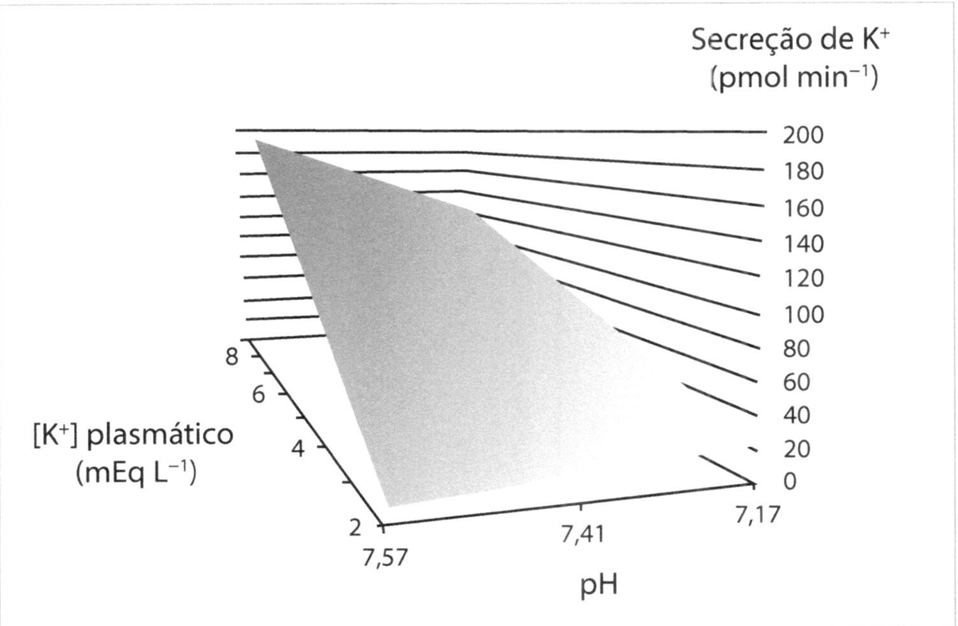

FIGURA 33 Representação 3D da relação entre a secreção de potássio no túbulo distal e ducto coletor e concentração e pH plasmáticos. Note que o pH mais alcalino acentua a taxa de secreção de K^+. Fonte: Koeppen e Stanton, 2007.

tubular, bem como a participação da glutamina nesses eventos, foram apresentados em outra seção deste capítulo. No caso de acidoses, há aumento da excreção de amônio e de ácidos tituláveis, ao passo que, em alcaloses, essas secreções diminuem e há redução da reabsorção de bicarbonato.

QUANTIFICAÇÃO DA FUNÇÃO RENAL

Nas seções anteriores, vimos os mecanismos essenciais de operação dos rins. Agora, vamos estudar como quantificar três importantes mecanismos básicos do funcionamento desses órgãos: o *clearance* ou taxa de depuração de um dado composto, o ritmo de filtração glomerular (RFG) e o fluxo sanguíneo renal (FSR).

Princípio de conservação de massa aplicado aos rins

Para estudarmos dois mecanismos que citamos anteriormente, isto é, o RFG e o FSR, veremos como o princípio geral de conservação de massa pode ser aplicado. O princípio de conservação de massa (ou balanço de massa ou de matéria) nos garante que o total de matéria que entra nos rins é igual ao total que sai. Vejamos a Figura 34.

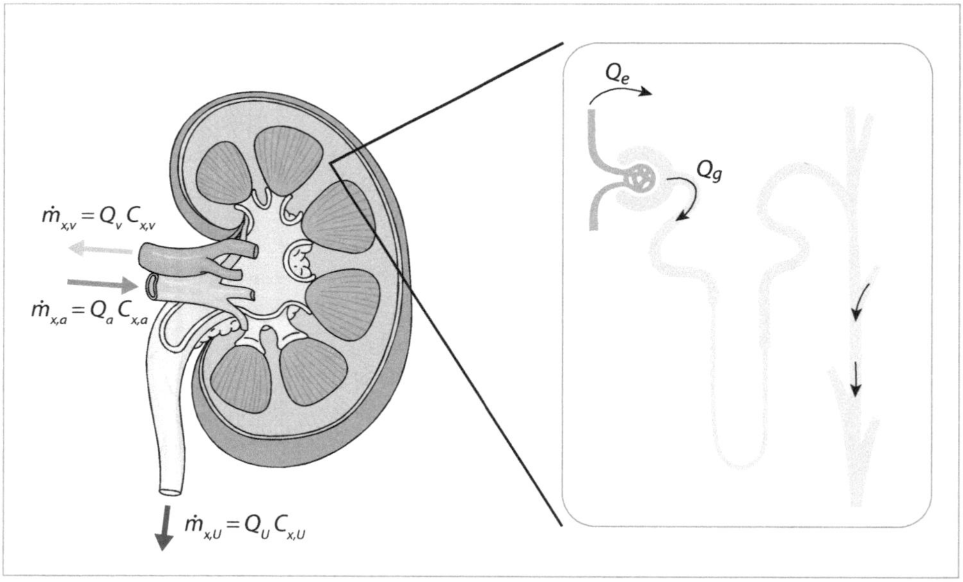

FIGURA 34 Apresentação esquemática dos fluxos de matéria nos rins. No *inset*, vemos os fluxos em um glomérulo. Ver texto para simbologia.

No esquema apresentado na Figura 34, temos as seguintes grandezas envolvidas:

Q: fluxo de fluido
C_x: concentração de um componente "x" específico

$\dot{m}_x$: fluxo de um componente "x" específico
a: plasma na artéria renal
v: plasma na veia renal
e: arteríola eferente
g: fluido glomerular no espaço de Bowman/início do túbulo proximal
U: urina

Como ilustrado na Figura 34, os fluxos de um dado componente "x" são obtidos pelo produto do fluxo de fluido vezes a concentração de "x" nesse fluido. Uma vez que a massa se conserva, temos as seguintes igualdades:[13]

$$\dot{m}_{x,a} = \dot{m}_{x,v} + \dot{m}_{x,U} \qquad \text{Equação 1a}$$

$$\dot{m}_{x,a} = \dot{m}_{x,e} + \dot{m}_{x,g} \qquad \text{Equação 1b}$$

A equação 1a nos diz que toda a matéria "x" que entra pela artéria renal deve surgir na veia renal e na urina, enquanto a equação 1b nos diz que, em um glomérulo, toda a matéria que chega pelas arteríolas aferentes deve surgir nas eferentes e no fluido no espaço de Bowman. De acordo com a Figura 34, as igualdades dessas duas equações se tornam, respectivamente:

$$Q_a \cdot C_{x,a} = Q_v \cdot C_{x,v} + Q_U \cdot C_{x,U} \qquad \text{Equação 2a}$$

$$Q_a \cdot C_{x,a} = Q_e \cdot C_{x,e} + Q_g \cdot C_{x,g} \qquad \text{Equação 2b}$$

E, em termos de fluxo, a conservação de massa implica:

$$Q_a = Q_e + Q_g \qquad \text{Equação 2c}$$

Taxa de depuração ou *clearance*

O *clearance* de uma substância "x" é uma taxa que indica o volume de plasma que tem todo o seu "x" eliminado por unidade de tempo. Assim, a taxa de depuração, ou *clearance*, é um fluxo de fluido: volume tempo^{-1} (p. ex., mL min^{-1}). Pela definição que acabamos de dar para a taxa de depuração, isto é, um volume de plasma que tem todo o composto "x" eliminado por unidade de tempo, obtém-se a seguinte igualdade:

$$\mathbb{D}_x \cdot C_{x,a} - Q_U \cdot C_{x,U} = 0$$

13 O modo estritamente correto de escrever as equações 1 e 2 seria $\dot{m}_{x,a} = -(\dot{m}_{x,v} + \dot{m}_{x,U})$ e $\dot{m}_{x,a} = -(\dot{m}_{x,e} + \dot{m}_{x,g})$, respectivamente. Isso porque os fluxos do lado direito das igualdades são de saída e, assim, em relação à entrada, são negativos. Por simplicidade didática, estamos tratando todos os fluxos como "positivos".

Sendo $\mathbb{D}_x$ a taxa de depuração. Note que essa igualdade decorre da definição de *clearance* e não de um balanço de massa estrito. Em outras palavras, o valor de $\mathbb{D}_x$ é um valor encontrado para resolver a equação, e não um valor que está implícito pela conservação de matéria. Logo:

$$\mathbb{D}_x \stackrel{\text{def}}{=} \frac{Q_U \cdot C_{x,U}}{C_{x,a}} \qquad \text{Equação 3}$$

Note que realçamos "$\stackrel{\text{def}}{=}$" de modo a tornar explícito que o *clearance* ou a taxa de depuração é um valor obtido por definição. Assim, *inversões na equação 3 devem ser evitadas*, ou o contexto no qual se faz uma eventual troca de lados entre os termos deve estar muito bem delineado. Em outras palavras, enquanto $\mathbb{D}_x$ é um valor obtido por definição, os demais termos na equação 3 são medidas reais.

Vamos considerar um exemplo numérico. Suponha que se tenha uma concentração urinária de sódio de 60 mM, um volume urinário de 24 horas de 1,2 litro e uma concentração plasmática de 138 mM; e de potássio, os mesmos 60 mM na urina e 4 mM no plasma. Com esses valores, obtemos:

$$\mathbb{D}_{Na^+} = \frac{1{,}2 \cdot 60}{138} = 22\ mL\ h^{-1}$$

$$\mathbb{D}_{K^+} = \frac{1{,}2 \cdot 60}{4} = 750\ mL\ h^{-1}$$

Vemos, por esses números, que, a cada hora, 22 mililitros de plasma têm todo o seu sódio eliminado, enquanto, por hora, 750 mililitros de plasma têm todo o seu potássio eliminado. De uma outra maneira, suponha que o fluxo de plasma renal seja de 40 litros por hora (fluxo sanguíneo de 1,1 litro por minuto com hematócrito de 0,4, ver Tabela 3). Desses 40.000 mililitros, 39.978 não têm o seu sódio alterado e 22 mL têm todo o seu sódio removido; e 39.250 mL não têm o seu potássio alterado e 750 mL têm todo o potássio removido.

Esses valores ressaltam alguns aspectos que já discutimos anteriormente: a reabsorção de sódio é intensa, pois se relaciona tanto ao balanço desse cátion quanto ao do cloro, assim como ao balanço de água; e, por outro lado, o potássio tem uma eliminação geralmente mais elevada. No exemplo acima, a depuração de potássio é 34,5 vezes mais elevada que a de sódio.

Habitualmente, a taxa de depuração é feita para compostos cuja eliminação é mais elevada que a eliminação de íons. Assim, geralmente, as unidades de depuração são mililitros por minuto (e não por hora, como no exemplo).

Vamos passar, agora, aos índices de função relacionados ao balanço de massa propriamente dito.

Ritmo de filtração glomerular e fluxo sanguíneo renal

Pela equação 2b, temos que o ritmo de filtração glomerular[14] é:

$$Q_g = \frac{Q_a \cdot C_{x,a} - Q_e \cdot C_{x,e}}{C_{x,g}} \qquad \text{Equação 4}$$

Note que, diferentemente da equação 3, essa equação não é a de uma grandeza obtida por definição e, mais ainda, o valor de Qg independe do composto "x" que se esteja examinando. Não nos esquecendo de que o ritmo de filtração glomerular é o fluxo que passa dos capilares glomerulares ao espaço de Bowman, então:

$$RFG = Qg$$

Contudo, apesar de completamente correta, a equação 4 não é muito útil, dado que para obter o RFG (i. e., Qg) é preciso obter muitas outras variáveis de difícil mensuração. Por exemplo, $C_{x,e}$ é a concentração do composto "x" nas arteríolas eferentes.

A quantidade de ultrafiltrado que sai dos capilares glomerulares para o espaço de Bowman é maior na porção aferente dos capilares em relação à porção eferente, pelas forças de Starling, como já vimos. Contudo, **para os compostos que são filtrados livremente**, como é o caso da glicose e dos íons inorgânicos, **a concentração do que é filtrado não se modifica ao longo dos capilares glomerulares**, pois, para esses compostos, a saída para o espaço de Bowman é, **qualitativamente**, a mesma, independentemente das forças de Starling. Isso está representado na Figura 35. **Assim, existe uma igualdade de concentração dos compostos filtrados livremente entre o que se encontra à entrada arterial, o fluido no espaço de Bowman e o plasma nas arteríolas eferentes.**

Vamos, então, considerar um composto que seja filtrado livremente, porém não seja reabsorvido, tampouco secretado ao longo dos néfrons. Vamos chamar esse composto de "y". Isso significa que, para esse composto, o que sai dos rins pelas veias renais é exatamente a mesma quantidade que vai pelas arteríolas eferentes:

$$Q_e \cdot C_{y,e} = Q_v \cdot C_{y,v}$$

Além disso, como vimos, as seguintes igualdades se aplicam:

$$C_{y,a} = C_{y,e} = C_{y,g}$$

Aplicando a equação 2c na equação 2a:

$$(Q_e + Q_g) \cdot C_{y,a} = Q_v \cdot C_{y,v} + Q_u \cdot C_{y,U}$$

14 Não devemos nos esquecer que o ritmo de filtração glomerular é um fluxo.

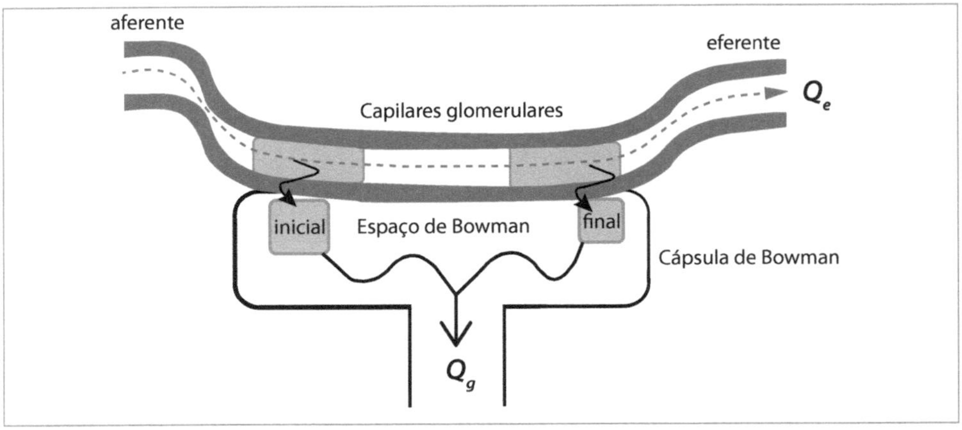

FIGURA 35 Representação esquemática da ultrafiltração ao longo dos capilares glomerulares para compostos filtrados livremente. A quantidade ultrafiltrada inicial ("inicial") é maior que a quantidade ultrafiltrada ao final ("final"). Contudo, como *qualitativamente* o que sai do vaso sanguíneo é independente da força de ultrafiltração local, então a concentração destes compostos é, basicamente, a mesma ao longo do capilar tanto na porção inicial quanto na final (representado através da coloração cinza) o que sai do vaso sanguíneo é similar, independentemente da força de ultrafiltração local, então a concentração desses compostos é, basicamente, a mesma ao longo do capilar. Consequentemente, as concentrações desses compostos na porção arterial aferente, no espaço de Bowman e na porção eferente são as mesmas.

A concentração urinária de y não é a mesma da glomerular, pois, apesar de não haver nem reabsorção nem secreção do próprio y, água é reabsorvida ao longo dos néfrons. Rearranjando os termos na equação citada, temos:

$$Q_g \cdot C_{y,a} = Q_U \cdot C_{y,U} + (Q_v \cdot C_{y,v} - Q_e \cdot C_{y,a})$$

Note o termo entre parênteses. Como $Q_e \cdot C_{y,e} = Q_v \cdot C_{y,v}$ (ver acima), ele pode ser escrito como:

$$Q_v \cdot C_{y,v} - Q_e \cdot C_{y,a} = Q_e \cdot C_{y,e} - Q_e \cdot C_{y,a}$$

Contudo, como $C_{y,a} = C_{y,e}$, esse termo vale zero e obtemos:

$$RFG = Q_g = \frac{Q_U \cdot C_{y,U}}{C_{y,v}} \qquad \text{Equação 5}$$

Colocamos $C_{y,a} = C_{y,v}$, pois assumimos que entre a parte venosa e a arterial da circulação não há alteração significativa na quantidade de água plasmática (ver Figura 18).

Dessa maneira, *para um composto que é filtrado livremente e não é nem secretado nem reabsorvido ao longo dos néfrons, o ritmo de filtração glomerular pode ser obtido pela razão entre o produto do fluxo urinário vezes a concentração urinária dividido pela concentração plasmática do composto.*

Consideramos, agora, um composto que é, ao longo do néfron, completamente secretado, sem haver reabsorção. Dessa forma, independentemente de sua taxa de filtração, esse composto terá concentração venosa zero, pois todo ele é retirado do sangue. Assim, para um composto desse tipo, ao qual chamaremos composto "z", tem-se:

$$Q_a \cdot C_{z,a} = Q_v \cdot 0 + Q_U \cdot C_{z,U} = Q_U \cdot C_{z,U}$$

Consequentemente:

$$Q_a = Q_v \cdot \frac{C_{z,U}}{C_{z,a}} \qquad \text{Equação 6a}$$

Lembrando que Q_a é o fluxo plasmático arterial renal, o fluxo sanguíneo FSR será:

$$FSR = \frac{Q_a}{1-H_t} = \frac{Q_U}{(1-H_t)} \cdot \frac{C_{z,U}}{C_{z,a}} \qquad \text{Equação 6b}$$

Sendo H_t o hematócrito em fração.[15] Vamos, agora, ver quais são os compostos que se comportam como os compostos "y" ou "z" que já foram delineados.

Inulinas

As inulinas são polímeros de frutose que ocorrem naturalmente em várias espécies de plantas. Esses polímeros se comportam como o composto "y", ou seja, uma vez filtrados, não são nem secretados nem reabsorvidos. Poderíamos, então, utilizar uma inulina em conjunto com a equação 5 para estimar o ritmo de filtração glomerular. Contudo, a equação 5 contém uma armadilha: a concentração venosa (ou arterial) do composto deve ser fixa ao longo do período de medidas, pois isso é o que garante a equivalência entre a filtração e a concentração urinária.

Dessa maneira, a utilização de inulinas para estimar o RFG pressupõe que o composto esteja sendo administrado em uma taxa que mantenha a concentração plasmática relativamente fixa durante um período para que sejam feitas as medidas. Com isso, a utilização de inulina para estimar o RFG termina sendo um procedimento de laboratórios científicos experimentais, mas não é um procedimento viável para a prática clínica. O ideal seria algum composto que já estivesse naturalmente em regime permanente no organismo.

Creatinina

A creatinina (Cr) é um subproduto do metabolismo da creatina-fosfato (Cr-P) muscular (ver o capítulo "Energética" deste volume) e é liberada a uma taxa mais ou menos constante dessas células para o sangue. A creatinina é filtrada, reabsorvida e secretada.

15 Esse fator de correção é para transformar o fluxo de plasma em fluxo de sangue total. Note que, se o hematócrito é zero, isto é, a solução que passa pelos rins é somente um fluido sem elementos figurados (celulares), o FSR é idêntico ao próprio fluxo. Se o hematócrito se aproxima de 1, ou seja, praticamente não há plasma, o FSR tende a ser muito mais elevado que o fluxo plasmático, por motivos claros.

Contudo, as taxas de reabsorção e de secreção da creatinina são muito similares o que torna sua dinâmica nos néfrons parecida com a do nosso pressuposto "y": filtrado, porém nem secretado nem reabsorvido.

Como mencionamos, sua produção é relativamente constante, o que mantém a concentração plasmática como necessário para que a equação 5 possa ser aplicada. Note, no entanto, que, neste caso, a equação 3 é igual à equação 5, ou seja, **para compostos que se comportam como nosso pressuposto "y", a taxa de depuração (*clearance*) é igual ao RFG:**

$$\mathbb{D}_{cr} = \frac{Q_U \cdot C_{cr,U}}{C_{cr,v}} = Q_g = RFG$$

Dessa maneira, o *clearance* de creatinina é utilizado para estimar o RFG e, com isso, inferir a presença de doenças afetando o funcionamento renal.

Para-amino-hipurato

O para-amino-hipurato (PHA) é um composto obtido artificialmente por meio do aminoácido glicina e do ácido para-aminobenzoico. Historicamente, seu uso se deu na Segunda Guerra Mundial quando era utilizado para prolongar o tempo de permanência da penicilina no organismo. A penicilina é secretada nos rins e o PHA compete pelos transportadores, tendo maior afinidade, o que retarda a eliminação daquele antibiótico. É exatamente essa propriedade do PHA – alta afinidade por transportadores que levam à secreção – que o torna útil para estimar o fluxo sanguíneo renal e/ou o fluxo plasmático renal (ver equações 6a e 6b). Isso porque o PHA é praticamente eliminado por completo na passagem do sangue pelos rins: a concentração venosa é ao redor de 10% da arterial (Calcagno e Rubin, 1963; Warren et al., 1944; Reubi, 1953).[16]

Dessa maneira, considerando a concentração venosa de PHA como zero, temos a condição delineada para o uso da equação 6a (ou 6b) e, portanto, uma estimativa do fluxo sanguíneo renal. Note, contudo, que, **se a concentração venosa vale zero, a equação 6a se torna idêntica à equação 3** e, assim, podemos dizer que o *clearance* ou a taxa de depuração do PHA é igual ao fluxo plasmático renal:

$$\mathbb{D}_{PHA} = \frac{Q_U \cdot C_{PHA,U}}{C_{PHA,a}} = FSR \cdot (1 - Ht)$$

BALANÇO HÍDRICO

Na seção "Água", tratamos dos processos envolvidos na formação de urina tanto diluída quanto concentrada, e na seção "Água, sódio e cloro", vimos vários mecanismos de regulação desses compostos no organismo. O que faremos, agora, é colocar a regulação da água corpórea dentro de uma perspectiva mais global, para conhecermos os processos de ganho de água e os processos de perda. Em um primeiro momento,

16 Esse valor é bastante menor para recém-nascidos, portanto, o método não é adequado nesses casos.

não nos preocuparemos em quantificar esses ganhos e essas perdas. Vamos, apenas, enumerar os processos, como apresentado a seguir.

Processos de ganho de água	Processos de perda de água
Ingestão de água livre	Urina
Ingestão de água com eletrólitos	Fezes
Água presente nos alimentos	Ventilação
Água metabólica	Perspiração/sudorese

Em relação aos ganhos, dividimos a ingestão entre água livre e água com eletrólitos, pois já sabemos que esses dois tipos de ingestão podem representar entradas de água bastante diferentes. Como exemplo disso, vimos, em "Curiosidades auxiliares", a consequência de um ser humano ingerir água do mar. Assim, um mesmo volume de água pura e de água com eletrólitos representa ganhos de água bastante diversos. A água presente nos alimentos é, na maior parte dos casos, água associada a eletrólitos e outros eventuais osmólitos, como proteínas, aminoácidos e açúcares, não havendo água livre nesse tipo de ganho.

Finalmente, a água metabólica. Essa água decorre do processo de combustão dos compostos energéticos, na fase da cadeia respiratória (ver "Energética", especificamente Figura 21). Para cada molécula de O_2 consumida, há a produção de duas moléculas de H_2O, e essa água entra para o *pool* de água corpórea.

Nos processos de perda, vemos que existe água presente nas fezes eliminadas. Além disso, obviamente, como já discutimos, há perda de água no processo excretório e, portanto, na urina (veremos, mais adiante, que essa perda é relacionada ao tipo de composto nitrogenado que mamíferos utilizam para excretar, isto é, a ureia). A perda ventilatória se dá pela evaporação de água nas mucosas das vias aéreas, como discutimos em "Respiração" (volume 2 da coleção). De modo similar, a perspiração é uma perda evaporativa de água pela superfície cutânea. A sudorese, de modo similar, é uma perda de água pela pele, e deixamos como um termo à parte apenas para ressaltar que essa perda está diretamente relacionada ao balanço de energia interna corpórea (ou regulação da temperatura – ver o capítulo "Energética" deste volume). É costume colocar as perdas evaporativas, tanto cutâneas quanto ventilatórias, sob a denominação única de perdas insensíveis, pois a percepção (ou mensuração) dessas perdas não é como a do volume urinário.

Quantificação do balanço hídrico

Vamos procurar, neste segundo momento, obter uma ideia quantitativa dos valores envolvidos no balanço hídrico.

Uma grande parte dos alimentos que ingerimos é oriunda de organismos. Assim, *grosso modo*, podemos considerar que haja algo ao redor de 60% da massa ingerida como água. Uma ingestão média de água livre ao redor de 1 litro diário é, também, esperada. Considerando um adulto em repouso ou em baixa atividade, uma taxa metabólica de 100 watts é um valor adequado para considerarmos (ver os capítulos "Energética" deste volume e "Respiração" do volume 2). Isso nos dá um consumo total de oxigênio nas 24 horas de 430 litros STPD, ou seja, ao redor de 19,2 mols. Logo, a água metabólica produzida é ao redor de 38 mols. Como a concentração molar da água é de 55,56 M (ver o capítulo "Regulação ácido-base" deste volume), isso resulta em algo ao redor de 0,7 litro de água metabólica por dia.

As perdas de água pelas fezes são em torno de 60% da massa fecal, resultando em, aproximadamente, 0,12 litro diário. Supondo que o indivíduo esteja em um ambiente com temperatura próxima à da zona de termoneutralidade (ver o capítulo "Energética" do volume 2 desta obra) e com uma umidade relativa de 50%, as perdas insensíveis são ao redor de 0,4 litro via cutânea e 0,4 litro via trato respiratório.

A partir desses valores, vamos fazer o balanço hídrico de 24 horas. Note que ainda não incluímos as perdas urinárias.

Ganhos de água (mL)		Perdas de água (mL)	
Ingestão de água livre	1.000	Urina	
Água presente nos alimentos	480	Fezes	120
Água metabólica	700	Perdas insensíveis	800
Ganho total	2.180	Perda total	920

Assim, a perda urinária deve ser ao redor de 1.260 mL para fechar o balanço hídrico das 24 horas. Esse volume de urina é plenamente compatível com os valores habituais de diurese.

Por esse exemplo simples, podemos perceber o fator complicador que pode ser a carga de eletrólitos ingerida. Considere que esse indivíduo precisasse eliminar 900 mOsm que foram ingeridos nas 24 horas. A urina excretada deveria ter uma osmolalidade ao redor de 715 mOsm kg^{-1}, um valor também dentro da faixa habitual de concentração urinária. Por outro lado, se houvesse a ingestão de 2.000 mOsm, a concentração necessária seria de 1.590 mOsm kg^{-1}, acima da concentração urinária máxima de um ser humano. Assim, apesar de, sob o ponto de vista do balanço de água, o volume urinário esperado de 1.260 mL ser possível, o indivíduo teria de eliminar 1.670 mL de urina com a concentração máxima de 1.200 mOsm kg^{-1} para se manter no balanço osmótico.

Como conhecimento complementar, vale a pena citar mamíferos adaptados à vida em desertos quentes e secos. Esses animais não dependem de água para sua sobrevivência, mantendo o balanço hídrico à custa da água presente nos alimentos, da água metabólica e minimizando as perdas cutâneas, ventilatórias, fecais e urinárias. Por seu pequeno tamanho, o exemplo mais chamativo desses animais é, provavelmente, o rato-canguru (gênero *Dipodomys*) dos desertos da América do Norte. Esses animais podem beber água do mar sem problemas (Schmidt-Nielsen e Schmidt-Nielsen, 1950), por sua alta capacidade de concentração urinária que suplanta a concentração de NaCl na água marinha e, de fato, habitualmente não ingerem água mesmo quando disponível.

EXCRETAS NITROGENADAS

Começamos este capítulo ressaltando o papel dos órgãos excretores, particularmente os de vertebrados, na regulação da água corpórea. Vamos, agora, apresentar compostos que necessitam efetivamente ser excretados para não tornarem tóxico o ambiente interno.

O metabolismo de aminoácidos envolve a transferência do grupo amina. Caso esse grupo não seja incorporado em outra cadeia, forma amônia e, como vimos anteriormente, amônio, os quais interferem no próprio metabolismo de aminoácidos, no pH[17] e no transporte de K^+ na membrana celular, podendo levar à morte.

No reino animal, os três tipos básicos de excretas nitrogenadas são a amônia, a ureia e o ácido úrico, sendo a amônia o mais tóxico deles. Esses compostos, ilustrados na Figura 36, diferem na quantidade de água necessária para sua eliminação. Por sua alta solubilidade, a amônia requer uma grande quantidade de água, enquanto o ácido úrico, praticamente insolúvel, requer pouca água para ser eliminado. Assim, para excretar 1 grama de nitrogênio, temos (Eckert e Randall, 1983):

Amônia → 0,5 litro de água
Ureia → 0,05 litro de água
Ácido úrico → 0,001 litro de água

Dessa maneira, em relação à excreção de ácido úrico, a excreção de ureia demanda 50 vezes mais água e a de amônia, 500 vezes mais. Com isso, a amônia é a excreta nitrogenada de peixes teleósteos, porém vertebrados terrestres não podem se dar ao luxo de perder as quantidades de água necessárias para eliminar amônia e, portanto, têm a excreção de nitrogênio na forma de ureia ou de ácido úrico.

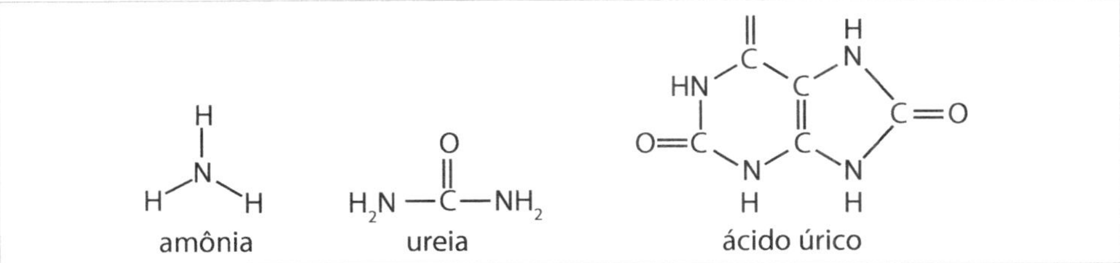

FIGURA 36 Amônia, ureia e ácido úrico. A amônia é um produto bastante tóxico, como já ressaltado no corpo do texto, e é, também, volátil. Alguns invertebrados terrestres têm parte de sua excreção de nitrogênio por amônia, eliminando-a diretamente para o ar atmosférico.
Fonte: adaptada de Eckert e Randall, 1983. Ave, anfíbio, elefante, réptil e tubarão: Freepik.

17 Em razão do pK_A da amônia, existe a tendência de formação de NH_4^+ alcalinizando a solução.

Mamíferos excretam, via de regra, ureia. A produção de ureia não é, contudo, "isenta de um preço", pois sua formação a partir de amônia demanda ATP, ou seja, há gasto energético no processo. Essa produção se dá pelo **ciclo da ornitina** (ou ciclo da ureia), ilustrado na Figura 37, além disso, para cada molécula de amônia convertida em ureia, há um gasto de 3 ATP.

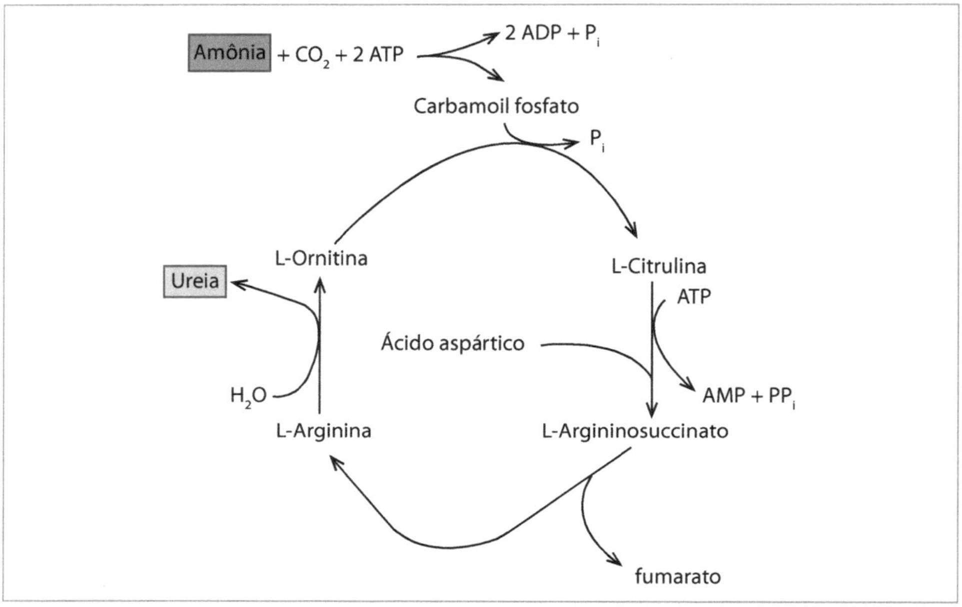

FIGURA 37 Ciclo da ornitina (ou ciclo da ureia) com formação de ureia. Note o consumo de ATP no processo.

A produção de ácido úrico se dá por vias envolvendo a formação e posterior catabolismo de bases nitrogenadas purínicas (adenina e guanina). A degradação de GMP e de AMP, guanina monofosfato e adenina monofosfato, respectivamente, leva à formação de xantina e, então, ácido úrico. Nesse processo há, também, a formação de amônia. Essas são vias presentes em mamíferos. Em primatas, o ácido úrico formado é eliminado, porém os demais mamíferos possuem uma enzima, a urato-oxidase ou uricase, convertendo o ácido úrico, bastante insolúvel, em alantoína, bem mais solúvel (Eckert e Randall, 1983; Lehninger et al., 1993). Primatas,[18] pela ausência da urato-oxidase, podem, eventualmente, sofrer uma condição denominada gota, na qual cristais de ácido úrico se formam em articulações e desencadeiam forte reação inflamatória. Podem, também, apresentar cálculos renais de urato.

Aves e répteis excretam ácido úrico como produto do catabolismo proteico (Eckert e Randall, 1983; Sonne et al., 1948). A formação do ácido úrico se dá por vias distintas

18 Cães da raça dálmata sofrem problema similar.

das de formação de ureia nos mamíferos, e permitem a incorporação do nitrogênio da amônia naquele composto (Eckert e Randall, 1983; Sonne et al., 1948; Fisher, 1935). É importante notar que existe a possibilidade de conversão de ácido úrico em ureia e em amônio, porém não é possível a incorporação dos nitrogênios da ureia em ácido úrico (Sonne et al., 1948; Fisher, 1935). Do mesmo modo que a conversão de amônia em ureia tem um gasto energético associado, a produção de ácido úrico também demanda energia, e em maior quantidade que para a formação de ureia, pois são utilizados compostos potencialmente energéticos, como o lactato (ver o capítulo "Energética" deste volume). Dessa maneira, à semelhança do que ocorre em mamíferos, a economia de água promovida pela excreção de um composto de baixa solubilidade se torna associada a um maior gasto energético por parte do animal. A Figura 38 apresenta as diversas formas de excreção de produtos nitrogenados por vertebrados.

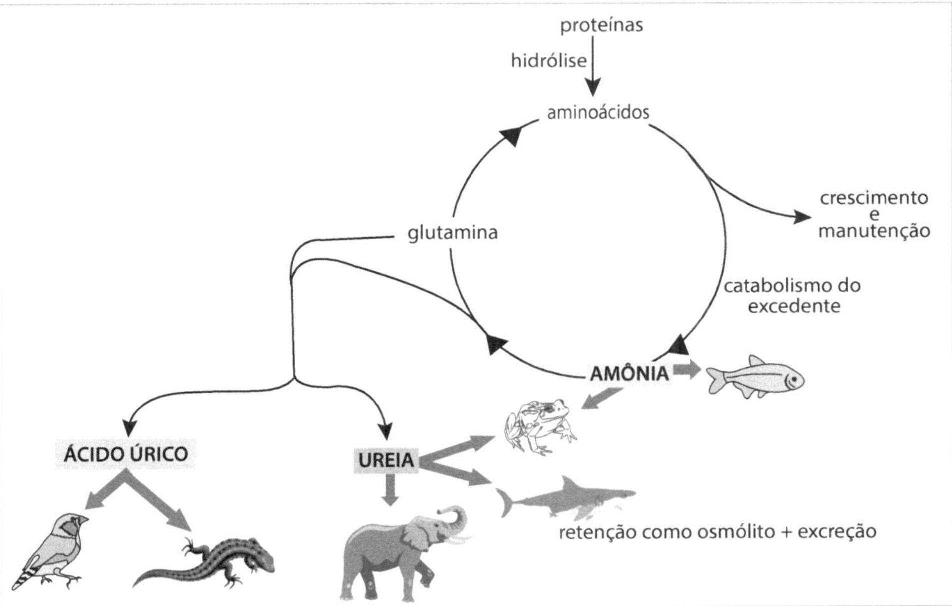

FIGURA 38 Excreção de produtos nitrogenados em vertebrados. O metabolismo das proteínas e aminoácidos leva à formação de amônia. Vertebrados amoniotélicos (peixes teleósteos e parte dos anfíbios) excretam esse composto altamente tóxico e solúvel. Com consumo de energia, amônia e glutamina podem ser convertidas em ureia ou ácido úrico, produtos menos tóxicos e menos solúveis. Vertebrados ureotélicos (mamíferos, elasmobrânquios e alguns anfíbios) excretam ureia, enquanto os vertebrados uricotélicos (aves e répteis) excretam ácido úrico, cujos cristais de baixíssima solubilidade formam uma pasta esbranquiçada na urina. Note que peixes cartilaginosos utilizam a ureia como osmólito para manter a tonicidade em relação à água do mar, e é a ureia que dá o odor característico da carne desses peixes quando cozida.
Fonte: adaptada de Eckert e Randall, 1983.

NA⁺, K⁺ E Cl⁻: QUANTIDADES, VOLUMES DE DISTRIBUIÇÃO E DINÂMICAS

Retornamos, agora, a questões quantitativas sobre regulação hidreletrolítica. Nas Figuras 4, 5 e 6 vimos relações de quantidades relativas tanto de água quanto de eletrólitos no organismo humano. Vamos, então, rever os três principais eletrólitos numa perspectiva mais quantitativa.

A Tabela 6 apresenta as quantidades absolutas de sódio, potássio e cloro, além da água, nos diversos compartimentos orgânicos. Devido a essas quantidades, cada componente tem um chamado volume de distribuição, ou seja, cada um desses eletrólitos tem volumes relativos nos quais suas partículas se encontram. A Figura 39 ilustra esses volumes relativos para o Na^+, K^+ e Cl^-.

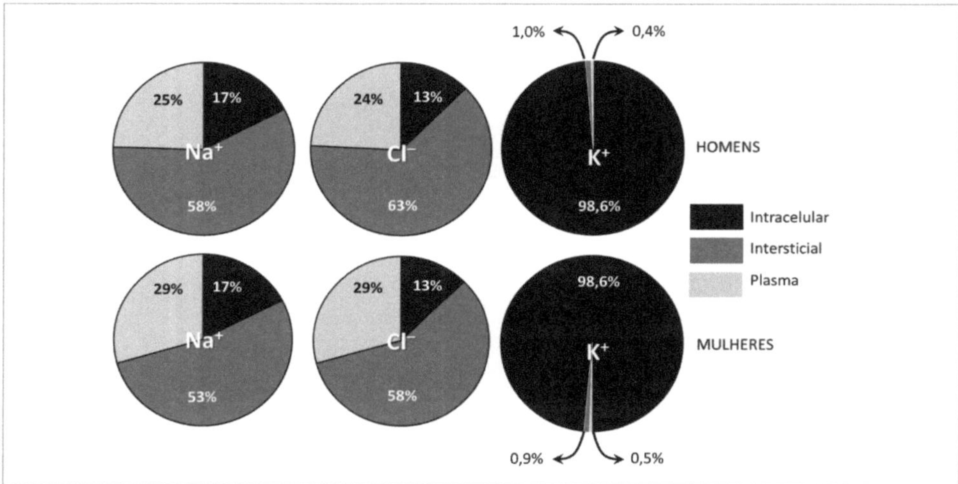

FIGURA 39 Volumes de distribuição relativos para sódio, cloro e potássio em homens (≅ 70 kg) e em mulheres (≅ 55 kg). Ver Tabela 6 para as quantidades absolutas desses eletrólitos nos diversos compartimentos de água corpórea.

Como já vimos em seções anteriores, o potássio tem seu principal volume de distribuição na água intracelular, sendo que o plasma representa 0,4% do volume de distribuição desse íon. Sódio e cloro, como também já apresentado, têm volumes de distribuição similares, e o componente intracelular é o menor. Diante disso, vamos agora ver como se comporta a distribuição de água em decorrência de uma carga de eletrólitos dada diretamente no sangue, tanto agudamente quanto após passada a fase de transiente.

Carga de NaCl

Nosso primeiro experimento imaginário é o de ofertar 2 g de NaCl. Isso se assemelha ao que vemos, algumas vezes, pessoas leigas fazendo ao colocar "sal debaixo da língua"

TABELA 6 Quantidades absolutas de água, sódio, potássio e cloro nos diversos compartimentos orgânicos em homens (massa corpórea de 70 kg) e mulheres (massa corpórea de 55 kg). A massa atômica foi considerada 23 para o sódio, 39,1 para o potássio e 35,5 para o cloro. Ver Figura 39 para os volumes relativos de distribuição desses eletrólitos

Homem 70 kg		**Concentração (mM)**			**Quantidade (mmol)**			**Quantidade (g)**		
	Água (L)	**Na^+**	**K^+**	**Cl^-**	**Na^+**	**K^+**	**Cl^-**	**Na^+**	**K^+**	**Cl^-**
Total	42				2414	3976	1784	55,5	155,5	63,3
Intracelular	28	15	140	8	420	3920	224	9,7	153,3	8,0
Interstício	9,8	143	4	115	1401	39	1127	32,2	1,5	40,0
Plasma	4,2	141	4	103	592	17	433	13,6	0,7	15,4
Mulher 55 kg										
	Água (L)	**Na^+**	**K^+**	**Cl^-**	**Na^+**	**K^+**	**Cl^-**	**Na^+**	**K^+**	**Cl^-**
Total	27,5				1579	2603	1161	36,3	101,8	41,2
Intracelular	18,3	15	140	8	275	2567	147	6,3	100,4	5,2
Interstício	5,9	143	4	115	839	23	675	19,3	0,9	24,0
Plasma	3,3	141	4	103	465	13	340	10,7	0,5	12,1

L: litros; mM: concentração em milimolar; mmol: milimols; g: gramas.

para "recuperar a pressão arterial". Em 2 g de NaCl há 34,188 mmol de sódio e o mesmo de cloro. Supomos, então, que em um curto período esses 2 g de NaCl são colocados no compartimento sanguíneo. A partir dos dados apresentados na Tabela 6, concluímos que isso representa um aumento na concentração de sódio de 141 mM para 149 mM num homem e para 151 mM numa mulher.

Para manter a concentração de sódio no seu valor fisiológico de 140 mM, deve haver um deslocamento de água intracelular para o compartimento plasmático, correspondendo a 240 mL, o que é, aproximadamente, 4% de incremento de volume plasmático num homem e 5% numa mulher. Em termos práticos de aumento de pressão arterial, dada a linearidade entre volume sanguíneo total e a pressão (ver "Circulação" no volume 2 da coleção), isso representa os mesmos 4% e 5% respectivamente. Supondo que realmente esteja ocorrendo um quadro hipotensivo com a pressão arterial média caindo, por exemplo, de 90 torr para 70 torr, tem-se um aumento, momentâneo, de algo ao redor de 3,5 torr nessa pressão. Ou seja, nada significativo em termos de "recuperar a pressão arterial".

Com o passar do tempo, esses 2 g de NaCl passam a ocupar seus respetivos volumes de distribuição. *Considerando nenhuma ingestão de água*, haverá uma concentração plasmática de sódio de 143 mM num homem e 144,1 mM numa mulher, e 105 mM de cloro num homem e 106 mM numa mulher.

Os 2 g de NaCl escolhidos para esse exemplo equivalem a 222 mL de soro fisiológico a 0,9% (i.e., 0,9 g de NaCl a cada 100 mL de solução). Como se pode perceber, se fossem ofertados esses 222 mL por solução intravenosa direta, teríamos aproximadamente o mesmo ganho de água no plasma se, como supusemos, os 2 g sublinguais fossem absorvidos rápida e completamente pelos vasos da mucosa oral. Contudo, a absorção não ocorrerá exatamente dessa maneira. Além disso, assim que a fase transiente terminar, o ganho de volume no plasma se torna irrisório. Assim, a conduta mais adequada caso haja realmente um caso de hipotensão severa por diminuição de volume plasmático é a reposição intravenosa direta. Nessa reposição, não somente eletrólitos, mas, também, a água, são ofertados para o organismo.

Carga de KCl

Vamos, agora, imaginar 2 g de KCl sendo adicionados agudamente ao sangue. Veremos que os efeitos desencadeados são completamente distintos de quando ofertamos 2 g de NaCl. De fato, adicionar agudamente 2 g da KCl traz risco de morte imediata.

Esses 2 g de KCL correspondem a 26,81 mmol de K^+ e o mesmo de Cl^-. Isso representará um aumento da concentração plasmática de cloro, que irá para 111 mM numa mulher (≅ 55 kg) e 109 num homem (≅ 70 kg). Como no caso do NaCl apresentado na seção anterior, isso corresponderia a um acréscimo de volume plasmático na ordem dos 200 mL.

Para o potássio, contudo, o quadro é bem diferente. Numa mulher, a concentração plasmática iria para 12,1 mM e, num homem, para 10,4 mM. Nesses dois casos, para retornar a potassemia aos níveis fisiológicos, seria necessária uma transferência de mais de 6 litros de água do compartimento intracelular para o plasma, ou seja, o volume plasmático deveria se tornar maior que 10 litros. Porém, dada a carga de eletrólitos recebida (os 2 g de KCl), essa transferência não tem base físico-química (osmose) para ocorrer. Portanto, encontraremos as concentrações elevadíssimas de potássio plasmático citadas há pouco, concentrações essas que são fatais devido aos eventos elétricos que desencadeiam em neurônios e no miocárdio.

Essa mesma quantidade de 2 g de KCl ofertada cronicamente (isto é, lentamente) não leva a alteração detectável da concentração de potássio no compartimento extracelular como um todo e, no intracelular, haveria um aumento ao redor de 1 mM. Ou seja, o problema é a oferta aguda desse sal.

Assim, esperamos ter, nessa seção, dado uma perspectiva quantitativa a mais das questões envolvidas na regulação hidreletrolítica dos organismos.

ERITROPOETINA

Como nosso assunto final deste capítulo, deixamos o papel dos rins na produção de um hormônio que regula a eritropoiese, isto é, a produção de glóbulos vermelhos pela medula óssea. Esse hormônio, **a eritropoetina, é produzido por células peritubulares e tem aumento de produção e liberação em decorrência da diminuição da pressão parcial de oxigênio no sangue arterial que perfunde os rins** (Suresh et al., 2020). Sua atuação se dá na medula óssea, nas células progenitoras de unidades eritroides formadoras de colônia e em pró-eritroblastos, mantendo a sobrevida dessas células e sua maturação em glóbulos vermelhos (Weiss et al., 2020; Eggold e Rankin, 2019). Apesar de poderem existir fontes não renais de eritropoetina, a produção básica é a derivada dos rins, e casos de insuficiência renal com grande perda de parênquima desses órgãos podem ser acompanhados por anemia decorrente da falta desse hormônio (Bindroo et al., 2021).

Vimos, anteriormente, que a transformação da angiotensina I em sua forma ativa, a angiotensina II, ocorre pela enzima de conversão, encontrada no endotélio dos capilares da circulação pulmonar. A angiotensina II, como estudamos, tem um papel essencial na regulação de Na^+ e água. Agora, estamos vendo um hormônio cuja ação se relaciona ao transporte de oxigênio e é oriundo dos rins. Percebemos, assim, uma curiosa interação entre os rins e os pulmões, um regulando parte da atividade do outro. Podemos, então, nos perguntar se há alguma razão evolutiva para tal interação.

Não há resposta para essa pergunta na literatura científica. Contudo, os sistemas envolvidos nos permitem conjecturar acerca dessa interação. Primeiro, notamos que tanto a angiotensina II quanto a eritropoetina estão relacionadas a funções de caráter sistêmico, uma de regulação da pressão arterial e outra de regulação da quantidade de oxigênio transportada. Assim, suas ações levam a respostas que transcendem cada um dos órgãos-alvo.

O segundo fato que notamos é que os pulmões não poderiam ser um local relevante de produção de eritropoetina pois estão em uma condição de oxigenação sempre mais elevada que os demais órgãos e tecidos corpóreos; e se a angiotensina II fosse produzida nos próprios rins sua concentração local se tornaria extremamente elevada e os processos de regulação mais fina de reabsorção de sódio e água seriam perdidos pela saturação de resposta. Assim, de uma certa forma, poderíamos antecipar que as fontes desses hormônios deveriam ser extrínsecas aos sistemas nos quais atuam.

Diante dessas nossas observações, o terceiro fato que complementa o quadro é o mais óbvio de todos: os pulmões e os rins são os órgãos mais bem irrigados (perfundidos) do organismo. Os pulmões recebem todo o débito cardíaco, pois toda a quantidade de sangue ejetada pelo ventrículo esquerdo é, também, ejetada pelo ventrículo direito (ver "Circulação" no volume 2 da coleção). Os rins, como mostramos na Tabela 3, têm o maior fluxo de sangue por unidade de massa, cinco vezes superior ao do cérebro e quatro vezes superior ao do fígado, e recebem, a cada seis minutos em média, o débito cardíaco integral. Dessa maneira, a quebra da angiotensina I no endotélio pulmonar e a produção de eritropoetina nos rins talvez seja o resultado evolutivo dessa conjunção de fatores.

REFERÊNCIAS

1. Abe Y. Intrarenal blood flow distribution and autoregulation of renal blood flow and glomerular filtration rate. Jpn Circ J. 1971;35:1163-73.
2. Augustine V, Lee S, Oka Y. Neural control and modulation of thirst, sodium appetite, and hunger. Cell. 2020;180:25-32.
3. Berl T. Impact of solute intake on urine flow and water excretion. J Am Soc Nephrol. 2008;19:1076-8.
4. Bhoopalan SV, Huang LJ, Weiss MJ. Erythropoietin regulation of red blood cell production: from bench to bedside and back. F1000Research. 2020;9:1-17.
5. Bindroo S, Quintanilla Rodriguez BS, Challa HJ. Renal failure. StatPearls. 2021. [Internet]. Treasure Island (FL): StatPearls Publishing; 2022.
6. Briggs JP, Skøtt O, Schnermann J. Cellular mechanisms within the juxtaglomerular apparatus. Am J Hypertens. 1990;3:76-80.
7. Britton K. The Kidney: Pathophysiology. In: Cox PH, editor. Progress in radiopharmacology 3: selected topics Proceedings of the Third European Symposium on Radiopharmacology held at Noordwijkerhout, The Netherlands, 1982. Dordrecht: Springer Netherlands; 1982. p.3-12.
8. Brown D. The discovery of water channels (aquaporins). Ann Nutr Metab. 2017;70:37-42.

9. Calcagno PL, Rubin MI. Renal extraction of para-aminohippurate in infants and children. J Clin Invest. 1963;42:1632-9.
10. Eckert R, Randall D. Animal physiology: mechanisms and adaptations. 2.ed. New York: W. H. Freeman and Company; 1983.
11. Eggold JT, Rankin EB. Erythropoiesis, EPO, macrophages, and bone. Bone. 2019;119:36-41.
12. Fisher RB. Uric acid synthesis in pigeons. II. Biochem J. 1935;29:2198-207.
13. Fitzsimons JT. The physiological basis of thirst. Kidney Int. 1976;10:3-11.
14. Gruenewald SM, Nimmon CC, Nawaz MK, Britton KE. A non-invasive γ-camera technique for the measurement of intrarenal flow distribution in man. Clin Sci. 1981;61:385-9.
15. Hervey GR. Drinking sea-water. Br Med J. 1954;2:359.
16. How OJ, Nordøy ES. Seawater drinking restores water balance in dehydrated harp seals. J Comp Physiol B Biochem Syst Environ Physiol. 2007;177:535-42.
17. Koeppen BM, Stanton BA. Renal physiology. 4. ed. Philadelphia: Mosby-Elsevier; 2007.
18. Komarynets O, Chassot A, Bernabeu E, Czogalla J, Roth I, Liaudet N, et al. Aldosterone controls primary cilium length and cell size in renal collecting duct principal cells. FASEB J. 2020;34:2625-40.
19. Lehninger AL, Nelson DL, Cox MM. Principles of biochemistry. 2. ed. New York: Worth; 1993.
20. Millard-Stafford M, Wendland DM, O'Dea NK, Norman TL. Thirst and hydration status in everyday life. Nutr Rev. 2012;70:147-51.
21. Navar LG. Renal autoregulation: perspectives from whole kidney and single nephron studies. Am J Physiol Physiol. 1978;234:F357-F370.
22. Nawata CM, Pannabecker TL. Mammalian urine concentration: a review of renal medullary architecture and membrane transporters. J Comp Physiol B. 2018;188:899-918.
23. Orloff J, Wagner HN, Davidson DG. The effect of variations in solute excretion and vasopressin dosage on the excretion of water in the dog. J Clin Invest. 1958;37:458-64.
24. Sands JM, Layton HE. Advances in understanding the urine-concentrating mechanism. Annu Rev Physiol. 2014;76:387-409.
25. Sipos A, Toma I, Kang JJ, et al. Advances in renal (patho)physiology using multiphoton microscopy. Kidney Int. 2007;72:1188-91.
26. Smith HW. From fish to philosopher: the story of our internal environment, revised. CIBA Pharmaceutical Products Inc., Summit; 1959.

2

Regulação ácido-base

INTRODUÇÃO

A regulação ácido-base[1] diz respeito, em seu cerne, à manutenção das concentrações do íon H^+ nos diversos fluidos corpóreos, particularmente no ambiente intracelular. Como apresentamos em outros capítulos, existem mecanismos de regulação para muitos íons e compostos, como as concentrações de sódio e de glicose plasmáticas. O que faz a regulação do íon hidrogênio diferente da dos demais íons e compostos de forma a merecer um estudo mais aprofundado?

O metabolismo anaeróbio produz ácidos orgânicos, particularmente o ácido lático, enquanto o metabolismo aeróbio libera CO_2 e água (ver o capítulo "Energética" deste volume). Porém, o CO_2 dissolvido sofre hidratação, formando ácido carbônico (ver o capítulo "Respiração" do volume 2 desta obra). Portanto, o metabolismo celular, seja aeróbio, seja anaeróbio, produz constantemente uma carga de H^+ com a qual o organismo deve lidar. O metabolismo dos animais em geral, e de vertebrados em particular, é basicamente aeróbio, dependendo da obtenção de oxigênio e da eliminação de gás carbônico para o meio externo. A transição da vida aquática para a terrestre colocou os animais em uma situação de disponibilidade de oxigênio muitas vezes maior que a existente na água, o que diminui a necessidade de ventilar o órgão de troca e leva a um aumento nas concentrações de gás carbônico nos fluidos corpóreos (ver "Respiração" no volume 2 desta coleção). Assim, o que diferencia a regulação da concentração do íon H^+ da de outros íons e compostos é que, agora, tanto o órgão de troca ventilatória quanto o órgão de excreção passam a regular essa variável, pois parte da carga ácida está relacionada à concentração de gás carbônico.

A Figura 1 ilustra os principais componentes da dinâmica do H^+ orgânico. A figura procura realçar o fato de que não é o íon H^+ que está sendo ingerido ou eliminado,

1 Em grande parte das vezes, encontraremos o assunto "regulação ácido-base" sendo denominado "equilíbrio ácido-básico".

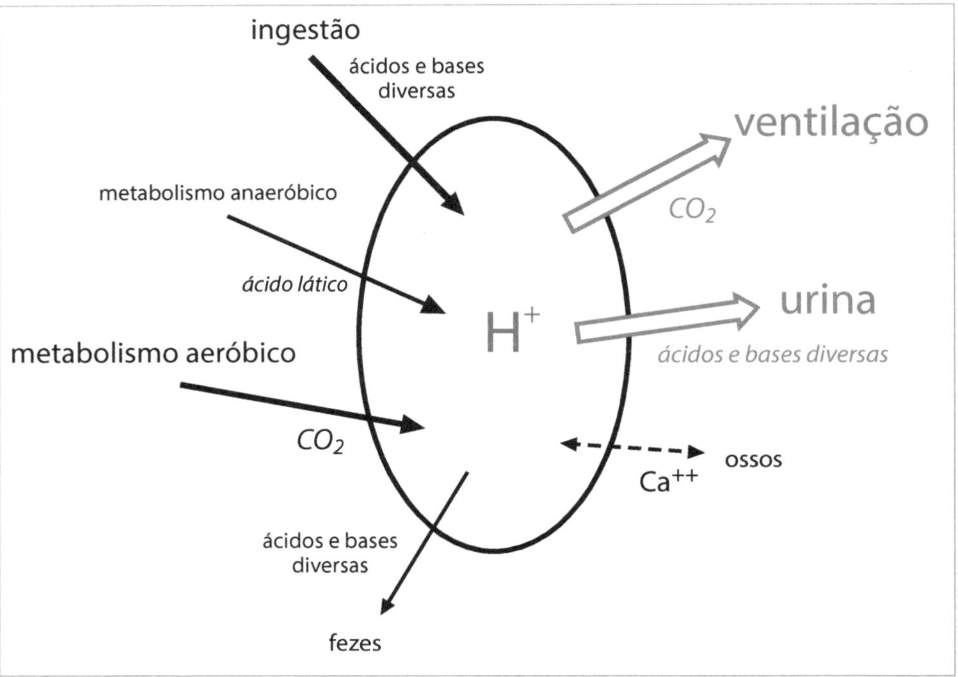

FIGURA 1 Principais componentes da dinâmica de H^+ orgânico. As setas indicam o sentido de entrada ou de saída de compostos que alteram a quantidade de H^+. As setas largas brancas indicam os componentes que estão sob regulação, ou seja, a ventilação, alterando a quantidade de CO_2 exalada, e a urina, alterando a quantidade de ácidos e bases excretadas. A seta dupla pontilhada para os ossos indica a alteração da mineralização da matriz óssea pela alteração de cálcio, sendo essa uma dinâmica de longo prazo.

mas sim compostos que levam a uma alteração da quantidade de H^+ no organismo. Essa distinção ficará mais clara quando examinarmos a formação do íon H^+ em breve.

O hidrogênio tem número atômico 1 e massa atômica 1, ou seja, o núcleo é um próton, apenas. Dessa forma, quando ionizado, o que se tem é esse próton. Como, nessa condição, não há uma eletrosfera ao redor do próton (pois a ionização é exatamente a perda do elétron que pareia o próton), a densidade elétrica do H^+ é muito grande.[2] Por exemplo, o sódio (Na) tem número atômico 11 e massa atômica 23; assim, quando ionizado (Na^+), existe ainda uma eletrosfera com 10 elétrons, o que torna a densidade elétrica do Na^+ menor que a do H^+.

Essa alta densidade elétrica, associada ao pequeno tamanho (pois se trata de um próton isolado), torna o H^+ um íon alta e fortemente reagente. Assim, sua presença interfere intensamente nas ligações intramoleculares de força fraca: forças de Van der Waals, pontes de hidrogênio, interações iônicas e dobramentos hidrofóbicos.[3] Essas

2 A eletrosfera, sendo 2 mil vezes maior que o núcleo, é que determina o tamanho de um átomo.

3 Recomendamos o estudo de bioquímica básica para maior aprofundamento sobre essas forças.

ligações são as que originam as conformações secundárias, terciárias e quaternárias das proteínas. Como consequência, as alterações de H^+ causam alterações nessas conformações e, com isso, na função proteica, como atividade enzimática, atividade de transportadores e canais de membrana celular, funcionalidade de microtúbulos e filamentos contráteis, para citar alguns exemplos. Daí a importância da regulação da quantidade de H^+ presente nos fluidos corpóreos.

Da mesma maneira que outros íons, como Na^+, K^+, Cl^-, Ca^{++}, Mg^{++} etc.,[4] as concentrações de H^+ diferem entre os compartimentos corpóreos, o que pode ser um elemento de confusão quando se considera a questão da regulação. Há um segundo elemento que torna o assunto mais confuso, que é a medida que se faz como expressão da concentração de H^+: o pH (o qual será, de fato, o objeto do nosso estudo no capítulo, e que definiremos mais adiante).

O primeiro elemento de confusão citado decorre do fato de que a maior parte das medidas que temos recursos tecnológicos para realizar, de modo rotineiro, são feitas no compartimento vascular extracelular, o plasma, mas os mecanismos de controle orgânico visam ao compartimento intracelular.

O segundo elemento de confusão decorre do fato de que pH é uma escala logarítmica enquanto $[H^+]$ é uma escala linear. Assim, a variação de 1 unidade de pH implica uma variação de 10 vezes na concentração de H^+ (pois o logaritmo utilizado é na base 10, como veremos em breve).

Há, ainda, um terceiro e importante elemento de confusão. Se uma pessoa ingere 1 g de NaCl (cloreto de sódio, o "sal de cozinha"), ela ganha as variações correspondentes de Na^+ e Cl^- nos fluidos corpóreos. Mas, se ela ingerir 1 g de ácido acético (vinagre), ela não ganha essa variação correspondente de H^+ nos fluidos corpóreos. Ou seja, as variações de $[H^+]$ não são lineares à adição (ou à retirada) de quantidades de ácidos (ou bases). Isso decorre do fato de que a concentração de H^+ não é uma variável independente, como veremos extensamente mais adiante, ou seja, não se pode "adicionar ou retirar" H^+ de uma maneira direta.

Para encerrar a introdução, vale a pena ressaltar que a proposta deste capítulo não é ser um guia clínico para distúrbios de pH, tampouco de nomenclatura ou de valores normais no assunto. O objetivo é discutir os aspectos fisiológicos de regulação da concentração do íon hidrogênio. Contudo, ao final, faremos a discussão de alguns casos clínicos hipotéticos.

IONIZAÇÃO DA ÁGUA E pH

Dissociação espontânea da água

A água, composta por dois átomos de hidrogênio e um de oxigênio, se dissocia, espontaneamente, em um íon de carga positiva, H^+ e um íon de carga negativa, OH^-, de acordo com a equação química:

4 Ver "Regulação hidreletrolítica" neste volume.

$$H_2O \underset{k_a}{\overset{k_d}{\rightleftarrows}} H^+ + OH^- \qquad \text{Equação 1}$$

Sendo k_d a constante de dissociação da água e k_a a constante de associação. A reação representada pela equação química 1 atinge um estado de equilíbrio dinâmico no qual a taxa de dissociação de moléculas de água se torna igual à taxa de formação delas pela associação entre H^+ e OH^-. O ânion OH^- é chamado hidroxila. Note que, como o próton não fica "livre" na solução, muitos textos colocam H_3O^+ no lugar de H^+. Aqui, não nos atentaremos a esse ponto e utilizaremos H^+.

As reações de dissociação e de associação ocorrem espontaneamente e, como as demais reações químicas, são dependentes da temperatura. Dessa maneira, um recipiente com água líquida pura contém, de fato, uma mistura de moléculas de água, íons hidroxila e hidrogênio iônico. Contudo, como veremos a seguir, as quantidades de H^+ e de OH^- são muito pequenas diante do total de H_2O.

Mais importante ainda, devemos notar que não há formação de H^+ isoladamente: cada íon H^+ é acompanhado por um íon OH^-.

Na condição próxima do equilíbrio, podemos escrever a reação da equação 1 na forma de um sistema dinâmico com as taxas de variação das concentrações[5] das diferentes espécies em foco:

$$\frac{d[H_2O]}{dt} = -k_d \cdot [H_2O] + k_a \cdot [H^+] \cdot [OH^-] \qquad \text{Equação 2a}$$

$$\frac{d[H^+]}{dt} = k_d \cdot [H_2O] - k_a \cdot [H^+] \cdot [OH^-] \qquad \text{Equação 2b}$$

$$\frac{d[OH^-]}{dt} = k_d \cdot [H_2O] - k_a \cdot [H^+] \cdot [OH^-] \qquad \text{Equação 2c}$$

Como mencionamos, a formação de um H^+ é acompanhada pela formação de uma hidroxila. Dessa forma, as equações 2b e 2c são iguais e, portanto, em vez de três equações temos, na verdade, duas. Mais ainda, comparando 2a com 2b (ou com 2c, tanto faz), percebemos que essas são, também, a mesma equação, com os sinais trocados. Ou seja, temos três variáveis ($[H_2O]$, $[H^+]$ e $[OH^-]$) e apenas uma equação.

Uma vez que, **nesse caso da água pura**, $[H^+] = [OH^-]$, percebemos que podemos reduzir uma das variáveis, por exemplo, a $[OH^-]$, restando, então, duas.

No equilíbrio, as taxas de variação são nulas (i. e., $\frac{d[H_2O]}{dt} = 0$, $\frac{d[H^+]}{dt} = 0$, $\frac{d[OH^-]}{dt} = 0$), e encontramos a seguinte condição:

$$-k_d \cdot [H_2O] + k_a \cdot [H^+] \cdot [H^+] = 0$$

5 Estamos utilizando as concentrações por simplificação. De modo mais estrito, devemos utilizar a chamada **atividade** de uma dada substância para equacionar esse tipo de problema. Em concentrações baixas e em uma grande parte das aplicações em biologia, a diferença entre a atividade e a concentração é mínima e não causará erro apreciável a troca de uma pela outra.

Na qual já substituímos $[OH^-]$ por $[H^+]$. Resolvendo a equação, temos:

$$[H^+]^2 = \frac{k_d}{k_a} \cdot [H_2O] \qquad \text{Equação 3}$$

A equação 3 tem, em princípio, duas incógnitas ($[H_2O]$ e $[H^+]$). Como citado, as quantidades de hidrogênio iônico e hidroxila são ínfimas. Assim, considera-se que a $[H_2O]$ não varia, apesar de haver a dissociação de algumas moléculas. Como consequência, a equação 3 passa a ter apenas uma incógnita, que é igual à raiz quadrada de uma constante:

$$[H^+] = \sqrt{\frac{k_d}{k_a} \cdot [H_2O]} = \sqrt{K_w} \qquad \text{Equação 4a}$$

Sendo K_w o resultado da divisão entre as constantes de dissociação e associação multiplicada pela concentração da água. Essa constante, $\mathbf{K_w}$, recebe várias denominações, como **constante de ionização da água**, constante de produto iônico da água, constante de autoionização etc. Ficaremos, aqui, com constante de ionização. A equação 3 pode ser escrita como $[H^+] \cdot [OH^-] = K_w$ e, assim, implica a seguinte outra igualdade:

$$[OH^-] = \frac{K_w}{[H^+]} \qquad \text{Equação 4b}$$

A concentração de água líquida pura a 25 °C é de 55,5… molar (ou seja, há 55,5 ... mols de água em cada litro). Combinando isso com a razão entre k_d e k_a, tem-se, a 25 °C (298 K):

$$[H^+]_{298} = \sqrt{10^{-14}} = 10^{-7}M$$

Assim, a concentração de H^+ é de 0,0000001 molar, e deixamos explícito, neste momento, que esse valor é obtido a 25 °C (298 K). Dadas as considerações feitas, temos, também nesse caso:

$$[OH^-]_{298} = [H^+]_{298} = 10^{-7}M$$

Notamos, assim, que a água pura a 25 °C tem uma concentração de H^+ de 10^{-7} molar, e o mesmo valor em concentração de hidroxila. Essa condição, na qual $[H^+] = [OH^-]$, é dita de **neutralidade** (da água).

pH

Pelo resultado que obtivemos, notamos que as concentrações de H^+ e OH^- são bastante pequenas. Em 1909, Søren Peter Lauritz Sørensen introduziu a notação de **pH** para fazer referência à concentração de H^+ em soluções aquosas, sendo o pH definido como (ver nota de rodapé 5 acerca da diferença entre concentração e atividade):

$$pH = -\log_{10}[H^+] \qquad \text{Equação 5}$$

Dessa maneira, a 25 °C, temos:[6]

$$pH_{298} = -\log_{10} 10^{-7} = 7$$

O que esse valor significa? Significa que o pH neutro da água a 25 °C é 7.

O que esse valor não significa? Esse valor **não significa** que: 1) o pH neutro seja 7 sempre, pois, como já citamos e veremos em seguida, há uma dependência da temperatura; 2) 7 seja "o meio da escala"; 3) que o pH vá de 1 a 7, ou que vá de 0 a 14.

Mais ainda, pela equação 5, notamos que quando a concentração de H^+ aumenta, o pH diminui. Assim, **quanto menor o pH, mais ácida é a solução** (e quanto maior o pH, mais básica é a solução).

De quanto a quanto vai o pH? Considere uma solução de ácido sulfúrico a 3,16 M. Apenas por simplificação, vamos nos permitir trocar atividade por concentração mesmo em tal concentração alta (ver nota de rodapé 5) e supor termos um equipamento que permita a medida do pH em uma concentração dessa.[7] Então, obteríamos algo como

$$pH = -\log_{10} 3{,}16 = -0{,}5$$

Ou seja, um pH negativo. Se, por outro lado, fizéssemos uma solução de 5,62 M de hidróxido de sódio (soda cáustica), teríamos um pH de 14,75. Esses exemplos são fictícios, pois, entre outros pontos, estamos trocando atividade iônica por concentração, mas servem para ilustrar que há pH maiores que 14 e há pH menores que 0 (p. ex., ver Nordstrom e Alpers, 1999).

Uma vez entendido que a escala de pH é um referencial em relação ao que seria a água neutra, temos de estudar o que ocorre se a temperatura não é o padrão de 25 °C utilizado até aqui. Com o aumento da temperatura, aumenta-se a chance de uma molécula de água se dissociar, por aumento da energia interna das moléculas,[8] e, assim, **há uma diminuição do pH neutro com o aumento da temperatura**. Por exemplo, a 37 °C, o pH neutro é de 6,8. A Figura 2 ilustra o comportamento do pH neutro da água pura em uma faixa de 0 a 100 °C em uma pressão de 1 atmosfera.[9] É importante reenfatizar que a figura diz respeito à água pura, ou seja, as variações de pH não são causadas pela adição de ácidos ou bases.

Como é explícito na definição de pH, a relação entre ele e a concentração de H^+ é logarítmica. Isso pode levar a armadilhas e confusões de interpretação, como mencionado anteriormente. Vamos supor que uma solução aquosa tenha um pH de 6,8 e esteja a 37 °C. Então, uma substância é adicionada a essa solução e o pH sobe para 6,936. Outra solução, idêntica à primeira, recebe outra substância e seu pH cai para 6,664. Vejamos quais são as concentrações de H^+ correspondentes.

---

6 Consultar o capítulo "Modelos genéricos básicos" do volume 1 desta obra para rever a função logaritmo.

7 Aparelhos comuns para medida de pH não conseguem fazer leituras para valores muito altos (ou baixos) de concentração, mas há dispositivos para isso.

8 Os componentes da energia interna vão além dos objetivos deste livro.

9 De fato, a constante de dissociação K_w tem dependência da temperatura e da pressão.

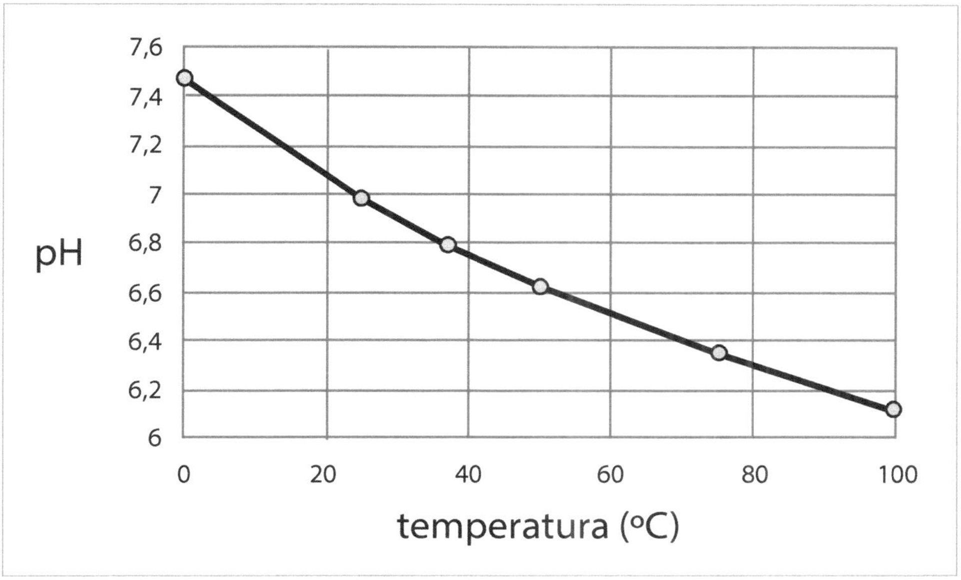

FIGURA 2 pH neutro em função da temperatura. Notar, que em razão do aumento de K_w, como explicado no texto, o pH neutro diminui com o aumento da temperatura. Note que o pH neutro a 37 °C é de 6,8.

A solução inicial, com pH de 6,8, tem $[H^+] = 1{,}585 \times 10^{-7}$ M. A solução com pH de 6,936 tem $[H^+] = 1{,}159 \times 10^{-7}$ M e a de pH de 6,664, $[H^+] = 2{,}168 \times 10^{-7}$ M. Assim, a variação de pH foi de 2% para mais ou para menos, mas a variação na $[H^+]$ foi de 37%, para mais ou para menos. Ou seja, pequenas variações de pH *podem equivaler* a grandes alterações de concentração de H^+.

Além disso, mas na mesma linha, outro ponto a ser notado é o seguinte. Se tomarmos a diferença no pH entre 9 e 10 e a diferença de pH entre 3 e 4, temos que essas são de 1 unidade. Sabemos que a razão em $[H^+]$ entre pH 9 e 10 é de 10x, e entre pH 3 e 4 também é de 10x. Contudo, se fizermos a diferença de concentrações, teremos:

$$[H^+]_{pH=9} - [H^+]_{pH=10} = 9 \cdot 10^{-10}\, M$$

$$[H^+]_{pH=3} - [H^+]_{pH=4} = 9 \cdot 10^{-4}\, M$$

Ou seja, no segundo caso, a variação de concentração de H^+ é um milhão de vezes maior que no primeiro caso.

Dessa forma, **devemos estar atentos ao que nos referimos ou o que estamos considerando quando lidamos com alterações de pH**.

ÁCIDOS E BASES

Antes de iniciar esta e as demais seções, é importante manter em mente que estaremos, sempre, tratando de soluções diluídas, ou seja, sempre consideraremos que as concentrações dos compostos adicionados ao solvente são pequenas. Por esse motivo, as equações químicas serão tratadas diretamente por meio das concentrações (massas) sem utilizarmos correções de afinidade termodinâmica.[10]

Definições de ácidos e bases

Em 1884, Svante Arrhenius apresentou a definição de ácidos como sendo substâncias que produzem íons hidrogênio em solução aquosa, e bases como sendo substâncias que produzem hidroxila (Berend, 2013). Essa foi a definição moderna de ácidos e bases. Durante o século XX, surgiram outras definições, mais precisas do ponto de vista químico e físico.

A definição de Gilbert Newton Lewis (1875-1946) diz que um ácido é uma espécie química que contém um orbital vazio capaz de aceitar um par de elétrons de uma base de Lewis, uma definição que se baseia em princípios quânticos.

A definição de Brønsted-Lowry (Johannes Nicolaus Brønsted e Thomas Martin Lowry), datada de 1923, diz que uma base e um ácido sofrem uma reação na qual o ácido forma sua base conjugada e a base forma seu ácido conjugado pela troca de um próton. Dessa forma, um ácido é um doador de próton. Essa definição é mais geral que a de Arrhenius.

Apesar da maior precisão que as definições de Lewis e de Brønsted-Lowry dão para os processos de reações ácido-básicas, para fins da regulação biológica do pH, essas definições trazem pouco acréscimo, quando não geram uma nova camada de confusão, agora semântica, em relação à definição de Arrhenius. Essa, por sua vez, é bastante simples e direta para entendermos os processos relacionados a aumento ou diminuição da $[H^+]$ nos fluidos corpóreos e os mecanismos envolvidos na regulação do pH. Assim, **seguiremos, em grande parte, a abordagem proposta por Peter A. Stewart em 1981, que usa a definição de Arrhenius para classificar um composto como um ácido ou uma base**: um ácido aumentará a razão ${[H^+]}/{[OH^-]}$, enquanto uma base diminuirá essa razão. Nessa proposição, uma solução é neutra (em termos ácido-básicos) se $[H^+] = [OH^-]$(Stewart, 1981).

Ácidos e bases fortes

Vamos considerar o ácido sulfúrico (H_2SO_4) e a soda cáustica (hidróxido de sódio, NaOH), citados anteriormente. Ambos, ao serem colocados em solução aquosa, se dissociam:

10 Uma discussão mais aprofundada sobre afinidade termodinâmica vai além dos objetivos do presente texto.

$$H_2SO_4 + H_2O \rightarrow H^+ + HSO_4^-$$

$$NaOH + H_2O \rightarrow Na^+ + OH^-$$

Comparando essas reações com a reação 1, de dissociação da água, um ponto essencial fica evidente: na dissociação do ácido sulfúrico, as quantidades de H^+ formadas não são acompanhadas por igual formação de OH^-; na dissociação do hidróxido de sódio, as quantidades de OH^- formadas não são acompanhadas por igual formação de H^+. Assim, pela definição que temos, o ácido sulfúrico é um ácido, obviamente, e o hidróxido de sódio é uma base.

Note que deixamos somente a seta para a direita, indicando que, nas condições usuais nas quais as reações biológicas ocorrem, **essas reações *se comportam* como não reversíveis**. Compostos que formam H^+ com essa característica de não reversibilidade serão considerados **ácidos fortes**, e os que formam OH^- de maneira não reversível serão considerados **bases fortes**. Assim, dentro do nosso contexto, podemos dizer que um composto é um ácido forte se ele se dissocia completamente quando em solução nos fluidos biológicos, formando H^+ como produto. O mesmo vale para bases fortes em relação ao OH^-.

É importante notar que essas definições que estamos utilizando têm caráter prático para o estudo que faremos, mas não são estritamente corretas do ponto de vista físico-químico mais geral.

Ácidos e bases fracas

Vamos, agora, considerar uma solução de ácido acético (CH_3CO_2H, o "vinagre"). Temos:

$$CH_3CO_2H + H_2O \leftrightarrows H^+ + CH_3CO_2^-$$

Note que, agora, utilizamos uma seta dupla, $\leftrightarrows$, indicando que há reversibilidade na reação (como no caso da dissociação da água, visto anteriormente). Isso quer dizer que nem todo o ácido acético colocado na solução será encontrado na forma dissociada de acetato, $CH_3CO_2^-$. Parte dele permanecerá como CH_3CO_2H. Se, em vez de ácido acético, tivéssemos uma solução de amônia (NH_3), a reação também seria reversível formando amônio (NH_4^+) e hidroxila:

$$NH_3 + H_2O \leftrightarrows NH_4^+ + OH^-$$

Compostos que formam H^+ com essa característica de reversibilidade serão considerados **ácidos fracos**, e os que formam OH^- de maneira reversível serão considerados **bases fracas**. Assim, dentro do nosso contexto, podemos dizer que um composto é um ácido fraco se esse composto não se dissocia completamente quando em solução nos fluidos biológicos, e a mesma definição se aplica para bases fracas.

Simbologia

Para representarmos um ácido fraco inespecífico, utilizaremos a notação AH e uma base fraca inespecífica por BOH. Assim, as respectivas equações químicas serão:

$$AH \leftrightarrows H^{+} + A^{-}$$

$$BOH \leftrightarrows OH^{-} + B^{+}$$

Note que, por simplificação, omitimos a água.

Um ácido forte será indicado A_FH, uma base forte por B_FOH e as respectivas equações químicas serão:

$$A_FH \rightarrow H^{+} + A_F^{-}$$

$$B_FOH \rightarrow OH^{-} + B_F^{+}$$

Vamos considerar, também por simplificação e sem perda de generalidade, que estamos tratando de uma solução de volume unitário (p. ex., 1 litro), de modo que a quantidade de um composto tem o mesmo valor numérico que sua concentração.

Curva de titulação

Vamos considerar um volume unitário de água pura ao qual adicionamos uma certa quantidade de um ácido fraco AH. Como vimos, esse ácido não se dissocia completamente e, assim, não sabemos, *a priori*, qual o pH que a solução elaborada terá. Vamos considerar que o sistema esteja em equilíbrio termodinâmico e escrever a equação da variação temporal dos compostos originados por AH próxima a essa condição, do mesmo modo como fizemos para a água (equações 2):

$$\frac{d[AH]}{dt} = -k_D \cdot [AH] + k_A \cdot [H^{+}] \cdot [A^{-}] \qquad \text{Equação 6}$$

Note que, para diferenciar de quando escrevemos as equações para a água pura, as constantes de dissociação e de associação estão indicadas por "D" e "A" maiúsculos subscritos, respectivamente. Não vamos escrever a equação para a variação de $[A^-]$ pois, como já vimos no caso da água, esta seria a equação 6 com sinais trocados. Logo, temos uma equação e três incógnitas: $[H^+]$, $[AH]$ e $[A^-]$. Contudo, a quantidade total de AH adicionada é fixa (ou seja, conhecida) e, assim, a qualquer tempo, temos a seguinte igualdade:

$$[AH] + [A^{-}] = [AH]_T \leftrightarrow [AH] = [AH]_T - [A^{-}] \qquad \text{Equação 7}$$

O subscrito "T" indica o total de AH colocado na solução. Vamos escrever a condição de equilíbrio para $[A^-]$, já tendo substituído [AH] por $[AH]_T - [A^-]$:

$$[A^{-}] = \frac{k_D \cdot [AH]_T}{k_D + k_A \cdot [H^{+}]} \qquad \text{Equação 8}$$

É muito importante que se note que ainda temos duas incógnitas, $[A^-]$ e $[H^+]$, e uma só equação. *A importância desse reconhecimento está no próximo passo que se faz, pois esse próximo passo pode ser uma fonte de desentendimento posterior na regulação ácido-base orgânica.* "Transformaremos" a incógnita $[H^+]$ em valores conhecidos com um artifício: adição de ácido e base fortes. Note que, portanto, não estamos mais somente no âmbito da equação 6, apesar de que continuaremos utilizando o resultado dado pela equação 8. Essa é a possível fonte de desentendimento do que ocorre nos fluidos orgânicos (ou do que não ocorre, de fato).

Vamos supor que adicionemos uma base forte B_FOH em "grande quantidade" à solução. Isso desvia o equilíbrio da reação $H_2O \underset{k_a}{\overset{k_d}{\rightleftarrows}} H^+ + OH^-$ para a nossa esquerda, ou seja, retira íons H^+ da solução pelo aumento de OH^- causado pela base forte. Matematicamente, um caso extremo (mas que não ocorre fisicamente) é $[H^+] = 0$. Colocando esse valor na equação 8, obtemos: $[A^-] = \frac{k_D \cdot [AH]_T}{k_D + k_A \cdot 0} = [AH]_T$, ou seja, com a adição da base forte em grande quantidade tendemos a fazer com que todo o ácido fraco colocado passe à forma dissociada (note que essa dissociação do ácido fraco não irá alterar o pH, pois estamos mantendo a $[H^+]$ fixa por meio da base forte – *essa é a fonte de possível desentendimento*, como veremos mais adiante).

Agora, vamos adicionando, pouco a pouco, um ácido forte A_FH, aumentando, progressivamente, a $[H^+]$ (diminuindo o pH). Com isso, o denominador na equação 8 vai aumentando e, consequentemente, a $[A^-]$ vai diminuindo. Matematicamente, outro caso extremo é $[H^+] \rightarrow \infty$. Agora, como o denominador tende ao infinito, $[A^-] \rightarrow 0$, ou seja, todo o ácido fraco colocado na solução tende a ficar na forma associada.

Observando a equação 8, notamos que, **em uma situação na qual a concentração da forma dissociada A^- é igual à metade do total colocado, ou seja, $[A^-] = [AH]_T/2$, ocorre a seguinte igualdade**:

$$[A^-] = \frac{k_D \cdot [AH]_T}{k_D + k_A \cdot [H^+]} = \frac{[AH]_T}{2}$$

$$\leftrightarrow$$

$$[H^+] = \frac{k_D}{k_A} = K_D$$

Note que *estamos utilizando K maiúsculo para indicar essa razão entre as constantes.* Portanto, K_D é o valor da concentração de H^+ na qual metade do ácido fraco está na forma dissociada. Como $-\log x = \log\frac{1}{x}$, define-se $K_A = \frac{k_A}{k_D} = \frac{1}{K_D}$ e, por consequência,

$$pH = -\log_{10}[H^+] = -\log_{10} K_D = \log_{10}\frac{1}{K_D} = \log_{10} K_A = pK_A \qquad \text{Equação 9}$$

Ou seja, **o pH nesta condição de ½ dissociação do ácido fraco corresponde ao logaritmo negativo da constante K_A e é chamado de pK_A**. Note, novamente, o uso de K maiúsculo. Vamos, agora, ver o comportamento geral da função 8 ao longo de valores de $[H^+]$.

A passagem da condição $[H^+] \cong 0$ para $[H^+] \rightarrow \infty$ (ou o inverso, dependendo se iniciamos o processo com grandes quantidades de ácido ou de base fortes) é chamada titulação do ácido fraco AH (ou da base fraca BOH, pois, comportamental e conceitualmente, o processo é o mesmo) ou, simplesmente, "curva de titulação".

A Figura 3 ilustra uma curva de titulação hipotética para um ácido fraco AH colocado em concentração unitária (ou seja, a concentração de A^- se torna relativa em relação ao valor "1") com $k_D = 10^{-7}$ e $k_A = 10^{-3}$, o que resulta em $K_A = 10^{-4}$ e, consequentemente, $pK_A = 4$. Observando a Figura 3, não notamos nada que nos chame a atenção, sendo o comportamento esperado de uma função hiperbólica como a representada pela equação 8. Na Figura 4, colocamos a mesma variável, $[A^-]$, não em função da $[H^+]$, mas do pH.

Note que, agora, a função tem uma região de grande derivada (ou seja, a variação de $[A^-]$ em decorrência da variação de pH é grande) exatamente ao redor do valor de pK_A, com derivadas tendendo a zero conforme o pH se afasta do pK_A.

Considere que se pudéssemos inverter todo o processo que fizemos e, em vez de termos a $[A^-]$ como função da $[H^+]$ (ou do pH), tivéssemos a $[H^+]$ (e, consequentemente, o pH) em função da $[A^-]$. Obteríamos, se isso fosse possível, a curva da Figura 4 com os eixos trocados. Isso é discutido na seção "Tampões", a seguir.

Equação de Henderson-Hasselbach e tampões

Em virtude da possibilidade de ter parte de suas moléculas na forma associada e parte na forma dissociada, as bases e os ácidos fracos permitem a ocorrência dos processos

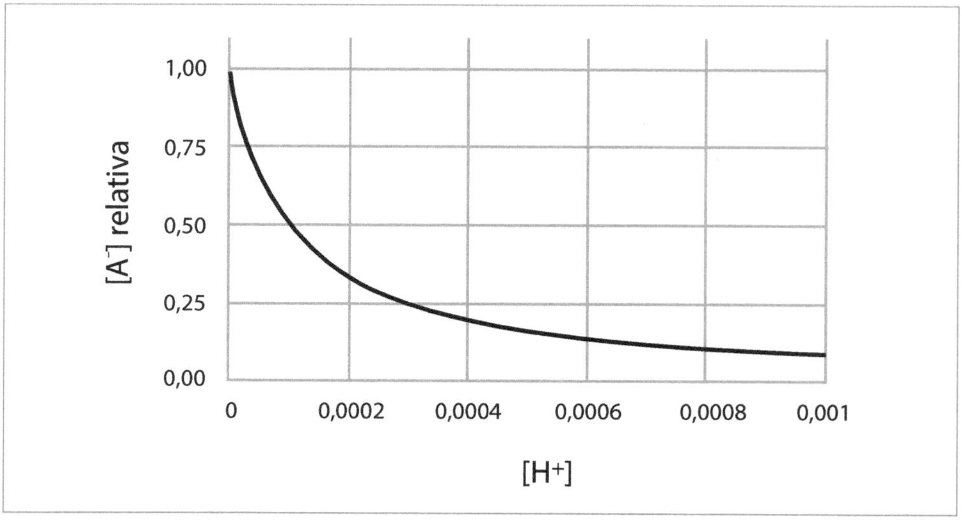

FIGURA 3 Curva de titulação de um ácido fraco hipotético em função da $[H^+]$.

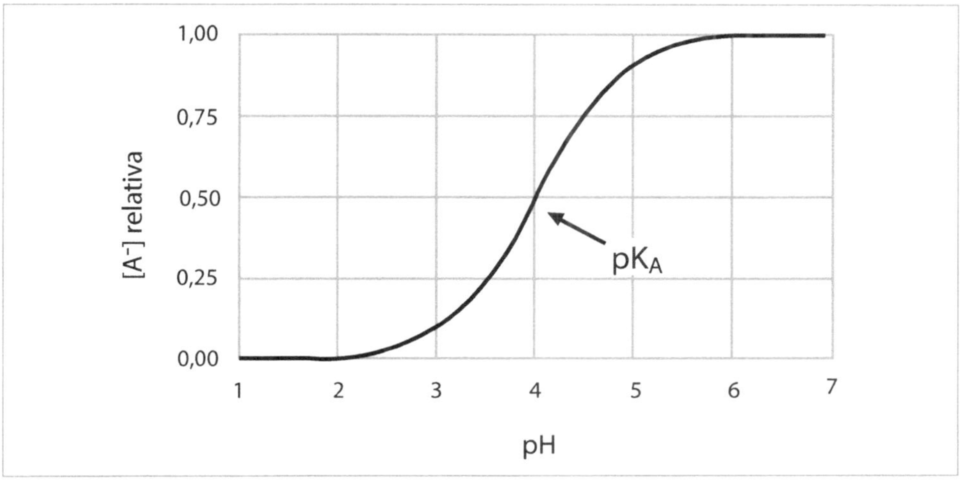

FIGURA 4 Curva de titulação de um ácido fraco hipotético em função do pH.

descritos na seção anterior. Vamos, agora, reescrever a equação 8 como se a variável dependente fosse a $[H^+]$ (e, assim, o pH) em função da fração da $[A^-]$. *É importante notar que isso não corresponde ao experimento descrito sobre titulação, pois estamos invertendo as variáveis.*

$$[H^+] = \frac{k_D \cdot ([AH]_T - [A^-])}{k_A \cdot [A^-]} = K_D \cdot \frac{([AH]_T - [A^-])}{[A^-]} \quad \text{Equação 10}$$

E, pela definição de pH e pelas propriedades da função logaritmo:[11]

$$pH = -\log_{10} K_D \cdot \frac{([AH]_T - [A^-])}{[A^-]} = \log_{10} K_A + \log_{10} \frac{[A^-]}{([AH]_T - [A^-])}$$

A equação acima é escrita, então, na forma chamada como equação de Henderson-Hasselbach:

$$pH = pK_A + \log_{10} \frac{[A^-]}{([AH]_T - [A^-])} \quad \text{Equação 11}$$

A equação de Henderson-Hasselbach (equação 11) nos permite obter o pH como uma função da fração dissociada do ácido fraco AH (ou correspondente da base fraca BOH). A Figura 5 ilustra o comportamento dessa função para o ácido fraco hipotético descrito na seção anterior.

Notamos que a curva tem derivadas pequenas (i. e., a inclinação é pequena) ao redor do valor 0,5 no eixo x ($[A^-]$ relativa), o qual corresponde ao pH = pK_A, como visto na seção anterior. Ao nos afastarmos do valor 0,5, tanto para mais quanto para menos, as derivadas vão se tornando cada vez maiores. O que o gráfico nos mostra,

11 A função logaritmo é discutida no capítulo "Modelos genéricos básicos" do volume 1 desta obra.

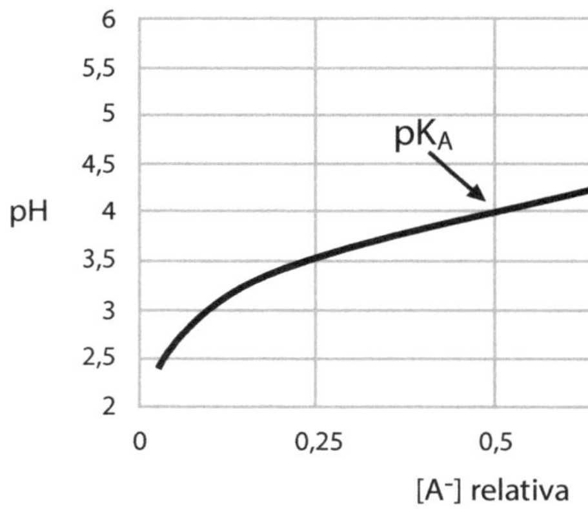

FIGURA 5 pH como função do grau de dissociação de um ácido fraco hipotético, como apresentado na seção "Curva de titulação".

portanto, é que **ao redor do valor da forma dissociada igual a ½ da quantidade total do ácido fraco (ou base fraca), variações na quantidade dissociada causam pouca mudança no pH**.

Essa propriedade é a que faz com que ácidos e bases fracas atuem como tampões de pH quando a concentração se encontra próxima de 0,5 do total adicionado à solução. **Note que estamos sendo explícitos em dizer "tampão de pH", e não tampão de [H^+], pois, em termos da [H^+], como ilustrado na Figura 3, não se está próximo de uma região de derivadas pequenas**.

Outra maneira de descrever (ou definir) o processo do tamponamento é que um ácido fraco (ou base fraca) em um pH próximo ao de seu pK_A não permite variações grandes de pH quando ácidos ou bases fortes são adicionados, *em baixa quantidade*, à solução. A Tabela 1 apresenta valores de pK_A de alguns ácidos orgânicos comuns.

Passamos, agora, ao estudo mais direto dos fluidos orgânicos em termos de pH.

SISTEMAS TAMPONANTES ORGÂNICOS

Existem muitos compostos no organismo que funcionam como tampões de pH. Isso significa que parte de cargas ácidas, ou básicas, recebidas ou perdidas em um dado instante têm, em parte, uma mudança de pH de menor monta que a quantidade de ácido ou base alterada. Isso se dá sem qualquer mecanismo de controle orgânico operando.

Também é importante notar que o pH nos diferentes compartimentos orgânicos não é o mesmo (ver "Regulação hidreletrolítica" para mais detalhes sobre os compartimentos orgânicos). O plasma, que é o mais facilmente acessível de modo rotineiro, tem pH ao redor de 7,4 se obtido no sangue arterial, e ao redor de 0,03 unidade mais baixo no sangue venoso. Já o pH intracelular está ao redor de 6,8. Essa diferença se deve, basicamente, à maior concentração proteica intracelular. É interessante notar, então,

TABELA 1 pK_A de compostos comuns

Nome	Composição	pK_A
Ácido carbônico	H_2CO_3	3,49
Bicarbonato (*)	HCO_3^-	10,3 (#)
Fosfato	$H_2PO_4^-$	6,8
Ácido lático	$C_3H_6O_3$	3,86
Ácido pirúvico (**)	$C_3H_4O_3$	2,50
Ácido acético	$C_2H_4O_2$	4,75
Amônio	NH_4^+	9,2
Citrato 2-	$C_6H_6O_7^{2-}$	5,5
Ácido úrico	$C_5H_4N_4O_3$	5,8
Ácido fórmico (metanoico)	CH_2O_2	3,75

Fonte: dados de Pines et al., 2016; Lang, 1996.
(*) Catálogo Sigma-Aldrich. (**) Dawson et al., 1959. (#) Mais adiante, esse pK_A será referido em relação à dissociação do bicarbonato K_{bic}.

que o pH intracelular se encontra próximo ao pH neutro da água a 37 °C (ver Figura 2), e o pH plasmático é, portanto, alcalino.

Qualquer sistema-tampão depende de duas propriedades, uma intensiva e outra extensiva: o pK_A e a quantidade presente, respectivamente. Por exemplo, o pH plasmático é ao redor de 7,4. Então, um sistema-tampão que tenha $pK_A = 7{,}4$ está na sua região de maior poder tamponante, como vimos na seção anterior. Contudo, se a quantidade (concentração) do tampão é muito pequena, a amplitude da resposta a uma carga ácida ou básica adicionada será grande, pois, de acordo com a equação 8, percebe-se que a quantidade do conjugado é uma função linear da quantidade total do tampão.[12] Portanto, um tampão com pK_A mais distante do pH a ser mantido, mas em quantidade maior, pode se tornar mais importante no processo que outro de pK_A próximo ao pH, mas em quantidade diminuta.

Tendo essas duas propriedades em mente, o elemento de maior capacidade tamponante do sangue é a hemoglobina (Hb) intraeritrocitária. No plasma, porém, é o sistema do gás carbônico. Intracelularmente, proteínas, gás carbônico e fosfato são os mais relevantes.

Nesta seção, apresentamos e discutimos os sistemas tamponantes orgânicos mais relevantes. Em uma seção posterior, discutiremos os mecanismos de regulação ácido-básica propriamente ditos.

12 Essa questão da quantidade pode passar despercebida se olhamos somente a equação de Henderson-Hasselbach, pois nela o termo que aparece é uma razão entre quantidades e, portanto, se torna adimensional. Além disso, essa equação leva a uma troca entre causa e efeito.

CO_2

O gás carbônico é continuamente produzido nas células pelo metabolismo aeróbio e continuamente eliminado nos pulmões pela ventilação. Como descrito em "Respiração" (volume 2 da coleção), o gás carbônico dissolvido em água sofre hidratação, formando o ácido carbônico, H_2CO_3. O ácido carbônico, por sua vez, se dissocia em H^+ e bicarbonato,[13] HCO_3^-, e esse se dissocia em H^+ e carbonato, CO_3^{2-}. Tanto o carbonato quanto o bicarbonato podem se combinar, reversivelmente, a cátions bivalentes, como Ca^{2+} e Mg^{2+}. Essas últimas reações não serão incluídas nas equações que desenvolveremos, mas sua importância será discutida mais adiante.

A concentração de gás carbônico dissolvido, como visto em "Respiração",[14] está linearmente relacionada à pressão parcial desse gás, sendo o coeficiente da relação dado pela capacitância β do meio para o gás carbônico: $[CO_2] = \beta \cdot P_{CO_2}$ (note que, por simplificação, estamos omitindo toda a indexação das variáveis feita no capítulo "Respiração" do volume 2 desta obra, dado que o contexto e os compostos aqui tratados são evidentes). A equação química é, então:

$$P_{CO_2} \overset{\beta}{\leftrightarrow} CO_2 + H_2O \overset{k_c}{\leftrightarrow} H_2CO_3 \overset{K_A}{\leftrightarrow} H^+ + HCO_3^- \overset{K_{bic}}{\longleftrightarrow} H^+ + CO_3^{2-} \qquad \text{Equação 12}$$

É importante que se tenha atenção para a notação que utilizamos na equação acima: k_c em minúsculas, para indicar a razão das constantes de hidratação do CO_2 e desidratação do ácido carbônico; e K_{bic} para a razão entre as constantes de dissociação do bicarbonato e associação do carbonato.

Na condição de equilíbrio do sistema, temos as seguintes igualdades:

$$[CO_2] = \beta \cdot P_{CO_2}$$

$$[H_2CO_3] = K_A \cdot [H^+] \cdot [HCO_3^-]$$

$$[H_2CO_3] = k_c \cdot [CO_2] \cdot [H_2O]$$

Utilizando essas igualdades, obtemos:

$$K_A \cdot [H^+] \cdot [HCO_3^-] = k_c \cdot [CO_2] \cdot [H_2O]$$

$$\leftrightarrow$$

$$K_A \cdot [H^+] \cdot [HCO_3^-] = k_c \cdot [H_2O] \cdot \beta \cdot P_{CO_2}$$

Lembrando que a concentração de água pode ser tratada como uma constante, tem-se:

$$K_C = k_c \cdot [H_2O]$$

13 O nome "bicarbonato" para aludir ao composto HCO_3^- é utilizado por perseverança histórica do termo cunhado por William Hyde Wollaston em 1814. O "bi" faz referência a se ter no $NaHCO_3$ o dobro de carbonos por sódio em relação ao carbonato de sódio, Na_2CO_3.

14 Ver "Pressão parcial de um gás em uma fase líquida" no referido capítulo.

Note que a capacitância (muitas vezes chamada de "solubilidade") não entra na nova constante, de modo a termos uma razão entre concentrações (ver abaixo). Note, ainda, K_C em maiúsculas. Inserindo essa nova constante e rearranjando os termos na equação anterior:

$$[H^+] = \frac{K_C}{K_A} \cdot \frac{\beta \cdot P_{CO_2}}{[HCO_3^-]}$$

Aplicando a definição de pH e as propriedades da função logaritmo:

$$pH = -\log[H^+] = -\log\frac{K_C}{K_A} \cdot \frac{\beta \cdot P_{CO_2}}{[HCO_3^-]} = \log\frac{K_A}{K_C} + \log\frac{[HCO_3^-]}{\beta \cdot P_{CO_2}}$$

Veja que estamos omitindo a base 10 do logaritmo, por já estar subentendida. A equação acima é escrita na forma:

$$pH = pK + \log\frac{[HCO_3^-]}{\beta \cdot P_{CO_2}} \qquad \text{Equação 13}$$

Veja a semelhança entre essa equação e a equação 11. Isso faz vários autores se referirem à equação 13 como a equação de Henderson-Hasselbach. Contudo, $logK_A$ da equação 11 é diferente de $\log\frac{K_A}{K_C}$.

O valor de pK está ao redor de 6,35 (Pines et al., 2016), porém o valor utilizado é 6,1 (p. ex., Davenport, 1975, p. 41), o que gera mais um grau de potencial confusão em interpretações de valores normais de pH (p. ex., Berend, 2013). Outro fator é o valor de β. No capítulo sobre "Respiração", o valor apresentado se encontra ao redor de $4{,}8 \times 10^{-5}$ M $torr^{-1}$, enquanto parte da literatura utiliza $3{,}01 \times 10^{-5}$ M $torr^{-1}$ (p. ex., Davenport, 1975). *Entretanto, se utilizados no "pareamento correto", esses valores resultam em concentrações de bicarbonato semelhantes para o pH e a arteriais de 7,4 e 40 torr, respectivamente*:

$$pK = 6{,}1,\ \beta = 3{,}01 \times 10^{-5} \rightarrow [HCO_3^-] = 24 \text{ mM}$$
$$pK = 6{,}35,\ \beta = 4{,}8 \times 10^{-5} \rightarrow [HCO_3^-] = 22 \text{ mM}$$

A equação 13 é, ainda hoje, rotineiramente utilizada para quantificar o bicarbonato plasmático, pois as medidas de pH e de P_{CO_2} são facilmente obtidas em equipamentos simples. **Por meio do valor <u>calculado</u> para o bicarbonato, distúrbios do equilíbrio ácido-básico são interpretados na prática clínica** (ver seção de "Distúrbios" mais adiante).

O sistema ácido carbônico/bicarbonato responde por cerca de 80% da capacidade tamponante do plasma. Em virtude da possibilidade de alteração da P_{CO_2} pela ventilação pulmonar (a ser mais bem discutida em uma seção posterior), esse sistema é, muitas vezes, referido como ácidos voláteis.

Contudo, **vários pontos devem ser mantidos em mente ao lidar com a equação 13**:

- Essa equação reflete o que era possível medir, de modo satisfatório e rotineiro, nos primeiros ¾ do século XX (Boyle e Baldwin, 2002).

- pK não é o pK_A do ácido carbônico.
- O bicarbonato é uma variável calculada.
- Variações no valor de pK utilizado incorrem em variações na concentração de bicarbonato calculada.
- A equação não abrange todos os sistemas-tampão plasmáticos nem intracelulares.

Tendo esses pontos claros, vamos a outros elementos do sistema-tampão orgânico.

$H_2PO_4^-$

O composto que origina esse sistema-tampão é o ácido fosfórico H_3PO_4, cuja dissociação depende do pH. A reação completa envolvendo o fosfato é:

$$H_3PO_4 \overset{2,0}{\leftrightarrow} H^+ + H_2PO_4^- \overset{6,8}{\leftrightarrow} H^+ + HPO_4^{2-} \overset{12,3}{\longleftrightarrow} H^+ + PO_4^{3-}$$

Sendo os valores sobrescritos às setas duplas os respectivos pK_A de cada reação.

Pelos valores de pK_A, pode-se concluir que o fosfato nos fluidos corpóreos se encontra, basicamente, como $H_2PO_4^-$ e HPO_4^{2-}, dados o pH do plasma e intracelular. Contudo, na matriz óssea, o fósforo se encontra depositado nas formas mais alcalinas, PO_4^{3-} e HPO_4^{2-}. Com isso, em situações de acidose crônica, existe um processo de desmineralização óssea decorrente do deslocamento das formas mais alcalinas para $H_2PO_4^-$, o qual é excretado na urina (ver "Regulação ácido-básica", mais adiante).

No plasma, a concentração de fosfato é ao redor de 1,2 mM. Considerando que a concentração plasmática de bicarbonato é ao redor de 24 mM (ver anteriormente) e tendo em mente a questão de quantidades já apresentada, percebemos que a participação do tampão fosfato é de bem menor monta que a do sistema do gás carbônico.

NH_4^+

A amônia, NH_3, é um produto do metabolismo celular e altamente tóxica. Em mamíferos, ela é convertida em ureia (ver "Regulação hidreletrolítica"), no ciclo da ornitina. Assim, as concentrações de NH_4^+ e NH_3 são desprezíveis nos fluidos corpóreos. Contudo, uma parte importante da carga ácida eliminada pelos rins é decorrente da excreção de amônio (NH_4^+).

Proteínas

Uma proteína genérica contém aminoácidos com terminações de vários tipos, apresentados na Tabela 2. Cada grupamento tem seu pK_A particular, quando isolado, e que pode ser modificado pela estrutura terciária ou quaternária da proteína. O anel imidazólico, em particular, tem dois pK_A (7,0 e 14,5), o mais alto relacionado ao H ligado ao nitrogênio na posição 1 do anel, e o mais baixo é o nitrogênio na posição 3 (que não tem ligação com um átomo de hidrogênio). Por esse pK_A ao redor de 7,0, anéis imidazólicos têm papel importante no sistema-tampão proteico.

De maneira esquemática geral, uma proteína em pH no extremo alcalino terá os grupamentos amônio e carboxila desprotonados, bem como o nitrogênio 1 dos grupos imidazólicos. No extremo ácido do pH, esses grupamentos estarão protonados, bem como os grupamentos amino, guanidina e o nitrogênio 3 do anel imidazólico. Entre esses extremos, existirá um pH, particular para cada proteína, na qual parte de seus grupamentos está protonada e parte desprotonada. Esse é o ponto isoelétrico daquela proteína e é o pH de maior poder tamponante dessa proteína.

TABELA 2 Grupamentos com propriedades tamponantes em aminoácidos

		Condição em	
Grupamento	**Fórmula**	**Extremo alcalino**	**Extremo ácido**
Amino	$-NH_2$	$-NH_2$	$-NH_3^+$
Amônio	$-NH_3^+$	$-NH_2$	$-NH_3^+$
Anel imidazólico	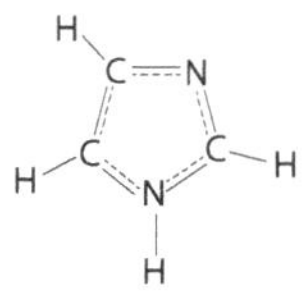	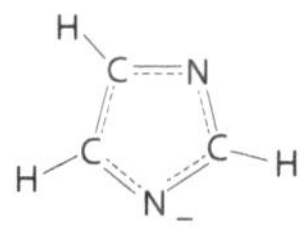	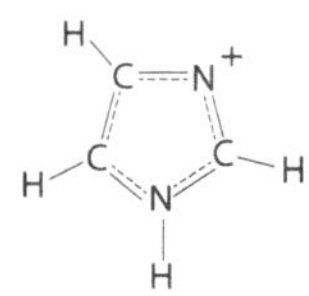
Carboxila	$-COOH$	$-COO^-$	$-COOH$
Guanidina	$-NH-CNH-NH_2$	$-NH-CNH-NH_2$	$-NH-CNH-NH_3^+$

Hb

Como citado, a hemoglobina é o sistema-tampão mais relevante do sangue, por sua quantidade. Contudo, como também ressaltamos, por ser intraeritrocitária, a hemoglobina não é o sistema-tampão mais relevante no plasma.

A hemoglobina, na configuração oxi (ver o capítulo "Respiração" do volume 2 desta obra), tem a maior parte de sua capacidade tamponante relacionada a grupamentos imidazólicos nas cadeias β. Nas cadeias α, ocorre a ligação com CO_2 e com 2,3-DPG e somente os aminoácidos que não estão participando dessas ligações têm papel como compostos tamponantes (Davenport, 1975).

Albumina

A albumina é a principal proteína plasmática e compõe, junto ao sistema do gás carbônico, o principal componente de tamponamento de pH nesse compartimento corpóreo. A carga elétrica da albumina na faixa de pH fisiológico é negativa (ou seja, ela se encontra em um pH mais alcalino que o de seu ponto isoelétrico). Assim, como veremos adiante, a contribuição da albumina é como um ânion plasmático. Pode-se estimar a contribuição da albumina na carga aniônica do plasma pela seguinte aproximação (Figge et al., 1992):

$$A^{-}_{albumina} = [albumina] \cdot \left(\frac{pH}{8{,}13} - 0{,}631\right)$$

Sendo [albumina] a concentração plasmática de albumina, a qual se encontra na faixa de 34 a 54 g L^{-1} e $A^{-}_{albumina}$, a participação na carga aniônica plasmática, em mM. A título de exemplo numérico, em um pH de 7,4 com concentração de albumina de 42 g L^{-1}, temos que a contribuição aniônica da albumina está ao redor de 12 mM. Como vimos, o bicarbonato se encontra ao redor de 24 mM, ou seja, a albumina representa mais ou menos metade da carga aniônica em relação à carga dada pelo bicarbonato. Voltaremos a esse assunto mais adiante.

ÍONS FORTES

Na seção anterior, vimos os sistemas tamponantes orgânicos mais relevantes. Os sistemas-tampão têm a característica de mudar sua contribuição ao pH de acordo com variações que ocorram no meio e são, portanto, compostos por ácidos e bases fracas. Ácidos e bases fortes, por outro lado, se dissociam completamente (ver seção "Ácidos e bases"). Agora, vamos procurar estudar como esses tipos de ácidos e bases contribuem para o pH dos fluidos orgânicos. A bem da verdade, utilizaremos o plasma como "fluido protótipo" e estenderemos o racional aos demais compartimentos.

Vamos utilizar a abordagem delineada por Stewart em 1981 e revista em estudos posteriores (Aristizábal-Salazar et al., 2015; Boyle e Baldwin, 2002; Rinaldi e De Gaudio, 2005; Stewart, 1981; Story et al., 2004). A definição de ácidos e bases que estamos empregando é a mesma dessa abordagem. Uma base forte e um ácido forte, estando completamente dissociados (por definição), geram,[15] respectivamente, B_F^+ e A_F^- (ver seção "Simbologia"). Se tínhamos, por exemplo, hidróxido de sódio (NaOH, soda cáustica) e ácido clorídrico (HCl), ficaremos com Na^+ e Cl^-. Por outro lado, se tivéssemos cloreto de sódio (NaCl), teríamos, também, Na^+ e Cl^- em solução. Devemos concluir, então, que colocar NaOH e HCl é a mesma coisa que colocar NaCl em solução? Não!

Mas existe uma condição na qual a resposta é "sim". Se colocarmos quantidades iguais[16] de NaOH e HCl. Nessa situação, obtemos uma solução que se comporta como se tivéssemos colocado essa quantidade de NaCl. É dos desvios dessa condição que parte a abordagem delineada por Stewart, chamada de "diferença de íons fortes".

Assim, cabe uma palavra de atenção em relação ao que não devemos nos deixar confundir: o que são os íons fortes?

São aqueles originados de ácidos e bases fortes **ou** íons cujas concentrações não são alteradas nem pelo pH nem pela condição elétrica do meio. É importante notarmos esse "ou" na frase anterior, pois os íons B_F^+ e A_F^- se encaixam nas duas condições, mas um íon forte qualquer **não** necessariamente teve sua origem orgânica a partir de um ácido ou uma base forte. Por exemplo, o magnésio orgânico não tem origem no hidróxido

15 Estamos ignorando a formação de H^+ e OH^-.

16 Considerando as quantidades em mols.

de magnésio[17] ($Mg(OH)_2$), ou seja, o cátion Mg^{2+} compõe parte dos íons fortes, mas não veio de uma base forte.

E onde pode se dar a confusão à qual nos referimos? Na abordagem proposta por Stewart, **íons fortes, sejam de que origem forem, se comportam, para fins de pH, como se fossem ácidos (se ânions) ou bases (se cátions) fortes**. Em outras palavras, o "ou" discutido no parágrafo anterior é ignorado e todos os íons fortes são tratados como se fossem relacionados a ácidos ou bases fortes.

Eletroneutralidade e diferença de íons fortes

Um fato que passa despercebido em todos os casos que estudamos anteriormente, isto é, na dissociação da água e nas soluções de ácidos e bases fracas, é que, em todos, a solução se mantém neutra em termos elétricos. Se retornarmos a todas as equações desses casos anteriores, notaremos que, somados cátions e ânions, a carga resultante é zero.

Esse fato, da eletroneutralidade das soluções, é essencial para o entendimento das questões relacionadas ao pH.

Vamos retomar nosso exemplo envolvendo NaOH e HCl. Ao adicionarmos NaCl na água, não ocorre alteração no pH. Reconhecemos que adicionar NaCl é o mesmo que adicionar quantidades iguais de NaOH e HCl. Equacionamos, agora, a eletroneutralidade da solução:

$$[H^+] + [Na^+] - [Cl^-] - [OH^-] = 0$$

Os sinais utilizados na equação acima foram escolhidos apenas por razões mnemônicas: os cátions foram somados e os ânions foram subtraídos. Se os sinais fossem invertidos, nada mudaria em termos do significado e da aplicação da equação. Note, ainda, que, ao escrevermos a equação acima, estávamos considerando a adição de NaCl, mas percebemos que a equação também seria válida se estivéssemos considerando a adição de NaOH e HCl.

Quando $[Na^+] = [Cl^-]$, como é o caso quando adicionamos NaCl na solução, resta $[H^+] = [OH^-]$, que é a neutralidade de pH da água pura, como desenvolvemos inicialmente. De qualquer modo, a igualdade da equação 4b, $[OH^-] = \frac{K_w}{[H^+]}$, continua válida.

Como visto anteriormente, Na^+ e Cl^- são íons fortes e suas concentrações dependem apenas do quanto de cada um foi colocado em solução: $[Na^+] - [Cl^-] = D_{IF}$; sendo $\mathbf{D_{IF}}$ o que se denomina **diferença de íons fortes**. Note que D_{IF} pode ter sinal positivo ou negativo, pois depende das quantidades colocadas.

Assim, podemos reescrever a equação anterior como $[H^+] - \frac{K_w}{[H^+]} + D_{IF} = 0$ e, assim:

17 O hidróxido de magnésio é utilizado como antiácido estomacal. Assim, pessoas que fazem uso desse composto podem ter parte de seu Mg^{2+} obtido como uma base forte.

$$[H^+]^2 + [H^+] \cdot D_{IF} - K_w = 0 \qquad \text{Equação 14a}$$

Ou seja, a concentração de H^+ é dada pela solução dessa equação de 2º grau e, portanto, temos como obter o pH a partir da diferença de concentração dos íons fortes. Vamos ver a solução da equação 14a. Como sabemos, em um polinômio de 2º grau, há duas soluções.[18] Considerando apenas a possibilidade de soluções reais e positivas (pois não faz sentido físico termos uma concentração de H^+ negativa), encontramos:

$$[H^+] = \frac{\sqrt{{D_{IF}}^2 + 4 \cdot K_w} - D_{IF}}{2} \qquad \text{Equação 14b}$$

A título de confirmação, suponha $D_{IF} = 0$, e a solução da equação 14b se reduz a $[H^+] = \sqrt{K_w}$, que é a equação 4a obtida para a água pura.

Note que $D_{IF} < 0$ indica que foi colocada uma quantidade de ácidos fortes maior que a de bases fortes e, assim, a $[H^+]$ aumenta, como esperado nesses casos. Por outro lado, se $D_{IF} > 0$, indica o oposto, e temos que a $[H^+]$ diminui, como também é esperado nesses casos. Reescrevendo 14b para o pH, temos:

$$pH = -\log[H^+] = \log\left(\frac{2}{\sqrt{{D_{IF}}^2 + 4 \cdot K_w} - D_{IF}}\right) \qquad \text{Equação 14c}$$

A equação 14a é a equação de eletroneutralidade para uma solução contendo apenas íons fortes. Nosso próximo passo é adicionar um ácido fraco à solução e, por motivos óbvios, adicionaremos, então, o ácido carbônico, ou seja, trataremos de uma solução contendo íons fortes e CO_2. Antes, porém, é importante escrevermos a equação de eletroneutralidade de uma solução de modo generalizado.

Equação geral de eletroneutralidade

A eletroneutralidade implica que a soma das cargas positivas seja igual à soma das cargas negativas em uma solução. Assim:

$$\textstyle\sum_1^n i \cdot [Cátion^{i+}]_i = \sum_1^m j \cdot \left[Ânion^{j-}\right]_j \qquad \text{Equação 15}$$

O que diz a equação 15? Há, possivelmente, n cátions e m ânions em solução. Temos certeza de que ao menos um de cada espécie está presente, pois a água se dissocia em H^+ e OH^- espontaneamente. Um determinado cátion tem carga positiva "i+", sendo i = 1, 2, 3 ...; ou seja, "i" é a valência do cátion. Como esse cátion tem valência "i", ele contribui com "i vezes a sua concentração" na quantidade total de cargas positivas. Dessa forma, o somatório nos dá o total de cargas positivas. O mesmo racional se aplica aos ânions.

18 Ver o capítulo "Modelos genéricos básicos" do volume 1 desta obra. As soluções podem ser ambas reais, ambas complexas ou pode haver uma solução dupla.

Escrita dessa maneira, a equação da eletroneutralidade já nos mostra uma grande dificuldade em tentar delinear todos os componentes envolvidos no pH de um fluido orgânico: as proteínas. Essas são compostas por dezenas a centenas de aminoácidos e, como já descrito, existem diferentes terminações que podem contribuir para a quantidade de H^+ na solução. A carga elétrica de uma proteína, então, não é tão simples de ser computada quanto no caso de um íon ou de um aminoácido isolado. É por isso que, por exemplo, ao discutirmos a albumina (ver anteriormente), apresentamos sua "contribuição elétrica" em função do pH, e não o contrário.

No restante do texto, empregaremos a equação 15 no formato utilizado na equação 14a:

$$\sum_{1}^{n} i \cdot [Cátion^{i+}]_i - \sum_{1}^{m} j \cdot [Ânion^{j-}]_j = 0$$

CO₂ E ÍONS FORTES

Como acabamos de ver, a contribuição dos íons fortes para a carga elétrica da solução é agrupada em um único componente, a diferença de íons fortes, D_{IF}. A contribuição do CO_2 é dada pelo bicarbonato e pelo carbonato (equação 12). Podemos escrever o bicarbonato como:

$$[HCO_3^-] = \frac{\beta \cdot P_{CO_2}}{K \cdot [H^+]} \qquad \text{Equação 16a}$$

Sendo K definido como $K = \frac{K_A}{K_C}$ (ver seção "CO_2"). Utilizando, agora, o bicarbonato para encontrarmos o carbonato, temos:

$$[CO_3^{2-}] = K_{bic} \frac{[HCO_3^-]}{[H^+]} = \frac{K_{bic} \cdot \beta \cdot P_{CO_2}}{K \cdot [H^+]^2} \qquad \text{Equação 16b}$$

Note a dependência no quadrado de H^+. Assim, a eletroneutralidade é dada pela soma de hidrogênio, hidroxila, bicarbonato, duas vezes carbonato (pois a carga é "2–") e diferença de íons fortes. Escrevendo a equação de eletroneutralidade:

$$[H^+] - \frac{K_w}{[H^+]} - \frac{\beta \cdot P_{CO_2}}{K \cdot [H^+]} - 2 \cdot \frac{K_{bic} \cdot \beta \cdot P_{CO_2}}{K \cdot [H^+]^2} + D_{IF} = 0 \qquad \text{Equação 17a}$$

Ou, de modo equivalente:

$$K \cdot [H^+]^3 - (K \cdot K_w + \beta \cdot P_{CO_2}) \cdot [H^+] - 2 \cdot K_{bic} \cdot \beta \cdot P_{CO_2} +$$
$$K \cdot D_{IF} \cdot [H^+]^2 = 0$$

Esta é uma equação cúbica em $[H^+]$. Contudo, ao desenvolvermos a equação, notamos que o termo livre, aquele que não é multiplicado por nenhuma potência de $[H^+]$, está na ordem de 10^{-14}. Se ignorarmos esse termo, ficamos com uma equação de 2º grau cuja solução é indistinguível da oriunda da equação cúbica original:

$$[H^+] = \frac{\sqrt{D_{IF}^2 + 4 \cdot \left(K_w + \frac{\beta \cdot P_{CO_2}}{K}\right)} - D_{IF}}{2} \qquad \text{Equação 17b}$$

Voltaremos a essa redução do grau do polinômio em $[H^+]$ de maneira mais completa em uma seção mais adiante.

A Figura 6 ilustra o comportamento do pH calculado pela equação anterior para diferentes valores da diferença de íons fortes, em uma P_{CO_2} de 40 torr. Nota-se que, para a diferença de íons fortes nula ($D_{IF} = 0$), tem-se o pH de 4,53, que é o previsto pela equação 13, já que o CO_2 representa uma adição ácida no sistema. Para $D_{IF} < 0$, a queda no pH se acentua, pois, novamente, isso representa uma adição de ácidos fortes. Para $D_{IF} > 0$, que representa uma adição de bases fortes, o pH se eleva, e nota-se que, para a diferença de íons fortes entre +0,005 M e +0,050 M, a variação total de pH é ao redor de uma unidade (6,76 a 7,76). Essa região da D_{IF} será mais bem explorada adiante.

Nosso próximo passo será acrescentar um ácido fraco à solução que estamos "construindo". Contudo, antes de fazermos isso, trataremos de dois assuntos que se tornam importantes. Um diz respeito à ordem de grandeza dos fatores envolvidos nas quantificações que estamos interessados. Outro diz respeito à quantidade de bicarbonato prevista pela equação 16a.

Ordens de grandeza

Antes de prosseguir, é importante ter ideia da ordem de grandeza dos fatores envolvidos na quantidade de H^+ presente em uma solução. Lembrando que $K_D = 1/K_A$, se

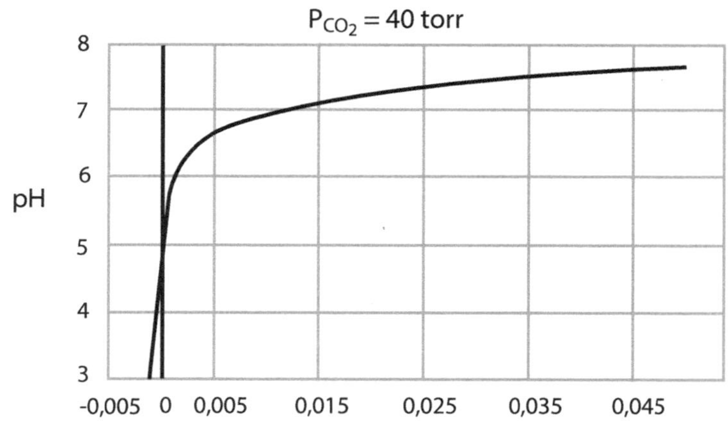

FIGURA 6 pH em função da diferença de íons fortes, como na equação 17b, para uma pressão parcial de gás carbônico de 40 torr.

sabemos o pK_A, isso quer dizer que $K_D = 10^{-pK_A}$. Assim, a Tabela 3 apresenta algumas ordens de grandeza que serão relevantes.

Pode parecer curioso colocar a $[H^+]$ nessa tabela, pois, afinal de contas, essa é a nossa variável de interesse. Contudo, o que a tabela apresenta é a ordem de grandeza e não o valor exato da $[H^+]$. Em outras palavras, estamos pré-ajustando o valor da $[H^+]$, ou criando uma estimativa, ao redor do qual devemos procurar o valor que surgirá em uma determinada configuração do sistema.

TABELA 3 Ordens de grandeza para constantes mais relevantes na composição do pH plasmático. A coluna "ordem de grandeza" indica o valor da potência 10^x, sendo x o valor apresentado na célula

Constante	Ordem de grandeza (10^x)	Unidades
P_{CO_2}	1	torr
β	−5	M $torr^{-1}$
K	6	M^{-1}
D_{IF}	−2	M
K_w	−14	M^2
K_{bic}	−10	M
$\frac{\beta \cdot P_{CO_2}}{K}$	−9	M^2
$K_D(H_2PO_4^-)$	−7	M
$K_D(HPO_4^{2-})$	−12	M
$[H^+]$	−7	M

Resolvendo a equação para o bicarbonato

A partir dos valores de $[H^+]$ obtidos pela equação 17b, e, portanto, de pH, como ilustrado na Figura 6, podemos calcular o bicarbonato presente no sistema. Por exemplo, para a P_{CO_2} de 40 torr e pH = 7,4, o bicarbonato vale 22 mM (note que esse é o mesmo resultado visto ao final da seção CO_2). A Figura 7 ilustra a concentração de bicarbonato em função do pH (painel A) e da diferença de íons fortes (painel B). A observação do painel A nos induz a considerar que há um fenômeno não linear presente no sistema. De fato, visto pelo prisma do pH, o comportamento é não linear. Contudo, ao observarmos o painel B, no qual a concentração de bicarbonato é vista como uma função da D_{IF}, outra perspectiva aparece. Agora, para valores de D_{IF} maiores que zero, a concentração de bicarbonato tem uma relação suficientemente próxima de linear para parecer uma reta com a diferença de íons fortes. Por que isso acontece?

Considerando as ordens de grandeza já apresentadas, temos que a concentração de carbonato (CO_3^{2-}) é da ordem de 10^{-5} M e a de H^+ está na ordem de 10^{-7} M (o mesmo vale para a hidroxila, OH^-). A D_{IF}, estando na ordem de 10^{-2} M, suplanta em mais de 1.000 vezes qualquer soma que se faça de carbonato, hidroxila e H^+. Logo, é a carga negativa dada pelo bicarbonato que termina por garantir a eletroneutralidade da solução. **Consequentemente, como o bicarbonato é uma variável dependente, a variação da D_{IF} no semieixo positivo implica uma variação de bicarbonato que é quase linear com a**

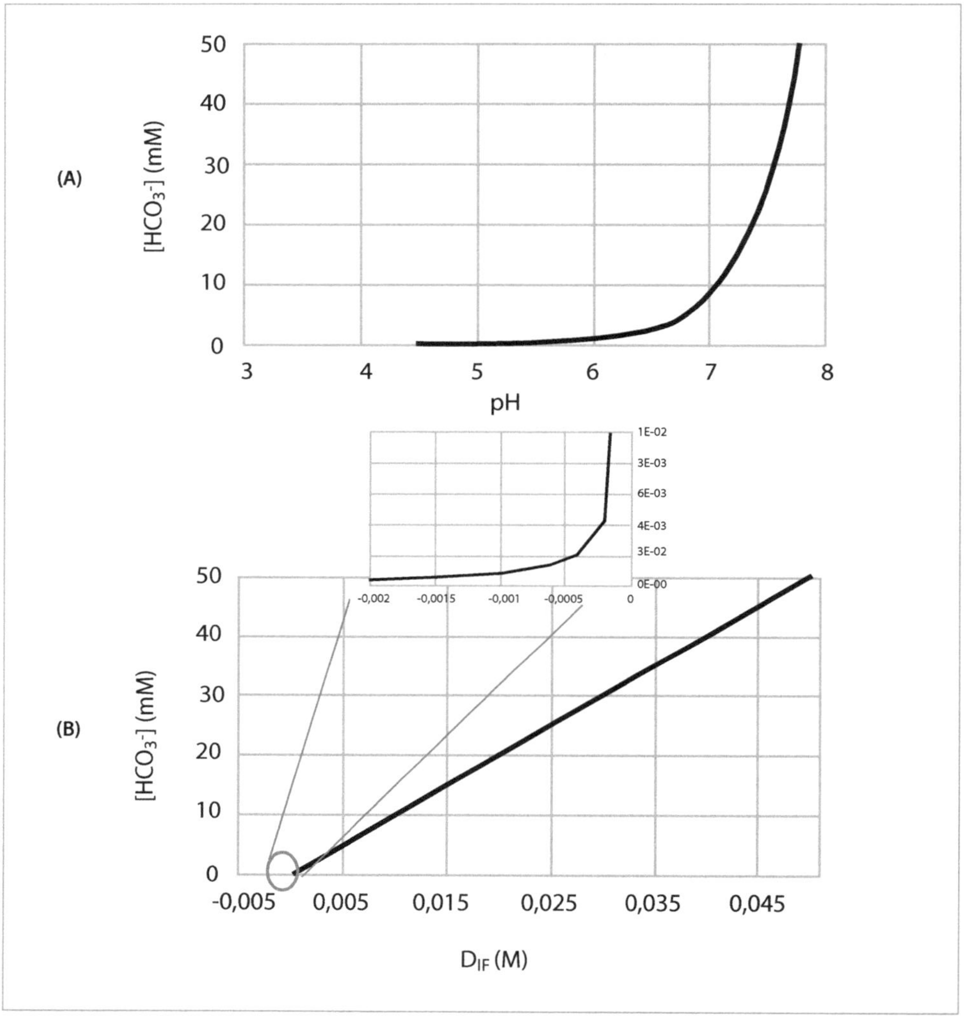

FIGURA 7 Concentração de bicarbonato em função do pH (A) e da diferença de íons fortes (B). Note a relação quase linear que surge quando a concentração de bicarbonato é plotada em função da D_{IF}. No *inset*, ampliação da região com $D_{IF} < 0$. Nessa região, a linearidade é perdida, porém $D_{IF} < 0$ não é condição fisiológica.

diferença de íons fortes. Note que, ao observar o gráfico de bicarbonato em função do pH, nada disso é evidente, muito pelo contrário. Esse tópico será retomado adiante, pois é de fundamental importância para a compreensão da regulação ácido-básica orgânica.

CO_2, ÍONS FORTES E FOSFATO

Vamos, agora, colocar mais um elemento em solução: um ácido fraco. Rearranjando a equação 10, vemos como calcular a concentração de um ânion A^- de um ácido fraco AH em função do H^+:

$$[A^-] = \frac{K_D}{K_D + [H^+]} \cdot [AH]_T \qquad \text{Equação 18}$$

O ácido fraco que nos importa, agora, é o ácido fosfórico (ver acima). Se considerarmos o PO_4^{3-}, a Tabela 3 nos dá um K_D na ordem de 10^{-12}. Isso significa que, para uma concentração $[AH]_T$ da ordem de milimolar, como será o caso do $H_2PO_4^-$, a concentração de PO_4^{3-} estará na ordem de μM. Já o ácido fosfórico em si, dado o pK_A de 2,0 de sua reação, estará completamente dissociado no pH orgânico. Portanto, somente a reação $H_2PO_4^- \leftrightarrow H^+ + HPO_4^{2-}$, com $pK_A = 6{,}8$ toma parte efetiva na eletroneutralidade da solução.

Como os elementos a serem considerados já são ânions, isso quer dizer que ambas as formas do fosfato têm carga, o $H_2PO_4^-$ contribuindo com uma e o HPO_4^{2-} com duas cargas negativas. Como já vimos, o carbonato tem concentração ínfima se comparada à do bicarbonato e à diferença de íons fortes. Assim, não o contabilizaremos na eletroneutralidade da solução (isso representa um erro na ordem de 0,1%). Por simplificação e notação, escreveremos o termo $\frac{\beta \cdot P_{CO_2}}{K}$ como $\alpha \cdot P_{CO_2}$, sendo $\alpha = \frac{\beta}{K}$. Temos, assim, a seguinte equação de eletroneutralidade:

$$[H^+] - \frac{K_w}{[H^+]} - \frac{\alpha \cdot P_{CO_2}}{[H^+]} - [H_2PO_4^-] \cdot \frac{2 \cdot K_D^{fosf} + [H^+]}{K_D^{fosf} + [H^+]} + D_{IF} = 0$$

Deixamos explícito que a constante de dissociação diz respeito ao fosfato (K_D^{fosf}) e omitimos o carbonato. Note que o "2" que multiplica K_D^{fosf} é justamente o fator do número de cargas negativas no ânion. Temos, novamente, uma equação de 3º grau:

$$\begin{aligned} &[H^+]^3 \ldots \\ &\ldots + [H^+]^2 \cdot \left(D_{IF} - [H_2PO_4^-] + K_D^{fosf}\right) \ldots \\ &\ldots + [H^+] \cdot \left(D_{IF} \cdot K_D^{fosf} - 2 \cdot K_D^{fosf} \cdot [H_2PO_4^-] - \alpha \cdot P_{CO_2} - K_w\right) \ldots \\ &\ldots - K_D^{fosf} \cdot (\alpha \cdot P_{CO_2} + K_w) \ldots \\ &\ldots = 0 \end{aligned} \qquad \text{Equação 19}$$

A equação 19 foi dividida em várias linhas para facilidade de leitura. Vamos considerar, por exemplo, as ordens de grandeza dos termos que estão nos parênteses multiplicando $[H^+]$. Temos: $[H^+] \cdot ((-9) - (-9) - (-9) - (-14))$, ou seja, se ignorarmos a constante de dissociação à água, K_w, o termo se altera em 1/100.000. Logo, podemos ignorar K_w tanto nesse termo quanto no termo livre. Assim, considerando as ordens de grandeza dos termos que ocorrem dentro de cada parênteses, podemos reescrever a equação 19 como:

$$[H^+]^3 + [H^+]^2 \cdot (D_{IF} - [H_2PO_4^-]) \dots$$
$$\dots + [H^+] \cdot \left(D_{IF} \cdot K_D^{fosf} - 2 \cdot K_D^{fosf} \cdot [H_2PO_4^-] - \alpha \cdot P_{CO_2}\right) - K_D^{fosf} \cdot \alpha \cdot P_{CO_2} = 0$$

Finalmente, notamos que o termo $[H^+]^3$ é da ordem de 10^{-21}, enquanto os demais termos estão na ordem de 10^{-16}. Assim, simplesmente ignorando o termo cúbico, ficamos com uma equação de 2º grau e a diferença relativa entre as equações é da ordem de 0,001%. Com isso, podemos escrever, diretamente, a solução para a concentração de H^+:

$$[H^+] = \frac{\sqrt{R^2 + 4 \cdot S} - R}{2} \qquad \text{Equação 20}$$

Sendo

$$R = \frac{\left(D_{IF} \cdot K_D^{fosf} - 2 \cdot K_D^{fosf} \cdot [H_2PO_4^-] - \alpha \cdot P_{CO_2}\right)}{(D_{IF} - [H_2PO_4^-])}$$

$$S = \frac{K_D^{fosf} \cdot \alpha \cdot P_{CO_2}}{(D_{IF} - [H_2PO_4^-])}$$

A equação 20 torna a análise bastante simplificada. Antes de examinarmos o que ocorre com a concentração de H^+ nessa solução contendo íons fortes, CO_2 e fosfato, vamos ver a composição do plasma arterial e como as contribuições iônicas se dão para a eletroneutralidade da solução.

O plasma arterial

A Figura 8 ilustra, de modo esquemático, a composição iônica do plasma arterial em termos da contribuição elétrica dos diferentes cátions e ânions presentes. O que podemos perceber? A carga positiva é dada, em essência, pelo sódio (≅ 94%), com potássio, cálcio ionizado e magnésio contribuindo com 6% do total. Outros cátions dão uma contribuição irrelevante. Pelo lado dos ânions, o cloro contribui com aproximadamente 70% das cargas negativas. O restante é o que conhecemos como a diferença de íons fortes. Como também ressaltamos anteriormente, a D_{IF} é positiva, ou seja, há mais cátions que ânions fortes.

Propositalmente, deixamos a D_{IF} como um bloco único na figura, de modo a termos claro que é essa a carga negativa que tem de ser suprida em virtude da eletroneutralidade da solução. Tendo isso em mente, vamos explorar a composição da D_{IF}.

A Figura 9 apresenta o esquema da composição da diferença de íons fortes. Todos os componentes da D_{IF} já são nossos conhecidos, com exceção dos "ânions fortes não medidos". Note que essa região, dos "ânions fortes não medidos", foi deixada hachurada, sem uma limitação precisa com o bicarbonato (HCO_3^-), e é conhecida como *anion gap* (AG).[19]

19 Do inglês *gap* (espaço vazio, local a ser preenchido).

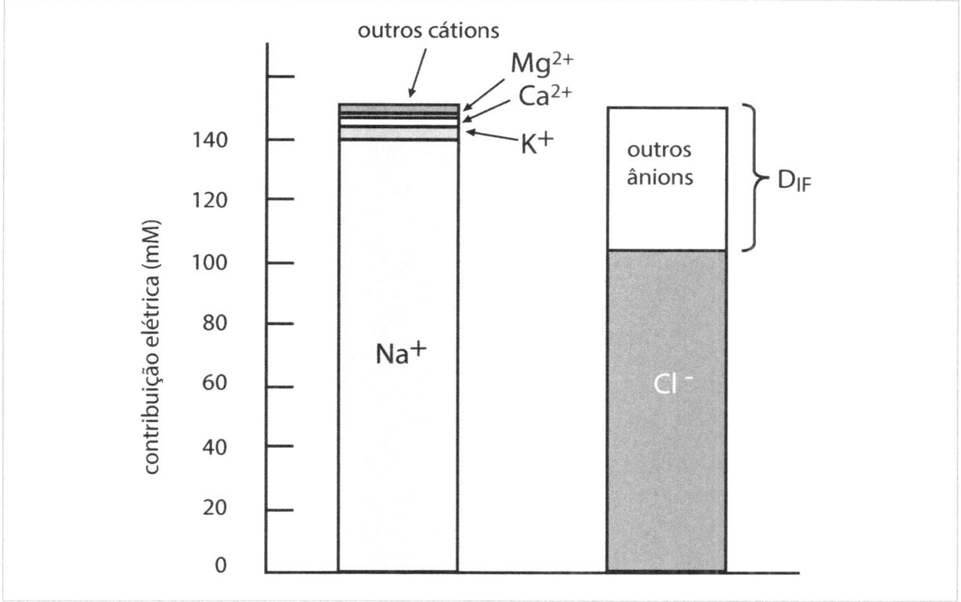

FIGURA 8 Esquema da contribuição elétrica dos vários componentes iônicos presentes no plasma arterial. Note que a soma dos cátions é igual à dos ânions, o que é a condição de eletroneutralidade da solução. Note ainda que a concentração plasmática de cálcio ionizado é ao redor de 1,4 mM e a de magnésio, de 1,0 mM; contudo, como vimos pela equação 15, a contribuição elétrica desses cátions é o dobro de sua concentração, pois são divalentes (Ca^{2+} e Mg^{2+}).

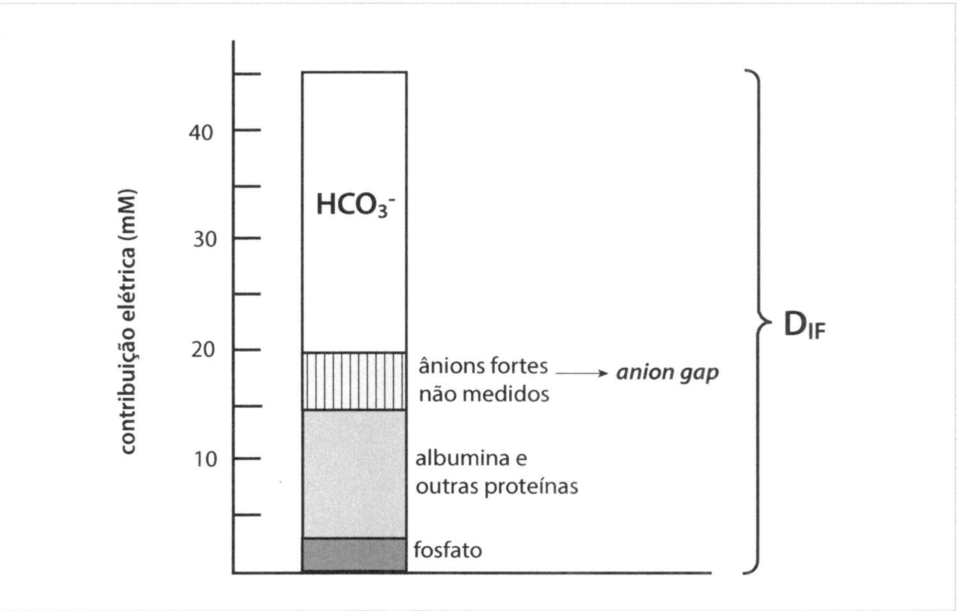

FIGURA 9 Composição aproximada da diferença de íons fortes.

Uma vez dadas as concentrações de cátions e de Cl^-, a D_{IF} também fica conhecida, pois é implícita pela eletroneutralidade da solução (Figura 8). **Portanto, pode-se dizer que o problema central da regulação ácido-básica é entender "quem ocupa a D_{IF}".**

Como vimos até agora, a $[H^+]$ é uma variável dependente, ou seja, é determinada por um conjunto de parâmetros do sistema (ver, p. ex., a equação 20). Logo, o pH é uma variável dependente. Contudo, para abordarmos a questão proposta no parágrafo anterior, vamos inverter o raciocínio e partir do princípio de que o pH está dado.[20]

Uma vez que o pH está dado, sabemos qual **é a contribuição elétrica da albumina** (ver seção "Albumina"), e vemos que essa contribuição **é linear com o pH**. Pela Figura 9 vemos que, *uma vez que a D_{IF} é fixa* (como explicamos no parágrafo anterior), *algum dos ânions deve ceder lugar para a contribuição da albumina se o pH se eleva, ou deve tomar lugar desocupado pela albumina, se o pH se torna mais ácido*. Como a contribuição do fosfato também se torna fixa dado o pH (veremos isso em seguida) e o *anion gap* é fixo (pois é constituído por ânions fortes), a única variável que pode alterar sua contribuição é o bicarbonato.

Uma vez que o pH está dado, a relação entre $[H_2PO_4^-]$ e $[HPO_4^{2-}]$ se torna uma função desse. Entre o pH de 6,8 e 8,0, ou seja, extremos já patológicos, temos uma variação que vai de 1,5 a 2,0 em termos da contribuição do $[HPO_4^{2-}]$ para a carga negativa dos ânions fosfato. Para uma concentração de 1,45 mM, isso representa algo em torno de uma variação de 0,64 mM de cargas negativas, portanto uma variação na contribuição menor que 2% das contribuições dadas pela albumina e pelo bicarbonato somadas. Assim, **se não levarmos em conta a variação do fosfato na D_{IF}, temos um erro menor que 2% na estimativa do espaço ocupado pelo bicarbonato.**

Pela própria Figura 9 podemos ver, portanto, **que as alterações da contribuição elétrica da albumina e de outras proteínas plasmáticas implica alterações lineares do bicarbonato**. Ou, colocado de outra maneira, *uma dada alteração de pH provocada por uma alteração da diferença de íons fortes implica uma alteração do bicarbonato que é linear com a D_{IF}*. Isso já foi visto por nós, como ilustrado na Figura 7B, e agora estamos reconfirmando essa linearidade mesmo com a variação da contribuição elétrica da albumina. *Esse ponto é essencial.*

Vamos retornar, agora, à análise da equação 20, a qual representa uma solução contendo CO_2, íons fortes e fosfato.

pH, bicarbonato, fosfato, diferença de íons fortes e gás carbônico

A concentração total esperada de fosfato plasmático é ao redor de 1,45 mM. Utilizando esse valor, resolvemos a equação 20, obtemos a $[H^+]$ e, por consequência, o pH. Pela equação 16a, obtemos, então, o bicarbonato. Fazemos isso para um conjunto de valores de D_{IF} e de P_{CO_2}.

20 De fato, como veremos adiante, como o pH é uma variável medida direta e facilmente pela aparelhagem disponível, ele acaba sendo tratado como uma variável independente, o que gera uma grande confusão entre "causas e efeitos".

A Figura 10 ilustra os resultados para pH. Notamos que o aumento da D_{IF} e/ou a diminuição da P_{CO_2} causam um aumento no pH (diminuição da $[H^+]$), ou seja, causam uma alcalose, como esperado. O oposto ocorre para diminuição da D_{IF} e/ou aumento da P_{CO_2}, o que corresponde a uma acidose. Vemos, também, que o cruzamento da superfície definida pela equação 20 e o plano do pH 7,4 resulta em uma linha, ou seja, existe um conjunto de combinações entre D_{IF} e P_{CO_2} que mantém o pH no valor esperado de 7,4. Isso é mais bem ilustrado na Figura 11.

O que a Figura 11 nos mostra é **uma relação linear entre D_{IF} e P_{CO_2} para cada valor de pH.** Ou seja, para cada valor de pH, poderíamos escrever uma equação de reta que

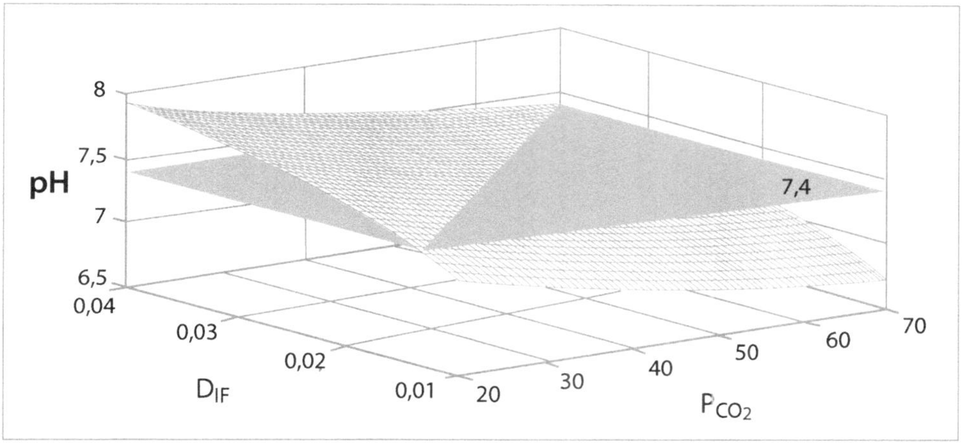

FIGURA 10 Gráfico tridimensional do pH como função da diferença de íons fortes (em concentração molar M) e da pressão de gás carbônico (em torr). O plano cinza indica pH = 7,4.

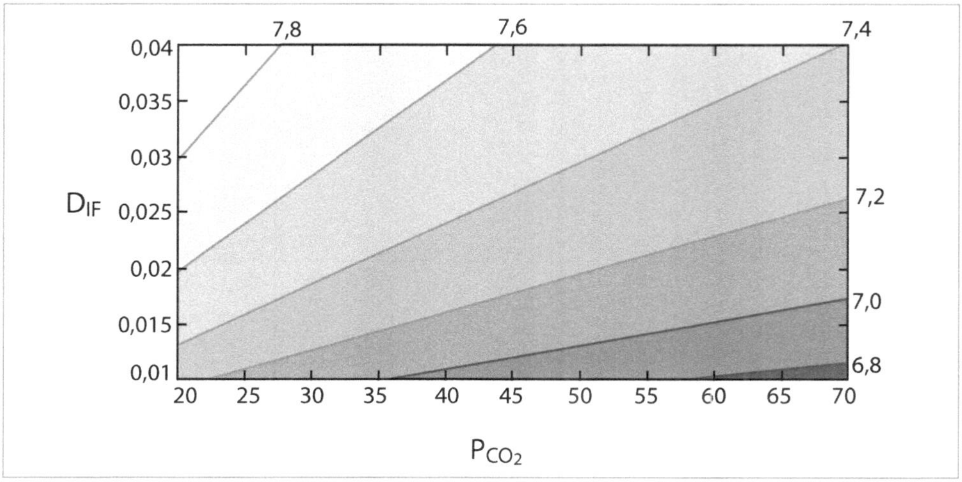

FIGURA 11 Curvas de nível de pH. Cada linha corresponde a combinações de DIF e P_{CO_2} que resultam em um certo pH, indicado na lateral do gráfico. A linha do pH = 7,4 foi deixada com maior realce.

descreve a relação entre a diferença de íons fortes e a pressão de gás carbônico. Retomaremos esse ponto mais adiante.

A Figura 12 apresenta os valores de **bicarbonato** obtidos em função da D_{IF} e da P_{CO_2}, de modo similar à Figura 10. Como se percebe, **a superfície obtida é praticamente um plano, indicando uma grande linearidade da relação do bicarbonato tanto com a D_{IF} quanto com a P_{CO_2}, independentemente do pH**. Isso pois, se observarmos a Figura 10, notamos que o pH está variando. De maneira similar à que utilizamos para o pH, vamos ilustrar as curvas de nível do bicarbonato na Figura 13.

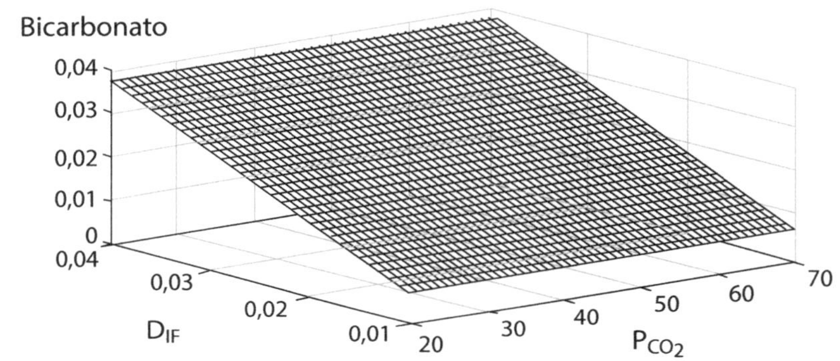

FIGURA 12 Gráfico tridimensional do bicarbonato como função da diferença de íons fortes (M) e da pressão de gás carbônico (torr).

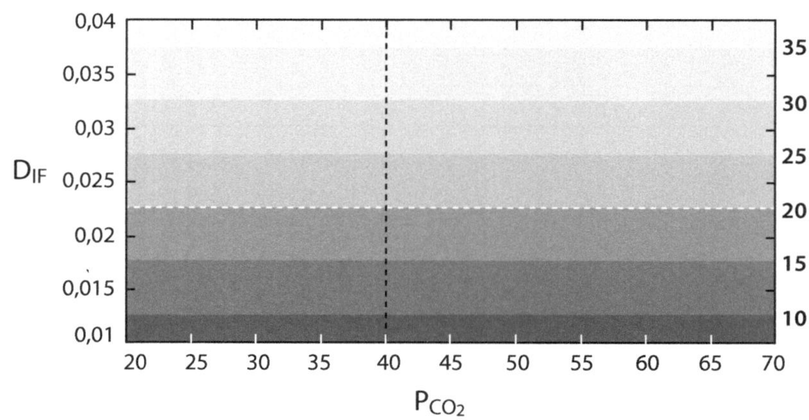

FIGURA 13 Curvas de nível de bicarbonato. Cada linha corresponde a combinações de D_{IF} e P_{CO_2} que resultam em uma certa concentração de bicarbonato, indicada na lateral do gráfico (em mM). A linha horizontal tracejada branca representa uma mesma D_{IF}, no caso, 0,025 M. A linha vertical tracejada preta representa uma mesma , no caso, 40 torr.

A Figura 13 traz uma surpresa. Toda a descrição que se faz acerca do bicarbonato é direcionada pela reação química de hidratação do CO_2 formando ácido carbônico que se dissocia em H^+ e bicarbonato (equação 12). Contudo, observando a Figura 13, notamos que **o bicarbonato, em uma dada D_{IF}, varia muito pouco com a P_{CO_2}**. Isso é ilustrado, como exemplo, pela linha tracejada branca que corresponde a uma D_{IF} de 22,5 mM. Notamos que, ao percorrer essa linha indo de 20 torr a 70 torr de P_{CO_2}, a concentração de bicarbonato tem variação irrisória. A explicação mais aprofundada para esse fenômeno é deixada para o final do capítulo.

Por outro lado, **se mantivermos a P_{CO_2} fixa, a variação de bicarbonato é grande, acompanhando a variação da D_{IF}**, como exemplificado pela linha tracejada preta. De fato, já poderíamos antever esse resultado pois, como estamos insistindo há um certo tempo, **a concentração de bicarbonato varia de modo linear à diferença de íons fortes.**

Assim, em resumo, o que vimos nesta seção foi: a equação que descreve a relação da concentração de H^+ com os parâmetros dos constituintes de uma solução contendo gás carbônico, íons fortes e fosfato (equação 20); a composição elétrica do plasma e como a diferença de íons fortes é ocupada por diferentes ânions, e o bicarbonato deve manter uma relação linear com a D_{IF}; a análise da equação 20 em termos de pH e de bicarbonato.

Em nossa próxima etapa, abordaremos a regulação ácido-básica.

REGULAÇÃO ÁCIDO-BÁSICA

Como citado anteriormente, o problema central da regulação ácido-básica é entender "**quem ocupa a D_{IF}**". *Por que esse é o problema central? Porque não temos acesso a todos os componentes da diferença de íons fortes e, portanto, temos de inferir, a partir de algumas medidas, o que ocorre nesse espaço elétrico.*

Na proposta delineada por Stewart, e que estamos seguindo em grande parte, há uma diferenciação entre variáveis dependentes e variáveis independentes. As variáveis independentes são aquelas que, uma vez dadas (ou fixadas), ocorra o que ocorrer no sistema, seus respectivos valores não se alteram. Por outro lado, as variáveis dependentes são aquelas cujos valores são uma função dos parâmetros do sistema e, consequentemente, das variáveis independentes.

Quando obtivemos as equações que resultam na $[H^+]$, bicarbonato e carbonato (equações 16 e 20), por exemplo, dissemos, na verdade, que essas variáveis são dependentes.

Dado o conjunto de parâmetros do sistema (a "mistura aquosa em análise"), do qual fazem parte as variáveis independentes, as variáveis dependentes podem ser calculadas. Note que, nas equações 16, há a $[H^+]$ no lado direito, porém essa variável vem da equação 20, ou seja, do conjunto de parâmetros.

Nas equações citadas, se observarmos os termos que estão no nosso lado direito das igualdades, reconheceremos quais são as variáveis independentes. No caso, a pressão parcial de CO_2, a diferença de íons fortes e a concentração de fosfato.

Portanto, podemos alterar o pH do sistema alterando quaisquer dessas variáveis, **mas não podemos alterar o pH do sistema adicionando ou retirando variáveis dependentes**. Vamos ilustrar esse importante ponto com três exemplos.

Variáveis dependentes e variáveis independentes

Considere um jarro contendo 1 L de água pura em uma dada temperatura, digamos, 25 °C, por exemplo. A água do jarro está em contato com a atmosfera e o sistema está em equilíbrio termodinâmico. Assim, como vimos em "Respiração" (volume 2 da coleção), a P_{CO_2} da água é a mesma da atmosfera. Como o volume da atmosfera é enormemente maior que o volume da água no jarro, a atmosfera funciona como um *pool* infinito e, assim, se CO_2 "sair da" ou "entrar na" água, a P_{CO_2} da atmosfera não se altera.

Vamos, agora, tentar mudar a P_{CO_2} da água, sendo que dissemos que a P_{CO_2} é uma variável independente, adicionando bicarbonato, o qual dissemos ser uma variável dependente. Vamos tentar fazer isso de dois modos.

O primeiro modo pelo qual tentaremos mudar a P_{CO_2} da água adicionando bicarbonato é adicionando HCO_3^- + H^+. Mas isso é o ácido carbônico, H_2CO_3. Ou seja, vamos tentar mudar a P_{CO_2} adicionando ácido carbônico. Pela equação 12 o H_2CO_3 se dissocia em bicarbonato + H^+ (como nos propusemos a fazer), mas também se desidrata, formando CO_2 + H_2O. O gás carbônico dissolvido pode sofrer duas transformações: se hidratar, formando novamente ácido carbônico, ou passar para a fase gasosa da atmosfera. Com a passagem para a fase gasosa, a concentração de CO_2 dissolvido diminui, o que desloca mais H_2CO_3 a se desidratar. A diminuição da concentração de H_2CO_3 desloca a reação do HCO_3^- + H^+ para o lado da associação desses íons, formando H_2CO_3. Esperamos o sistema atingir o equilíbrio termodinâmico e vemos que, como o CO_2 dissolvido está em equilíbrio com a $P_{CO_2}([CO_2] = \beta \cdot P_{CO_2})$, todo o ácido carbônico (e, consequentemente, o bicarbonato) adicionado passou para a fase gasosa. Portanto, *não conseguimos alterar a P_{CO_2} adicionando bicarbonato na forma de ácido carbônico.*

Vamos, então, tentar alterar a P_{CO_2} adicionado bicarbonato de outra maneira: $NaHCO_3$, isto é, bicarbonato de sódio. Ao adicionarmos o bicarbonato de sódio à nossa solução, ele se dissocia em Na^+ e HCO_3^-. O Na^+, como vimos, é um íon forte e permanecerá na forma de cátion em solução. Contudo, o bicarbonato se encontra, agora, fora de equilíbrio com o ácido carbônico, e há associação com H^+. Isso leva o ácido carbônico a ficar fora de equilíbrio com o CO_2 dissolvido e o processo descrito no parágrafo anterior volta a ocorrer. Esperamos o sistema atingir o equilíbrio termodinâmico e vemos que, como o CO_2 dissolvido está em equilíbrio com a $P_{CO_2}([CO_2] = \beta \cdot P_{CO_2})$, o bicarbonato adicionado teve dois destinos: parte passou para a fase gasosa, sem alterar, portanto, a pressão de CO_2 na solução, e parte ficou como bicarbonato, em decorrência da eletroneutralidade da solução. Contudo, *o ponto importante a ser notado é que não conseguimos alterar a P_{CO_2} adicionando bicarbonato na forma de bicarbonato de sódio.*

Em resumo: não se consegue alterar a P_{CO_2}, uma variável independente, por intermédio de mudanças em uma variável dependente. Porém, como vimos várias vezes nas seções antecedentes, podemos mudar uma variável dependente alterando uma variável independente.

Como terceiro exemplo, poderíamos nos perguntar se conseguiríamos alterar a quantidade de sódio na forma de cátion se alterássemos a P_{CO_2} do sistema, ou seja, a pergunta inversa. Para que isso ocorresse, o sódio deveria se combinar ao bicarbonato formado pelo aumento da P_{CO_2}, mas isso implicaria afirmar que o sódio deixou de ser um íon forte. Ou seja, não conseguimos alterar a concentração de Na^+, uma variável independente, mudando o bicarbonato, uma variável dependente.

Este último exemplo e o anterior nos mostram, ainda, outro aspecto a termos sempre em mente: **uma variável independente não pode alterar outra variável independente**.

E o que ocorreu com o pH (ou a $[H^+]$) dessas duas soluções nas quais "adicionamos bicarbonato"? No primeiro caso, nada. Todo o ácido carbônico adicionado foi volatilizado em CO_2 para a fase gasosa.

No segundo caso, o pH se tornou alcalino, ou seja, houve diminuição da $[H^+]$. E aqui está uma enorme fonte de confusão, a qual abordaremos em seguida.

Desmistificando o bicarbonato

Considerando os exemplos anteriores, a discussão sobre variáveis dependentes e independentes e as equações que apresentamos até aqui, deve estar claro que não é possível alterarmos o pH, que é uma variável dependente, por intermédio de outra variável dependente, como o bicarbonato.

Contudo, no último exemplo apresentado, aquele no qual adicionamos bicarbonato de sódio, afirmamos que há alteração do pH. E disso nasce uma confusão. Historicamente, em decorrência da prática clínica e do que se pode medir em termos de composição elétrica nos fluidos corpóreos de maneira prática e rotineira, passou-se a associar "alcalinidade" ou aumentos de pH à presença (ou administração exógena) de bicarbonato.

Vejamos um exemplo: "A acidose metabólica é um processo que causa um decréscimo primário na concentração plasmática de HCO_3^-. A acidose metabólica é gerada ou por um ganho de ácidos ou por uma perda de HCO_3^-" (Preston, 2011).[21] Ou seja, por essas frases fica subentendido, de maneira equivocada, que o bicarbonato é o composto que está determinando o pH da solução e que, por consequência, corrigindo-se o bicarbonato, corrige-se o distúrbio.

Qual foi o fator que determinou o aumento do pH no exemplo que demos com a adição de $NaHCO_3$? Foi a diferença de íons fortes criada, ou seja, **foi a adição de Na^+ à solução que a tornou alcalina, e não a adição de bicarbonato**. Analisando a equação 17b vemos, diretamente, que o aumento da D_{IF} causa uma diminuição da concentração de H^+. Não há bicarbonato envolvido.

Em outras palavras, o bicarbonato não é o fator causal da mudança de pH.

Mas, então, qual o motivo de se dar tanta importância ao bicarbonato como parte da análise da regulação ácido-básica? Ou, sob uma outra óptica, se estamos cientes de que a concentração de H^+ e, por consequência, o pH, não é bem descrito pela equação de Henderson-Hasselbach (equação 13), por que ela ainda é utilizada?

21 Capítulo 7, p. 89, tradução livre. Apesar de usarmos essa citação como exemplo de uma interpretação equivocada acerca do bicarbonato, o livro, do ponto de vista clínico, é ótimo.

Entendendo o uso da equação de Henderson-Hasselbach

Vamos rever a equação de Henderson-Hasselbach aplicada ao gás carbônico (equação 13):

$$pH = pK + \log\frac{[HCO_3^-]}{\beta \cdot P_{CO_2}}$$

Matematicamente, a equação expressa uma igualdade válida dentro de um contexto estabelecido. Do ponto de vista empírico, no entanto, como já citado, o que se mede, diretamente, é o pH e a P_{CO_2} do plasma.[22] Logo, a equação é utilizada de uma maneira diferente:

$$[HCO_3^-] = \beta \cdot P_{CO_2} \cdot 10^{pH-pK} \qquad \text{Equação 21}$$

Precisamos notar que, matematicamente, as expressões 13 e 21 são equivalentes. Porém, o que estamos respondendo em cada uma delas é diferente! Na equação 13, estamos afirmando que o pH é uma função da P_{CO_2} e do bicarbonato, ao passo que, na equação 21, estamos afirmando que o bicarbonato é função do pH e da P_{CO_2}.

Ao medir o pH, mede-se a [H⁺] e, rearranjando os termos do nosso lado direito na equação 21, obtemos exatamente a equação 16a: $[HCO_3^-] = \frac{\beta \cdot P_{CO_2}}{K \cdot [H^+]}$.

Considere uma solução contendo uma mistura desconhecida de ânions, sob uma dada P_{CO_2}. Vimos que o bicarbonato manterá uma relação suficientemente linear com a D_{IF} independentemente do que ocorra com a carga elétrica dada pela albumina. Também vimos que a variação da contribuição da carga dada pelo fosfato é muito pequena. Assim, vamos "refazer" o espaço elétrico da diferença de íons fortes, como ilustrado na Figura 14. Passamos a chamar esse espaço refeito como diferença de íons fortes reduzida, $D_{IF\text{-}red}$.

Anion gap

Notamos, agora, que na $D_{IF\text{-}red}$, o *anion gap* é a única variável desconhecida, pois o bicarbonato é calculado pela equação 21, originada pelo rearranjo da equação de Henderson-Hasselbach para o gás carbônico, a qual independe dos componentes da solução fora o CO_2.

A $D_{IF\text{-}red}$ é linear à D_{IF} e, consequentemente, ao calcular o bicarbonato, temos uma estimativa do *anion gap*. Por que isso?

Pois, se o pH medido fosse igual ao pH previsto pela equação de Henderson-Hasselbach, a $D_{IF\text{-}red}$ seria ocupada, em sua totalidade, pelo bicarbonato.

22 Ou do sangue total, mas não precisamos nos preocupar com isso.

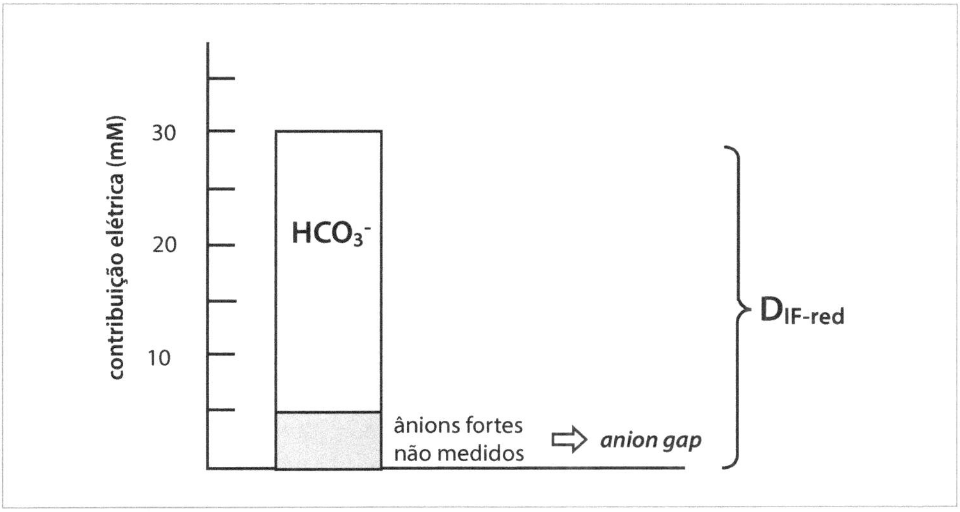

FIGURA 14 Diferença de íons fortes reduzida.

Portanto, **o bicarbonato calculado corresponde a um desvio em relação ao previsto e esse desvio indica a adição de ânions fortes** (ou ácidos fracos que se comportam como fortes no pH orgânico).

Claro que, para sabermos o quanto de desvio está ocorrendo, precisamos saber qual é o valor normal do *anion gap*. Esse pode variar dependendo do que está sendo medido (ver a seguir) e assim, na prática, é preciso saber a qual espaço elétrico um dado resultado corresponde. A título de termos um valor de referência, o *anion gap* usualmente se encontra ao redor de 6 mM.

Antes de prosseguirmos, é importante um aviso. Estamos apresentando a diferença de íons fortes sob uma perspectiva fisiológica, e não clínica. Na prática clínica, dependendo das variáveis mensuradas, os valores que se tem de bicarbonato e do *anion gap* normais poderão diferir de quando se medem variáveis diferentes. Assim, por exemplo, se o potássio não é medido, a D_{IF} esperada não é a mesma de se o K^+ é medido, e o mesmo se aplica para as demais variáveis envolvidas (p. ex., Kraut e Madiast, 2007).

Excesso de base

A busca por identificar a ocupação do espaço elétrico da D_{IF} levou os pesquisadores a tentar encontrar meios de saber o quanto o valor do bicarbonato calculado está alterado em relação ao esperado. Na década de 1950, Poul Astrup e Ole Siggaard-Andersen[23] definem o excesso de base (BE, do inglês *base excess*) como sendo o quanto se deve adicionar de uma base forte para levar o pH plasmático a 7,4 tendo a P_{CO_2} fixa em 40

23 Ao que consta em publicações científicas da época, de forma independente (https://acid-base.com/history, acesso em 12 jun. 2024).

torr (5,33 kPa) e temperatura de 37 °C.[24] No caso de ser o sangue total que está sendo analisado, a concentração de hemoglobina padronizada é de 50 g L^{-1} com saturação de 100%.

Dessa maneira, **o BE representa, em condições ideais, o quanto de bicarbonato foi deslocado (ou adicionado) na composição do espaço elétrico da D_{IF}.**

Vamos passar por um exemplo numérico rápido e simples. Suponhamos que se meça um pH de 7,295 e uma P_{CO_2} de 45 torr no sangue arterial. Como veremos mais adiante, esse é um quadro de acidose (o pH se encontra abaixo dos 7,4). A D_{IF} não é levada em conta, pois é justamente a ocupação desse espaço que o excesso de base tenta calcular. A partir da condição já dada, leva-se a P_{CO_2} a 40 torr e mede-se o pH (para iniciar a curva de titulação). Suponhamos, então, que o pH medido seja de 7,4. Ora, então não é necessária nenhuma adição de base forte (ou de ácido forte) para levar o pH para 7,4. Isso indica que todo o componente da acidose é decorrente de alteração somente da P_{CO_2}. Suponhamos, contudo, que na P_{CO_2} de 45 torr, o pH medido fosse de 7,216 e, ao levar a P_{CO_2} para 40 torr, o pH passasse para 7,256. Nesse caso, deve-se adicionar uma base forte para tornar o pH igual a 7,4. No caso, se adicionariam 8 mM de base forte. Logo, o BE é negativo no sentido de que faltavam bases na solução (pois tivemos de adicionar base para corrigir o pH). Caso seja necessário adicionar ácido forte, o BE é positivo, indicando que há bases a mais no fluido.

Como se pode perceber, então, toda a problemática gira em torno de delimitar como a ocupação do espaço elétrico da diferença de íons fortes está sendo feita em uma dada condição. O intervalo habitual do excesso de base é $-2 \text{ mM} \leq \text{BE} \leq +2 \text{ mM}$.

O papel de órgãos e sistemas na regulação ácido-básica

A Figura 1 ilustrou, de maneira esquemática, os principais órgãos e sistemas envolvidos na regulação ácido-básica. O que vamos fazer agora é tornar um pouco mais precisos o papel e a atuação desses sistemas.

Pulmões (sistema respiratório)

Há, em essência, um componente que pode ser diretamente transferido entre as fases líquida e gasosa, o CO_2. Como esse composto tem sua concentração determinada pela P_{CO_2} na fase gasosa, as alterações da ventilação pulmonar afetam diretamente a concentração de gás carbônico plasmática. Nas seções precedentes, vimos inúmeras vezes como alterações da P_{CO_2} podem alterar a concentração de H^+ e, por consequência, o pH dos fluidos corpóreos em geral e do plasma em particular.

Apesar de a hemoglobina representar 80% da capacidade tamponante do sangue, sua concentração é fixa (ao menos em intervalos curtos). Assim, a possibilidade de eliminação ou retenção de CO_2 pela ventilação torna esse elemento mais importante que a Hb em termos de regulação do pH.

---

24 Anthology on Base Excess, disponível em: http://www.siggaard-andersen.dk/OsaAnthologyOnBE.htm, acesso em 12 mar. 2025.

A quantidade de gás carbônico produzida diariamente depende da taxa metabólica do indivíduo. Se em repouso nas 24 horas, o total produzido é ao redor de 15 mols. Esses 15 mols são eliminados pela ventilação.

Rins (sistema excretório)

O CO_2 representa uma carga ácida adicionada ao organismo, porém essa carga é eliminada pelos pulmões. Há, contudo, ácidos não voláteis oriundos do metabolismo celular, da ingestão de ácidos e de perdas fecais de bases fortes (o que corresponde a reter ácidos fortes), que perfazem algo ao redor de 100 mmols diários, que não podem ser eliminados via ventilação.

Os túbulos renais podem excretar quantidades diferenciadas de sódio, potássio e cloro, bem como nitrogênio, fosfatos etc. (ver "Regulação hidreletrolítica" neste volume da coleção). Para exemplificar de maneira simplificada, vamos supor que uma quantidade de Cl^- maior que a de Na^+ e K^+ esteja sendo eliminada. Isso corresponde, na urina formada, a uma D_{IF} negativa, ou seja, uma eliminação de ácido.

Contudo, aqui precisamos ter cuidado na interpretação da acidificação da urina. Considerando uma P_{CO_2} de 50 torr (estamos supondo uma taxa metabólica elevada pelos néfrons) e uma D_{IF} de 0,0 M (ou seja, a quantidade de cátions e ânions fortes é a mesma em termos de carga na solução), o pH do fluido será ao redor de 4,5. Esse é próximo do valor de acidificação máxima da urina. Considerando uma diurese de 1,5 litro por 24 horas, isso não chega a corresponder a 1 mmol de H^+ eliminado,[25] ou seja, menos de 1% do total de H^+ que está presente nos ácidos não voláteis a serem eliminados.

Como esse pH de 4,5 é próximo da capacidade máxima de acidificação da urina, isso significa que a D_{IF} capaz de ser gerada nos néfrons será próxima de zero. Em outras palavras, uma P_{CO_2} próxima a 50 torr explica o pH urinário ao redor de 4,5. Ou seja, os rins não conseguem eliminar os 100 mmol da carga ácida diária através da eliminação de ácidos fortes ($D_{IF} < 0$). Assim, resta saber como se dá a eliminação dessa carga ácida diária.

A reação $NH_3 + H^+ \leftrightarrow NH_4^+$ (ou seja, amônia e amônio, ver seção "NH_4^+") tem pK_A de 9,2. Logo, no pH urinário, que geralmente é menor que 6,0, a formação de amônio é altamente favorecida. De fato, mesmo a pouca amônia presente no sangue estará na forma de amônio no pH de 7,4.

No túbulo proximal,[26] as células metabolizam glutamina (um alfa-aminoácido, ver seção seguinte) formando NH_4^+ (Koeppen e Stanton, 2007). Por ser carregado eletricamente, o amônio não passa livremente pela membrana plasmática celular. Contudo, há trocadores ativos de NH_4^+/Na^+, que absorvem sódio do ultrafiltrado glomerular em troca de amônio. Além disso, há uma quantidade pequena de amônia que é formada na metabolização da glutamina; essa amônia passa livremente pela membrana celular para o fluido tubular e lá, em decorrência do pH, tende a formar NH_4^+, o qual não pode

25 pH = 4,5 implica uma concentração de $H^+ = 3,64 \times 10^{-5}$ M, o que, multiplicado pelo 1,5 litro de urina, resulta em 0,05 mmol de H^+ eliminado.

26 Ver "Regulação hidreletrolítica".

retornar em virtude da carga elétrica. Na metabolização da glutamina, com a formação de cargas positivas (NH_4^+), há concomitante formação de ânions. O sódio reabsorvido do ultrafiltrado glomerular, sendo um íon forte, neutraliza o efeito da carga negativa formada pela metabolização da glutamina, o que simula a adição de bicarbonato de sódio e, para efeitos no plasma, isso surge como uma "reabsorção de bicarbonato". Ou seja, para efeitos práticos, tudo se passa como se houvesse uma secreção de H^+ para a luz tubular (através do NH_4^+) e uma reabsorção de HCO_3^- para o sangue (através do Na^+).

Como parte do mecanismo de contracorrente para concentração urinária (reabsorção de água livre, ver "Regulação hidreletrolítica"), o NH_4^+ é ativamente retirado do fluido do ultrafiltrado na porção ascendente das alças de Henle, sendo acumulado na medula renal. Ali, o pH é mais alto, permitindo a formação de NH_3, a qual se difunde para a urina nos ductos coletores, formando, novamente, NH_4^+.

A excreção de fosfatos é outro mecanismo para eliminação de carga ácida. No entanto, os fosfatos tomam parte em balanços de vários outros sistemas, particularmente na regulação do cálcio e formação óssea (ver "Controle e regulação hormonal" neste volume). Assim, a eliminação da carga ácida depende em menor proporção da perda de fosfatos. De maneira geral, 60% da carga ácida diária é eliminada como NH_4^+ e 30% como fosfatos (Lang, 1996).

Neste momento, devemos ter dois pontos em mente. Primeiro, que **a carga ácida eliminada não ocorre na forma de ácido titulável e sim por eliminação de compostos ácidos adicionados à urina**. Segundo, que **a eliminação da carga ácida diária não se relaciona à perda de ânions fortes** (p. ex., Cl^-) ou, em outras palavras, não se relaciona à excreção de ácidos fortes.[27]

Fígado

A glutamina é o aminoácido livre em maior quantidade no sangue. O fígado consome glutamina para formar amônio, o qual é utilizado para formar ureia (ciclo da ornitina – ver "Regulação hidreletrolítica"), que é, assim, o modo de evitar a toxicidade da amônia (NH_3). A reação que leva à formação de NH_4^+ a partir da glutamina é catalisada pela enzima glutaminase.

Em condições de acidose, a glutaminase hepática é inibida, o que aumenta a disponibilidade de glutamina no sangue e, assim, aumenta a disponibilidade de glutamina para as células tubulares renais. Contudo, ao contrário do que ocorre com a glutaminase no fígado, a glutaminase renal é ativada pela acidemia, o que favorece, portanto, a formação de NH_4^+, como descrito na seção anterior, e o consequente aumento da eliminação de carga ácida (Lang, 1996).

Ossos

O carbonato e os fosfatos bi e tri negativos têm pK_A alcalino (Tabelas 1 e 3) e os sais, formados com cálcio, são pouco solúveis em água e formam a matriz mineral óssea e dentária. Em uma solução mais ácida, os sais desses compostos tendem a ir passando

27 Diferentemente do que sugere Stewart, 1981.

para a forma dissolvida, tamponando, em parte, a carga ácida adicionada, porém levando a uma desmineralização óssea. O processo é lento, pela própria baixa solubilidade dos compostos e, assim, o papel tamponante desse processo é baixo. Por outro lado, em condições de acidose crônica, pode ocorrer a desmineralização óssea, com consequências para o sistema locomotor. No capítulo "Controle e regulação hormonal" apresentamos um quadro mais geral acerca da dinâmica de cálcio e fósforo. Os ossos são apresentados em "Músculos e movimento", no volume 4 da coleção.

DISTÚRBIOS ÁCIDO-BÁSICOS

Nossa última tarefa neste capítulo é uma breve análise de distúrbios ácido-básicos. Embora esse assunto seja de caráter eminentemente clínico, algumas situações prototípicas servem para ilustrar o sistema de regulação em operação. Além disso, as participações de variáveis dependentes e independentes tornam-se mais claras. Uma vez que não é nosso objetivo ter um caráter clínico, as diversas doenças e condições que podem levar a distúrbios ácido-básicos devem ser especificamente consultadas em outras fontes bibliográficas. Aqui, nos restringiremos a apresentar alguns casos que, como citamos, servem de modelo ao funcionamento do sistema de regulação, sem pretensões de serem um guia de diagnóstico e/ou tratamento.

Antes de passarmos aos casos em si, devemos entender o controle ácido-básico, os quatro distúrbios prototípicos e as compensações que surgem no sistema. Assim, veremos esses assuntos a seguir.

Controle

De uma perspectiva simples, um sistema de controle possui o controlador, o qual recebe informações do sistema operante a ser regulado (a chamada planta efetora) e envia sinais de controle para variáveis (os chamados atuadores) que alteram o estado da planta efetora, colocando-a mais próxima das condições de operação preestabelecidas e/ou necessárias para uma dada situação. Um controlador pode ter sua saída de três maneiras básicas e não excludentes (ou seja, um sistema de controle pode ter as três formas operando em conjunto). São elas: o controle proporcional, o controle integral e o controle derivativo.

No caso de um controle integral, o sinal de erro (i. e., o quanto a planta efetora está longe das condições estabelecidas) vai sendo integrado ao longo do tempo e, assim, em razão dessa "memória" do erro, um controle integral termina com erro nulo (ou seja, a planta efetora é levada para a condição estabelecida). Contrastando o controle integral ao controle proporcional, esse último tem o sinal para os atuadores proporcional ao erro que está sendo detectado. Com isso, para os atuadores estarem em atividade, é necessário que haja um erro persistente no sistema. Finalmente, o controle derivativo opera por meio da taxa de variação do erro, o que antecipa alterações do sistema operante em relação ao estabelecido e amortece oscilações. Por exemplo, o sistema de termorregulação[28] deve ser do tipo integral pois a temperatura corpórea tem erro zero a despeito de perturbações ambientais, metabólicas etc. Em outras palavras, a temperatura corpórea é mantida no ponto de referência independentemente das condições externas.

Ao que tudo indica, a regulação ácido-básica se dá por um controle proporcional. Isso pois, como veremos, o pH não é retornado ao valor "normal" quando há um distúrbio persistente no sistema.

Dessa maneira, é costume histórico na área dizermos algo como "uma acidose respiratória crônica com alcalose metabólica compensatória". O termo "compensatória" está indicando que há, no caso, um "distúrbio" na eliminação de ácidos e/ou bases pelos rins, mas que esse "distúrbio" não é a causa primária do problema, mas sim uma tentativa do sistema de corrigir o pH modificado por uma alteração ventilatória. Assim, "compensatório" não quer dizer que o distúrbio primário foi corrigido, mas sim que há uma alteração outra para tentar corrigir o distúrbio primário (ver, p. ex., Berend, 2013).

Os quatro distúrbios prototípicos

Alcalose ventilatória

Um aumento desproporcional da ventilação pulmonar em relação ao metabolismo aeróbio implica que a quantidade de CO_2 que está sendo eliminada pelos pulmões excede a quantidade que está sendo produzida pelo metabolismo. Assim, isso incorre em uma diminuição da P_{CO_2} sanguínea. Considerando que a D_{IF} não esteja alterada, percebemos que o quadro descrito corresponde a percorrer, horizontalmente para a esquerda, a Figura 11 a partir do pH 7,4. Isso está ilustrado na Figura 15. Logo, estamos diante de uma alcalose. Como a origem foi um distúrbio na ventilação, é uma alcalose dita ventilatória.

Acidose ventilatória

Por outro lado, uma diminuição desproporcional da ventilação em relação ao metabolismo aeróbio implica que a quantidade de CO_2 que está sendo eliminada é menor que a produzida. Como vimos no capítulo "Respiração" do volume 2 desta obra, uma diminuição da ventilação está associada a um aumento da P_{CO_2} alveolar e, consequentemente, da P_{CO_2} plasmática. Isso corresponde a percorrer, horizontalmente para a direita, a Figura 15 a partir do pH 7,4. Logo, estamos diante de uma acidose, pois vamos cruzando linhas de pH cada vez menores. Como a origem foi um distúrbio na ventilação, é uma acidose dita ventilatória.

Alcalose metabólica

Um aumento desproporcional de perda de ácidos diante da ingestão e produção endógena implica que a diferença de íons fortes esteja aumentando, pois há um aumento na quantidade de cátions fortes em relação aos ânions. Considerando que a P_{CO_2} esteja fixa, isso corresponde a percorrer, verticalmente para cima, as curvas de nível do pH

28 "Termorregulação" é apresentada em "Energética", neste volume da coleção.

(ver Figura 15), ou seja, uma alcalose. Como a origem dessa alcalose não foi a alteração ventilatória, então é uma alcalose dita metabólica.

Acidose metabólica

Por outro lado, se há um aumento desproporcional de ganho de ácidos diante das perdas e eliminação, temos o quadro inverso do anterior, com diminuição da diferença de íons fortes, pois há, agora, um aumento de ânions fortes relativamente aos cátions. Considerando que a P_{CO_2} esteja fixa, isso corresponde a percorrer, verticalmente para baixo, as curvas de nível do pH (ver Figura 15), ou seja, uma acidose. Como a origem dessa acidose não foi a alteração ventilatória, então é uma acidose dita metabólica.

Compensações – uma visão simplificada

Uma vez dado um distúrbio primário, existem mecanismos que procuram diminuir a variação de pH elicitada pelo distúrbio. Por exemplo, vamos considerar uma acidose metabólica. No capítulo "Respiração" no volume 2 desta obra, é mostrado que a diminuição de pH é um estímulo independente para os centros respiratórios aumentarem a ventilação pulmonar. Contudo, devemos ter em mente que, originalmente, tanto a P_{CO_2} quanto a P_{O_2} arteriais estavam em seus níveis normais. Assim, ao aumentar a ventilação à custa da queda de origem metabólica do pH, há um aumento da P_{O_2} e uma diminuição da P_{CO_2} arteriais. Em condições normais, o impacto do aumento da ventilação na P_{O_2} arterial e na saturação da hemoglobina é irrisório. Contudo, a queda de P_{CO_2} é importante. Assim, a compensação ventilatória de uma acidose metabólica se dá pela queda da P_{CO_2} que incorre em um aumento do pH.

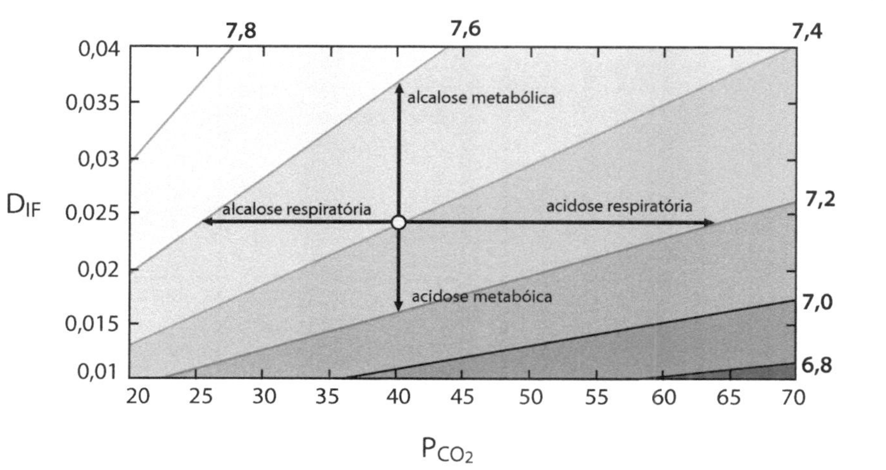

FIGURA 15 Os quatro distúrbios prototípicos representados sobre as curvas de nível de pH em função da pressão de gás carbônico e da diferença de íons fortes, como na Figura 11. As setas foram colocadas de modo a representar um mesmo ΔpH de ± 0,2 unidade.

Ainda a título de exemplificar a questão, vamos considerar, agora, que o distúrbio primário seja uma alcalose ventilatória. Com o aumento do pH, tem-se um aumento da atividade da glutaminase hepática e diminuição da atividade da glutaminase renal, o que resulta em menor quantidade de glutamina sendo convertida a NH_4^+ nas paredes tubulares e, consequentemente, menor excreção de ácidos na urina. Ou seja, passa a haver uma acidose metabólica que tende e diminuir o pH.

A Figura 16 ilustra as compensações metabólicas e respiratórias que ocorrerão em condições normais. Como já mencionado, o controle que opera a regulação ácido-básica parece ser do tipo proporcional, o que implica que, para que continue havendo a ação dos atuadores, um erro deve persistir (como toda boa regra, há uma exceção, que apresentaremos a seguir). Por isso, as setas de compensação não retornam o pH ao valor padrão (7,4 nesse caso). Além disso, a magnitude dessas compensações, sejam metabólicas, sejam ventilatórias, depende da cronicidade da alteração primária, e não nos aprofundaremos nesse tópico, pois é de interesse clínico; apenas apresentaremos os valores compensatórios esperados em uma tabela mais adiante.

Existe uma única exceção para a compensação não completa: a alcalose respiratória crônica. Nesses casos, pode haver um retorno do pH aos valores normais, apesar da persistência do distúrbio ventilatório primário (Palmer, 2012; Preston, 2011).

Gasometria arterial padrão

Para podermos saber diante de qual distúrbio estamos, é preciso ter um conjunto de valores das variáveis mensuradas que nos sirvam de referência. Esses valores são, na verdade, intervalos de valores. Por exemplo, usualmente a literatura apresenta o pH arterial "normal" em uma faixa entre 7,35 e 7,45; contudo, essa faixa é obtida a partir

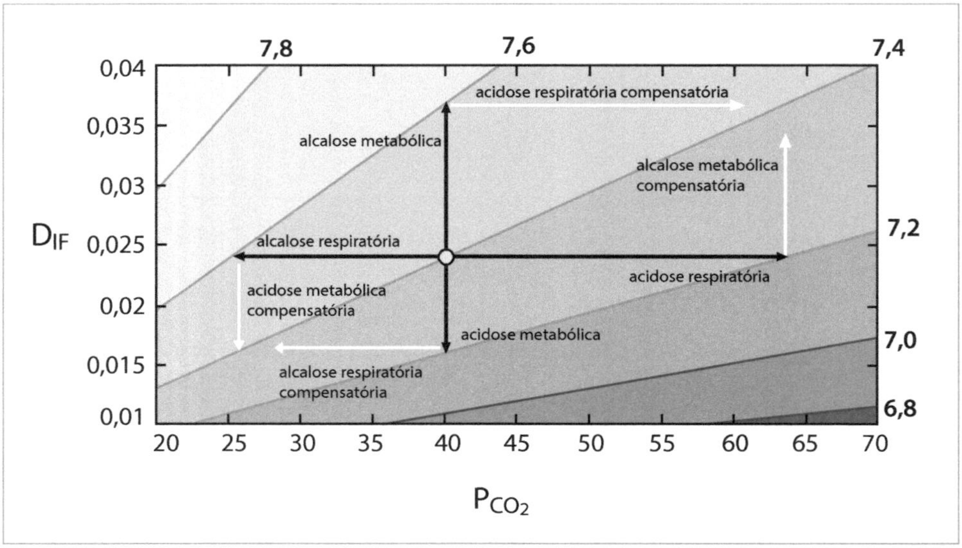

FIGURA 16 Esquema de alterações compensatórias no pH, representadas por setas brancas.

de intervalos menores constantes nos estudos originais (ou seja, em um dado estudo, o intervalo de referência, e, portanto, o intervalo associado ao restante das variáveis lá mensuradas, não é essa faixa tão ampla). Estudos recentes direcionados a tentar estabelecer uma faixa de pH normal, com número grande de voluntários, têm indicado que 7,39 parece ser o limite inferior para o intervalo de pH normal (ver Berend, 2013). Dessa maneira, por simplificação didática, trabalharemos com valores e não com intervalos para as variáveis mensuradas, a não ser o excesso de base (BE), o qual já é definido em um intervalo. Dentro dessa perspectiva, consideraremos "normais" os seguintes valores:

Variável	Valor	Unidades
pH	7,40	–
P_{CO_2}	40	torr
Bicarbonato (HCO_3^-)	22	mM
D_{IF}	40	mM
BE	$-2 \leq BE \leq +2$	mM
Anion gap	6	mM
Albumina	42	g
Na^+	140	mM
K^+	5	mM
Cl^-	105	mM

Etapas da identificação de um distúrbio ácido-básico

A identificação de um distúrbio ácido-básico se inicia pela identificação do tipo de distúrbio. Para isso, o primeiro e essencial passo é observar o pH![29]

Há, somente, três opções para o pH:

a. O pH está dentro da faixa normal.
b. O pH está abaixo da faixa normal.
c. O pH está acima da faixa normal.

Se o pH está acima da faixa normal, estamos diante de um quadro de alcalose.

Se o pH está abaixo da faixa normal, estamos diante de um quadro de acidose.

Se o pH está dentro da faixa normal, ou não há distúrbio ácido-básico algum ou é um distúrbio do tipo misto.

Note que até aqui observamos somente o pH para identificar o tipo do distúrbio.

O próximo passo é procurar identificar a causa primária do distúrbio (ou seja, se a origem é metabólica, ventilatória ou mista). Portanto, observamos a P_{CO_2}.

Se identificamos que se trata de uma alcalose e a P_{CO_2} está rebaixada, temos uma alcalose ventilatória, ou um distúrbio misto (ver mais adiante).

---

29 Apesar de parecer óbvio que primeiro devemos observar o pH para diagnosticar o caso, muitas vezes os iniciantes procuram identificar o distúrbio por meio da P_{CO_2} ou do bicarbonato, o que é um erro completo.

Se identificamos que se trata de uma acidose e a P_{CO_2} está elevada, temos uma acidose ventilatória ou um distúrbio misto (ver mais adiante).

Se identificamos que o pH está normal, mas a P_{CO_2} está alterada (para cima ou para baixo), trata-se de um distúrbio misto. Por quê? Porque, como vimos, o controle do pH provavelmente é do tipo proporcional, o que implica que uma compensação não pode ser completa (ou seja, o pH não pode retornar ao valor normal). Logo, se há alteração da P_{CO_2} com o pH normal, há um distúrbio metabólico concomitante e oposto ao distúrbio ventilatório (ou seja, uma combinação de acidose com alcalose, cada uma com uma origem diferente).

Além deste último caso, no qual o distúrbio misto se torna evidente pela normalidade do pH, podemos ter uma acidose mista (na qual há aumento da P_{CO_2} e diminuição da D_{IF}) ou uma alcalose mista (na qual há diminuição da P_{CO_2} e aumento da D_{IF}). Há, ainda, casos mais sutis e complicados, nos quais os dois distúrbios primários são opostos (i. e., uma acidose combinada com uma alcalose), porém um deles prepondera e o pH não se encontra na faixa normal. Esses casos vão além dos objetivos do presente texto.

Como iniciamos a análise via P_{CO_2}, precisamos ter em mente as outras possibilidades.

Se identificamos que se trata de uma alcalose e a P_{CO_2} está elevada, temos uma alcalose metabólica com uma compensação ventilatória ou um distúrbio misto.

Se identificamos que se trata de uma acidose e a P_{CO_2} está rebaixada, temos uma acidose metabólica com compensação ventilatória ou um distúrbio misto.

Como decidir se as alterações observadas são compensatórias?

Para isso, devemos observar, agora, a D_{IF}. Temos acesso direto à medida da pressão parcial de gás carbônico. Contudo, como explicamos durante o desenrolar do capítulo, não temos acesso à diferença de íons fortes de maneira completa, ou seja, não sabemos "quem ocupa a D_{IF}". Mas sabemos que o bicarbonato mantém uma relação quase linear com a D_{IF}. Assim, utilizamos o HCO_3^- como um marcador do que está ocorrendo na diferença de íons fortes.

Como vemos na Figura 13, o bicarbonato[30] varia muito mais intensamente com a D_{IF} do que com a P_{CO_2}. Observando, agora, a Figura 17, podemos ver qual o sentido da mudança esperada de bicarbonato em cada situação compensatória.

Contudo, como citado anteriormente, o valor de HCO_3^- esperado é dependente da cronicidade do distúrbio primário e, assim, existem estimativas de caráter clínico para tais valores. Não entraremos nesse tipo de detalhamento aqui. Utilizaremos a conceituação que se apresenta nas Figuras 16 e 17 para decidir se estamos diante de um quadro compensatório ou se temos uma somação de distúrbios.

Por exemplo, identificamos ser uma acidose, com pH de 7,1. A P_{CO_2} é de 64 torr. Pela Figura 16, vemos que uma P_{CO_2} de 64 torr não consegue levar o pH para 7,1. O bicarbonato calculado resulta em 16 mM. Logo, estamos diante de um distúrbio misto: uma acidose ventilatória e uma acidose metabólica. Não há nenhuma compensação de distúrbios; pelo contrário, esses estão se somando. Por outro lado, se identificamos ser

30 Lembrando sempre que o bicarbonato é uma variável dependente e que está sendo calculada por P_{CO_2} e pH medidos.

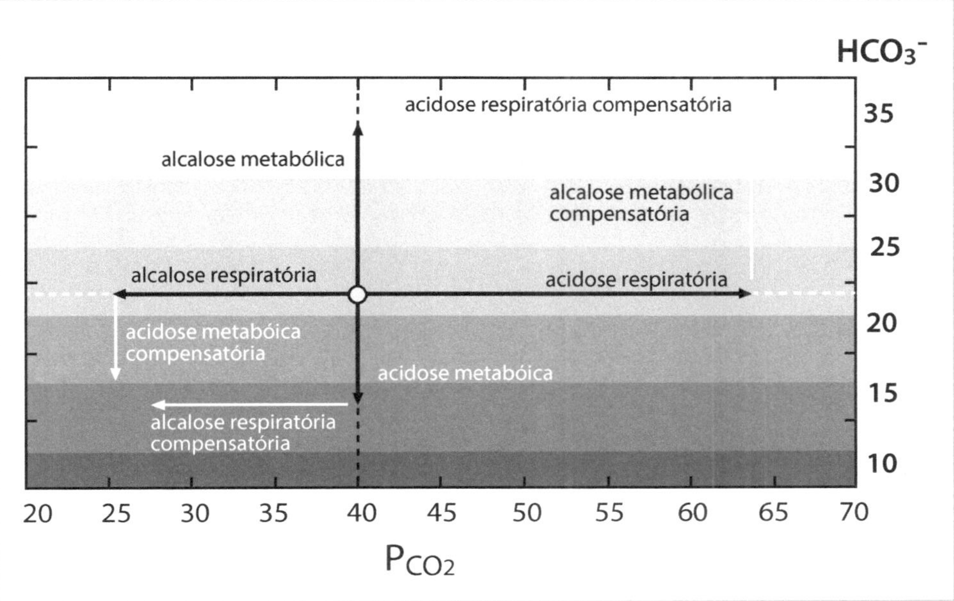

FIGURA 17 Representação esquemática de alterações compensatórias, representadas por setas brancas, como na Figura 16, porém tendo o bicarbonato como indicador da ocupação da diferença de íons fortes.

uma acidose, com pH de 7,3 e P_{CO_2} de 64 torr, vemos, pela Figura 16, que o pH esperado seria de 7,2. O bicarbonato calculado foi de 30 mM. Então, estamos diante de uma acidose ventilatória com uma alcalose metabólica compensatória. **Note que a alcalose metabólica não é a elevação do bicarbonato, mas sim a elevação da diferença de íons fortes *que está sendo observada por meio do cálculo do bicarbonato*.**

A título de complementação, a Tabela 4 apresenta como se calculam os valores compensatórios esperados diante de um dado distúrbio primário. Os pontos apresentados nessa tabela reforçam conceitos da fisiologia que vimos nas seções precedentes. Vemos que a resposta ventilatória a distúrbios metabólicos não é separada entre aguda e crônica, mas a resposta metabólica a distúrbios ventilatórios é. Por quê? Porque a resposta respiratória é mediada diretamente por vias neurais de controle ventilatório por sensores de pH, (ver "Respiração" no volume 2 da coleção). Assim, o distúrbio é percebido e provoca uma resposta em pouco tempo. Por outro lado, a resposta metabólica depende de várias alterações em transportadores, enzimas e substratos para ocorrer. Assim, existe um lapso maior para que ela se instale. Como podemos perceber isso? Note que os valores de bicarbonato esperados nas respostas metabólicas compensatórias agudas são quase a própria inclinação das retas que temos na Figura 13, ou seja, são praticamente as mudanças de bicarbonato decorrentes da mudança da P_{CO_2}. Posteriormente, com a cronificação do quadro, as respostas se intensificam pelo fato de as alterações citadas se efetivarem. Outro ponto a ser observado é aquele em que insistimos algumas vezes no decorrer do capítulo: a resposta metabólica é dada por uma alteração da diferença de íons fortes, contudo, o que se calcula diretamente por pH e P_{CO_2} medidos é o bicarbonato, e ele é utilizado para inferir como se dá a ocupação da D_{IF}. Por esse motivo, na Tabela 4, a segunda coluna mostra D_{IF}, mas a terceira coluna apresenta cálculos para bicarbonato.

Passemos, agora, à análise de alguns casos.

TABELA 4 Valores compensatórios esperados. Bic = [HCO_3^-], em mM. P_{CO_2} em torr. Note que os valores "22" e "40" que estão nas equações dizem respeito aos valores-padrão de bicarbonato e pressão de gás carbônico, respectivamente. Assim, caso os valores-padrão sejam outros, deve-se fazer a devida substituição

Distúrbio primário	Resposta compensatória	Valor esperado
Metabólicos		
Acidose	↓ P_{CO_2}	$P_{CO_2} = (1{,}5 \cdot Bic) + 8$
Alcalose	↑ P_{CO_2}	$P_{CO_2} = 0{,}7 \cdot (Bic - 22) + 40$
Ventilatórios agudos		
Acidose	↑ D_{IF}	$Bic = 0{,}1 \cdot (P_{CO_2} - 40) + 22$
Alcalose	↓ D_{IF}	$Bic = 22 - 0{,}2 \cdot (40 - P_{CO_2})$
Ventilatórios crônicos		
Acidose	↑ D_{IF}	$Bic = 0{,}35 \cdot (P_{CO_2} - 40) + 22$
Alcalose	↓ D_{IF}	$Bic = 22 - 0{,}5 \cdot (40 - P_{CO_2})$

Fonte: Preston, 2011.

Discussão de casos

Entrada em hibernação

O *hamster* europeu, *Cricetus cricetus* (massa corpórea entre 350 e 550 g), em condições eutérmicas[31] com temperatura corpórea de 37 °C, tem o pH plasmático arterial de 7,40. Ao entrar no estado tórpido, sua temperatura corpórea cai para níveis próximos da temperatura ambiente – no caso em questão, 10 °C. O pH plasmático arterial medido é de 7,44 (Malan et al., 1985). Os autores concluem que o animal se encontra, então, em um quadro de acidose. Explique.

Discussão. O eventual estranhamento surge em decorrência de termos uma elevação de pH (e, portanto, um pH mais alcalino, por suposição) e haver a afirmação de que se trata de uma acidose. Contudo, devemos nos lembrar que o pH é função da temperatura. Observando a Figura 2, vemos que, a 37 °C, o pH neutro é de 6,8, e a 10 °C, é de 7,3. Assim, a manutenção de uma alcalinidade relativa à água neutra necessitaria que o pH plasmático se elevasse em 0,5 unidade. Contudo, a elevação foi de 0,04 unidade, ou seja, o pH se tornou relativamente mais ácido. A intepretação que se dá para tal acidose é a retenção de CO_2 (portanto, uma acidose respiratória) decorrente da alteração de solubilidade desse gás com a queda da temperatura (Milsom e Jackson, 2011).

31 Isto é, quando a temperatura corpórea é mantida nos níveis habituais de atividade (ver o capítulo "Energética" neste volume da coleção).

Pouca glicose com muita glicose

Paciente de 36 anos, masculino, magro, foi encontrado confuso e com tonturas por um amigo. O amigo reporta que o paciente tem estado muito ansioso e agitado nos últimos dias em decorrência de problemas sérios no trabalho. Tem, como antecedentes, *diabetes mellitus* tipo 1, fazendo uso de insulina injetável. Ao exame físico se encontra confuso, desidratado, taquipneico, hálito com ligeiro odor de acetona. Além dos exames rotineiros de sangue venoso, foi colhida uma gasometria arterial, cujos resultados foram pH = 7,09, P_{CO_2} = 20 torr, Bic = 7 mM. Após a chegada dos exames do sangue venoso, o AG foi calculado em 20 mM. A glicemia era de 3,11 g/L (limite superior normal de 1 g/L). Qual o diagnóstico?

Discussão. O pH é de 7,09; logo, é uma acidose. A P_{CO_2} está abaixo de 40 torr, portanto, é uma acidose metabólica. Resta saber, em termos ácido-básicos, se a queda da P_{CO_2} é compensatória ou se estamos diante de um distúrbio misto. A P_{CO_2} compensatória esperada, de acordo com a equação apresentada na Tabela 4 para uma acidose metabólica, é ao redor de 19 torr. Assim, a queda da P_{CO_2} pode ser considerada compensatória. Qual a causa da acidose metabólica? O paciente é diabético insulinodependente e, nos últimos dias, teve aumento de hormônios ligados ao estresse, como o cortisol, que são hiperglicemiantes. Além disso, provavelmente não se lembrou de tomar as doses de insulina. Assim, a glicose sanguínea se encontra bastante elevada, porém, para as células, em virtude da falta de insulina, tudo se passa como se estivessem em jejum. Para suprir as demandas metabólicas, há consumo de lipídios e o paciente passa a produzir corpos cetônicos (acetoacetato e beta-hidroxibutirato), os quais podem ser utilizados pelas células do sistema nervoso como combustível na ausência de glicose. Os corpos cetônicos são ácidos, o que é a causa da acidose. Com essa taxa de adição de ácidos, o *anion gap* aumenta. Parte do acetoacetato se transforma em acetona, que é volátil, e percebe-se o odor no hálito do paciente. Pelo aumento da glicemia, há perda de glicose pela urina, o que aumenta a diurese e concorre para o quadro de desidratação do paciente.

Escalando sentada

Paciente de 76 anos de idade, sexo feminino, dá entrada no pronto atendimento do aeroporto internacional de La Paz, na Bolívia, com quadro de intensa tontura e desorientação. A neta, que acompanha a paciente, diz que a avó é uma pessoa saudável, porém sedentária, tendo sido fumante por 20 anos, mas que não mais fuma há pelo menos 15 anos. Nunca havia visto a avó nesse estado. Relata que estão chegando do Rio de Janeiro, onde vivem, tendo feito escala de 1 hora em São Paulo. A avó fez uso de anticoagulante oral profilático, segundo recomendação do seu clínico. A neta teme que seja um acidente vascular cerebral (AVC) e insiste na transferência da paciente para um hospital o mais breve possível. Ao exame, a paciente se encontra desorientada, impossibilitada de manter-se em pé sem auxílio, com intensa taquipneia, porém corada e hidratada. É colhida uma gasometria arterial e feito um eletrocardiograma. Enquanto esperam a transferência, o pessoal do pronto atendimento quer colocar um cateter de oxigênio na paciente, mas a neta recusa, dizendo que precisam fazer um diagnóstico mais acurado antes de qualquer coisa. O resultado da gasometria indica pH = 7,6, P_{CO_2} = 26 torr, Bic = 20 mM, P_{O_2} = 80 torr, Sat Hb = 82%. Qual a sua conduta?

Discussão. O pH é de 7,6; logo, é uma alcalose. A P_{CO_2} está abaixo dos 40 torr, portanto, há um componente ventilatório. Resta saber se há algum componente metabólico. O bicarbonato esperado para uma alcalose respiratória aguda com a P_{CO_2} de 25 torr é, segundo a Tabela 4, 19 mM. Logo, o quadro é bem caracterizado por uma alcalose respiratória aguda com compensação metabólica adequada. Qual a causa? La Paz se encontra a 3.870 metros de altitude, com uma pressão barométrica ao redor 480 torr (ver capítulo "Respiração" do volume 2 desta obra). Assim, a pressão parcial de oxigênio no gás seco é de 100 torr, e no gás alveolar úmido é de 90 torr, e esse valor cai ainda mais pela presença de CO_2 nos alvéolos. Além disso, a paciente pode apresentar um certo grau de perda de superfície de troca alveolar decorrente do tabagismo nos anos anteriores, e vive ao nível do mar, portanto, sem nenhum ajuste prévio à hipóxia hipobárica à qual está sendo submetida pela altitude da cidade. Com isso, há um intenso estímulo hipóxico para a ventilação, o que aumenta a pressão parcial de oxigênio alveolar à custa de diminuir a fração do ar ocupada por CO_2. A queda de CO_2 arterial decorrente da hiperventilação e a concomitante alcalose levam a um certo grau de vasoconstrição na microcirculação no sistema nervoso central, o que, associado à queda de saturação da hemoglobina, explica a tontura e a falta de orientação da paciente. A utilização do cateter de O_2 ou até, eventualmente, uma máscara de oxigênio, são a conduta adequada. A melhora do quadro com a oferta de oxigênio suplementar será o diagnóstico final de que não há nenhum AVC em curso.

Gritando "lobo!"

Paciente de 62 anos de idade, sexo masculino, extremamente obeso (índice de massa corpórea de 60,4), dá entrada no pronto-socorro com queixa de piora de uma "falta de ar" que tem há tempos. O paciente tem, com histórico, uma insuficiência cardíaca congestiva esquerda grau III-IV e direita grau III decorrente de três infartos do miocárdio prévios. Foi fumante dos 15 aos 55 anos, 2 a 3 maços por dia, e diz ter, há tempos, falta de ar constante. Inicialmente, a falta de ar foi atribuída à insuficiência cardíaca e à obesidade (dificuldade mecânica de mover a caixa torácica). Diz que nenhum médico solicitou algum tipo de teste pulmonar. Ao exame, além da obesidade, estava com frequência cardíaca de 105 bpm, pressão arterial de 135 torr × 85 torr (porém, o manguito de pressão não se ajustava bem ao braço do paciente, pela circunferência do braço, e os sons eram de difícil ausculta), edema de membros inferiores, taquidispneico com frequência ventilatória de 22 ipm, ausculta pulmonar com murmúrio vesicular diminuído em todos os campos. A gasometria arterial revelou pH = 7,31, P_{CO_2} = 82 torr, Bic = 38 mM, BE = + 9 M, P_{O_2} = 45 torr. A radiografia torácica feita na sala de emergência mostrou um aumento generalizado na penetrância. O eletrocardiograma revelou apenas os sinais dos infartos anteriores. Qual o diagnóstico?

Discussão. O pH está abaixo de 7,40; logo, é uma acidose. A P_{CO_2} está acima de 40 torr, portanto, há um componente ventilatório. Pelo histórico, esse componente parece ser crônico. Resta saber se há algum distúrbio metabólico associado. Pela equação dada na Tabela 4, o bicarbonato esperado para uma compensação metabólica de uma acidose respiratória crônica é de 36 mM. Logo, o quadro é de uma acidose respiratória crônica com compensação metabólica dentro do esperado. O excesso de base está elevado, indicando a retenção de bases (ou perda de ácidos) por parte dos rins, como mecanismo de compensação. Qual a causa? O aumento de penetrância na radiografia e a diminuição generalizada do murmúrio vesicular à ausculta indicam que há uma perda de alvéolos pulmonares. Provavelmente, em decorrência do fumo, o paciente desenvolveu um quadro de doença pulmonar obstrutiva crônica (DPOC – ver o capítulo "Respiração" do volume 2 da coleção), que nunca foi diagnosticada, pois a falta de ar foi atribuída à insuficiência cardíaca. A pressão parcial de oxigênio em 45 torr praticamente fecha esse diagnóstico e a perda alveolar faz com que haja diminuição de trocas gasosas por falta de superfície de troca e o CO_2 passa a ser progressivamente retido, daí a acidose respiratória.[32]

Mistura perigosa

Paciente de 22 anos de idade, do sexo feminino, dá entrada no pronto-socorro sendo trazida por amigos da república onde moram. Dizem que a encontraram caída no banheiro, muito sonolenta, com dificuldade de ser acordada. Relatam que a paciente vinha tendo dificuldades em superar um rompimento amoroso e encontraram várias cartelas de remédios vazias (duas de bromazepam e uma de alprazolam) e uma garrafa, também vazia, de rum. Sabem que a paciente apresenta um quadro de disfunção alimentar, provocando vômito de maneira sistemática, e um dos amigos diz ter visto isso ocorrer repetidamente nos últimos dias. Tentaram acordar a paciente oferendo café forte e dando banho de água fria, ao que pareceu dar ligeiros sinais de melhora, porém, piorou novamente em seguida. Foi quando resolveram trazê-la ao serviço médico. Ao exame, a paciente se encontrava ligeiramente desidratada, extremamente sonolenta (9 a 10 na escala de Glasgow), bradipênica, com 5 a 6 inspirações por minuto, pressão arterial 110 torr × 70 torr, frequência cardíaca de 90 bpm. Foi colhida gasometria arterial, além dos exames habituais de sangue venoso. Foi passada uma sonda nasogástrica, iniciada administração de carvão ativado e colocado um cateter de oxigênio enquanto aguardavam avaliação neurológica. Resultados da gasometria arterial: pH = 7,39, P_{CO_2} = 55 torr, Bic = 34 mM, P_{O_2} = 75 torr. No sangue venoso, os seguintes valores de eletrólitos foram obtidos: Na^+ = 138 mM, K^+ = 4 mM, Cl^- = 91 mM. Qual o diagnóstico?

Discussão. O pH está dentro da normalidade, mas a P_{CO_2} está elevada. Logo, é um distúrbio misto: uma acidose ventilatória combinada a uma alcalose metabólica. Apenas a título de complementação, pois o diagnóstico do tipo de distúrbio ácido-básico já está feito, se utilizarmos as equações apresentadas na Tabela 4, veremos que o bicarbonato compensatório previsto para a P_{CO_2} de 55 torr é de 24 mM, enquanto a P_{CO_2} compensatória prevista para um bicarbonato de 34 mM é de 48 torr, resultados esses que nos indicam claramente o distúrbio misto já diagnosticado. Qual a causa? Os vômitos crônicos levaram a uma perda importante de ácido forte, HCl, que é secretado no estômago como parte do processo digestivo (ver "Alimentação" no volume 2 da

32 Esse caso foi elaborado tendo por base um caso apresentado em Bordier et al., 2004. A paciente veio a falecer na semana subsequente ao quadro descrito em decorrência de uma parada ventilatória. Para valores de P_{O_2} em pacientes com DPOC associados a grandes altitudes, ver Sevik et al., 2025.

coleção). Assim, o ânion forte Cl^- foi perdido, e isso é revelado pela sua concentração plasmática rebaixada, aumentando a D_{IF}. Esse espaço elétrico tem de ser ocupado, pela questão da eletroneutralidade, e, assim, há um aumento de uma variável dependente: o HCO_3^-. Note, portanto, que a alcalose metabólica não é causada pelo aumento de bicarbonato. Esse aumento é meramente decorrente da manutenção da eletroneutralidade da solução. A ingestão de uma sobredose de benzodiazepínicos (bromazepam e alprazolam), associada a outro depressor do sistema nervoso, o álcool etílico, pode causar uma depressão relevante do centro respiratório, levando a uma acidose respiratória por diminuição da ventilação. O tratamento é de suporte: reposição hidroeletrolítica e assistência ventilatória se necessário.

O infarto e o AVC que não existiram

Paciente de 29 anos de idade dá entrada no pronto-socorro queixando-se, há 5 horas, de forte dor precordial, a qual ele indica colocando a mão esquerda espalmada sobre a região esternal. Além disso, notou pequenos espasmos musculares na face em um momento no qual coçou a região perto da orelha esquerda. Não há quaisquer outras sintomatologias ou queixas, nem histórico de doença cardiovascular ou respiratória. Relata que perdeu parente muito próximo há 8 dias, por infarto agudo do miocárdio massivo. O acompanhante diz que o paciente é uma pessoa extremamente ansiosa. Enquanto esperavam o atendimento, a mão esquerda apresentou uma contratura muscular involuntária, o que faz o paciente supor que, além do infarto, esteja tendo, também, um AVC. Ao exame físico geral encontra-se taquipneico, com 26 ipm, corado, hidratado, afebril, com frequência cardíaca de 104 bpm e pressão arterial de 140 × 110 torr. Foi colhida uma gasometria arterial, exames rotineiros de sangue venoso com perfil de enzimas cardíacas, e feito um eletrocardiograma. O resultado da gasometria veio incompleto, pois o técnico explicou que a máquina apresentou um curto-circuito durante a passagem da amostra e ela foi perdida, bem como os demais resultados, restando apenas P_{CO_2} = 22 torr e pH = 7,71. O pessoal da enfermagem está se preparando para colher nova amostra de sangue arterial. O paciente e o acompanhante estão começando a fazer um escândalo em decorrência do ocorrido, e a mão esquerda do paciente apresenta nova contratura, o que os faz aumentar a gritaria no local. Qual a sua conduta?

Discussão. O resultado parcial já nos dá o diagnóstico: intensa alcalose respiratória, no caso, aguda. Não há necessidade de nova coleta (e, a bem da verdade, exceto o eletrocardiograma – e esse apenas pela rapidez e facilidade de obtenção – mais nenhum exame laboratorial seria necessário). O que está ocorrendo? O quadro álgico não é característico de infarto do miocárdio, tampouco a idade do paciente é compatível com esse evento.[33] O paciente desenvolveu uma dor torácica, provavelmente de origem muscular, e, por sua alta ansiedade, está hiperventilando. A queda da P_{CO_2} tem um efeito paradoxal sobre o carbonato: pode haver aumento do CO_3^{2-} com diminuição da P_{CO_2}, como ilustrado na Figura 18. De fato, a equação 16b mostra que a concentração de CO_3^{2-} aumenta com a

33 Note que não estamos afirmando que não poderia ser um infarto agudo do miocárdio, mas, sim, que é pouco provável.

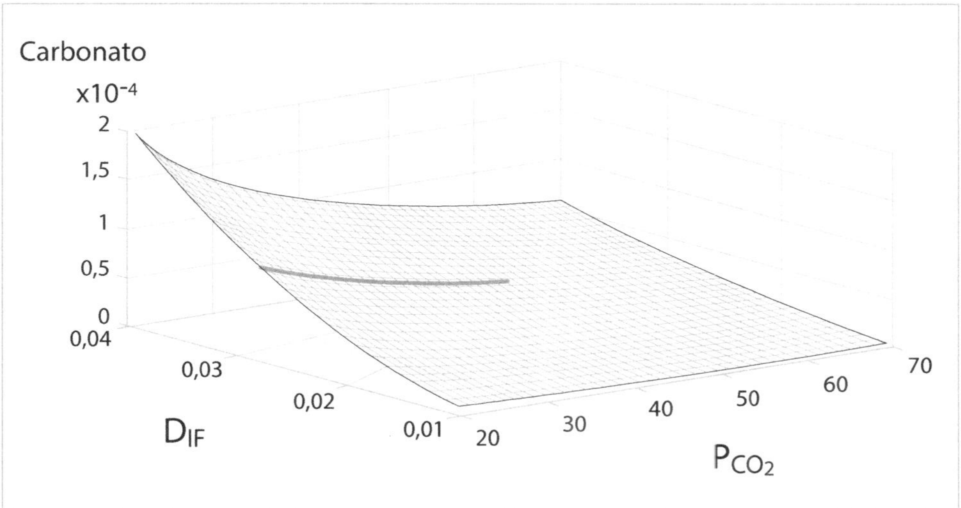

FIGURA 18 Carbonato (CO_3^{2-}) em função da D_{IF} e da P_{CO_2}. Note que a queda da P_{CO_2} leva a um aumento paradoxal do carbonato. Assim, dependendo das condições iniciais do sistema, esse aumento pode ser significativo o suficiente para causar uma queda no cálcio ionizado plasmático, como realçado pela linha cinza sobreposta à superfície.

P_{CO_2}, mas diminui com o quadrado da $[H^+]$. Assim, a elevação do pH (queda da $[H^+]$), apesar da diminuição da P_{CO_2}, pode levar a um aumento do carbonato. O carbonato se liga ao cálcio ionizado, Ca^{2+}, o que causa uma hipocalcemia. A contratura muscular facial (sinal de Chvostek) e de mão (sinal de Trousseau) surgem em decorrência da queda do cálcio. É interessante observar que esses sinais também surgem em casos de alcalose metabólica crônica, porém agora em decorrência da deposição de cálcio em ossos pelo desvio da reação com fosfato para formação de hidroxiapatita, pela alcalinidade. Ou seja, apesar de haver diminuição de cálcio ionizado tanto na alcalose metabólica crônica quanto na alcalose respiratória aguda, os mecanismos envolvidos nessas diminuições são diferentes (Stewart, 1981).

REVISITANDO A LINEARIDADE DO BICARBONATO EM RELAÇÃO À DIFERENÇA DE ÍONS FORTES

O que obtivemos e apresentamos da relação entre bicarbonato, concentração de gás carbônico e diferença de íons fortes é, no mínimo, curioso, se não "contraintuitivo". Do modo como habitualmente se estabelece a relação entre gás carbônico, ácido carbônico e bicarbonato, isto é, como na equação 12 ($P_{CO_2} \overset{\beta}{\leftrightarrow} CO_2 + H_2O \overset{k_c}{\leftrightarrow} H_2CO_3 \overset{K_A}{\leftrightarrow} H^+ + HCO_3^- \overset{K_{bic}}{\longleftrightarrow} H^+ + CO_3^{2-}$), tem-se a impressão de que a variação da P_{CO_2} deve causar um impacto direto sobre o bicarbonato, como explicitado pela equação 16a:

$$[HCO_3^-] = \frac{\beta \cdot P_{CO_2}}{K \cdot [H^+]}$$

Porém, essa impressão vai de encontro ao que é apresentado na Figura 13, na qual a variação da P_{CO_2} não causa aparente mudança no bicarbonato, e esse mantém uma linearidade com a D_{IF}. Para a obtenção da Figura 13, utilizamos a equação 20, mais completa para a $[H^+]$. Contudo, resultado praticamente indistinguível seria obtido se utilizássemos a equação 17b, mais simples:

$$[H^+] = \frac{\sqrt{D_{IF}^2 + 4 \cdot \left(K_w + \frac{\beta \cdot P_{CO_2}}{K}\right)} - D_{IF}}{2}$$

Em outras palavras, se calcularmos o bicarbonato de uma maneira mais simplificada como:

$$[HCO_3^-] = \frac{2 \cdot \beta \cdot P_{CO_2}}{K \cdot \left(\sqrt{D_{IF}^2 + 4 \cdot \left(K_w + \frac{\beta \cdot P_{CO_2}}{K}\right)} - D_{IF}\right)}$$

Veremos praticamente a mesma "insensibilidade" da $[HCO_3^-]$ em relação à P_{CO_2}. Por sua vez, se calcularmos o pH, veremos que esse é bastante "sensível" em relação à P_{CO_2}. Essas relações estão ilustradas na Figura 19.

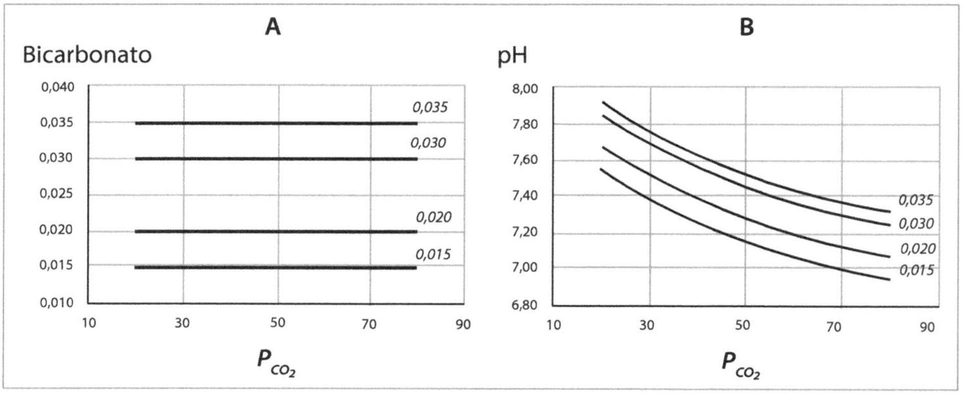

FIGURA 19 (**A**) Bicarbonato (M) em função da P_{CO_2} (torr) calculado utilizando a equação 17b. Notamos, à similaridade da Figura 13, uma aparente insensibilidade da concentração de bicarbonato em relação à variação na concentração de gás carbônico (e uma linearidade em relação à D_{IF}). (**B**) pH em função da P_{CO_2} (torr). Notamos, agora, que há uma grande variação de pH com a variação da concentração de CO_2. Em ambos os painéis, ao lado de cada linha se encontra a diferença de íons fortes (M) correspondente.

O leitor e a leitora devem se perguntar, então, por que isso ocorre? A resposta se encontra nas ordens de grandeza envolvidas. Ir de um pH de 8 a um pH de 7 implica ir de uma $[H^+]$ de 10^{-8} molar a 10^{-7} molar. Contudo, o bicarbonato (ou a diferença de íons fortes) se encontra na ordem de milimolar, ou seja, entre 10.000 e 100.000 vezes maior que a variação na concentração de hidrogênio iônico. Dessa maneira, a variação da P_{CO_2} tem impacto perceptível sobre o pH, mas imperceptível sobre o bicarbonato.

Na Figura 20 ilustramos uma das curvas de bicarbonato *versus* P_{CO_2} apresentadas na Figura 19 (correspondente à D_{IF} de 15 mM).

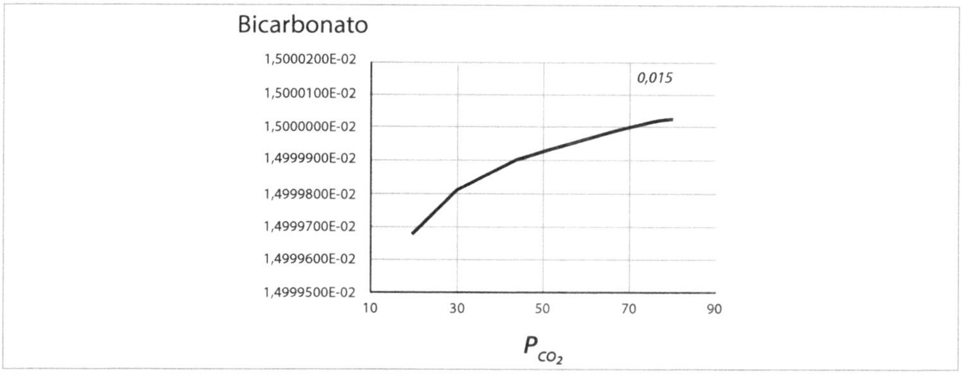

FIGURA 20 Bicarbonato (M) em função da P_{CO_2} (torr) como na Figura 19A para a D_{IF} de 15 mM. Note que a concentração de bicarbonato de fato varia com a concentração de gás carbônico, porém em 4 ordens de magnitude menor que a D_{IF}. O eixo y foi deixado em notação científica de modo a podermos perceber a variação que ocorre (E-02 = 10^{-2}).

Na Figura 20, o eixo y (concentração de bicarbonato) foi bastante ampliado e percebemos que, de fato, a concentração de bicarbonato aumenta, como esperado, com o aumento da concentração de CO_2. Contudo, esse aumento se encontra na ordem de micromolar e se torna, então, imperceptível quando lidamos com processos na ordem de milimolar. É por esse motivo que anteriormente explicitamos e voltamos a ressaltar aqui:

➔ o problema central da regulação ácido-básica é entender "quem ocupa a D_{IF}" ➔

REFERÊNCIAS

1. Aristizábal-Salazar RE, Calvo-Torres LF, Valencia-Arango LA, Montoya-Cañon M, Barbosa-Gantiva O, Hincapié-Baena V. Equilibrio ácido-base: el mejor enfoque clínico. Rev Colomb Anestesiol. 2015;43:219-24.
2. Berend K. Acid-base pathophysiology after 130 years: confusing, irrational and controversial. J Nephrol. 2013;26:254–65.
3. Bordier P, Garrigue S, Reuter S, Bordachar P, Clementy J. Death during polysomnography of a patient with cheyne-stokes respiration, respiratory acidosis, and chronic heart failure. Chest. 2004;126:1698-700.
4. Boyle M, Baldwin I. Introduction to an alternate view of acid/base balance: the strong ion difference or stewart approach. Aust Crit Care. 2002;15:14-20.
5. Davenport HW. The ABC of Acid-Base Chemestry (The ABC of Acid-Base Chemestry). Chicago: The University of Chicago Press; 1975.
6. Figge J, Mydosh T, Fencl V. Serum proteins and acid-base equilibria: a follow-up. J Lab Clin Med. 1992;120:713-9.
7. Koeppen BM, Stanton BA. Renal physiology. Philadelphia: Mosby-Elsevier; 2007.
8. Kraut JA, Madiast NE. Serum anion gap: Its uses and limitations in clinical medicine. Clin J Am Soc Nephrol. 2007;2:162-74.
9. Lang F. Acid-base metabolism. In: Greger R, Windhorst U (Eds.). Compr hum physiol (acid-base metabolism). Berlin, Heidelberg: Springer-Verlag; 1996. p.1571-84.
10. Malan A, Rodeau JL, Daull F. Intracellular pH in hibernation and respiratory acidosis in the European hamster. J Comp Physiol B. 1985;156:251-8.

11. Milsom WK, Jackson DC. Hibernation and gas exchange. Compr Physiol. 2011;1:397-420.
12. Nordstrom DK, Alpers CN. Negative pH, efflorescent mineralogy, and consequences for environmental restoration at the iron mountain superfund site, California. Proc Natl Acad Sci U S A. 1999;96:3455-62.
13. Palmer BF. Evaluation and treatment of respiratory alkalosis. Am J Kidney Dis. 2012;60: 834-8.
14. Pines D, Ditkovich J, Mukra T, Miller Y, Kiefer PM, Daschakraborty S, et al. How acidic is carbonic acid? J Phys Chem B. 2016;120:2440-51.
15. Preston RA. Acid-base, fluids, and electrolytes. Miami: MedMaster; 2011.
16. Rinaldi S, De Gaudio AR. Strong ion difference and strong anion gap: The Stewart approach to acid base disturbances. Curr Anaesth Crit Care. 2005;16:395-402.
17. Sevik A, Gaisl T, Forrer A, Graf L, Ulrich S, Bloch KE, et al. High altitudes and partial pressure of arterial oxygen in patients with chronic obstructive pulmonary disease – a systematic review and meta-analysis. Pulmonology. 2025;31(1):2416860.
18. Stewart PA. How to understand acid-base. New York: Elsevier; 1981.
19. Story DA, Morimatsu H, Bellomo R. Strong ions, weak acids and base excess: a simplified Fencl-Stewart approach to clinical acid-base disorders. Br J Anaesth. 2004;92:54-60.

3

Energética

INTRODUÇÃO

Energética é um termo que não diz respeito a um sistema orgânico específico, mas, sim, a um conjunto de processos que, em última instância, podem ser vistos como os processos de transferência de energia nos organismos. Os animais, sendo heterótrofos, necessitam, salvo exceções particulares, ingerir compostos que possam suprir as demandas energéticas para a manutenção da vida. O estudo das etapas e processos de transferência de energia *per se* é do domínio da bioquímica. Aqui, nosso interesse é entender como esses processos se relacionam com alguns aspectos mais globais do organismo. Particularmente, estudaremos a termorregulação e as vias metabólicas relacionadas à transferência de energia.

Para isso, precisaremos ter certos conceitos físicos bastante claros de modo a não gerarmos raciocínios paradoxais, nos melhores casos, ou falaciosos, nos piores. Todos esses conceitos são, basicamente, conceitos que vêm da termodinâmica. Nosso objetivo, aqui, não é oferecer um curso de termodinâmica, e sim expor conceitos de forma simples, porém não simplória. É preciso, no entanto, termos claro que a termodinâmica é uma área com muitas sutilezas, e o que parece fácil e óbvio em um primeiro momento pode se mostrar bastante escorregadio, por assim dizer, em um segundo instante. Dessa maneira, é importante que se tenha atenção a exatamente o que foi citado em cada trecho da abordagem de um certo conceito. Começamos, então, com temperatura.

TEMPERATURA

O termo temperatura vem do latim *temperare*, misturar (líquidos). "Temperatura" é o emprego na voz passiva, indicando "líquidos bem misturados". Aparentemente, a origem vem dos quatro humores de Hipócrates (370 a.C.), que, se bem misturados (adequadas proporções), teriam a saúde mantida (Muller, 2007).

Os seres humanos, por seu padrão de termorregulação e manutenção da temperatura corpórea, os quais veremos adiante, fazem distinções entre "frio" e "quente" por comparação tátil entre o objeto ou substância tocada e sua própria "quentura". Assim, durante milênios, o fogo foi "quente" e o gelo foi "frio". Dois problemas surgem com esse tipo de abordagem. Enquanto todos parecemos concordar que o fogo é quente e o gelo é frio, dúvidas começam a surgir para os casos intermediários. Para uns, um dia de sol sem vento é agradável, para outros é extremamente "abafado". Para uns, entrar na água do rio é tranquilo, para outros é uma gélida experiência. O segundo problema é que a própria pessoa pode classificar dois objetos à mesma temperatura como frio ou quente, dependendo de sua experiência imediatamente anterior.[1] Ou seja, esse modo de abordarmos "temperatura" não nos permite quantificar essa grandeza.

Por volta do século XVII, começam a surgir as primeiras tentativas de quantificar a temperatura dos objetos e das substâncias. Ou seja, começam a ser criados os primeiros aparelhos para medir o quão quente ou o quão frio um objeto ou uma substância está em um determinado momento. Esses aparelhos são os termômetros. Durante esse processo, o da "invenção do termômetro", o qual foi longo e, talvez, até tortuoso, foi percebida a necessidade de se terem escalas que permitissem quantificações intermediárias. Houve, assim, a criação de muitas escalas diferentes. Por exemplo, Newton criou uma escala que ia do ponto de congelamento da água, ao qual ele deu o valor 0, à temperatura "normal" de um ser humano, para a qual ele deu o valor 12. Posteriormente, Fahrenheit oitavou essa escala, resultando em 96 para a temperatura corpórea "normal" de um ser humano. Celsius criou uma escala, dividida em 100, que vai do ponto de ebulição da água (ao qual ele deu o valor 0) até o ponto de congelamento (ao qual ele deu o valor 100). Posteriormente, essa escala foi invertida, e é como a conhecemos e utilizamos hoje em dia.

Todas essas escalas tinham, contudo, um problema: dependiam da própria construção do aparelho (do termômetro). Ou seja, por exemplo, a escala Celsius em um termômetro, em geral, não concordaria com a escala Celsius de outro termômetro elaborado de maneira diferente (p. ex., utilizando substâncias diferentes na aparelhagem). Assim, surge um outro problema crucial: a temperatura é uma grandeza física (uma propriedade) de fato, ou é um mero artefato de como fazemos medidas?

Esse enorme problema somente foi resolvido com o surgimento dos chamados termômetros a gás, que relacionam a pressão de vapor à pressão de gelo (no caso da água[2]) com o que se denomina "temperatura de vapor" e "temperatura de gelo", seguido da observação de que, quando a pressão do gás de mensuração é levada a zero, todos os termômetros coincidem em suas medidas (para mais detalhes, sugerimos a leitura de Fenn, 1982). Com essa observação, temos que a temperatura é uma propriedade e tem-se a possibilidade da criação das chamadas escalas absolutas de temperatura. A escala absoluta do Sistema Internacional (SI) é a escala Kelvin (K), a qual tem o zero absoluto como −273,16 graus Celsius. Tendo sido elaborada, como a escala Celsius, em centígrados, temos, então, a seguinte igualdade entre a temperatura em Kelvin e a temperatura em Celsius:

---

1 É o experimento clássico de imergir uma mão em água quente e outra em água fria e, em seguida, colocá-las em uma terceira bacia com água a uma temperatura intermediária.

2 E, nesse caso, é o ponto triplo.

$$T(K) = T(\,^oC) + 273{,}16$$

Sendo °C a indicação da temperatura em graus Celsius. As transformações entre Celsius e Fahrenheit são:

$$T(\,^oF) = \frac{9}{5} \cdot T(\,^oC) + 32$$

$$T(\,^oC) = \frac{5}{9} \cdot (T(\,^oF) - 32)$$

O que a temperatura mede, afinal?

Vamos retomar nosso exemplo das bacias com água, uma quente, uma morna e outra fria. Nós ainda não temos um aparelho para quantificar o que vamos chamar de temperatura, mas há outro acontecimento que ocorre e é nosso conhecido. Se deixarmos a bacia quente em contato com a fria, a fria se aquece e a quente se resfria. O aquecimento e o resfriamento ocorrem até um ponto no qual, se colocarmos a mão em qualquer das duas bacias, não mais percebemos diferenças nas quenturas. Durante séculos, esse processo foi atribuído à passagem de alguma substância entre os sistemas (as bacias), como o flogístico e o calórico. Mais adiante veremos que não existem tais substâncias que fazem essa permuta de temperatura, por assim dizer. Mas, indubitavelmente, o contato térmico, isto é, se permitirmos haver um contato sem isolamento de trocas térmicas,[3] ocorre equalização da temperatura entre os sistemas.

Pelo nosso exemplo, percebemos que podemos fazer uma ordenação entre as bacias, da mais quente à mais fria. A temperatura é a propriedade que nos permite fazer tal ordenação. Para sistemas não relativísticos clássicos macroscópicos, essa propriedade é quase que linearmente relacionada à energia cinética das moléculas constituintes do sistema e, assim, costuma-se dizer que, **para finalidades práticas e didáticas, a temperatura mede o grau de agitação das moléculas de um sistema.**[4]

Uma vez que estamos falando de energia cinética, estamos falando da energia associada ao movimento. Com isso, a temperatura, dentro dessa nossa perspectiva didática e prática, é uma medida da energia cinética das moléculas de um sistema. **Contudo, é preciso ter em mente que essa energia cinética não é "ordenada", ou seja, as moléculas não se movem todas em uma mesma direção ao mesmo tempo**. Ao contrário, elas têm movimentos com direções e sentidos aleatórios. Veremos, então, uma importante consequência prática disso.

Distribuição de Maxwell e taxa de reações químicas

A energia cinética ε_c é dada pelo produto da massa m do objeto (ou da partícula) e de sua velocidade v ao quadrado:

$$\varepsilon_c = \frac{1}{2} \cdot m \cdot v^2$$

3 Um sistema isolado termicamente é dito adiabático. Trataremos disso mais adiante.

4 Para sistemas que saem dos limites clássicos e macroscópicos, a temperatura tem outros componentes (Baierlein, 2005).

Assim, ao aumentarmos a temperatura, estamos aumentando qual componente da equação acima? Para sistemas não relativísticos,[5] estamos aumentando o termo de velocidade, v. As partículas em um sistema não têm a mesma velocidade. A energia cinética que relacionamos à temperatura é um valor advindo da distribuição das velocidades das partículas.

As velocidades das partículas de um sistema em uma dada temperatura se apresentam com uma certa distribuição, ou seja, uma certa quantidade de partículas possui velocidade em uma certa faixa. O modo pelo qual se obtém essa distribuição não é complicado, mas foge dos nossos objetivos. Assim, não vamos deduzir essa distribuição, apenas apresentá-la, e, mais importante, teremos uma figura que ilustra o que ocorre.

A distribuição das velocidades das partículas de um sistema (considerando serem partículas idênticas, por simplicidade) obedece à chamada distribuição de Maxwell, sendo f(v) essa distribuição da população de moléculas em uma faixa de velocidade:

$$f(v) = \left(\frac{m}{2 \cdot \pi \cdot k \cdot T}\right)^{\frac{3}{2}} \cdot 4 \cdot \pi \cdot v^2 \cdot e^{-\frac{m \cdot v^2}{2 \cdot k \cdot T}}$$

Sendo *k* a constante de Boltzmann ($1{,}380649 \times 10^{-23}$ J K^{-1}). Note que a temperatura é em graus absolutos (Kelvin). O formato dessa distribuição para três diferentes temperaturas é ilustrado na Figura 1.

A ocorrência de uma reação química depende das moléculas ou compostos envolvidos terem uma energia maior que a chamada energia de ativação da determinada reação (esse tópico é detalhado em "Difusão e potenciais"). Ou seja, somente moléculas que possuem energia maior que a energia de ativação passam pela transformação química. **Essa energia para transpor a barreira oferecida pela energia de ativação é dada pela energia cinética das moléculas.** Dessa maneira, uma vez que a energia cinética está relacionada à velocidade, a distribuição de Maxwell implica que somente a população de moléculas com velocidade maior que um certo valor que corresponda à energia de ativação da reação passará pela barreira energética. A Figura 2 ilustra esse fenômeno.

O que notamos, então, é que a população de moléculas acima de um certo liminar de energia varia com a temperatura na qual o processo esteja ocorrendo e, em geral, há aumento da população acima de um limiar se a temperatura aumenta. Com o aumento da população de moléculas acima do limiar, a reação química em questão tem sua taxa aumentada. Ou seja, o aumento de temperatura causa um aumento na taxa de reações químicas por colocar uma maior população de moléculas com energia cinética acima da energia de ativação. É importante perceber que não mencionamos, em momento algum, "enzimas" aumentando a taxa de reação. O que estamos discutindo é um efeito físico-químico da temperatura (ver legenda da Figura 2).

5 De fato, dada a igualdade $E = m \cdot c^2$, na qual m é a massa e c, a velocidade da luz (a qual é uma constante), aumentar a energia E se relaciona a aumentar a massa, mas esse efeito surgirá somente em velocidades muito elevadas, ou seja, quando estamos entrando no domínio relativístico.

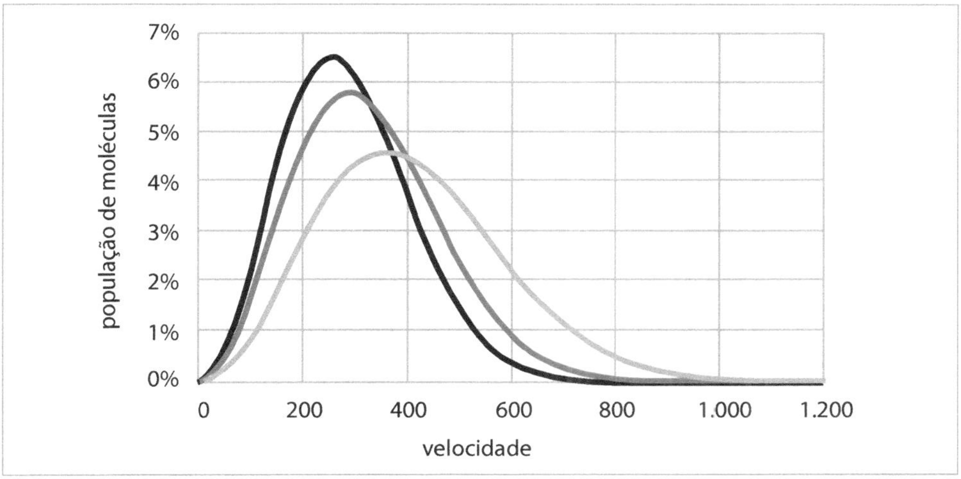

FIGURA 1 Distribuição de Maxwell das velocidades das partículas em um sistema para três temperaturas diferentes [preto = 233 K (–40 °C), cinza escuro = 298 K (25 °C), cinza claro= 473 K (200 °C)]. Note que o total das populações que ocupam regiões de mais altas velocidades vai aumentando conforme a temperatura aumenta.

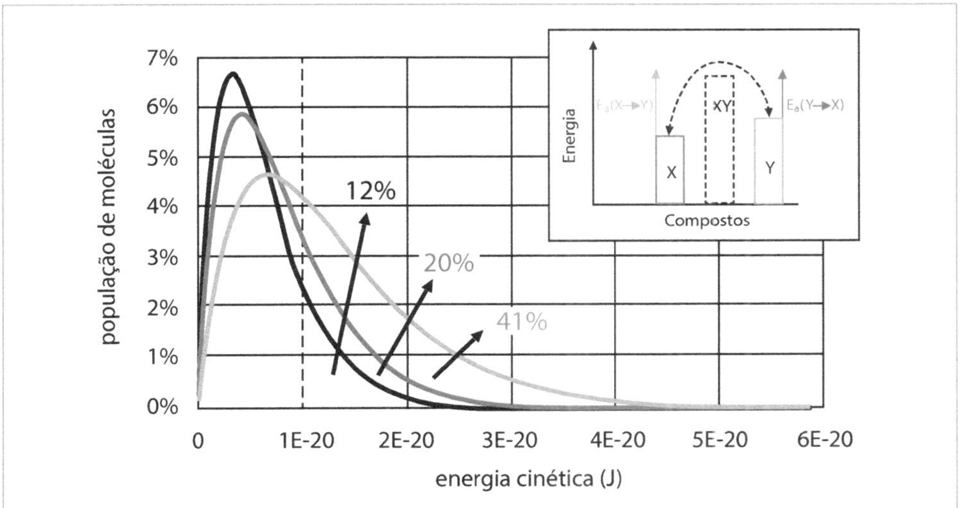

FIGURA 2 A consequência da distribuição de Maxwell para reações químicas. O gráfico ilustra, no eixo y, a população de moléculas com energia cinética indicada no eixo x, para diferentes temperaturas [preto = 233 K (–40 °C), cinza escuro = 298 K (25 °C), cinza claro = 473 K (200 °C)]. A linha tracejada vertical exemplifica o que poderia ser a energia de ativação E_a de uma dada reação (no caso, o valor foi escolhido, arbitrariamente, como $E_a = 10^{-20}$ J). As setas indicam as porcentagens (colocadas na figura) da população de moléculas que têm energia cinética maior ou igual à energia de ativação. Note que o aumento da temperatura leva uma maior fração da população a ter energia acima da E_a. As simulações foram feitas para o ácido carbônico (H_2CO_3, ver o capítulo "Regulação ácido-base" deste volume). No *inset*, a concepção gráfica do conceito da energia de ativação. Os compostos X reagem se tornando composto Y, os quais também reagem se tornando X. Para que a reação de ida ou de volta ocorra, é preciso que os compostos vençam a barreira da energia de ativação da reação, representada pelo "composto intermediário XY". A ação catalítica de uma enzima se dá por diminuir a energia de ativação da reação (e, portanto, a "altura" da barreira energética entre os compostos). Note, no entanto, que o que está representado tanto na figura principal quanto no *inset* **não diz respeito a enzimas**.

A Lei Zero da Termodinâmica

Como mencionamos, a temperatura é uma propriedade termodinâmica que permite a ordenação entre sistemas em termos das suas "quenturas", os termômetros são aparelhos que permitem uma quantificação para fazer essa ordenação, a qual deve ter relação com a energia cinética das moléculas dos sistemas.[6] Sabemos, pela experiência diária, que se deixarmos dois sistemas ("objetos") de temperaturas diferentes em contato, após um certo tempo, esses sistemas ficam à mesma temperatura.[7]

A temperatura final depende da massa de cada sistema e de uma propriedade chamada calor específico (do qual trataremos, brevemente, mais adiante). Assim, uma pequena pedra a 95 °C colocada em uma grande bacia de água a 10 °C terá sua temperatura rebaixada para quase esse último valor, enquanto a temperatura da água se elevará imperceptivelmente. Por outro lado, uma gota-d'água a 10 °C jogada sobre uma grande pedra a 95 °C será aquecida e a pedra terá sua temperatura imperceptivelmente rebaixada. Isso nos leva a duas consequências, uma prática, outra conceitual.

A primeira consequência é que termômetros, os aparelhos utilizados para medir a temperatura, devem ter massa "pequena" diante do sistema a ser feita a medida. Isso porque, se a massa do termômetro for "grande", o que se mede é a "temperatura do aparelho", não a do sistema.

Isso nos leva à segunda consequência, de enorme importância, que, por nos parecer tão óbvia, não lhe damos o devido valor. Tanto é assim que sua relevância somente foi reconhecida como "lei" em 1931 por R. H. Fowler, após a Primeira e a Segunda Leis da Termodinâmica já estarem estabelecidas. Por seu papel crucial, essa lei passou a ser chamada de Lei Zero da Termodinâmica.

Suponha que tenhamos três sistemas, A, B e C. A Lei Zero nos diz que:

Se a temperatura de A for igual à temperatura de B e a temperatura de B for igual à temperatura de C, então a temperatura de A é igual à temperatura de C.

Em notação:

$$Se\ T_A = T_B\ e\ T_B = T_C\ então\ T_A = T_C$$

Ou seja, se o sistema A for colocado apenas em contato térmico com o sistema C, não haverá troca de energia entre eles.[8] Até aqui, já utilizamos o termo **energia** mais de 20 vezes, sem ter havido uma definição. É, então, o que faremos a seguir.

6 É importante termos em mente que a termodinâmica clássica, da qual se faz uso e aplicações nas áreas das Ciências da Vida, é completamente fenomenológica. Isso significa que não é preciso saber como a matéria é constituída para estabelecer e utilizar as leis da termodinâmica. Assim, falamos em "moléculas" neste contexto mais por um vício de linguagem do que por uma necessidade explicativa.

7 Um exemplo típico e simples é o de retirar um jarro de água da geladeira e deixá-lo sobre uma mesa. Após algumas horas (a depender do tamanho do jarro), a água e o jarro se encontrarão à temperatura do ambiente.

8 De fato, podemos considerar que o sistema "B" do exemplo é o próprio termômetro.

ENERGIA

O termo energia foi cunhado por Thomas Young em 1807 e se referia a uma quantidade que é conservada em transferências mecânicas potenciais gravitacionais, de molas e cinéticas. O termo é originado do grego ενεργεια, que significa **força efetiva**.

Essa força efetiva diz respeito à capacidade de causar deslocamento de uma certa quantidade de matéria, ou seja, mover uma massa.

Contudo, esse é o próprio conceito de **trabalho**...

Trabalho, calor e energia interna

Esses são os conceitos fundamentais para energética. Vamos, então, fazer a definição primária de trabalho:

Definição primária: trabalho é mover uma massa contra um campo gravitacional por uma certa altura.

Em um campo gravitacional existe uma aceleração e, pela Segunda Lei de Newton, o produto massa vezes aceleração é a força. Assim, muitas vezes encontramos a definição de trabalho como sendo "força vezes distância", o que nos deixa livres do campo gravitacional. Vamos dar, então, uma definição pragmática para trabalho:

Definição pragmática: trabalho é a aplicação de uma força por uma certa distância.

Em notação:

$$W = F \cdot \Delta x$$

Sendo W o trabalho, F a força e Δx a distância.[9]

Considere dois sistemas, A e B. Esses sistemas têm uma barreira em comum, a qual chamaremos de "barreira de interação". Por simplificação didática, vamos supor que o sistema B seja um pistão de êmbolo móvel preenchido por um gás, e vamos imaginar que o êmbolo tenha uma massa m sobre ela, e tanto a massa quanto o êmbolo estejam em repouso (isto é, parados – note, assim, que também estamos considerando que os sistemas e a massa estejam sob um campo gravitacional). Note que a massa m não faz parte do sistema B. Finalmente, vamos supor que o sistema B seja nosso sistema de interesse e que, neste caso, queríamos "obter algo" de B. O que queremos obter de B é, em essência, o que chamamos de trabalho. Não sabemos nada acerca da composição de A, assim como não sabemos o que ocorre internamente em B[10]. A Figura 3 ilustra esses sistemas.

9 Essa é uma versão simplificada de trabalho. As versões mais rigorosas fogem dos objetivos do presente capítulo.

10 Note: sabemos, pois já definimos que B é preenchido por um gás, mas poderíamos não saber; esse é o ponto.

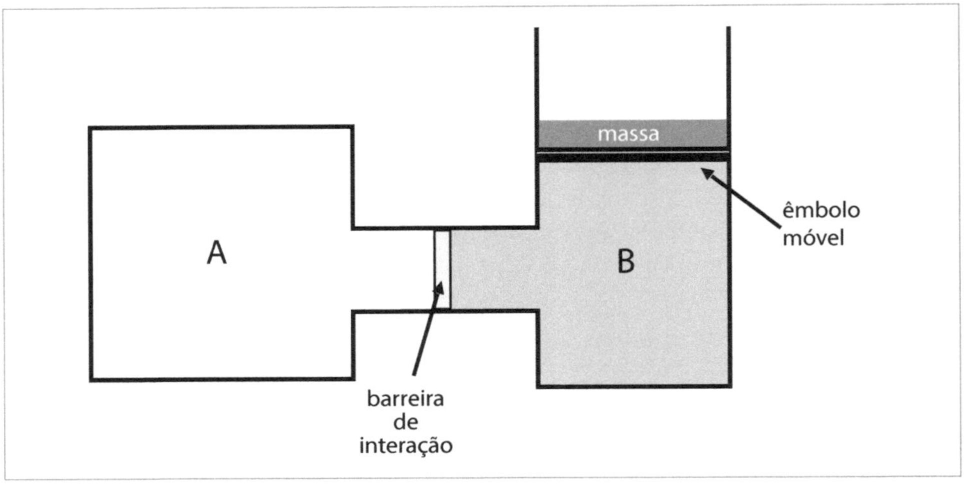

FIGURA 3 Os sistemas A e B do exemplo desenvolvido no texto.

Vamos, agora, criar dois tipos de interações entre esses sistemas. Em um tipo de interação, o sistema A pode "puxar e empurrar" a barreira de interação com o sistema B. No outro tipo de interação, A não pode mover a barreira, mas, se deixados nessa interação, os sistemas A e B atingem, após um certo tempo, a mesma temperatura, independentemente de suas respectivas temperaturas iniciais. Ainda por simplificação, vamos chamar o primeiro tipo de interação de interação mecânica, e o segundo de interação térmica.

Vamos considerar, então, o primeiro tipo de interação, a mecânica, e supor que o sistema A empurre a barreira de interação com B. Observamos, então, que a massa m é levantada contra o campo gravitacional pelo êmbolo até uma certa altura. Logo, obtivemos trabalho, e podemos dizer, então, que a interação entre A e B foi a do sistema A realizando trabalho sobre o sistema B. A Figura 4 ilustra essa interação.

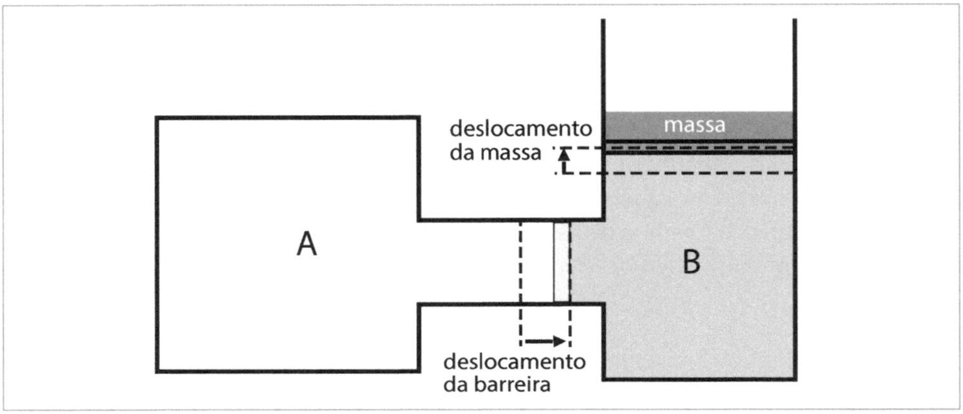

FIGURA 4 Interação mecânica entre os sistemas A e B.

Agora, fixamos a barreira de interação de A com B. Assim, não pode haver movimento entre as partes comuns de A e de B. Colocamos um termômetro em B e medimos uma certa temperatura, T_B. Medimos a temperatura de A e temos (por simplificação) $T_A > T_B$. As barreiras estão imobilizadas (fora o êmbolo), mas permitimos o segundo tipo de interação entre A e B, a qual estamos chamando de interação térmica. Após um certo tempo, temos $T_B = T_A$, e a temperatura final de B é maior que sua temperatura inicial (ver seção "Temperatura"). Notamos, também, que a massa m foi levantada por uma certa altura. Ou seja, também obtivemos trabalho, mas **não** podemos dizer que A realizou trabalho sobre B, pois não houve movimento das barreiras. É importante notarmos, ainda, que, se a temperatura inicial de ambos os sistemas fosse a mesma, esse trabalho não teria sido obtido. A Figura 5 ilustra essa interação.

O que podemos concluir desse segundo experimento? Concluímos que existe um tipo de transação entre sistemas a diferentes temperaturas que tem o potencial de realizar

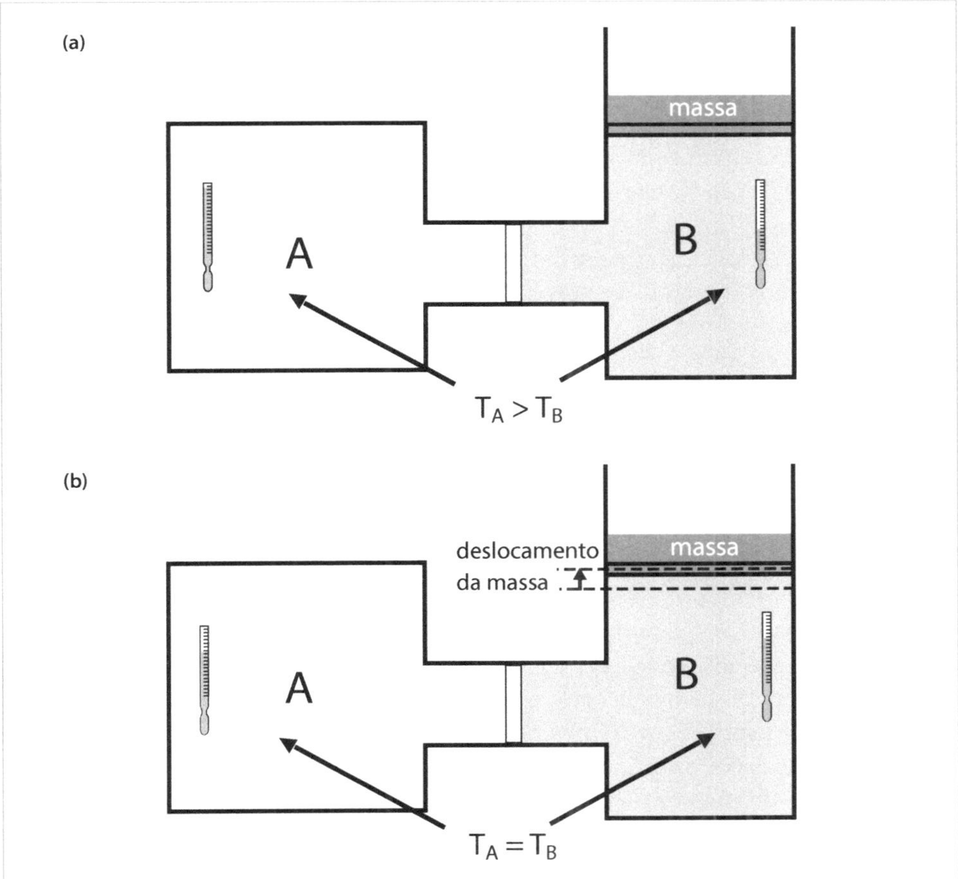

FIGURA 5 Segundo tipo de interação descrito no texto, no qual a barreira comum permanece imóvel. Na condição inicial (a), o sistema A tem temperatura mais elevada que o sistema B. Na condição final (b), as temperaturas se igualaram.

trabalho.[11] Logo, por nossa definição de energia, esse tipo de transação é, também, uma transação de energia. O que nos leva à definição de calor:

Definição: calor é a troca de energia por diferença de temperatura.

É muito importante percebermos o quanto a linguagem coloquial nos impede de ter uma noção clara do significado de calor, pois utilizamos esse termo como sinônimo de quente e como antônimo de frio. Assim, ao dizermos "estou com calor" (que seria o oposto a "estou com frio"), ficamos presos à noção equivocada de que o calor "está" em um determinado sistema. Isso são os resquícios das concepções ultrapassadas e obsoletas de que o calor era um fluido (o "calórico") ou um elemento pirogênico (o "flogístico").

Dada a definição de calor, podemos dizer **o que calor não é**:

- Calor não é quente.
- Calor não é esquentar.
- Um sistema não tem "calor", do mesmo modo que não tem "trabalho".

Em outras palavras:

Tanto calor quanto trabalho são formas de troca de energia entre sistemas, e não as energias em si mesmas.

Em toda a descrição que fizemos até agora acerca das interações entre nossos sistemas A e B, procuramos "ignorar" eventuais interações com um terceiro sistema: o restante do Universo. Isso porque, na verdade, podemos considerar o próprio sistema A como esse restante, se estabelecermos claramente as interações. Mas, para não dificultarmos as coisas, vamos continuar considerando os dois sistemas como já iniciamos. Bem, como vemos, precisamos, também, definir os tipos de interações entre os sistemas e o restante do Universo, que chamaremos de "o entorno". Como vimos, o sistema B tem o êmbolo móvel. Assim, ao menos a interação mecânica existe entre B e o entorno, já que esse êmbolo, ao se mover, poderá causar alguma alteração no entorno.

Sendo o entorno extremamente maior que os dois sistemas, já que é o restante do Universo, esperaríamos que a temperatura dos nossos dois sistemas fosse a mesma do entorno (ver seção "Temperatura"). Então, para podermos lidar com as interações térmicas, supusemos que as barreiras entre A e o entorno e entre B e o entorno não permitam esse tipo de interação (somente entre A e B as interações térmicas são possíveis). Logo, dadas as nossas definições, podemos dizer que construímos os dois sistemas de modo a não haver trocas por calor com o entorno. Assim, em relação ao entorno, dizemos que as barreiras dos nossos sistemas são adiabáticas (do grego *adiabatos*, impassável).

11 Essas conceituações decorreram de uma longa jornada experimental e teórica por cientistas no século XIX, entre eles James Prescott Joule e William Thomson.

Do mesmo modo que podemos ter as barreiras adiabáticas (que impedem trocas por calor), podemos ter as barreiras que impedem trocas mecânicas. Essas são de bem mais simples concepção e idealização: são as barreiras imóveis. Se o êmbolo do nosso sistema B se tornasse fixo, não mais haveria interação mecânica com o entorno.

Vamos, então, voltar aos nossos dois sistemas, A e B, e ambos não realizam trocas térmicas (por calor) com o entorno, só que agora vamos fazer as barreiras de B com o entorno imóveis (portanto, B não tem, por enquanto, interações mecânicas e térmicas com o restante do Universo). Refazemos nosso primeiro experimento, aquele no qual houve uma interação mecânica de A com B, e o sistema A empurra a barreira de interação com B (lembre-se de que o êmbolo de B está fixo). Após terminar o movimento da barreira comum, ela se torna fixa. Note que, portanto, A realizou trabalho em B (exatamente como na primeira vez que fizemos nosso experimento), mas B não realizou trabalho no entorno (o êmbolo está fixo). Sem mais nada ocorrer, ficamos a nos perguntar: "Onde foi parar o trabalho que A realizou sobre B?". Na primeira vez que fizemos o experimento, não nos fizemos essa pergunta, pois supusemos que o trabalho realizado por A "foi parar" na elevação da massa m contra o campo gravitacional. Mas, e agora?

Após um certo tempo, soltamos o êmbolo e vemos que a massa m é elevada o mesmo tanto como na primeira vez que fizemos o experimento. Concluímos, assim, que, apesar de não haver uma simultaneidade entre os eventos "A realiza trabalho sobre B" e "B realiza trabalho no entorno", de alguma maneira, a energia relacionada a esse trabalho foi transferida para B.

Vamos refazer o segundo experimento, aquele no qual não havia interação mecânica, mas somente a interação térmica entre A e B, e, mais uma vez, vamos manter o êmbolo fixo. Após um tempo, liberamos o êmbolo e a massa é elevada. Novamente, concluímos que, apesar da não simultaneidade dos eventos, "A tem interação térmica com B" e "B realiza trabalho no entorno", e de alguma maneira a energia relacionada ao calor foi transferida para B.

O que nos resta saber é o que ocorreu no intervalo entre haver a interação de A com B e a liberação do êmbolo, que permite a interação de B com o entorno. Nos dois casos que acabamos de descrever, se medíssemos a temperatura de B **antes de liberarmos o êmbolo**, notaríamos que a temperatura está mais elevada que a temperatura inicial do sistema B. E, se medíssemos a temperatura após a massa ter sido elevada, veríamos que a temperatura diminuiu.[12] A Figura 6 ilustra esses experimentos.

Pela definição de energia temos que, nos dois casos, a interação entre A e B causou um aumento da energia de B que constatamos pela posterior elevação da massa m contra o campo gravitacional. Contudo, em um primeiro momento, não houve movimento das barreiras de B, o sistema B como um todo não teve sua velocidade alterada (e, portanto, não houve um aumento da energia cinética do sistema como um todo), B não se deslocou no campo gravitacional (e, portanto, não houve alteração da energia

12 Não abaixo da inicial. Estamos evitando uma quantificação explícita dos processos e, assim, estamos meramente descrevendo "ordenações" de eventos e de grandezas, sem nos preocuparmos, por exemplo, em qual dos casos a massa é mais elevada etc.

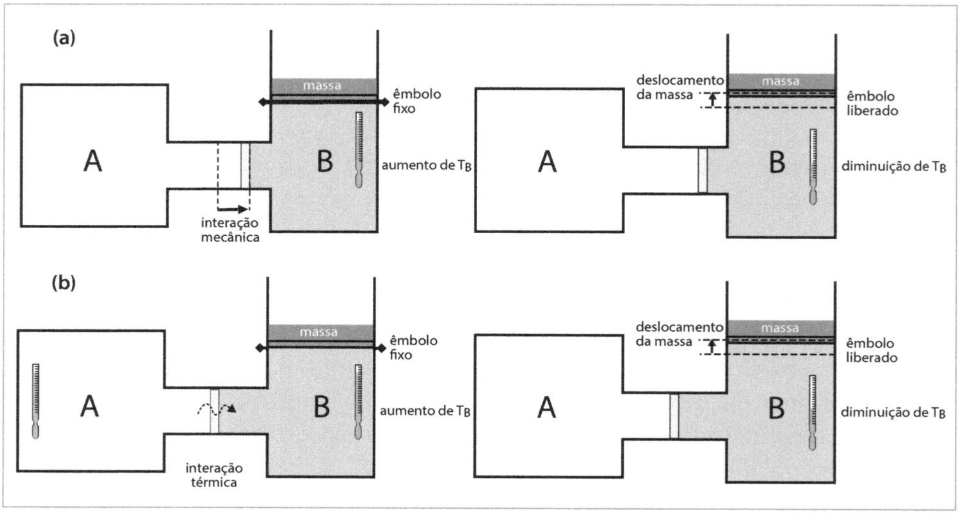

FIGURA 6 Os experimentos descritos no texto de interação mecânica (a) e de interação térmica (b) com êmbolo fixo, sendo liberado algum tempo após a interação ter ocorrido. Note o aumento da temperatura no sistema B após a interação com A, seja mecânica, seja térmica, e a diminuição da temperatura de B quando a massa é elevada (i. e., quando B realiza trabalho no entorno).

potencial gravitacional), B não teve sua carga elétrica nem sua composição química alteradas etc. O que estamos dizendo é que, das formas mais conhecidas de energia, B não teve nenhuma alteração. Mas houve uma alteração de sua energia, isso nós sabemos: ao liberarmos o êmbolo, a massa é elevada.

É dessa constatação experimental que surge, em meados do século XIX, o conceito da **energia interna**.

Antes de prosseguirmos, é preciso fazer um comentário. Energia é uma grandeza extensiva, o que significa que, se a quantidade de matéria envolvida aumenta, aumenta a energia. Vejamos, por exemplo, a energia cinética. Se a massa aumenta, aumenta a energia cinética. Logo, a energia interna é, também, uma função da massa (quantidade de matéria) do sistema. Dito isso, vamos escrever, em notação, como se dá a variação da energia interna de um sistema, que nada mais é que a combinação dos dois experimentos que já realizamos:

$$\Delta U = W - Q \qquad \text{Equação 1}$$

Sendo U a energia interna, Q as trocas por calor e W as trocas por trabalho. É importante termos em mente que os sinais na equação 1 são meramente indicativos do que estamos considerando. No modo como escrevemos, dissemos que a energia interna aumenta se o sistema de interesse recebe trabalho (portanto, $W > 0$ indica que algum outro sistema realiza trabalho sobre o sistema de interesse) e a energia interna diminui se o sistema cede energia na forma de calor (ou seja, $Q > 0$ indica que o sistema de interesse cede calor a algum outro). Vamos insistir para deixar claro: **os sinais são uma escolha de conveniência para a descrição dos processos que ocorrem.**

Antes de explorarmos a equação 1 com nossos experimentos, precisamos fazer uma importante colocação. Para as finalidades de uma grande parte das aplicações biológicas, senão todas, podemos escrever o seguinte:

$$U = U(T) \qquad \text{Equação 2}$$

Essa equação é lida da seguinte forma: a energia interna é função (somente) da temperatura (e da quantidade de matéria, mas isso já sabemos). Isto é, basicamente, os experimentos descritos na Figura 6, nos quais há aumento da temperatura do sistema B e, por consequência, de sua energia interna, o que permite a posterior realização de trabalho desse sistema no entorno (elevação da massa). Portanto, dentro desse contexto, **ao dizermos que U = U(T), estamos dizendo que, se há variação da energia interna, há variação da temperatura, e vice-versa: se há variação da temperatura, há variação da energia interna do sistema**.

Note a importância crucial disto: se não há variação de temperatura no sistema, não há variação de sua energia interna, ou, se não há variação de energia interna, não há variação de temperatura.

A PRIMEIRA LEI

O reconhecimento da energia interna como uma forma de energia, além das mecânicas, como a cinética, a potencial gravitacional, a potencial elástica, da eletromagnética e da química, foi o que permitiu a formulação e aceitação do que passou a ser conhecido como Primeira Lei da Termodinâmica. Em essência, temos:

Primeira Lei da Termodinâmica:
energia se conserva

Assim, o que diminui em uma forma surgirá em outra ou em outras formas de apresentação da energia. Existem as formulações em notação para escrever a Primeira Lei, mas aqui não nos preocuparemos com essas. Por exemplo, a própria equação 1 é uma formulação da Primeira Lei.

Em vez de nos atermos a formulações cuja importância se relaciona, principalmente, a podermos trabalhar de modo quantitativo com as questões, vamos explorar, rápida e brevemente, um exemplo.

Suponha que um bloco de metal com massa m esteja suspenso a uma altura h do solo. O bloco será considerado nosso sistema de interesse e o restante é o entorno (caso se prefira, pode-se dizer que o entorno é o outro sistema em foco), e a temperatura do bloco e do entorno é a mesma. Em determinado instante, a corda de sustentação se rompe. Descreva o que ocorre em termos das transformações de energia no sistema e no entorno durante a queda, supondo que o bloco atinja velocidade terminal.[13]

Solução: inicialmente, o bloco tinha energia potencial gravitacional e sua energia interna, sendo que a energia potencial gravitacional é linearmente proporcional à altura h e a energia interna, à temperatura do bloco (a qual supomos ser igual à do entorno). Durante a queda, a altura vai diminuindo e, portanto, a energia potencial gravitacional vai diminuindo. Pela Primeira Lei, alguma outra energia deve estar aumentando. Uma delas é a energia cinética, pois o bloco passa, agora, a ter velocidade crescente conforme cai. Se o bloco estivesse caindo no vácuo, toda a variação de energia potencial gravitacional surgiria como variação de energia cinética. Contudo, como há viscosidade do ar, a velocidade não aumenta na mesma proporção que a energia potencial diminui. Logo, o aumento de energia cinética não corresponde totalmente à diminuição da energia potencial. Para onde está indo, assim, parte da energia potencial que está diminuindo, mas não está aparecendo como energia cinética? Essa parte de energia está surgindo como aumento da energia cinética das moléculas do ar e do bloco, porém não é um aumento de energia cinética ordenado. As moléculas estão sendo mais agitadas, mas de maneira aleatória. Logo, como vimos anteriormente, está havendo um aumento da temperatura tanto do bloco quanto do entorno e, portanto, está ocorrendo aumento da energia interna do bloco e do entorno. A partir de um determinado instante, o bloco atinge sua velocidade terminal e, assim, sua velocidade não mais aumenta (ver nota de rodapé n. 13). A partir desse instante, como a energia cinética não mais aumenta, mas o bloco ainda está em queda (e, portanto, sua energia potencial gravitacional está diminuindo), toda a variação de energia potencial surgirá como aumento da energia interna do bloco e do entorno, ou seja, como aumento da temperatura.

A SEGUNDA LEI

Trabalho útil

Se a Primeira Lei nos garante que energia se conserva, o que se quer dizer quando se fala, por exemplo, em "crise de energia"? E por que precisamos nos alimentar de maneira rotineira? Afinal, como acabamos de ver, a energia não pode se perder; é transformada de uma apresentação em outra.

Para entendermos esses problemas e outros semelhantes, temos de estudar as possíveis vias de transferência de energia entre sistemas. Iremos, então, nos deparar com uma questão curiosa, a qual de fato resume os problemas propostos logo acima: teria, a energia, qualidade? Ou, em outras palavras, haveria energia de melhor qualidade que outra?

---

13 Velocidade terminal é uma velocidade particular de cada sistema em queda na atmosfera planetária, pois depende da geometria externa do sistema. Conforme o sistema é acelerado pela gravidade, sua velocidade de queda aumenta. Porém, a resistência ao movimento oferecida pela viscosidade da atmosfera também aumenta com o aumento da velocidade. Assim, se o sistema atinge uma certa velocidade, a força de resistência se torna igual à força gravitacional e a velocidade de queda se torna constante. Essa será a velocidade terminal do sistema nas dadas condições de queda.

Para iniciar, daremos uma definição sem nos preocuparmos com a origem dela, a qual desvendaremos mais adiante. Essa definição é a de trabalho útil:

Definição: trabalho útil é o trabalho que pode ser obtido por um sistema operando de maneira cíclica.

Vejamos o que essa definição exclui. Dada a definição de trabalho útil, um sistema que esteja em um estado inicial "1" e que eleve, uma única vez, uma massa contra um campo gravitacional e termine em um estado final "2", realizou trabalho (a massa foi elevada e aumentou sua energia potencial gravitacional). Contudo, não iremos dizer que obtivemos trabalho útil, pois não ocorreu um ciclo completo: o sistema se encontra, agora, em um estado "2", que é diferente do estado inicial "1". Para que digamos ter obtido trabalho útil, precisamos devolver o sistema ao seu estado inicial "1". O cerne do problema se encontra exatamente em "devolver o sistema ao seu estado inicial".

Em 1824, Sadi Carnot expõe como se dá a realização de um ciclo em uma máquina térmica. Sua motivação era investigar o rendimento (eficiência) desses aparatos.[14] Posteriormente, cientistas como William Thompson e Clausius dão conta de colocar o que hoje conhecemos como "Ciclo de Carnot" em uma perspectiva bem mais ampla, surgindo o conceito da Segunda Lei da Termodinâmica, o qual se aplica a todo e qualquer sistema, não somente a máquinas térmicas. O que há de tão importante ou de tão diferenciado no ciclo de Carnot que permite tal generalização?

Para entendermos, precisamos de mais uma definição: reversibilidade de um processo (ou de uma mudança). Mais ainda, de fato, reversibilidade é um conceito fundamental na Termodinâmica. Como veremos a seguir, a reversibilidade é algo intangível, que nunca pode ser obtido na prática, porém, o conceito serve de guia para o estudo dos processos reais.

Definição: um processo é dito reversível se tanto o sistema quanto o entorno podem ser retornados exatamente à condição prévia ao processo.

Apesar de não ser óbvio à primeira vista, a reversibilidade de um processo tem duas implicações: o tempo para uma mudança e o tamanho do sistema (e do entorno) devem ser infinitos.[15] Logo, como já afirmamos, um processo reversível é intangível. Mas, também como citamos, o conceito é fundamental e serve como guia para entendimento de processos reais. Voltemos, agora, à importância do ciclo de Carnot.

Carnot montou seu ciclo prototípico por meio de processos todos reversíveis[16] e, apesar de todas as etapas serem reversíveis, ainda assim a eficiência do ciclo não é de 100%. Em outras palavras, o trabalho obtido é menor que a energia colocada para operar

---

14 Note que é a época do auge da Revolução Industrial.

15 Foge aos objetivos deste texto ir mais a fundo na questão da reversibilidade. Recomenda-se literatura específica a quem tiver interesse.

16 Note: na época, esse conceito de "reversibilidade" não era conhecido. Carnot elabora o ciclo tendo por base ideias da mecânica de, por exemplo, catapultas.

o ciclo. Por quê? Porque, para poder completar o ciclo, tem-se que fazer um rejeito de energia para o entorno e, assim, parte da energia de entrada não pode ser utilizada para obter trabalho, e será desprezada no entorno. Trataremos mais desse assunto a seguir.

Eficiência

No ciclo de Carnot, a energia que é colocada no sistema provém de um "reservatório quente", enquanto o rejeito é feito para um "sorvedouro frio". Assim, o ciclo original é operado por meio de trocas térmicas (calor) do reservatório quente com o sistema e do sistema com o sorvedouro frio. Contudo, prova-se que, qualquer que seja o sistema, a entrada de energia e a saída, existe uma equivalência a um ciclo de Carnot. Dessa maneira, qualquer sistema operando ciclicamente pode ser analisado sob a óptica de um ciclo de Carnot e denomina-se "rejeito térmico" essa quantidade de energia que tem de ser perdida para que se possa realizar o ciclo. Assim, o rejeito térmico é uma quantidade de energia que corresponde a calor cedido para um sorvedouro frio (mesmo que esse não seja identificado diretamente no processo). Para fixarmos: **o rejeito térmico é uma quantidade de energia que será inexoravelmente perdida para que se possa manter o sistema em operação.**[17]

A eficiência η do ciclo é dada pela razão entre o calor fornecido Q_A (energia fornecida) e o trabalho obtido W_{obt}:

$$\eta = \frac{W_{obt}}{Q_A}$$ Equação 3a

E, pela 1ª Lei, o trabalho obtido é a diferença entre a energia fornecida e o rejeito térmico Q_B:

$$W_{obt} = Q_A - Q_B$$

$$Q_B = Q_A - W_{obt}$$ Equação 3b

$$Q_A = W_{obt} + Q_B$$

Se fosse possível montarmos um ciclo equivalente totalmente reversível (ou seja, um ciclo de Carnot), teríamos a eficiência máxima a ser obtida nas condições de operação. Essa eficiência é chamada de eficiência de Carnot (η_{Carnot}) e, como consequência do ciclo de Carnot, utilizando-se um dos formatos de equação 3b, tem-se a seguinte relação:

$$\eta_{Carnot} = 1 - \frac{T_B}{T_A}$$ Equação 3c

17 Lembre-se de que esse rejeito térmico existe mesmo para um sistema que opere de modo completamente reversível.

Sendo T_B a temperatura do sorvedouro frio e T_A a temperatura do reservatório quente.[18] A consequência imediata da eficiência de Carnot é que ela depende somente da razão entre as temperaturas de operação do processo. Por exemplo, se a temperatura alta (do reservatório quente) se eleva, a eficiência aumenta. Uma segunda consequência é que esse é o limite máximo de eficiência que o processo, nas dadas condições, pode ter.

Notamos que o ciclo, mesmo sendo todo montado de modo a ser reversível, não tem eficiência de 100%, pois $T_A > T_B$ e, ao mesmo tempo, $T_B > 0$ (lembre-se que as temperaturas são em valores absolutos, Kelvin, por exemplo) e $T_A < \infty$. Por exemplo, um sistema operando com $T_A = 800$ K e $T_B = 300$ K tem eficiência máxima (eficiência de Carnot) de 62,5%. Esse mesmo sistema operando a $T_A = 323$ K e $T_B = 273$ K tem eficiência máxima de 15,5%.

Segunda Lei – informal

Apesar de ainda não termos feito uma apresentação formal da Segunda Lei da Termodinâmica, já temos condições de escrevê-la. E, para nossa surpresa, essa lei é de nosso conhecimento empírico de longa data, isto é, nós já a conhecemos por experiências vividas no nosso dia a dia.

Vamos, então, definir a Segunda Lei de uma maneira informal (mais adiante iremos para a maneira formal), resultado de milhares de anos de observação empírica dos fenômenos:

Segunda Lei da Termodinâmica
Espontaneamente, calor flui, somente, do quente para o frio

O que estamos dizendo? Que nunca ocorrem eventos como colocar um copo de água na geladeira e, ao retirá-lo, a água e o copo estarem com temperatura mais elevada que tinham inicialmente. Ou colocar uma chaleira com água sobre o fogo e, ao retirá-las, estarem com temperatura mais baixa da que tinham inicialmente.

Podemos, agora, voltar ao nosso problema original: existem energias com qualidade diferente? O ciclo de Carnot nos diz que sim. Vejamos o que ocorre com o rejeito térmico. Uma vez que é ou equivale a uma troca por calor, pela descrição da Segunda Lei, o sorvedouro frio deve estar a uma temperatura mais baixa que o sistema. Por outro lado, a entrada de energia, que também corresponde a uma troca por calor, implica que o reservatório quente deve estar a uma temperatura mais alta que o sistema (daí termos colocado T_A e T_B na equação 3c). Por consequência, o reservatório quente tem de estar a uma temperatura maior que o sorvedouro frio. Portanto, pela Segunda Lei informal, é impossível devolver, espontaneamente, o rejeito térmico do sorvedouro frio ao reservatório quente.

18 Novamente, foge aos objetivos do presente texto desenvolver o raciocínio que chega à eficiência de Carnot. Recomendamos a literatura especializada para quem se interessar.

A partir do calor Q_A, vindo do reservatório quente, foi possível obtermos trabalho W_{obt}. Contudo, o rejeito térmico, que é uma quantidade de energia trocada na forma de calor, não pode nem incrementar o trabalho obtido (pois senão o rejeito deveria ser menor) nem retornar ao reservatório quente, pois implicaria termos calor indo do frio para o quente. Logo, podemos dizer que a qualidade do rejeito para obtenção de trabalho é inferior à qualidade da energia fornecida ao sistema.

Este é, portanto, o problema da "crise de energia", ou da nossa necessidade de nos alimentarmos rotineiramente. A Primeira Lei nos garante que, como um todo, a energia não desaparecerá, apenas mudará de forma de apresentação. Contudo, a Segunda Lei nos garante que nem toda energia poderá ser reconvertida a uma forma que nos permita continuar a obter trabalho útil. Logo, é preciso ter acesso a "energias de alta qualidade" para mantermos os sistemas em operação, sejam eles sistemas orgânicos, sejam sistemas por nós construídos.

Segunda Lei – formal

Por uma questão de completude, vamos fazer uma colocação mais formal da Segunda Lei. Para isso, teremos de introduzir uma outra propriedade termodinâmica, a entropia, e esclarecermos o que se entende por "propriedade termodinâmica". Vamos começar por essa última.

Como mencionamos, em um ciclo, o sistema deve retornar à sua condição inicial. Ou seja, se o sistema começa em um estado "1", ao final de um ciclo deve estar, completamente, no estado "1". Como é um ciclo, isso significa, automaticamente, que o trajeto percorrido será sempre o mesmo ao longo dos ciclos, pois qualquer estado pode ser considerado o "estado inicial".

O que caracteriza um dado estado é o conjunto de valores das propriedades do sistema. Por exemplo, se a temperatura e a pressão iniciais são 384 K e 1.380 torr, respectivamente, então, ao término de um ciclo, a temperatura e a pressão devem, simultaneamente, estar de volta em 384 K e 1.380 torr. Assim, o conjunto de propriedades do sistema tem variação nula em um ciclo: todas as propriedades retornam, simultaneamente, aos seus respectivos valores iniciais. Isso nos dá uma definição de propriedade termodinâmica:

Definição: uma grandeza é uma propriedade termodinâmica se, ao término de um ciclo, tiver variação nula.

Assim, temperatura e pressão são propriedades termodinâmicas. Note que, como U = U(T) (ver equação 2), a energia interna é propriedade. Na verdade, energia é propriedade.

Por outro lado, **as formas de transação de energia (isto é, calor e trabalho) não são propriedades:** os valores de calor e de trabalho dependem do processo efetuado e, ao final de um ciclo, não são nulos.

Se, ao realizarmos um ciclo de Carnot, computarmos a seguinte grandeza:

$$\frac{Q_A}{T_A} + \left(\frac{Q_B}{T_B}\right) = ?$$

Obteremos um certo valor (por enquanto, indicado pela interrogação "?"). Para recordarmos, Q_B é o calor cedido pelo sistema ao sorvedouro frio que se encontra na temperatura T_B, e Q_A é o calor cedido ao sistema pelo reservatório quente que se encontra na temperatura T_A.

Se considerarmos que Q_A é uma entrada de energia no sistema, então Q_B é uma saída e colocamos os devidos sinais para executar a operação. Ao fazermos a conta, obtemos:

$$\frac{Q_A}{T_A} - \frac{Q_B}{T_B} = 0$$

Ou seja, a variação de "$\frac{Q}{T}$" em um ciclo de Carnot é nula. Por consequência da nossa definição, $\frac{Q}{T}$ é uma propriedade. Essa propriedade foi batizada por Clausius como entropia, cujo significado é "evolução, mudança",[19] e indicada pela letra S.

Assim, uma das maneiras de escrever essa lei é:

Segunda Lei da Termodinâmica

$$\boldsymbol{T \cdot dS_{tot} \geq \delta Q_{rev}} \qquad \text{Equação 4}$$

Na qual "dS_{tot}" indica a variação total da propriedade entropia e "δQ_{rev}", as trocas reversíveis por calor (que, como não são propriedade, mas dependem do processo, ficam indicadas pelo delta δ).

Vamos procurar entender o significado dessa expressão e sua crucial importância. O primeiro fato a ser notado é que, diferentemente das demais leis físicas, a expressão 4 não é uma igualdade, mas uma desigualdade.

Rearranjando os termos em 4, temos:

$$dS_{tot} \geq \frac{\delta Q_{rev}}{T} \qquad \text{Equação 5a}$$

Voltando ao que ocorre no ciclo de Carnot:

$$dS_{Carnot} = \frac{\delta Q_A}{T_A} + \frac{\delta Q_B}{T_B} = 0$$

A qual podemos escrever, também, como:

$$dS_{Carnot} = dS_A + dS_B \qquad \text{Equação 5b}$$

Quando definimos o processo desse ciclo, estávamos observando o sistema. Vamos, agora, ver o que ocorre no entorno. Em relação ao entorno, dS_A representa uma diminuição de entropia, pois o calor está abandonando o reservatório quente. Por outro lado,

19 A ideia é que a entropia indica a mudança que ocorre no sistema, ou seja, a evolução de seus estados.

para o entorno, dS_B representa um aumento de entropia, pois o calor está entrando no sorvedouro frio. Assim:

$$dS_{Carnot,entorno} = -dS_A + dS_B \qquad \text{Equação 5c}$$

Contudo, pelo sistema e pelas substituições que fizemos, sabemos que, no ciclo de Carnot, $|dS_B| = |dS_A|$ e, assim:

$$dS_{Carnot,entorno} = 0$$

Sabemos, também, que a particularidade do ciclo de Carnot é ser elaborado de modo que todos os processos são reversíveis. Portanto, o caso da igualdade na Segunda Lei é o caso no qual as mudanças são feitas de modo reversível.[20] E, por consequência, a desigualdade surge nos processos irreversíveis. Mas, o que implica essa desigualdade?

Considerando o ciclo de Carnot, a igualdade implica que existe uma reciprocidade entre a diminuição de entropia em um reservatório e o aumento de entropia em outro reservatório, de modo que a entropia total no entorno não varia. Ou seja, as razões $\frac{\delta Q_A}{T_A}$ e $\frac{\delta Q_B}{T_B}$ são iguais, indicando a proporcionalidade entre as trocas térmicas e as respectivas temperaturas nas quais elas ocorrem.

Por consequência, a desigualdade implica uma falta de proporcionalidade entre as trocas térmicas e as respectivas temperaturas nas quais os processos dessas trocas estão ocorrendo. E onde isso se encaixa na nossa definição informal da Segunda Lei?

Na nossa definição informal, temos que, espontaneamente, calor somente vai de um reservatório quente para um sorvedouro frio. Logo, se transferirmos uma certa quantidade de energia na forma de calor de um sistema quente a um sistema frio, não conseguiremos, de modo espontâneo, reverter esse processo, pois calor não vai, espontaneamente, do frio para o quente. Concluímos, então, que os processos espontâneos correspondem a haver uma troca por calor entre um reservatório quente e um sorvedouro frio. Note que estamos colocando que **corresponde a**, pois não é necessário haver a troca térmica em si mesma, apenas uma correspondência em termos da mudança de entropia dos sistemas envolvidos.

Se não há possibilidade de reversão, então há uma desproporcionalidade entre a diminuição de entropia no reservatório quente e o aumento no sorvedouro frio. Vamos supor que não estejamos operando nenhum ciclo para obtenção de trabalho útil (ou seja, W = 0). Então, em uma transferência térmica, teremos uma certa quantidade de calor Q que vai do reservatório de temperatura alta para o de temperatura baixa e, assim:

20 No caso de trocas por calor reversíveis, isso significa que a diferença de temperatura entre os reservatórios é um infinitesimal. Não nos aprofundaremos nessa questão, pois foge aos interesses do presente texto e, para finalidades práticas de sistemas biológicos, as trocas não são reversíveis.

$$dS_{tot,entorno} = -\frac{Q}{T_A} + \frac{Q}{T_B}$$

Mas, como $T_B < T_A$, então, obrigatoriamente:

$$dS_{tot,entorno} > 0 \qquad \text{Equação 5d}$$

Se nem todo o calor Q vai para o sorvedouro frio, temos uma parcela de energia sendo trocada na forma de trabalho W, ou seja, estamos obtendo trabalho útil no processo e, consequentemente, reescrevemos:

$$dS_{tot,entorno} = -\frac{Q}{T_A} + \frac{Q - W}{T_B}$$

Note que o rejeito térmico, que é o calor transferido para o sorvedouro frio, pela Primeira Lei será Q-W. Mas nós já conhecemos o limite inferior dessa relação:

$$\frac{Q}{T_A} = \frac{Q - W}{T_B}$$

Que nada mais é que o resultado obtido no ciclo de Carnot, que dá o trabalho máximo que pode ser obtido em um processo.

Portanto, temos que todas as mudanças não reversíveis implicam aumento de entropia no entorno, que é o resultado indicado pela equação 5d. É também dessa constatação que vem a afirmativa de que a entropia total no Universo é crescente.

E o que isso tem a ver com espontaneidade? E qual a relevância da espontaneidade?

Voltamos, então, à questão de obter trabalho útil e fazemos a seguinte afirmativa:

O único modo de obtermos trabalho útil é por uma mudança espontânea.

Essa afirmativa não é, de modo algum, evidente à primeira vista. No nosso dia a dia, não temos a percepção de que o trabalho que estamos obtendo, por exemplo, de um motor em um automóvel ou de um músculo no braço seja decorrente de uma mudança espontânea. Aliás, talvez, em muitas situações, nos pareça justamente o contrário. Por exemplo, obter, a partir do petróleo, a gasolina que alimenta o motor não parece ter nada de espontâneo. Contudo, a pergunta real é: "De onde veio a energia do petróleo?". Veio de combustíveis fósseis. E a desses, então? Veio dos animais que se alimentavam de plantas (ou de outros animais que, por sua vez, se alimentavam de plantas). E dessas, então? Do Sol. O que significa que é a transferência espontânea de energia do Sol que alimenta esses processos.

Assim, em última instância, a afirmativa nos faz perceber que, para obtermos trabalho útil, em algum lugar do Universo teve de ocorrer uma transferência espontânea de energia, o que corresponde a calor indo de um reservatório quente para um sorvedouro frio, um processo não reversível.

A Primeira Lei nos diz que, se a energia "sumiu" em um sistema, devemos procurar em algum outro sistema, ou em alguma outra forma de apresentação essa energia que "desapareceu", pois o total de energia se conserva.

Nossa afirmativa nos diz que, se obtivemos trabalho útil em algum processo, podemos ter certeza de que houve um processo correspondente a uma transferência espontânea de energia em algum local e que a entropia do Universo aumentou. Essa é a essência da Segunda Lei.

UNIDADES

De maneira a garantir que estejamos todos sintonizados em termos das grandezas envolvidas, vamos fazer, agora, um breve sumário das unidades que utilizaremos, mais comumente, para nos referirmos a questões de energética.

A unidade do SI para energia é o joule (J), porém, historicamente, a unidade foi a caloria. Uma caloria foi definida como a quantidade de energia necessária para elevar a temperatura de 1 grama de água pura de 14,5 °C para 15,5 °C na pressão de 1 atmosfera (760 torr). A caloria, geralmente abreviada por cal, apesar de não ser a unidade do SI, é muito utilizada, principalmente em aplicações biológicas. Como uma caloria é, em termos de um ser humano, uma quantidade pequena de energia, costuma-se utilizar a quilocaloria (kcal) como "unidade". Aqui mora um perigo: foi difundida a notação Cal para se referir à kcal; contudo, perdeu-se essa referência e encontramos cal e Cal utilizadas indefinidamente. Portanto, é preciso cuidado quando nos encontramos diante da notação "cal". Uma caloria corresponde a 4,18 J e, no presente texto, não utilizaremos a caloria como unidade.

Note que, então, para elevar em 1 K 1 g de água, precisamos de 4,18 J. Esse é o chamado calor específico, denotado por c. No caso da água, o calor específico é, assim,

$$c_{H_2O} = 4{,}18 \frac{J}{K \cdot g}$$

Na Fisiologia, também por motivos históricos e experimentais, costuma-se fazer referência à demanda energética em termos do consumo de oxigênio. O pressuposto que se tem é que existe uma relação linear entre o tanto de oxigênio consumido pelo organismo e a energia fornecida. Dessa maneira, o consumo de 1 mL STPD de O_2 corresponde a um consumo de 20,1 J. O significado da sigla STPD é *standard temperature and pressure, dry*, e o conceito é apresentado e discutido em "Respiração", no volume 2 da coleção. A Tabela 1 resume as conversões que acabamos de apresentar.

TABELA 1 Conversões entre as unidades de energia comumente utilizadas. Na primeira coluna é dada a unidade e, nas demais colunas, o fator multiplicativo para a unidade da coluna correspondente. Assim, por exemplo, 10 J correspondem a 0,498 mL STPD O_2, e 5 mL STPD O_2 correspondem a 24,02 cal

	Joule	**Caloria**	**mL STPD O_2**
Joule		0,2390	0,0498
Caloria	4,1840		0,2082
mL STPD O_2	20,1000	4,8040	

A energia pode ser a total envolvida em um dado processo. Por exemplo, a energia liberada no acidente da Usina Nuclear de Fukushima Daini em 2011. Por outro lado, podemos estar interessados não no total, mas sim no quanto está sendo trocado ou consumido ou liberado etc., por unidade de tempo. Por exemplo, qual é o gasto energético diário. Assim, passamos de energia para potência:

$$potência = \frac{dE}{dt} = \dot{E}$$

A unidade do SI para potência é o watt, cujo símbolo é W. Um watt corresponde a um joule por segundo:

$$1\, watt = \frac{1\, joule}{1\, segundo}$$

Do mesmo modo que se fazem as conversões de energia, fazem-se as conversões de potência. A Tabela 2 apresenta as mais relevantes para o nosso contexto.

TABELA 2 Conversões entre as unidades de potência comumente utilizadas. Na primeira coluna é dada a unidade e, nas demais colunas, o fator multiplicativo para a unidade da coluna correspondente. Assim, por exemplo, 100 watts correspondem a 2.065 kcal por dia e 2.000 kcal por dia correspondem a 289 mL STPD O_2 por minuto

	watts	mL STPD O_2 por minuto	kcal por dia
watts		2,9851	20,6501
mL STPD O_2 por minuto	0,3350		6,9178
kcal por dia	0,0484	0,1445	

Uma nota importante: como utilizamos acima e utilizaremos, no restante do texto, o símbolo W para trabalho, quando nos referirmos à potência, explicitaremos "watts" em vez de "W" para não haver confusão.

Na maior parte das vezes, estaremos interessados na energia dissipada ou na energia gasta por unidade de tempo na manutenção de processos fisiológicos. Assim, na maior parte das vezes estaremos fazendo referência à potência dos processos. Por exemplo, ao fazermos referência ao gasto calórico diário estamos, de fato, nos referindo à potência dissipada pelo organismo. No caso de seres humanos médios adultos, um valor aproximado é o de 2.000 kcal por dia, o que resulta em 97 watts (ou seja, um ser humano gasta, em média, 97 joules a cada segundo).

Agora que estamos munidos dos conceitos termodinâmicos básicos, passamos ao estudo dos processos fisiológicos ligados à energética.

O BALANÇO DE ENERGIA NO ORGANISMO

Entradas e saídas

Vamos considerar um organismo como sendo nosso sistema de interesse. Um organismo é, claramente, um sistema aberto. O que se entende por isso? **Um sistema aberto é um sistema que tem trocas de matéria e de energia com o entorno.** As trocas, tanto de matéria quanto de energia, podem ser divididas em **entradas**, se o sistema recebe matéria e/ou energia do entorno, e **saídas**, se o sistema cede matéria e/ou energia ao entorno. Assim, para simplificação didática, vamos tabular as principais entradas e saídas.

Entradas:

- *Matéria:*
  - Alimentos
  - Bebidas
- *Energia:*
  - Trocas térmicas com o entorno:
    - Radiação solar direta
    - Radiação solar indireta
    - Condução
    - Convecção
  - Entradas de energia relacionadas à entrada de matéria
  - X

Saídas:

- *Matéria:*
  - Excreção
  - Fezes
  - Perdas evaporativas:
    - Ventilatórias
    - Cutâneas
- *Energia:*
  - Trocas térmicas com o entorno:
    - Radiação infravermelha cutânea
    - Condução
    - Convecção
  - Realização de trabalho útil no entorno
  - Saídas de energia relacionadas à saída de matéria

Note que deixamos uma das entradas de energia indicada por um "X". Essa entrada será mais bem explicada adiante. Note, ainda, que estamos interessados, de fato, em taxas de transferência de energia. Assim, no que se segue, utilizaremos a notação geral do ponto sobre a variável para indicar que se trata de uma taxa.

Dado que nosso interesse é escrever uma relação que nos dê o balanço médio de energia no sistema (organismo), vamos nos ater, a seguir, apenas aos termos que nos permitam escrever tal balanço médio de maneira suficientemente simplificada, mas completa, para o entendimento dos conceitos que desenvolveremos mais adiante. Assim, por exemplo, ao bebermos um certo volume de água gelada, energia do organismo será colocada nesse volume durante o processo de aquecimento até a temperatura corpórea. Contudo, esse tipo de situação é uma particularidade momentânea do organismo cujas consequências energéticas serão consideradas em termos médios. Um exemplo de como considerar eventos pontuais será apresentado na forma de um problema a ser resolvido.

Assim, vamos, inicialmente, falar sobre as transferências de energia. As trocas térmicas com o entorno compreendem três grandes formas: radiação, condução e convecção.

As trocas por radiação se dão pela emissão e pela absorção de fótons. Por exemplo, a exposição à luz solar (fótons) funciona como uma entrada de energia no sistema (organismo). As trocas por radiação podem ser, esquematicamente, diferenciadas em três grupos. A exposição direta à radiação solar, a exposição à radiação (luz) refletida por sistemas do entorno e a emissão de fótons na faixa do infravermelho pela superfície corpórea. A taxa de troca de energia por radiação, $\dot{E}_{rad}$, entre dois sistemas, 1 e 2, se dá de acordo com a equação de Stefan-Boltzmann:

$$\dot{E}_{rad} = \sigma \cdot \epsilon_1 \cdot \epsilon_2 \cdot a \cdot \left(T_2^4 - T_1^4\right)$$

Sendo a a área efetiva de trocas, $\in$ a emissividade (uma grandeza adimensional que se encontra entre 0 e 1) e T a temperatura do sistema. σ é a constante de Stefan-Boltzmann, que vale 5,67 × 10^{-8} watts m^{-2} K^{-4}. Por simplificação, conjugaremos o produto $\sigma \cdot \epsilon_1 \cdot \epsilon_2 \cdot a$ em uma única constante ε_{rad}.

A dependência na quarta potência da temperatura para as trocas por radiação se explica da seguinte maneira: um fóton tem sua energia linearmente relacionada à sua frequência de oscilação, a qual, por sua vez, tem uma relação linear com a temperatura na qual o fóton é emitido. A quantidade de fótons contida em um determinado volume depende do comprimento de onda elevado ao cubo (o volume tem uma relação cúbica com comprimentos). Ao mesmo tempo, o comprimento de onda mantém uma relação inversa com a frequência de oscilação. Assim, combinando o efeito da frequência de oscilação de um fóton ao total de fótons contidos em determinado volume, obtém-se a dependência à quarta potência da temperatura.

A troca por condução é decorrente da diferença de temperatura entre dois extremos de um sólido, ou entre dois sólidos em contato. Por exemplo, uma peça de cerâmica retirada do forno e colocada sobre uma mesa terá troca por condução com a mesa. A taxa de troca por condução, $\dot{E}_{cond}$, se dá de acordo com uma relação linear da diferença de temperatura:

$$\dot{E}_{cond} = C \cdot \frac{a}{L} \cdot (T_2 - T_1)$$

Sendo a a área efetiva de troca, L a distância entre os meios e C a condutividade térmica da barreira. A condutividade térmica é uma propriedade física do material. Materiais ditos isolantes térmicos têm baixa condutividade térmica, sendo o isopor um exemplo. Por outro lado, metais são exemplos de materiais com alta condutividade térmica. Por simplificação, pode-se conjugar os termos C, a e L em uma única constante, denominada condutância térmica, χ_{cond}. O termo χ_{cond} engloba, então, a área efetiva de troca e a distância entre os meios, bem como as propriedades físicas da barreira em termos de condução de energia por calor, e a equação de troca por condução é escrita como:

$$\dot{E}_{cond} = \chi_{cond} \cdot (T_2 - T_1)$$

A troca por convecção[21] é, basicamente, o processo de troca por condução de sólidos, porém ocorrendo em fluidos (lembre-se de que tanto líquidos quanto gases são fluidos). Enquanto as moléculas de um sólido mantêm-se em uma mesma posição média relativa umas às outras, as moléculas em um fluido se encontram livres. Quando uma região do fluido tem sua temperatura alterada, sua densidade muda e, com isso, há deslocamento das moléculas dessa região. Por exemplo, se a região é resfriada, a densidade aumenta e, com isso, tende a descer no campo gravitacional. Esse tipo de movimento convectivo é chamado de convecção natural, pois ocorrerá sempre que se estabelecer uma diferença de temperatura entre dois pontos de um fluido. Além da convecção natural, pode-se aplicar uma força sobre o fluido, obrigando-o a se deslocar independentemente da convecção natural. Essa é a chamada convecção forçada.

A taxa de troca por convecção, $\dot{E}_{conv}$, é um pouco mais complicada que a de condução. Porém, em uma grande parte das situações, uma relação linear com a diferença de temperaturas também é a regra e, assim, podemos combinar os termos de convecção e condução em uma única equação:

$$\dot{E}_{contato} = (\chi_{cond} + \chi_{conv}) \cdot (T_2 - T_1) = \chi \cdot (T_2 - T_1)$$

Sendo χ um termo que combina as condutâncias térmicas por condução e por convecção. Note que denominamos esse tipo de troca de energia como "troca por contato", pois os sistemas, sejam os sólidos, sejam os fluidos, têm de estar em contato para ocorrer a transferência de energia. Já as trocas por radiação prescindem do contato.

O organismo pode realizar trabalho no entorno. Um exemplo simples e clássico é a locomoção ativa. Ao se locomover por meio da contração muscular, potência é utilizada para que essa locomoção ocorra. Apesar de o sistema que recebe essa potência mecânica ser o próprio organismo, do ponto de vista termodinâmico uma parte da potência fornecida ao sistema, advinda do termo "X", a ser discutido em breve, será dissipada no entorno. Utilizaremos a notação $\dot{W}$ para nos referirmos a potências dirigidas à realização de trabalho.

Temos, finalmente, as trocas de energia decorrentes de trocas de matéria, para as quais passamos agora.

A alimentação é, como no exemplo da ingestão de um volume de água dado anteriormente, composta por eventos episódicos. Iremos, então, tratá-la sob um ponto de vista médio, quando abordarmos, adiante, o termo "X" da entrada de energia. Dentro dessa perspectiva média, resta-nos, então, somente as saídas de matéria representadas pelas perdas evaporativas.

As perdas evaporativas representam uma saída tanto de matéria quanto de energia no curto prazo. Isso decore do fato de que está ocorrendo uma mudança de fase na água que está evaporando. Para mudar de fase, uma quantidade de energia tem de ser fornecida à massa que faz a transição. Note que não estamos falando sobre ebulição, somente em mudança de fase por diferença de concentração dada pela temperatura

21 Convecção é o movimento direcionado de massa de um fluido.

e umidade relativa do ar no entorno (o conceito da umidade relativa é detalhado no capítulo "Respiração" do volume 2 desta obra). Essa energia é chamada de calor de vaporização (ou entalpia de vaporização[22]). Assim, quando a água evapora da superfície do trato respiratório e da pele, há uma queda de energia interna, U, do sistema. Como vimos, U = U(T), logo, ao evaporar, a água causa um resfriamento no sistema da fase líquida. Esse é o mecanismo de resfriamento pela sudorese. O arfar de cães tem papel semelhante: esses animais causam, por intermédio dos músculos ventilatórios, correntes de convecção sobre a língua e faringe, evaporando água dessas superfícies e resfriando os tecidos subjacentes. Assim, para uma taxa de evaporação de massa $\dot{m}_{vap}$, a potência que deixa a fase líquida é dada por:

$$\dot{E}_{vap} = \dot{m}_{vap} \cdot h^{vap}$$

Sendo h^{vap} a entalpia de vaporização. No caso da água a 37 °C, essa vale ao redor de 40,1 kJ mol^{-1} (2,257 kJ g^{-1}). Como exemplo numérico, vamos considerar uma atleta que perca 1 litro de água por sudorese durante um evento esportivo de 1 hora. Isso representa, aproximadamente, uma saída total de energia de 2,2 MJ e, em termos de potência, 627 watts. Para comparação, a taxa metabólica de repouso de um ser humano adulto é ao redor de 100 watts, como colocado anteriormente e detalhado mais adiante. A Figura 7 ilustra o processo do resfriamento evaporativo, e na Figura 8 há uma representação esquemática das várias formas de troca de energia discutidas.

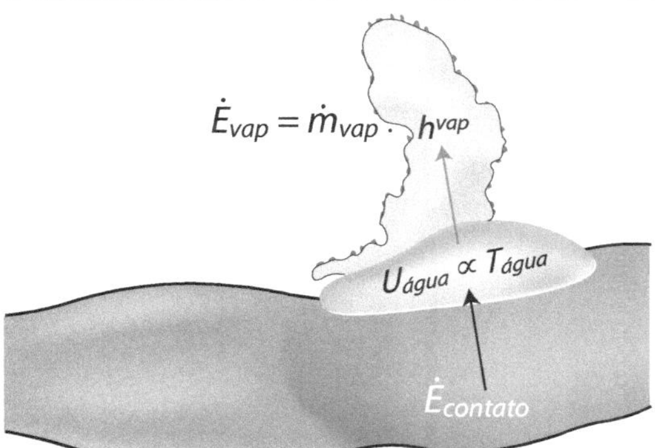

FIGURA 7 Representação esquemática do resfriamento evaporativo. Para passar para a fase gasosa, o fluxo de matéria $\dot{m}_{vap}$ necessita que uma quantidade de energia seja fornecida, ou, de forma similar, ao passar para a fase gasosa, a matéria leva uma quantidade de energia junto a ela. Essa taxa é dada pelo produto $\dot{m}_{vap} \cdot h^{vap}$, sendo h^{vap} a entalpia de vaporização. Como energia foi retirada da fase líquida, a energia interna dessa fase cai. Como U = U(T), a temperatura da fase líquida cai. Como a fase líquida (p. ex., as gotículas de suor) está em contato com a pele (sistema), há transferência de energia por contato. Como essa transferência decorre da diferença de temperatura, assim é calor. Como um todo, então, a temperatura da fase líquida não se altera, e tudo se passa como se o calor estivesse deixando o organismo em decorrência da passagem de água para a fase gasosa.

22 No Box 1 a função entalpia está mais detalhada.

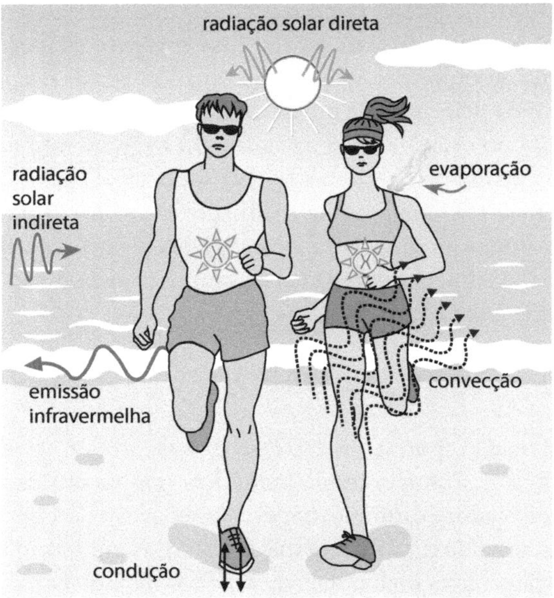

FIGURA 8 Esquema das trocas térmicas com o entorno. O termo "X", que é uma entrada de energia para o organismo, aparece representado como no interior do corpo dos corredores.

Para finalizar esta seção e antes de entrarmos no termo "X", vamos resolver um problema ilustrativo de questões de eventos de trocas pontuais.

Problema: a) Explique o balanço energético envolvendo a ingestão de líquido (água) e a excreção. Considere o sistema (o organismo) em regime permanente de matéria e de energia. b) Faça suposições acerca da temperatura e da quantidade de água ingerida para quantificar a reposta.

Solução: a) O balanço energético envolve o aquecimento do volume de água ingerido. Como estamos supondo que o organismo esteja em regime permanente de matéria, isso significa que toda a água ingerida será eliminada (no caso, por simplificação, através apenas da excreção, ou seja, urina). Assim, se houver a ingestão de 1 litro de água, consideraremos a excreção de 1 litro de água. Como estamos supondo regime permanente de energia, consideraremos que o organismo não sofre resfriamento (diminuição da energia interna) ao aquecer o volume de água ingerido. Em outras palavras, a água ingerida terá sua temperatura elevada até a temperatura que o organismo se encontrava anteriormente à ingestão.

b) Vamos supor a ingestão de 1,5 litro de água nas 24 horas, que a água esteja a 18 °C e o organismo, a 37 °C. Isso quer dizer que se deve fornecer energia a 1,5 kg de água (considerando que a densidade da água é 1 kg litro^{-1}) para elevar sua temperatura em 19 °C. Pela definição de caloria e sua conversão em joules, deve-se, portanto, fornecer 19 × 1.500 = 28,5 kcal, ou seja, 119 kJ, para realizar o aquecimento da água ingerida. Note que isso representa, aproximadamente, 1,5% do gasto calórico médio diário (considerando as 2.000 kcal nas 24 horas apresentadas anteriormente). Note que a água é excretada à temperatura do organismo. Assim, a energia colocada para aquecer o volume ingerido é perdida com sua eliminação.

O termo "X"

Chegamos, finalmente, ao tal termo "X", que colocamos como uma entrada de energia para o organismo. Esse termo é o metabolismo, ou seja, o conjunto de reações bioquímicas que ocorre para a manutenção da vida.

Uma parte dessas reações ocorre em processos que envolvem a transferência direta de energia para processos fisiológicos e a outra parte decorre da transferência indireta de energia. Dessa maneira, como um todo, o metabolismo, seja o energético, sejam os demais processos, representa uma quantidade de energia que é transferida por unidade de tempo.

Do ponto de vista de "manutenção da vida", esses processos todos representam a realização de trabalho útil. Esse trabalho não é, necessariamente, mecânico externo, como o exemplo dado da locomoção. A manutenção de diferenças de concentrações de solutos entre os meios intra e extracelular é um trabalho sendo realizado. Os batimentos cardíacos realizam trabalho sobre o sangue. A eliminação de urina concentrada e com concentrações diferenciadas em relação ao plasma representa trabalho sendo realizado. A biossíntese de hormônios e demais compostos é trabalho.

De onde vem essa energia?

Como vimos com a Primeira Lei, para que energia seja transferida na forma de trabalho, deve haver alguma fonte que ceda essa energia. Essa fonte são os alimentos que ingerimos e absorvemos. Assim, essa é uma entrada de energia ligada à matéria, ao menos sob uma perspectiva mais geral. Como no exemplo da gasolina e petróleo dado anteriormente, no fim das contas, a origem da energia dos alimentos é o Sol.

Como os alimentos estão dentro do organismo, muitas pessoas tendem a se confundir em como, então, o metabolismo pode ser uma entrada se já está dentro. Esse foi um dos motivos pelos quais deixamos, na tabulação acima, essa entrada com o termo "X", de modo a podermos desenvolver a ideia sem que conceitos prévios pudessem interferir.

Para onde vai essa energia?

Essa parece ser uma pergunta inocente à primeira vista, cuja resposta simplista seria: "para realizar trabalho útil". Contudo, para entendermos sua resposta, precisamos ter em mente a Segunda Lei da Termodinâmica. De fato, a resposta para essa pergunta é a explicação de por que deixamos como termo "X" em vez de classificar logo como "metabolismo". Se tivéssemos colocado simplesmente "metabolismo" na tabulação feita anteriormente, o intricado seria perdido. Procuraremos explicar esse ponto com exemplos que servirão como a base para nosso raciocínio.

Vamos considerar, então, a manutenção da concentração diferenciada de sódio (Na^+) entre os meios intra e extracelular. Faremos de um modo simplificado, porém a essência da problemática será preservada. O meio extracelular tem uma concentração de sódio bem mais elevada que o meio intracelular. Por diversos mecanismos relacionados à manutenção da funcionalidade das células, há entrada desse íon por diferença de concentração, um processo que não envolve gasto de energia. Contudo, os íons sódio que entram devem, então, ser recolocados para fora da célula, em um processo contra o gradiente de concentração. Esse, agora, envolve o gasto de energia. Portanto, a manutenção simultânea da funcionalidade celular e da diferença de concentração implica que haja **gasto de energia sem alteração de concentração**. Ou seja, *apesar de haver o gasto de energia na realização de trabalho de mover íons sódio contra o gradiente de concentração, esse trabalho não surge como alteração de concentração, de fato.*

Esse foi um exemplo prototípico de processos no nível celular. Vamos considerar, agora, um exemplo em um nível mais macroscópico: a circulação sanguínea. Por que o coração tem de colocar energia no sistema de tempos em tempos por meio de seus batimentos? Por que, uma vez ocorrido um batimento, o sangue não continua a circular sem mais necessitar de outros batimentos cardíacos? Se empurrarmos uma massa no vácuo espacial (sem contarmos gravidade), gastamos energia durante o processo de empurrá-la, mas, uma vez em movimento, a massa permanecerá em movimento. Como explicado no capítulo "Circulação" (volume 2 da coleção), o movimento do sangue nos vasos tem uma resistência ao fluxo associada (ver equação de Hagen-Poiseuille), a qual se relaciona à viscosidade do fluido. Assim, há perda da energia colocada pelo coração em virtude da viscosidade e, se essa energia não for recolocada no sangue de tempos em tempos, a circulação cessa.

Tanto no exemplo do sódio quanto no exemplo da circulação, percebemos que existe a realização de trabalho, mas que esse não se mantém como um resultado: não ocorre alteração de concentração de Na^+, o sangue para de circular. O gradiente de concentração tende a se dissipar pelo vazamento de sódio para o interior da célula, o gradiente de pressão tende a se dissipar pela viscosidade sanguínea. Portanto, a energia (trabalho) colocada no sistema se dissipa. Esses são os trabalhos realizados internamente ao organismo.

Pela Primeira Lei, sabemos que, apesar de dissipada, a energia não desaparece. Ao mesmo tempo, pela Segunda Lei, sabemos que a realização de trabalho útil implica que exista um rejeito térmico, uma quantidade de energia que não pode mais ser aproveitada no processo.

Note o que acabamos de escrever. Temos uma quantidade de energia que é fornecida ao sistema para a realização de trabalho. Temos um rejeito de energia. Isso nada mais é que o representado pela equação 3b:

Energia fornecida = trabalho realizado (interno + externo) + rejeito de energia

E, pelo que descrevemos acerca do que ocorre com o trabalho realizado, temos:

Energia dissipada = trabalho interno

Assim, podemos escrever:

Energia fornecida = energia dissipada + rejeito de energia + trabalho externo

Mas a energia dissipada é, em termos da Segunda Lei, qualitativamente semelhante ao rejeito: uma quantidade de energia que não pode mais ser utilizada para obtenção de trabalho útil pelo sistema. **Assim, finalmente, vemos que somente uma parcela pequena da energia fornecida se manifesta como realização de trabalho externo; o restante, para manter o funcionamento do organismo, se torna energia dissipada pelo sistema**. A Figura 9 ilustra essa descrição.

Chegamos ao ponto no qual podemos responder à pergunta "Para onde vai essa energia?". Essa energia vinda dos alimentos e utilizada para a manutenção dos processos fisiológicos no organismo termina, toda, como dissipação e rejeito. Em um primeiro momento, essa dissipação e esse rejeito são colocados no próprio sistema: há aumento da energia interna do organismo.

Contudo, como U = U(T), isso significa que o rejeito e a dissipação, ao causarem um aumento na energia interna do organismo, aumentam sua temperatura. Ao aumentar a temperatura do organismo, cria-se uma diferença de temperatura com o entorno e a energia é, então, transferida por diferença de temperatura: calor.

Dessa forma, a energia vinda dos alimentos e utilizada nos processos fisiológicos termina sendo rejeitada ou dissipada para o ambiente na forma de calor. Essa é a origem do termo "calor metabólico". Como vimos, esse **"calor metabólico"** é calor somente no momento em que está havendo a troca térmica com o entorno. **Nos processos fisiológicos, é meramente o rejeito da transferência de energia e a dissipação de trabalho interno que se manifestam como aumento da energia interna U do organismo** (esquema na Figura 10).

Note que, se não há realização de trabalho externo (p. ex., locomoção ou levantamento de uma massa, entre inúmeros outros), toda a energia fornecida ao sistema se torna aumento de energia interna e, consequentemente, calor, se a temperatura do organismo não variar (como desenvolveremos na próxima seção).

FIGURA 9 Esquema da transformação de energia no organismo.

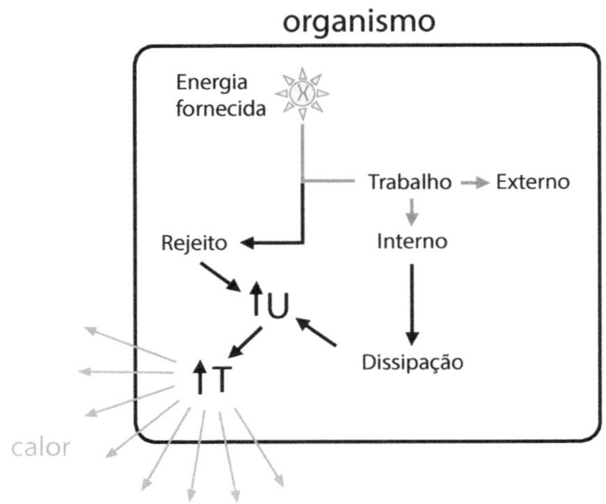

FIGURA 10 Esquema da transformação de energia no organismo e sua dissipação, na forma de calor, para o ambiente, decorrente do aumento da energia interna no sistema.

Escrevendo o balanço energético

Neste ponto podemos, então, escrever o balanço de energia no organismo. Conhecemos as entradas e saídas principais e iremos, como já mencionamos algumas vezes, tratá-las como valores médios em um dado período. Como representamos na Figura 11, a energia no sistema varia de acordo com as entradas e saídas:

$$\dot{E}_{sistema} = \dot{E}^{total}_{entrada} - \dot{E}^{total}_{saída}$$

Note que, nessa equação, não estamos fazendo distinções entre entradas e saídas de energia diretamente ou as relacionadas ao fluxo de matéria. Se a entrada é maior que a saída, a energia do sistema aumenta e vice-versa, se a saída é maior que a entrada. Para aplicações biológicas, a energia que varia no sistema é, em essência, sua energia interna. Portanto, o balanço de energia está intimamente relacionado à temperatura do sistema orgânico, isto é, à temperatura corpórea[23], T_b.

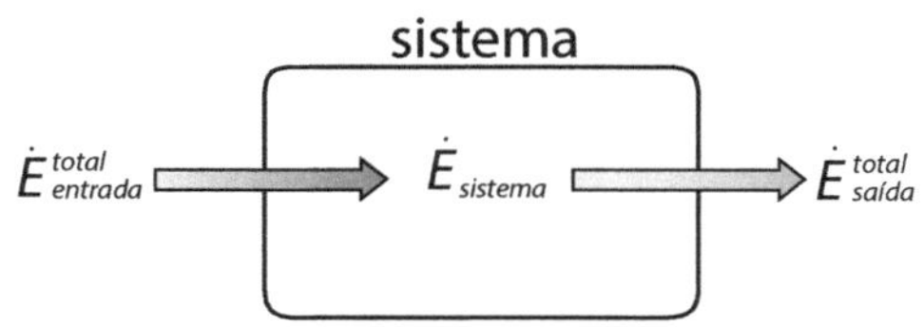

FIGURA 11 Representação esquemática geral do balanço de energia em um sistema.

---

23 Optamos por manter "b" (do inglês *body*) como referente à "corpórea", pois a letra c ocorre em muitos e diversos contextos, podendo gerar confusões inesperadas.

Escrevendo os termos do balanço de energia de forma explícita, temos:

$$\dot{E}_{sistema} = a^{Sol} \cdot \dot{E}_{rad}^{solar} + \dot{M} - \sum \left[\varepsilon_{rad,i} \cdot \left(T_b^4 - T_{A,rad,i}^4 \right) \right] - \chi \cdot \left(T_b - T_{A,cont} \right) - \dot{m}_{vap} \cdot h^{vap}$$

Equação 6

Sendo a^{Sol} a área recebendo radiação solar, e $T_{A,cont}$ a temperatura média efetiva do entorno (o "ambiente") para contato (cont). O somatório de trocas por radiação leva em conta as diferentes superfícies radiantes i do entorno, cada uma com sua temperatura e sua emissividade. Note que, portanto, se a temperatura média efetiva de contato é maior que a temperatura corpórea, energia será ganha pelo organismo. O mesmo vale para a temperatura efetiva de radiação de cada superfície i. A radiação solar será sempre uma entrada e a evaporação, sempre uma saída. O termo $\dot{M}$ representa a taxa metabólica do organismo, que também é, sempre, uma entrada de energia.

Ordem de grandeza das trocas – um exemplo numérico do balanço de energia

Imaginaremos uma situação hipotética para ilustrar valores aproximados que compõem a equação 6 nessa situação. Assim, considere um adulto médio em pé em uma praia do Nordeste brasileiro, com a areia a 42 °C, a água do mar a 24 °C e o ar a 34 °C. Vamos considerar que a pele esteja a 36 °C.

a^{Sol}: um adulto médio tem, em média, uma superfície corpórea total ao redor de 1,7 m^2. Desses, vamos supor que, descontando maiô e boné, tem 1,2 m^2 expostos para trocas efetivas e, em decorrência da orientação com o Sol, a todo instante metade esteja exposta, ou seja, 0,6 m^2 estejam expostos.

$\dot{E}_{rad}^{solar}$: a incidência solar varia de hora a hora, então vamos considerar um valor anual médio de 240 watts m^{-2} como sendo o do momento em que a pessoa está na praia. Assim, combinada essa incidência solar com a área exposta, tem-se um ganho de 144 watts.

ε_{rad}: este termo é composto pelo produto das emissividades, da área para troca e da constante de Stefan-Boltzmann. A área de troca, como vimos, será de 1,2 m^2 (pois, estando em pé, essa é a área exposta à radiação solar indireta), e haverá, por simplificação, trocas por radiação com a areia da praia e com a água do mar. Em geral, a emissividade de superfícies não refletoras[24] se encontra acima de 0,90. A da pele pode ser considerada como 0,98, a da areia como 0,90 e da água é de 0,95. Dessa maneira, a pessoa ganha energia por radiação vinda da areia em uma taxa de 44 watts e perde, por radiação, para a água do mar, a uma taxa de −85 watts.

χ: a condutância pode ser considerada ao redor de 8 watts K^{-1}. Dessa forma, há perda de energia por contato com o ar circundante a uma taxa de −15 watts.

$\dot{M}$: vamos considerar a taxa de repouso ao redor de 100 watts.

24 Uma discussão acerca de emissividade vai além dos objetivos do presente texto.

Assim, por enquanto, sem levarmos em conta o resfriamento evaporativo, temos os seguintes valores compondo o balanço:

$$\dot{E}_{sistema} = 144 + 100 + 44 - 85 - 15 = 188\, watts$$

Ou seja, nessa situação, o sistema estaria ganhando uma potência de 188 watts e, dessa forma, a temperatura corpórea se elevaria. Para que a temperatura corpórea não se eleve, as perdas evaporativas devem, portanto, resultar em −188 watts. Dada a entalpia de vaporização da água apresentada anteriormente (2.257 J g^{-1}), isso significa que a pessoa deve perder ao redor de 300 mL de água por evaporação cutânea a cada hora, de modo a não permitir que sua temperatura corpórea se eleve. Essa água pode ser suprida por sudorese ou, por exemplo, jogando água sobre a pele.

Se a perda evaporativa se der principalmente à custa de sudorese, então, para não haver desidratação, a água perdida deve ser reposta. Vamos completar esse exemplo numérico com o problema que resolvemos anteriormente acerca de eventos pontuais, no qual calculamos a energia que o organismo coloca na água fria ingerida.

Naquele problema, vimos que, para elevar a temperatura de 1,5 litro de água a 18 °C para 37 °C, seriam colocados 119 kJ de energia no volume de água. Naquele problema, contudo, consideramos apenas o total de energia. Vamos, agora, rever a questão sob o ponto de vista de potência. Vamos supor, então, que a pessoa passe a fazer algum tipo de exercício, como jogar futebol ou *jogging*, e sua taxa metabólica vá para 200 watts. Agora, para que a temperatura corpórea não se eleve, são necessários 460 mL de água sendo evaporados por hora.

Assim, por simplificação, vamos supor que a pessoa reponha 500 mL a 18 °C e que permaneça 3 horas na atividade. Assim, obtemos o mesmo 1,5 litro de água ingerido e os mesmos 119 kJ de energia são colocados para elevar a temperatura da água. Esses 119 kJ são gastos em 3 horas, o que nos dá uma potência média de 11 watts para aquecimento da água. Isso representa, aproximadamente, 4% da potência que está servindo como entrada no organismo (no caso, 288 watts) nessa condição. Em outras palavras, em virtude da ingestão de água em uma temperatura baixa (18 °C no caso), pode-se diminuir a própria perda evaporativa (no caso, em 4%).

O sistema fora de equilíbrio térmico

No exemplo desenvolvido na seção anterior, impusemos a condição de manutenção da temperatura corpórea através das perdas evaporativas. Vamos, agora, supor que as perdas evaporativas não consigam zerar o balanço. Por exemplo, durante a atividade física que elevou a taxa metabólica para 200 watts, por algum motivo, a perda evaporativa foi de 230 mL por hora em vez dos 460 mL necessários para contrabalançar os ganhos. Assim, ocorre um excesso de 144 watts de entrada. A pergunta é: qual o aumento de temperatura corpórea esperado?

A variação da temperatura corpórea no tempo é dada pela variação de energia interna do sistema no tempo dividido pela massa do sistema multiplicada pelo calor específico do sistema:

$$\frac{dT_b}{dt} = \frac{\dot{E}_{sistema}}{massa \cdot calor\ específico} \qquad \text{Equação 7}$$

O calor específico dos tecidos orgânicos é bastante próximo ao da água:

$$c_{organismo} \cong 4{,}12\ \frac{J}{K \cdot g}$$

Considerando uma pessoa de 60 kg (60.000 g), temos, então:

$$\frac{dT_b}{dt} = \frac{\dot{E}_{sistema}}{massa \cdot calor\ específico} = \frac{144}{60.000 \cdot 4{,}12} = 0{,}00058\,\frac{K}{s}$$

Ou seja, espera-se um aquecimento ao redor de 0,0006 °C por segundo. Esse número parece pequeno, porém, ao final de 1 hora, teremos 2,1 °C de elevação da temperatura corpórea, um valor nada desprezível.

TERMORREGULAÇÃO

Desde os primórdios das relações do ser humano com os demais animais se reconhece uma diferença marcante entre alguns grupos: há animais que são "quentes" ao se tocar, e há animais que são "frios". Por exemplo, dessa percepção sensorial vem a expressão "sangue frio", associando comportamentos humanos a comportamentos de certos animais frios ao toque. E, dessa mesma percepção, notou-se que há grupos que tendem a ter a temperatura corpórea quase que constante ao longo da existência, enquanto há grupos cuja temperatura corpórea é bastante variável.

Com o que desenvolvemos nas seções precedentes, temos, então, os meios para poder abordar a questão da termorregulação nos organismos. Dividiremos o assunto em dois grandes grupos: os padrões de manutenção e a energética relacionada à manutenção da temperatura corpórea. Note que por manutenção não estamos entendendo "temperatura corpórea fixa", mas, sim como essa temperatura varia ao longo da existência do organismo. Além disso, abordaremos o controle da temperatura corpórea, isto é, os mecanismos envolvidos na termorregulação.

Padrões de manutenção da temperatura corpórea

Como citamos, há animais que mantêm a temperatura corpórea em uma faixa bastante restrita de valores ao longo da vida. Os seres humanos são um desses. Esse padrão é dito **homeotermia**, do grego *homoios*, semelhante, e *thérme*, fervor. Assim, animais homeotermos são aqueles cuja temperatura corpórea tem uma variação de poucos graus Celsius ao longo da vida. Seres humanos, por exemplo, têm uma ligeira queda de temperatura corpórea durante o sono, um ligeiro aumento durante atividades físicas intensas e, no geral, a amplitude total dessa variação não chegará a 5 °C. Um padrão semelhante é observado na maioria dos mamíferos e das aves, ou seja, esses grupos apresentam uma pequena faixa de variação da temperatura corpórea.

Em contraposição à homeotermia, há grupos cuja temperatura corpórea é francamente variável, tanto em termos diários quanto em termos sazonais. Esses animais são ditos **pecilotermos**, do grego *poikilos*, variável. Em geral, mas de forma alguma como regra, invertebrados, peixes, anfíbios e répteis são pecilotermos. Para ilustrarmos como há sutilezas na questão, peixes antárticos, que passam a vida em águas cuja temperatura varia não mais do que 3 °C, são homeotermos por definição. Note, portanto, que o que caracteriza a homeotermia não é "temperatura corpórea elevada", mas sim temperatura corpórea com pequena faixa de variação.

Há aves e mamíferos que apresentam variações mais amplas de temperatura corpórea, geralmente relacionadas a frio intenso e/ou períodos de privação alimentar. Em geral, esses animais são pequenos e realizam uma depressão do metabolismo, entrando em um estado denominado torpor. A hibernação é um exemplo de torpor que perdura por longos períodos. Esses animais são ditos **heterotermos**, do grego *heteros*, outro.

Há, ainda, uma série de outros padrões de manutenção da temperatura corpórea, mas que fogem aos nossos objetivos. Assim, ficaremos com os três delineados.

Energética da manutenção da temperatura corpórea

Se medirmos a taxa metabólica de repouso de um coelho de 1 kg e a de um lagarto de mesma massa, observaremos que o coelho tem uma taxa metabólica aproximadamente 10 vezes maior que a do lagarto. Essa é uma observação generalizada, ou seja, se tomarmos mamíferos ou aves de mesma massa corpórea que peixes, anfíbios ou répteis, os primeiros têm taxas metabólicas aproximadamente 10 vezes maiores que os últimos. Assim, aves e mamíferos em geral serão classificados como **taquimetabólicos** (do grego *tachys*, rápido), enquanto os grupos com taxas metabólicas correspondentemente menores são os **bradimetabólicos** (do grego *bradys*, lento).

Considere a equação 6. Se combinarmos uma alta taxa metabólica a uma diminuição da condutância térmica, obtida através de pelos ou de penas, por exemplo, o resultado é um aumento na energia interna do sistema. Consequentemente, como $U = U(T)$, então há aumento da temperatura. Dessa maneira, animais taquimetabólicos têm a possibilidade de ter a temperatura corpórea mais elevada que a temperatura do entorno. Essa condição é chamada de **endotermia** (do grego *endo*, interno). Em contraposição, os animais bradimetabólicos não conseguem, à custa de seu próprio metabolismo, manter uma temperatura corpórea significativamente acima da do entorno. Essa condição é a **ectotermia** (do grego *ektós*, de fora), na qual a entrada de energia no sistema depende das condições ambientais externas.

Combinando energética e padrão termorregulatório

Procuramos delinear que o padrão de manutenção da temperatura corpórea e a energética da manutenção da temperatura corpórea são duas entidades distintas: um tipo de padrão não implica um tipo de energética e vice-versa. Vamos, agora, combinar esses dois elementos de modo a termos uma perspectiva um pouco mais restrita dos grupos. Apesar de mais restrita, essa perspectiva é útil para os objetivos do presente texto e facilitará o estudo das próximas seções deste capítulo e até mesmo de vários outros capítulos da coleção.

Considerando que as condições ambientais são muito variáveis, tanto durante um único dia quanto durante as estações do ano, os animais pecilotermos vivenciam alterações significativas de entrada de energia conforme as condições do entorno mudam. Como consequência, a temperatura corpórea tende a mudar. Assim, existe uma grande superposição entre a pecilotermia e a ectotermia: animais ectotermos tendem a ser pecilotermos. Mas, novamente, é preciso atenção, pois essa associação não é regra.

Por outro lado, tendo uma entrada de energia alta, os animais taquimetabólicos podem, mesmo sob condições de baixa entrada de energia do entorno, como à noite, manter a temperatura corpórea em níveis altos. Assim, existe uma grande superposição entre a homeotermia e a endotermia: animais endotermos tendem a ser homeotermos. Porém, como já chamamos a atenção anteriormente, há animais endotermos que são heterotermos.

O esquema abaixo resume as ideias apresentadas:

Intensidade do metabolismo energético		**Consequência no balanço de energia**		**Consequência no padrão de temperatura corpórea**
Bradimetabolismo	→	Ectotermia entrada externa de energia é dominante	→	Pecilotermia temperatura corpórea tende a variar com as condições do entorno
Taquimetabolismo	→	Endotermia entrada de energia dominante é o metabolismo	→	Homeotermia temperatura corpórea tende a não variar com as condições do entorno

Aves e mamíferos são, notoriamente, taquimetabólicos,[25] porém, há espécies que realizam a depressão metabólica[26] de modo habitual. Um exemplo são os beija-flores, que entram em torpor noturno em noites de temperatura muito baixa, e os esquilos de grandes latitudes ao norte, que entram em hibernação durante os meses de inverno. Discute-se, na literatura científica, se todos os mamíferos teriam os mecanismos fisiológicos para a realização de depressão metabólica. Nesse sentido, camundongos não realizam diminuição metabólica ao longo da vida. Porém, se submetidos a condições de restrição alimentar, apresentam episódios de torpor diário (Hitrec et al., 2019).

Ao nos referirmos a mamíferos e aves que fazem uso, habitualmente, da depressão metabólica, dizemos, então, serem endotermos-heterotermos. Já os que não realizam episódios de torpor de maneira habitual são ditos endotermos-homeotermos. Esse é

25 Duas exceções conhecidas são o bicho-preguiça e o rato-toupeira pelado.

26 Há uma distinção entre depressão metabólica decorrente de condições de impossibilidade de manutenção do metabolismo, como anoxia, e o torpor realizado para suplantar um período de restrição alimentar, como é o caso em aves e mamíferos. Não faremos essa distinção aqui e trataremos o torpor como sendo uma depressão metabólica.

o caso dos seres humanos. A condição de temperatura corpórea fora da condição de torpor (heterotermia) é dita eutermia (do grego *eu*, verdadeiro).

Vamos, agora, estudar as consequências da variação da temperatura ambiente sobre a taxa metabólica e sobre a temperatura corpórea de endotermos-homeotermos e de ectotermos-pecilotermos.

Efeitos da temperatura ambiente sobre a taxa metabólica

Grande parte do tempo, a maioria dos animais não está exposta diretamente à radiação solar, ou essa é de baixa intensidade. Além disso, a diferença de temperatura entre a superfície corpórea e os demais sistemas do entorno (como a areia da praia e a água do mar, no exemplo que desenvolvemos anteriormente) é "pequena", o que significa que a diferença da quarta potência se comporta, nessa pequena faixa, como se fosse quase linear. Nessas condições, as perdas evaporativas acabam tendo uma participação menor nas trocas térmicas, ainda mais quando a temperatura do entorno é baixa. Assim, em aplicações que não requeiram grandes detalhamentos, trabalha-se com uma versão mais simples da equação 6:

$$\dot{E}_{sistema} = \dot{M} - \hat{\chi} \cdot (T_b - T_A) \qquad \text{Equação 8a}$$

Na qual utilizamos $\hat{\chi}$ para indicar que esse termo de condutância combina fatores relacionados a trocas por radiação. Note, ainda, que passamos a utilizar simplesmente T_A como a temperatura (média) do entorno. Inserindo a equação 8a na equação 7, temos a taxa de variação da temperatura corpórea:

$$\frac{dT_b}{dt} = \frac{1}{m_b \cdot c_b} \cdot \left[\dot{M} - \hat{\chi} \cdot (T_b - T_A)\right] \qquad \text{Equação 8b}$$

Na qual m_b representa a massa corpórea e c_b, o calor específico do organismo. A equação 8b nos ajudará a entender o comportamento metabólico de endotermos-homeotermos. Uma versão um pouco mais complicada será apresentada para os ectotermos-pecilotermos, como explicaremos na seção correspondente.

Endotermos-homeotermos

A Figura 12 ilustra a resposta metabólica típica de um endotermo-homeotermo exposto a diferentes temperaturas ambientais. Três regiões de comportamento metabólico podem ser distinguidas.

Existe uma faixa de temperatura ambiente na qual não há variação da taxa metabólica a despeito de variações na temperatura ambiente. Para temperaturas acima e abaixo dessa faixa, a taxa metabólica se eleva. Os limites dessa faixa são a temperatura crítica baixa (TCB) e a temperatura crítica alta (TCA).

Abaixo da TCB, a taxa metabólica se eleva com a diminuição da temperatura ambiente, e esse aumento ocorre até que a temperatura ambiente atinja um valor mínimo (T_{min}).

Acima da TCA, a taxa metabólica se eleva com o aumento da temperatura ambiente, e esse aumento ocorre até que a temperatura ambiente atinja um valor máximo (T_{max}).

É importante termos em mente que a TCA é uma temperatura ambiente menor que a temperatura corpórea do organismo.

É importante notar também que esses comportamentos metabólicos abaixo da TCB e acima de TCA não são simétricos: as mudanças metabólicas são mais acentuadas na região acima da TCA do que na região abaixo da TCB, e a faixa entre TCA e T_{max} é acentuadamente menor que a faixa entre TCB e T_{min}.

Para entendermos o que ocorre com o metabolismo, temos de levar em conta o que ocorre com a temperatura corpórea do animal, ilustrada em cinza na Figura 12. Nota-se que, em toda a região compreendida entre as temperaturas letais baixa e alta, a temperatura corpórea se mantém fixa. Para temperaturas abaixo da T_{min}, a temperatura corpórea cai, e para temperaturas acima da T_{max}, a temperatura corpórea sobe.

Antes de continuar, porém, é preciso ter em mente que cada espécie tem suas faixas e limites de temperatura nas quais os processos a serem descritos ocorrem. Além disso, em geral, essas faixas e limites são variáveis ao longo das estações.

Zona de termoneutralidade definida pelo metabolismo e taxa metabólica basal

Vamos iniciar a análise do comportamento metabólico pela faixa de temperatura ambiente na qual a taxa metabólica não varia. Essa é a chamada **zona de termoneutralidade, ZTN**. Considerando a equação 8b, uma vez que nem a temperatura corpórea nem a taxa metabólica variam na ZTN, mas sim a temperatura ambiente, isso implica que

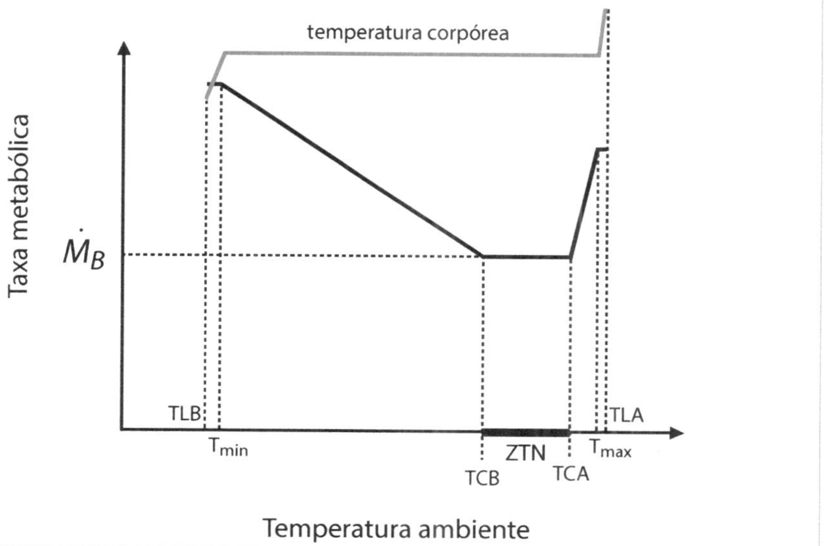

FIGURA 12 Representação esquemática da variação da taxa metabólica em função da temperatura ambiente para um endotermo-homeotermo. Sobreposto, em cinza, o comportamento da temperatura corpórea é ilustrado. Lembrar que, como explicado em "Modelos gerais básicos" (no volume 1 da coleção), eventuais cruzamentos de linhas em gráficos com mais de um tipo de grandeza representado não têm significado algum associado.

$\dot{M}_B$: taxa metabólica basal; TCA: temperatura crítica alta; TLA: temperatura letal alta; TLB: temperatura letal baixa; T_{max}: temperatura máxima; T_{min}: temperatura mínima; ZTN: zona de termoneutralidade.

o animal varia sua condutância térmica $\hat{\chi}$ de modo a regular a temperatura corpórea. Isso será discutido mais adiante.

Uma vez que na ZTN a taxa metabólica é fixa, isso torna possível estabelecermos um valor dessa taxa que reflete uma condição padronizada. Se o animal está no período pós-prandial (pois o processo digestório é acompanhado de aumento da demanda metabólica), em repouso (e, portanto, sem a realização de trabalho externo), porém não dormindo (pois, durante o sono, há uma ligeira queda na temperatura corpórea), sem quaisquer distúrbios vindos do entorno, a taxa metabólica medida na ZTN é a chamada taxa metabólica basal, $\dot{M}_B$. Notamos, portanto, que a taxa metabólica basal de um endotermo-homeotermo não é sua taxa metabólica mais baixa, nem somente a taxa metabólica medida na ZTN.

Sob o ponto de vista termodinâmico, a taxa metabólica basal é aquela na qual não há trabalho externo (exceto a ventilação pulmonar, obviamente), o trabalho interno é o menor possível estando o animal desperto e o produto da condutância térmica pela diferença entre a temperatura corpórea e a do entorno é fixo. Em termos quantitativos:

$$\dot{M}_B = \hat{\chi} \cdot (T_b - T_A) = constante$$

E, por consequência, podemos escrever, então:

$$\dot{M}_B = \hat{\chi}_{min} \cdot (T_b - T_{CB})$$

Assim, de uma maneira inversa, tendo-se determinado a temperatura crítica baixa e a taxa metabólica basal, pode-se obter a condutância térmica mínima do animal.

Essa definição de zona de termoneutralidade utiliza apenas a taxa metabólica como referencial para sua delimitação, tendo sido, historicamente, a primeira definição. Posteriormente, uma nova definição de zona de termoneutralidade foi adotada, levando em conta tanto a taxa metabólica quanto as perdas evaporativas. Essa ZTN mais contemporânea será apresentada quando discutirmos as perdas evaporativas como componente da termorregulação.

Faixa de temperaturas baixas

Uma vez que a temperatura ambiente caia abaixo da TCB (mas esteja acima da T_{min}), observa-se um aumento da taxa metabólica que é quase linear à queda da temperatura. É essencial observar, também, que a temperatura corpórea não varia. Como existe um limite físico para a diminuição da condutância térmica (pelos têm um máximo que podem estar eriçados, a postura corpórea tem um limite na exposição mínima de superfície, a vasoconstrição cutânea tem um máximo que não comprometa a viabilidade tecidual), então temos que $\hat{\chi}$ abaixo da TCB é um valor mínimo de condutância térmica.

Recorrendo, novamente, à equação 8b, uma vez que $\hat{\chi}$ está fixo em seu valor mínimo (ver acima), a taxa metabólica se torna o recurso para manter a temperatura corpórea em um valor fixo ($\frac{dT_b}{dt} = 0$) com a queda de temperatura ambiente, de modo que:

$$\dot{M} = \hat{\chi}_{min} \cdot (T_b - T_A)$$

Sendo $T_A \leq T_{CB}$. Como, com a queda de T_A (tendo T_b fixa), a diferença $T_b - T_A$ aumenta, o metabolismo aumenta linearmente com a diminuição da temperatura ambiente. Os mecanismos envolvidos nesse aumento serão discutidos a seguir.

O organismo, contudo, tem um limite de aumento de sua taxa metabólica, isto é, a taxa metabólica não pode ser aumentada indefinidamente. Assim, ao atingir esse limite de taxa metabólica máxima, se a temperatura ambiente sofrer um maior decréscimo, não há como manter a temperatura corpórea no valor fixo em que foi mantida até então. Agora, a temperatura corpórea passa a cair com a queda da temperatura ambiente. Atingimos, então a temperatura letal baixa (TLB): o metabolismo não tem como sustentar a condição homeotérmica e o animal corre risco de morte.

Faixa de temperaturas altas

Enquanto na faixa de temperaturas baixas a relação entre a queda de T_A e o aumento de $\dot{M}$ é evidente pela equação 8b, o que ocorre na faixa de temperaturas altas não é. Precisamos da equação mais completa, 6, repetida a seguir:

$$\dot{E}_{sistema} = a^{Sol} \cdot \dot{E}_{rad}^{solar} + \dot{M} - \sum\left[\varepsilon_{rad,i} \cdot \left(T_b^4 - T_{A,rad,i}^4\right)\right] - \chi \cdot \left(T_b - T_{A,cont}\right) - \dot{m}_{vap} \cdot h^{vap}$$

Precisamos nos lembrar, também, que, para não haver variação de temperatura corpórea, $\dot{E}_{sistema} = 0$ (ver equação 7), e que, para haver manutenção dos processos fisiológicos, $\dot{M} > 0$ sempre. Assim, a partir da TCA, $\hat{\chi}$ já está em seu valor máximo, mas as possíveis saídas de energia na forma de radiação ou por contato não mais conseguem eliminar a entrada representada pelo metabolismo basal. Agora, a saída de energia começa a depender das perdas evaporativas, o termo $\dot{m}_{vap} \cdot h^{vap}$ na equação acima. Para aumentar as perdas evaporativas, aumenta-se o débito cardíaco para aumentar o fluxo cutâneo, a ventilação é aumentada para suprir o aumento metabólico e, em algumas espécies, para aumentar a evaporação em mucosas do trato respiratório. Com isso, a resposta tende a ser paradoxal: para aumentar a saída de energia do sistema, aumenta-se a entrada. Essa condição tem, portanto, uma faixa estreita de resposta possível e, assim, a temperatura letal alta (TLA), diferentemente da TLB, se encontra poucos graus acima da TCA.

Na faixa entre a T_{max} e a TLA, há aumento da temperatura corpórea. Apesar de não evidente à primeira vista, esse aumento de T_b tem uma característica de ajuste: os diferenciais de temperatura na equação 6 sobem, aumentando as saídas de energia do organismo. Assim, mamíferos grandes adaptados à vida em ambientes quentes e áridos permitem a elevação da temperatura corpórea em alguns graus durante o dia expostos à radiação solar direta e indireta (ver Schmidt-Nielsen, 1980). Com isso, tendem a aumentar a saída de energia como acabamos de descrever e, consequentemente, têm uma economia de água, pois não dependem tanto do resfriamento evaporativo para garantir o balanço nulo de energia.

Como mencionamos, $\hat{\chi}$ se encontra em seu valor máximo na extremidade alta da ZTN, e a TCA, como também mencionamos, é mais baixa que a temperatura corpórea. Quando a temperatura ambiente sobe acima da temperatura corpórea, o fato de a condutância estar em seu valor máximo tem um efeito complicador: as saídas de energia, fora as perdas evaporativas, se tornam entradas (pois a diferença $T_b - T_A$ se torna negativa). Assim, parte da solução seria diminuir $\hat{\chi}$. Contudo, somente os animais adaptados aos desertos quentes e áridos têm essa característica selecionada. A colocação das vestimentas como as dos beduínos cumpre essa função, tornando-se uma maior barreira entre o organismo e o entorno (diminuindo, portanto, a condutância térmica).

Ectotermos-pecilotermos

Passamos, agora, à relação de taxa metabólica com a temperatura ambiente em ectotermos-pecilotermos. A curva típica dessa relação está ilustrada na Figura 13.

O primeiro ponto que salta aos olhos ao se observar a Figura 13 é a ausência da possibilidade de delimitação de uma zona de termoneutralidade, como a que se tem no caso de endotermos-homeotermos. Em seguida, percebe-se que a taxa metabólica mantém uma relação crescente com a temperatura ambiente, e que essa relação não é linear. Também diferentemente do que ocorre em endotermos-homeotermos, a temperatura corpórea varia amplamente com a temperatura ambiente e, como indicado na própria figura, a temperatura corpórea é próxima à do entorno. Vamos, agora, procurar entender o que ocorre.

Como vimos, a transição da condição de ectotermia-pecilotermia para a endotermia-homeotermia envolveu o aumento da taxa metabólica e a diminuição de condutância térmica e perdas evaporativas cutâneas, o que permitiu um aumento da energia interna do organismo. Por outro lado, ectotermos utilizam a energia disponível no entorno para provocar as variações da energia interna e, consequentemente, da temperatura corpórea. Dessa forma, não há, nesses grupos, um controle metabólico como o possível

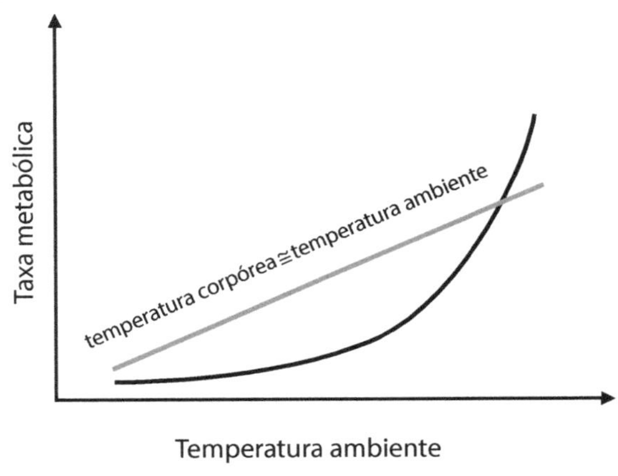

FIGURA 13 Representação esquemática da variação da taxa metabólica em função da temperatura ambiente para um ectotermo-pecilotermo. Sobreposto, em cinza, o comportamento da temperatura corpórea é ilustrado. Lembrar que, como explicado em "Modelos gerais básicos" (no volume 1 da coleção), eventuais cruzamentos de linhas em gráficos com mais de um tipo de grandeza representadas não têm significado algum associado.

em endotermos e a temperatura corpórea tende a ser próxima da do entorno, pois é o ponto no qual diminui a taxa de troca.

As taxas das reações químicas e de processos difusivos são dependentes da temperatura. Dessa forma, ao se alterar a temperatura corpórea, essas taxas tendem a se alterar e há consequência para o metabolismo como um todo. Assim, de um ponto de vista global, a taxa metabólica de ectotermos-pecilotermos se eleva com o aumento da temperatura. Esse aumento da taxa metabólica permite uma maior atividade geral do animal. É por esse motivo que vemos lagartos se aquecendo com os primeiros raios de sol da manhã.

A dependência da taxa metabólica com a temperatura é chamada de sensibilidade térmica. Cada espécie tem sua sensibilidade térmica mais característica. Mais ainda, a sensibilidade térmica varia ao longo das mudanças de estação, em um processo de aclimatação. E, mais ainda, a sensibilidade térmica não é a mesma em diferentes faixas de temperatura. Na Figura 13 representamos, por simplificação, uma sensibilidade térmica fixa, como explicaremos em seguida, mas, em geral, as curvas de metabolismo *versus* temperatura não são tão bem-comportadas como a ilustrada na figura. Além disso, nas condições mais extremadas de temperatura, as quais, como no caso de endotermos-homeotermos, são variáveis de espécie para espécie, ocorre uma deterioração dos processos fisiológicos e há risco de morte para o animal. Isso também não foi ilustrado na figura.

A sensibilidade térmica é medida como uma razão entre a taxa metabólica entre duas temperaturas com diferença fixa. Habitualmente, utiliza-se uma diferença de 10 °C entre temperaturas para fazer o cálculo da razão entre as taxas metabólicas e denomina-se a sensibilidade, calculada, dessa maneira, por "Q_{10}". Assim, por exemplo, se a taxa metabólica dobra para uma elevação de 10 °C, o Q_{10} vale 2, se triplica, 3 etc. Na construção da Figura 13, utilizamos uma sensibilidade térmica para 10 °C de 4.

Note que a sensibilidade térmica é sempre um valor positivo maior que zero. Se maior que 1, indica que a taxa em questão aumenta com o aumento da temperatura. Se menor que 1 (e maior que 0), indica que a taxa em questão diminui com o aumento da temperatura. Se a sensibilidade térmica vale 1 isso quer dizer que a taxa em questão não varia com a temperatura (ou seja, é insensível à mudança de temperatura).

Vamos, a título de exercício, supor que uma dada espécie tenha $Q_{10} = 3$ em uma faixa de 30 °C, faixa essa que vai de 5 °C a 35 °C, e que, a 15 °C, sua taxa metabólica seja 1,2 watt. Qual é a taxa metabólica a 5 °C? E a 35 °C?

Como a sensibilidade térmica dessa espécie nessa faixa de temperatura é de 3 a cada 10 graus, e como 5 °C é 10 graus abaixo da temperatura para a qual temos o valor da taxa metabólica, isso quer dizer que a taxa metabólica a 5 °C é 3 vezes menor que a 15 °C, ou seja, a 5 °C a taxa metabólica vale 0,4 watt. Por outro lado, 35 °C é 20 graus acima de 15 °C. Isso quer dizer que a taxa triplica até 25 °C (primeiros 10 graus) e triplica novamente até 35 °C. Assim, a taxa metabólica medida a 15 °C será multiplicada por 9 quando o animal estiver a 35 °C, resultando em 10,8 watts.

O modo de expressar essa dependência do metabolismo com a temperatura é, portanto, escrito da seguinte maneira:

$$\dot{M}_2 = \dot{M}_1 \cdot Q_{10}^{\frac{T_2 - T_1}{10}}$$

Sendo $\dot{M}_1$ e $\dot{M}_2$ as taxas metabólicas medidas nas temperaturas T_1 e T_2, respectivamente. Uma forma mais sucinta de escrever a relação é tomando-se a possível variação por grau Celsius:

$$\dot{M}_2 = \dot{M}_1 \cdot q^{T_2 - T_1}$$

Sendo $q = \sqrt[10]{Q_{10}}$. Esse valor q indica, assim, a variação por grau Celsius e pode ser interpretado como a fração (ou porcentagem) de variação por unidade de temperatura. A tabulação a seguir ilustra a relação entre q e Q_{10}:

Q_{10}	0,5	1	2	3	4
q	0,93	1	1,07	1,12	1,15

Vemos, assim, que, por exemplo, $Q_{10} = 2$ significa um aumento de 7% na taxa em questão a cada grau Celsius, e $Q_{10} = 3$, implica aumento de 12% a cada grau Celsius.

Apesar de toda essa apresentação acerca da taxa metabólica de ectotermos-pecilotermos parecer estar distante dos processos em endotermos-homeotermos, são esses princípios que guiam uma série de aplicações clínicas e de eventos acidentais com animais desse último grupo. O resfriamento de órgãos durante o transporte e o resfriamento cardíaco durante cirurgias de reparo valvar, obstruções coronárias etc., são exatamente esse efeito de diminuição da taxa metabólica dos órgãos pela temperatura, estendendo o seu tempo de viabilidade durante os procedimentos. Os casos de pessoas que se afogam em águas geladas e são resgatadas com vida horas após permanecerem submersas são outros exemplos da diminuição intensa da taxa metabólica decorrente do resfriamento corpóreo, permitindo uma sobrevida estendida na condição aversa.

Comparativo endotermos-homeotermos com ectotermos-pecilotermos

A título de completude do texto, vamos apresentar brevemente uma comparação entre os grupos no que tange às variações de taxa metabólica e de temperatura corpórea em função da temperatura ambiente. Na verdade, colocaremos, em uma única figura, os gráficos apresentados nas Figuras 12 e 13, de modo a termos uma perspectiva mais direta das diferenças entre esses padrões de termorregulação. Isso é apresentado na Figura 14.

Pela Figura 14, temos uma melhor noção quantitativa dessas respostas. Geralmente, apesar do aumento com a temperatura, a taxa metabólica de um ectotermo-pecilotermo se mantém abaixo da de um endotermo-homeotermo de tamanho corpóreo similar, mesmo quando a temperatura corpórea do primeiro atinge os patamares da temperatura corpórea do homeotermo. A figura realça, também, a ausência de uma zona de termoneutralidade para os ectotermos-pecilotermos. Nota-se, ainda, que as respostas na região abaixo da ZTN são opostas: o endotermo-homeotermo aumenta sua taxa metabólica de modo a manter a temperatura corpórea elevada em temperaturas ambientes baixas,

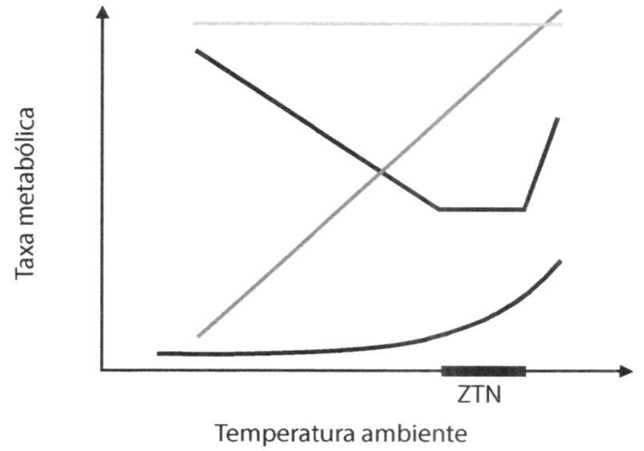

FIGURA 14 Representação de respostas metabólicas e de temperatura corpórea típicas de endotermos-homeotermos e de ectotermos-pecilotermos à temperatura ambiente (representações como nas Figuras 12 e 13). Por clareza, os extremos de temperatura nos quais as repostas se tornam deterioradas foram omitidos.

enquanto o ectotermo-pecilotermo, em razão da sensibilidade térmica ("Q_{10}"), tem a taxa metabólica decrescente com a diminuição da temperatura ambiente.

Sistema de regulação da T_b

Passamos, agora, ao sistema de regulação propriamente dito da temperatura corpórea em endotermos-homeotermos. De fato, mais especificamente, iremos nos ater ao sistema de termorregulação de mamíferos, pois, apesar de haver uma grande sobreposição em termos gerais, aves têm diferenças que fogem aos objetivos do presente texto.

A Figura 15 apresenta o esquema geral de controle de T_b. De maneira geral, o sistema funciona da maneira explicada a seguir. Neurônios que operam como sensores térmicos enviam três tipos de sinais ao sistema de controle: a temperatura corpórea, a taxa de variação da temperatura corpórea e a temperatura ambiente. Esses sinais são combinados no controlador, e isso gera dois tipos de sinais de controle para os efetores orgânicos. Um dos sinais é o de variação da condutância térmica e o outro é o de variação na taxa metabólica. Como consequência desses sinais de controle, há alterações tanto na entrada de energia ($\dot{M}$) quanto na saída e, portanto, alteração na temperatura corpórea. Uma vez que o sinal de erro seja zero, tanto a taxa metabólica quanto a condutância não mais variam. Note que o sinal $\frac{dT_b}{dt}$ funciona como um sinal de antealimentação, pois indica, ao controlador, que mudanças na temperatura corpórea estão ocorrendo (mesmo que ainda não suficientes para levar a um sinal de erro). O sinal da temperatura ambiente por si só não causa alteração na saída do controlador.

A operação do sistema fisiológico *simula* a existência de uma alça de retroalimentação com um comparador entre a temperatura corpórea e uma temperatura de referência e, em função do sinal de erro entre essas temperaturas, os mecanismos efetores são acionados. *Contudo, como veremos a seguir, não há, de fato, nenhum sinal de referência de temperatura.* O controle é originado por um conjunto de interações neuronais que

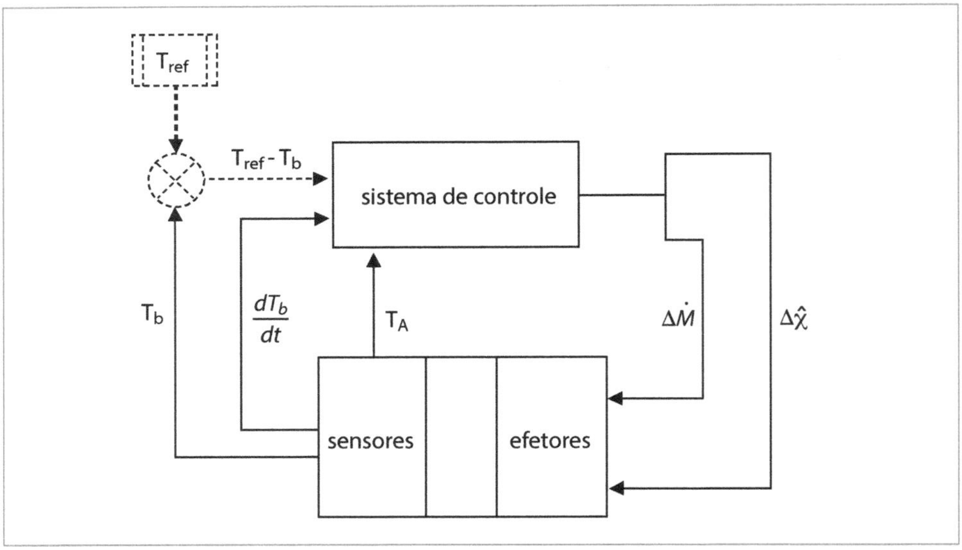

FIGURA 15 Esquema do sistema de controle da temperatura corpórea em mamíferos. O detalhamento do funcionamento desse sistema é apresentado e discutido no texto.
T_b: temperatura corpórea; T_A: temperatura ambiente; $\Delta\dot{M}$: sinal de controle para variação da taxa metabólica; $\Delta\hat{\chi}$: sinal de controle para variação da condutância térmica; $\frac{dT_b}{dt}$: taxa de variação da temperatura no tempo; ⊗: comparador. O sinal (temperatura) de referência, T_{ref}, e o sinal de erro na retroalimentação do controlador, $T_{ref} - T_b$, foram deixados em tracejado e com cor menos intensa para ressaltar que o sistema funciona "como se possuísse esses componentes".

prescindem de um sinal de referência. Assim, esses elementos foram deixados em tracejado na Figura 15 para ressaltar que esse modelo de controle proporcional a um sinal de erro no controle da temperatura corpórea é apenas uma alegoria didática.

Existe uma distinção entre "*set-point*" e "referência". A referência é um valor dado ao sistema de controle, enquanto o *set-point* é o resultado da operação, ou seja, no caso, a temperatura corpórea que é mantida. Geralmente, nos sistemas de engenharia, o *set-point* coincide com a referência. Como ressaltado, de fato não existe um sinal de referência para a temperatura corpórea. Quando nos referirmos a *set-point*, utilizaremos a concepção de ser esse o valor da temperatura na qual o organismo está operando (Cabanac, 2006).

Componentes biológicos do sistema de controle da temperatura corpórea

Em 1965, H. T. Hammel propôs uma base neural para a regulação da temperatura corpórea (Boulant, 2006). Essa base neural transporta a ideia do controle por uma referência de temperatura, proposta por J. D. Hardy em 1954 e 1965 (ver Cabanac, 2006), para o modo de operação da circuitaria envolvida. Resultados experimentais desde então vêm comprovando o sistema básico proposto (Boulant, 2006), e algumas importantes adições têm sido observadas (Nakamura e Morrison, 2008).

No circuito, neurônios sensores periféricos, isto é, neurônios termossensíveis cutâneos, viscerais e medulares, enviam sinais a um centro integrador no sistema nervoso central. Esse centro se localiza na área pré-óptica do hipotálamo e no hipotálamo anterior (POAH). Além de receber as informações da periferia, neurônios da POAH são também termossensíveis, detectando a temperatura hipotalâmica, T_H. Na POAH, dos neurônios cujas taxas de disparo se relacionam diretamente a respostas termorreguladoras, identificam-se ao redor de 20% como sensíveis ao quente e 10% sensíveis ao frio. Os demais 70% dos neurônios cujas taxas de disparo se relacionam diretamente a respostas termorreguladoras são termoinsensíveis. Dados mais recentes indicam que uma população de neurônios sensíveis ao frio se localiza em uma região adjacente à POAH, o núcleo parabraquial lateral. Esses neurônios recebem informação sensorial de frio vinda da pele (Nakamura e Morrison, 2008). Por simplificação, chamaremos os neurônios sensíveis ao frio de "neurônios de frio" e os sensíveis ao quente, de "neurônios de quente". O circuito proposto por Hammel acrescido do núcleo parabraquial e neurônios de frio na POAH é ilustrado na Figura 16. É importante notar, no entanto, que a circuitaria neural envolvida na termorregulação ainda não se encontra completamente elucidada até a data desta publicação e que, portanto, parte das operações aqui descritas são, em princípio, uma possibilidade entre outras e não necessariamente o funcionamento verdadeiro. Por exemplo, Romanovsky apresenta um circuito ligeiramente diferente do discutido aqui (Romanovsky, 2018).

O funcionamento ocorre da seguinte maneira: receptores periféricos (cutâneos, viscerais e, eventualmente, medulares) têm suas taxas de disparo alteradas pela temperatura local. Dessa maneira, se a temperatura é alta em relação a um valor de referência (p. ex., 37 °C), os receptores de quente (Q_1 na figura) têm a taxa de disparo aumentada, enquanto os de frio (F_1 na figura) têm a taxa abolida e vice-versa para temperaturas menores que a referência. Além disso, essas taxas são crescentes com a diferença da temperatura local em relação à referência. Tanto os receptores de quente quanto os de frio fazem sinapse com neurônios na medula espinhal, e os receptores de frio têm um papel de inibição dos neurônios medulares enquanto os de quente têm um papel de

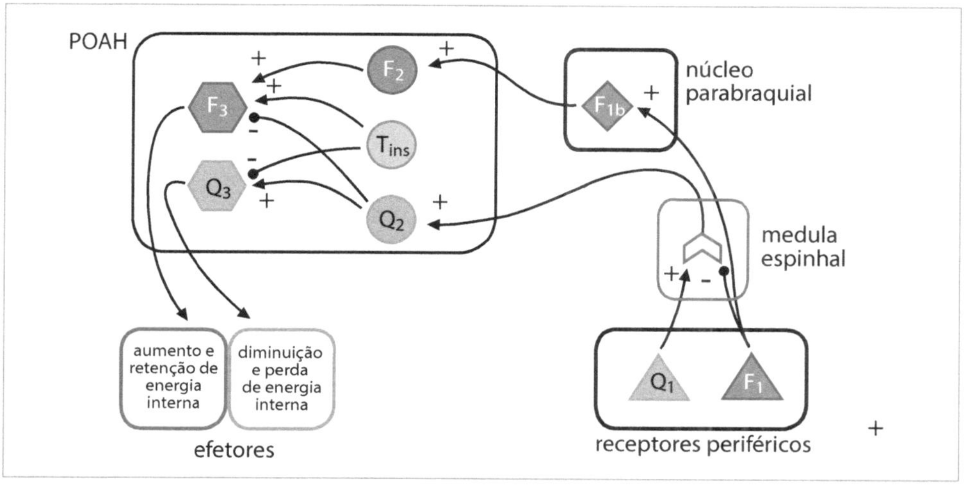

FIGURA 16 Circuitaria neural proposta para a regulação de temperatura corpórea. O detalhamento das operações se encontra no texto. Note que ainda não se sabe se há algum tipo de inibição cruzada entre os neurônios de quente e de frio na POAH. Note também que parte desse circuito ainda não está completamente elucidada.

estimulação. Os neurônios medulares se comunicam com neurônios de quente Q_2 na POAH, estimulando-os. Além da comunicação com os neurônios medulares, os receptores F_1 se comunicam com neurônios de frio F_{1b} no núcleo parabraquial, estimulando-os.

Os neurônios Q_2, na POAH, estimulam os neurônios Q_3 e F_3 que se dirigem aos efetores, estimulando os primeiros e inibindo os segundos. Já os neurônios F_2, também na POAH, parecem se comunicar apenas com os neurônios F_3, estimulando-os. Por outro lado, um terceiro tipo neuronal na POAH, os neurônios termoinsensíveis T_{ins}, não recebem aferências sensoriais e têm taxa de disparo constante, independentemente da temperatura. Em um papel oposto aos neurônios de quente Q_2, os neurônios termoinsensíveis inibem os neurônios Q_3 e estimulam os F_3.

Dessa maneira, os neurônios Q_3 e F_3, os quais se dirigem aos órgãos efetores, funcionam como os integradores finais da resposta. Se a inibição supera a excitação, não há disparo e, se a excitação supera a inibição, a taxa de disparos é crescente. Como os eventos de excitação e de inibição sobre esses neurônios são opostos, se o grupamento Q_3 se encontra estimulado, o grupamento F_3 se encontra inibido e vice-versa. Logo, ou as respostas efetoras se voltam à retenção de energia e aumento de metabolismo, ou à perda de energia e diminuição do metabolismo. Essas operações são esquematizadas na Figura 17.

Vamos utilizar as operações básicas ilustradas na Figura 17 para exemplificar uma resposta de retroalimentação que utiliza o sinal de erro para correção da temperatura corpórea (ver Figura 15). Assim, suponha que, em um dado momento, os neurônios

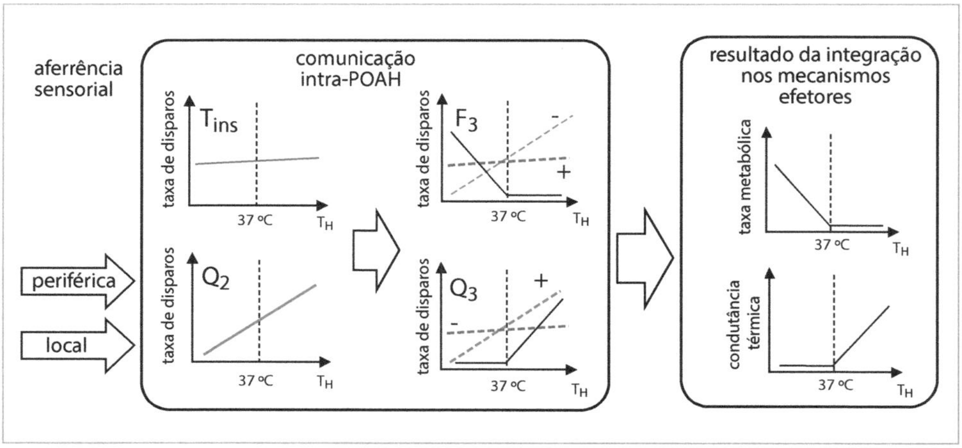

FIGURA 17 Operações básicas entre neurônios de quente e neurônios termoinsensíveis no centro termorregulador. As aferências sensoriais recaem sobre os neurônios Q_2, podendo inibi-los (se frio) ou estimulá-los (se quente), o que varia, assim, suas taxas de disparos. Já os neurônios termoinsensíveis têm taxas de disparo fixas. Os neurônios de quente Q_3 e de frio F_3 recebem as estimulações e inibições oriundas dos neurônios T_{ins} e Q_2. Se a excitação supera a inibição, o neurônio desse nível aumenta sua taxa de disparos, caso contrário, permanece silente. Assim, esse nível neuronal funciona como um somador e a saída do controlador para os mecanismos efetores resulta em uma combinação de alterações de taxa metabólica e de condutância térmica, além de mecanismos comportamentais e perdas evaporativas (não ilustrados). Note que a temperatura de referência é a temperatura hipotalâmica, T_H.
Fonte: adaptada de Boulant, 2006.

Q_2 estejam expostos a uma temperatura hipotalâmica de 38 °C. Suas taxas de disparo superam as taxas dos neurônios T_{ins}. Como resultado, os neurônios Q_3 se veem com excitação maior que inibição, e os neurônios F_3 se veem com excitação menor que inibição (linhas tracejadas nos gráficos de Q_3 e de F_3 na Figura 17). Os primeiros se tornam ativos, enquanto os segundos se tornam silentes. Como resultado, há aumento da condutância térmica e diminuição da taxa metabólica, o que tende a aumentar as saídas de energia e diminuir as entradas (ver equação 6). Como U = U(T), a temperatura corpórea tende a diminuir. Com isso, diminui a taxa de disparos dos Q_2 e, conforme a temperatura corpórea (e, consequentemente, a hipotalâmica) vai diminuindo, a taxa de disparos de Q_2 vai, também, diminuindo, até que se atinge uma condição na qual as inibições e as excitações tanto sobre os neurônios Q_3 quanto F_3 empatam e esses neurônios se tornam silentes, deixando a taxa metabólica e a condutância térmica em um dado patamar que as entradas e saídas de energia se anulam e a temperatura corpórea se mantém fixa.

Nosso próximo passo é observar uma resposta de antealimentação. Essa é evidenciada pela atuação dos neurônios do núcleo parabraquial, os quais denominamos F_{1b} na Figura 16, quando estimulados por sensores cutâneos de frio. A situação é ilustrada na Figura 18.

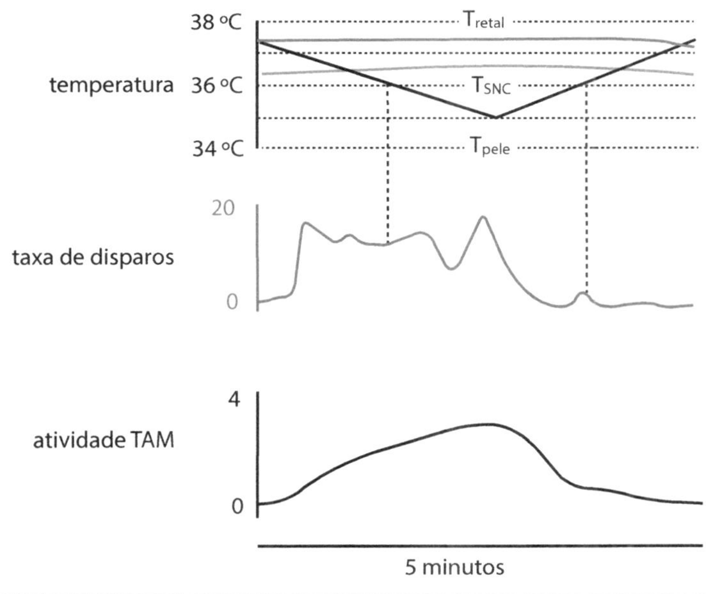

FIGURA 18 Resposta de neurônios de frio no núcleo parabraquial ao estímulo de frio vindo da pele. O experimento foi conduzido pelo rebaixamento da temperatura cutânea. O painel superior mostra a temperatura medida em três locais: pele (em preto), reto (em cinza escuro) e sistema nervoso central (SNC, em cinza claro). O painel central mostra a resposta, em taxa de disparos de potenciais de ação, por neurônio de frio no núcleo parabraquial. O painel inferior mostra a atividade induzida no tecido adiposo marrom (TAM) detectada como resposta efetora. Note que tanto a temperatura retal quanto a do SNC não exibem alterações significativas durante o experimento, evidenciando que a atividade no núcleo parabraquial se relaciona à variação da temperatura da pele. As linhas tracejadas verticais indo do painel superior ao central indicam uma mesma temperatura cutânea (no caso, 36 °C).
Fonte: Nakamura e Morrison, 2008.

Vemos, na Figura 18, que a queda da temperatura da pele induz um aumento de atividade (disparos de potenciais de ação) em neurônios do núcleo parabraquial. Esse aumento da taxa de disparos leva, através de neurônios na POAH, a um aumento na atividade do tecido adiposo marrom (a ser apresentado mais adiante) como parte de uma série de respostas efetoras que causam aumento na taxa metabólica e diminuição da condutância térmica. Essas respostas serão estudadas adiante. O que nos importa, neste momento, é observar que a resposta dos neurônios do núcleo parabraquial não é decorrente da temperatura do sistema (seja ela medida pela temperatura retal, seja no SNC ou na pele), mas sim da variação da temperatura (no caso, da pele). Observamos isso das seguintes maneiras, sendo o item 1 o mais importante:

1. Para uma mesma temperatura de pele, a taxa de disparos é diferente se a temperatura está em queda ou se está em elevação. Isso é apontado pelas linhas tracejadas verticais entre os painéis superior e central na figura. Se a temperatura cutânea está em queda, a taxa de disparos é alta; se está em elevação, a taxa de disparos se torna praticamente nula.
2. A taxa de disparos e a reposta efetora aumentam, apesar de não haver alteração da temperatura tanto retal quanto do próprio SNC.

As respostas tanto ao aquecimento quanto ao resfriamento da POAH são dependentes da espécie, e cada uma dessas respostas pode ter um *set-point* diferente (Boulant, 2006). Essas respostas efetoras serão apresentadas na próxima seção.

Respostas termorreguladoras efetoras

Os componentes da equação 6 que podem ser alterados pelo organismo por meio de processos fisiológicos são a condutância térmica, as perdas evaporativas e a taxa metabólica. Em termos comportamentais, a exposição ao sol ou a permanência em certas temperaturas ambientais podem ser, quando possível, fatores modificáveis, mas nem sempre isso pode ser possível. Também do ponto de vista comportamental, a agregação em grupos, como fazem os pinguins, ou a postura corpórea expondo maior ou menor área para trocas, são possibilidades que alteram a condutância térmica. Iremos nos ater, aqui, somente aos componentes relacionados aos processos fisiológicos.

Condutância térmica

Em mamíferos, há basicamente dois mecanismos de alteração da condutância térmica: o eriçamento de pelos e a perfusão sanguínea cutânea.

O eriçamento de pelos[27] aumenta a espessura da camada de ar que recobre a pele e diminui as correntes de convecção forçadas nessa camada. As perdas de energia pela superfície do organismo aquecem a camada de ar, e o calor específico do ar é de 1,3 J L^{-1} $°C^{-1}$, o que requer uma baixa demanda para esse aquecimento (a água tem um calor

27 Esse processo ocorre através de musculatura na base do pelo.

específico 3.200 vezes maior, o que requer, portanto, muito mais energia para o aquecimento de um mesmo volume). A condutância térmica do ar é de 0,00006 watt m^{-1} °C^{-1}. A título de comparação, a condutividade térmica do ferro é de 70 watts m^{-1} °C^{-1}.

Assim, a alteração da posição da pelagem em relação à pele altera as trocas por condução/convecção por variar a distância *L* entre os meios (ver equação de condução térmica em seção anterior). Seres humanos perderam a maior parte da pelagem de cobertura corpórea. Contudo, o reflexo de piloereção ao frio permanece, e podemos observar esse processo em decorrência da mudança rápida de temperatura ambiente.

A alteração de condutância térmica relacionada à perfusão sanguínea se dá por vasodilatação ou vasoconstrição na microcirculação cutânea (ver o capítulo "Circulação" do volume 2 desta obra). Em condições de temperaturas ambientes quentes, ocorre vasodilatação cutânea. Isso traz mais sangue para a superfície corpórea, e o sangue se encontra na temperatura central (hipotalâmica ou retal, ver seção anterior, Figura 18). Assim, há um aumento da temperatura superficial corpórea e, com isso, aumento das perdas de energia por calor. Já em ambientes frios, há vasoconstrição cutânea. Isso impede que o sangue, que se encontra aquecido no núcleo corpóreo atinja as camadas mais superficiais do corpo, diminuindo as trocas por calor com o entorno.

É por esse processo de alteração da perfusão cutânea em decorrência da temperatura do entorno que, em ambientes quentes, tendemos a ficar com a face avermelhada e as veias periféricas ressaltadas, ao passo que, em ambientes frios, nossas extremidades, além de esfriarem, se tornam arroxeadas (ver Hemoglobina, no capítulo "Respiração" do volume 2 desta obra) e até enrugadas (ver Rugas de imersão, no capítulo "Circulação" do volume 2 desta obra).

Perdas evaporativas

As perdas evaporativas, como o próprio termo indica, correspondem somente a eventos que levam à diminuição da energia interna do sistema. Enquanto as trocas térmicas em geral podem ser vias de mão dupla pois, dependendo da diferença de temperatura pode haver entrada ou saída de energia, no processo evaporativo somente ocorrerá saída. Assim, claramente, esse fator se torna mais relevante em situações de ambiente quente.

As perdas evaporativas se dão, em essência, por duas vias: o trato aéreo superior e a pele. Pelas vias aéreas, há uma perda associada à ventilação pulmonar que constitui parte das chamadas perdas insensíveis. Essa perda evaporativa não se relaciona à termorregulação, pois é inerente à obtenção de oxigênio e eliminação de gás carbônico. Por outro lado, o ofego é uma perda evaporativa pelo trato respiratório relacionada à termorregulação. O ofego é muito característico de cães (e presente em grande parte dos mamíferos e aves), caracterizado por um aumento da frequência ventilatória, mas de pequeno volume corrente. Dessa forma, há um aumento da convecção forçada de ar sobre as superfícies úmidas das mucosas induzindo um aumento da evaporação de água dessas superfícies.

O ofego traz um potencial problema: a ventilação alveolar aumenta e, consequentemente, há o desenvolvimento de uma alcalose respiratória (ver os capítulos "Respiração" do volume 2 desta obra e "Regulação ácido-base" deste volume). Porém, note que o animal se encontra na faixa de temperaturas altas (ver seção correspondente) na qual há, como ilustrado na Figura 12, aumento da taxa metabólica para termorregulação. Esse aumento da demanda metabólica decorre de um significativo aumento do trabalho ventilatório, com aumento da produção de gás carbônico. Além disso, há aumento do espaço morto fisiológico, com parte da ventilação ocorrendo em alvéolos de baixa perfusão (Frostell et al., 1983; Meyer et al., 1989). A junção desses três fatores faz com que a alcalose desenvolvida seja de pequena magnitude, se houver.

Mamíferos são o único grupo animal que apresenta glândulas sudoríparas, uma estrutura relacionada, primordialmente, aos pelos. Há três tipos de glândulas sudoríparas: as écrinas, as apócrinas e um tipo misto. As apócrinas se associam a folículos pilosos e sua secreção é menos aquosa que as do tipo écrino. Essas glândulas são as principais entre os mamíferos não primatas e sua função básica se relaciona à liberação de feromônios e, em situações de elevação da temperatura, a secreção toma parte na termorregulação. As glândulas écrinas não estão associadas a folículos pilosos. Sua secreção é bastante aquosa e são estimuladas pelo sistema nervoso autônomo simpático através de receptores de acetilcolina (Shibasaki et al., 2006). Em seres humanos, esse tipo de glândula sudorípara é o principal e se encontra espalhado em praticamente toda a superfície corpórea, tendo papel extremamente relevante na termorregulação por meio das perdas evaporativas (Gagnon e Crandall, 2018; Shibasaki et al., 2006)

Zona de termoneutralidade contemporânea

Como mencionamos quando apresentamos o conceito da zona de termoneutralidade, há uma definição mais moderna desse conceito (Romanovsky, 2018). Essa definição leva em conta não só a manutenção de uma taxa metabólica em um certo patamar, mas também a manutenção da água corpórea, isto é, perdas evaporativas relacionadas à termorregulação nulas. Dessa maneira, a ZTN contemporânea é uma faixa mais estreita de temperatura ambiente, pois, como ilustrado na Figura 19, há aumento das perdas evaporativas abaixo da temperatura crítica alta.

Taxa metabólica

Quando nos referimos à termorregulação por intermédio de alterações da taxa metabólica, geralmente estamos nos referindo a repostas ao frio, como já salientado quando discutimos as repostas para temperaturas ambiente abaixo da zona de termoneutralidade (ver Figura 12). Dessa forma, o foco é o aumento do metabolismo como mecanismo de manutenção da temperatura corpórea. Em essência, **podemos colocar as repostas de aumento da taxa metabólica como sendo um aumento do componente de trabalho interno**. O aumento do trabalho interno leva a um aumento da energia interna do organismo e, consequentemente da temperatura corpórea por meio de dois mecanismos: o aumento do rejeito térmico e o aumento da dissipação, como se pode observar pela Figura 10.

A taxa metabólica, no caso o trabalho interno, pode ser alterada por dois grandes grupos de repostas efetoras: **o tremor muscular e a termogênese por não tremor**. Esse segundo grupo de respostas inclui uma variedade de tecidos e/ou de processos ativados pelo sistema nervoso autônomo e por hormônios ditos "metabólicos". Os hormônios de resposta ao frio são os relacionados ao sistema nervoso simpático (adrenalina e

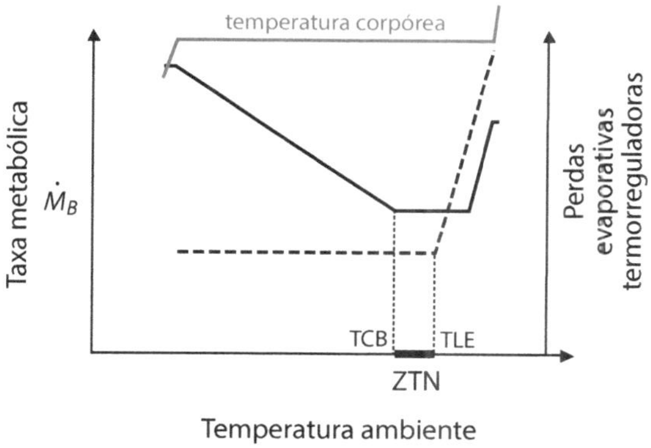

FIGURA 19 Conceito contemporâneo de zona de termoneutralidade. A linha tracejada cinza ilustra as perdas evaporativas relacionadas à termorregulação, sendo TLE a temperatura de limiar evaporativo, ou seja, a temperatura ambiente a partir da qual há aumento de perdas hídricas por evaporação para manutenção da temperatura corpórea no patamar eutérmico. Note que a TLE se encontra abaixo da temperatura crítica alta (não ilustrada; ver Figura 12). Note ainda que, abaixo da TLE, há perdas evaporativas (perdas insensíveis, ver texto), porém não estão relacionadas à termorregulação.
Fonte: Romanovsky, 2018.

noradrenalina), os corticosteroides, a leptina e o hormônio tireóideo (Silva, 2006). Os mecanismos de ação desses hormônios são estudados no capítulo "Controle e regulação hormonal". Aqui, iremos nos ater às respostas metabólicas efetoras decorrentes da ação desses hormônios.

Tremor muscular

O tremor muscular é uma atividade motora de alta frequência (em humanos, ao redor de 8 Hz) e baixa amplitude, de estimulação da musculatura agonista e antagonista de diversas articulações. Com isso, não há movimento efetivamente sendo feito. Como não há praticamente trabalho externo sendo realizado, a demanda metabólica do tremor muscular se torna trabalho interno. Assim, como já descrevemos, há aumento da energia interna e temperatura.

Em temperaturas frias de média intensidade, aproximadamente 80% do aumento metabólico é por tremor muscular. Em condições de temperaturas ambientes muito baixas, o tremor muscular pode causar um aumento de até cinco vezes na taxa metabólica basal, representando 40% do consumo máximo de oxigênio (Blondin e Haman, 2018). Os carboidratos são a fonte principal de combustível para o tremor muscular, mas lipídeos também são utilizados e podem ser o principal combustível, dependendo do estado de reservas de glicogênio muscular prévias (Blondin e Haman, 2018)

Termogênese por não tremor: tecido adiposo marrom, vazamento de prótons e ciclos fúteis

Por definição, a termogênese por não tremor (TNT) é o incremento de taxa metabólica não decorrente de tremor induzido por ambientes frios (Blondin e Haman, 2018).

Muitos órgãos participam do conjunto de processos de aumento de trabalho interno que compõe a TNT, inclusive a própria musculatura esquelética, além de contribuir para o tremor, tem relevante papel na TNT. Outros órgãos, como fígado, coração e tecido adiposo branco, tomam parte na TNT. Além disso, existe um tecido dedicado à termogênese, o tecido adiposo marrom (TAM). Cabe notar, também, que na seção "Vias metabólicas energéticas" mais adiante, faremos uma breve e resumida recapitulação das vias energéticas de produção de trifosfato de adenosina (ATP).

Até o fim do século XX, acreditava-se que apenas os mamíferos pequenos, os hibernantes e os neonatos possuíam esse tecido adiposo de coloração mais escura. Posteriormente se percebeu que o TAM existe em praticamente todos os mamíferos, mesmo adultos, incluindo os seres humanos (Blondin e Haman, 2018) e que sua presença é induzida por aclimatação ao frio (Nedergaard e Cannon, 2018).

A coloração mais escura se deve ao grande número de mitocôndrias presentes no TAM, essenciais para o funcionamento do tecido na termorregulação.[28] Enquanto os depósitos de gordura (tecido adiposo branco) servem para, em períodos de jejum, exportar lipídeos para a manutenção do metabolismo energético orgânico, o TAM consome, ele mesmo, o depósito que contém, liberando energia por dissipação. Com isso, aquece o sangue que passa pelo tecido, assim como suas vizinhanças, contribuindo para a manutenção da temperatura corpórea em ambientes frios. Por outro lado, quando as temperaturas do entorno se elevam, o TAM se torna quiescente.

O estímulo para a atividade do tecido adiposo marrom é dado por terminações nervosas do ramo simpático do sistema nervoso autônomo, através da noradrenalina. Ao receber a estimulação, as células do TAM passam a liberar ácidos graxos livres no citoplasma, a partir das gotículas de depósito. Os ácidos graxos livres agem em proteínas da membrana mitocondrial chamadas proteínas desacopladoras[29] (Nedergaard e Cannon, 2018). Essas proteínas permitem que o gradiente de H^+ na membrana mitocondrial, formado pela passagem de elétrons na cadeia respiratória (onde se dá o consumo de oxigênio como revisto mais adiante) seja desfeito sem a concomitante produção de ATP (daí o termo "desacopladora": a energia da passagem dos elétrons se torna desacoplada da produção de ATP). Assim, uma vez que não há transferência de energia dos ácidos graxos livres para a formação de ATP, todo o processo se passa como rejeito e dissipação, causando a elevação de temperatura no local.

Da mesma maneira que acabamos de discutir para o TAM, sempre que houver passagem de próton (H^+) sem a concomitante produção de ATP pela mitocôndria, haverá aumento de energia dissipada. Essa passagem é chamada de vazamento de prótons e, quanto maior o vazamento, maior a energia dissipada. Tanto assim que se considera que a evolução do taquimetabolismo de aves e mamíferos está diretamente relacionada a uma maior permeabilidade de membranas a íons, em geral, e da membrana mitocondrial, em particular, ao H^+ (Hulbert e Else, 1999; Little e Seebacher, 2014; Price et al., 2018;

---

28 As mitocôndrias são estudadas em maior detalhamento no capítulo sobre "Difusão e potenciais" do volume 1 desta coleção.

29 No caso, a UCP-1.

Seebacher, 2020). A musculatura esquelética é um dos locais nos quais há aumento de vazamento de prótons como resposta de aclimatação ao frio.

A permeabilidade da membrana mitocondrial ao H^+ se relaciona diretamente à dissipação de energia dos combustíveis, como descrevemos. Por outro lado, a permeabilidade da membrana celular a íons como sódio e potássio, por exemplo, se relaciona à dissipação de energia de maneira indireta, pelo aumento de atividade de bombas de membrana para manutenção dos diferenciais de concentração, como discutimos na seção "O termo 'X'".

Chegamos, assim, à concepção de **ciclos fúteis**. O aumento da permeabilidade de membrana a um íon induz uma maior atividade de bomba, com gasto de ATP, para manutenção do gradiente de concentração. De maneira semelhante, se a bomba iônica deixa de fazer o transporte (desacoplamento de transporte), também terá que ocorrer maior atividade. Assim, qualquer um desses dois mecanismos implica que há um aumento de ciclagem de ATP sem que realmente ocorra trabalho, apenas uma movimentação de íons entre dois compartimentos *sem alteração de concentração*. Esse é o conceito termodinâmico de ciclos fúteis, de maneira geral. Assim, como exemplo, temos o desacoplamento de transporte pela ATPase de cálcio do retículo sarcoplasmático (Serca) como mecanismo termogênico em musculatura estriada (Blondin e Haman, 2018). Como citamos anteriormente, outros órgãos, como fígado, coração e tecido adiposo branco, também já foram identificados como sítios termogênicos.

Note que, em ciclos fúteis do ponto de vista termodinâmico, energia de mais alta qualidade (contida nas ligações do ATP) está sendo degradada em energia de menor qualidade (energia interna). **Do ponto de vista fisiológico, contudo, existe uma função para essa energia degradada: termogênese para termorregulação.**

Febre

A febre é uma elevação regulada da temperatura corpórea, ou seja, tem origem no próprio sistema de controle de térmico orgânico (Kluger, 1986). Essa elevação de temperatura surge, na maior parte das vezes, em decorrência de processos inflamatórios associados a infecções. De fato, a mera presença de certos componentes bacterianos, como lipopolissacarídeos (LPS, ou endotoxina) da membrana externa de bactérias Gram-negativas, pode induzir a febre. **Em todos os grupos animais estudados, sejam vertebrados, sejam invertebrados, a febre, ou elevação da temperatura corpórea, é observada como resposta a infecções** (Kluger, 1986). Em animais ectotermos, a elevação da temperatura é obtida pela busca ativa por ambientes mais quentes, sendo, então, denominada febre comportamental. Nos endotermos, a elevação da temperatura corpórea se dá pelos mecanismos de diminuição da condutância térmica e elevação da taxa metabólica.

O processo é desencadeado pela inibição dos neurônios de quente na POAH (neurônios Q_2 no esquema da Figura 16). Com essa inibição, os neurônios Q_3 deixam de ser estimulados e os neurônios F_3 deixam de ser inibidos (ver Figura 16). Como resultado, tem-se um aumento na produção e retenção de energia no sistema, elevando a temperatura corpórea. Em mamíferos, estima-se que haja um aumento ao redor de 10%

na taxa metabólica para cada grau Celsius de aumento da temperatura corpórea em decorrência do processo febril.

Uma vez que a febre é observada em todos os grupos estudados, dificilmente pode-se considerar esse aumento de temperatura corpórea nas situações de infecção como não benéficas ao hospedeiro. Em outras palavras, a febre tem valor adaptativo. Por exemplo, iguanas do deserto infectadas com *Aeromonas hydrophila* têm 100% de mortalidade se deixadas a 34 °C, mas têm taxa de sobrevivência maior que 70% se deixadas a mais de 40 °C (Kluger, 1978). Grande parte dos mecanismos da defesa dos hospedeiros que são beneficiados pelo aumento da temperatura corpórea ainda é estudada e foge aos objetivos do presente texto discuti-los.

VIAS METABÓLICAS ENERGÉTICAS

Passamos, então, para o estudo das vias metabólicas relacionadas aos processos de transferência de energia no organismo da maioria das espécies animais e particularmente dos vertebrados. A Figura 19 apresenta estruturas químicas dos compostos mais importantes do ponto de vista desses processos, os quais detalharemos na continuação do texto.

Os mais diversos processos fisiológicos são mantidos em operação por meio da energia cedida, de maneira espontânea, por macronutrientes ingeridos. A razão por que falamos em espontaneidade nessa transação energética está mais aprofundada no Box 1, sobre energia livre. Como chamamos a atenção em "Homeostase e ritmos" (volume 1 da coleção), esse fenômeno é, basicamente, o de uma combustão. Assim, muitas vezes utilizamos o termo "combustível" para nos referir aos macronutrientes que são utilizados como fonte de energia, e "queima" ou "oxidação" com referência ao processo da transferência em si. Em uma combustão, além do combustível há o comburente, um composto que receberá elétrons e prótons liberados no processo. No caso da atmosfera terrestre, o comburente é, basicamente, o oxigênio. Dessa maneira, na queima dos macronutrientes haverá o consumo de oxigênio, O_2. Concomitantemente há, como em uma fogueira ou outras combustões, a produção de gás carbônico (CO_2) e água (H_2O). Note, no entanto, que o O_2 que se encontra no gás carbônico produzido no processo orgânico não é o O_2 consumido (ver Figura 22 mais adiante).

Contudo, o processo de transferência de energia pode, também, ocorrer na ausência de O_2, levando à formação de outros compostos que não a água e o gás carbônico. Quando o processo é oxidativo (isto é, há oxigênio para receber os elétrons a serem transferidos), o metabolismo é dito aeróbio. Quando a obtenção de energia a partir do combustível se dá sem o uso de oxigênio, o metabolismo é dito anaeróbio.[30] Em termos energéticos, o metabolismo aeróbio tem um rendimento muito superior ao metabolismo anaeróbio, como veremos nas seções adiante.

30 Note que o metabolismo anaeróbio não deve ser confundido com combustão incompleta, como a que ocorre em fogueiras, motores a combustão etc.

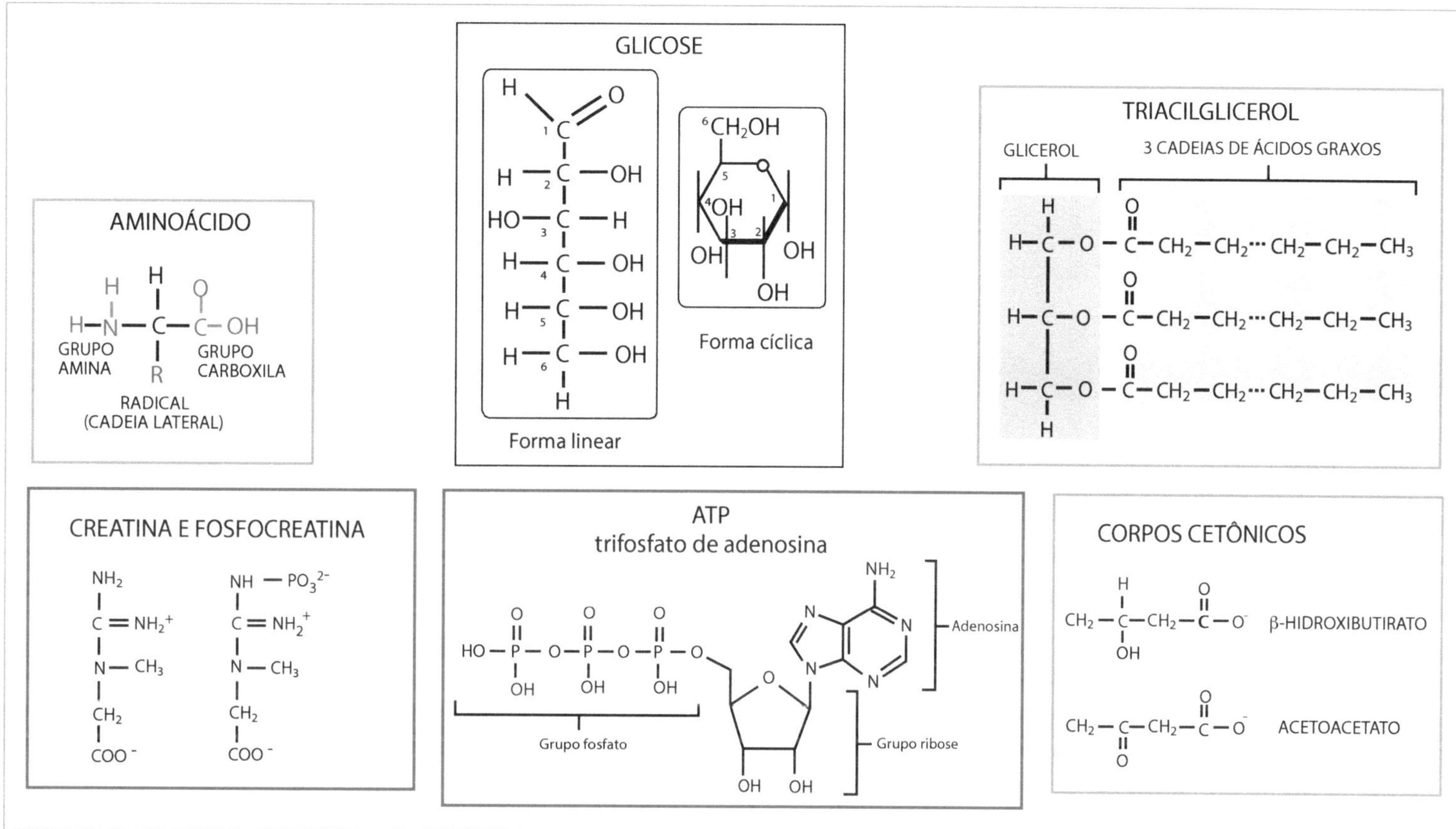

FIGURA 20 Estrutura química de compostos importantes no metabolismo energético. As formas cíclicas estão representadas como o padrão em química orgânica, com os vértices das estruturas sendo átomos de carbono. Os diferentes aminoácidos mantêm a estrutura básica ilustrada, diferindo no radical. Os triglicérides (triacilglicerol) representam a forma de armazenamento lipídico e podem diferir nas cadeias de ácidos graxos acopladas à molécula de glicerol, tanto entre os triglicérides quanto entre os ácidos graxos de um mesmo triglicerídeo.

Box 1. Energia livre

O modo mais importante de energia livre para o funcionamento orgânico é a energia livre de Gibbs, G. Antes de definirmos G, contudo, vamos procurar entender a terminologia "energia livre" em si mesma, pois isso nos permitirá entender o fundamento conceitual para interpretar as questões de transferência de energia com obtenção de trabalho.

Como vimos pela Primeira Lei, energia se conserva e pode, então, ser transferida entre diferentes apresentações. Isso implica que, em um dado sistema, uma certa apresentação "A" deverá ter sua energia diminuída para que outra apresentação "B" possa ter sua energia aumentada. Se o sistema necessita obter um certo tipo de apresentação de energia, portanto, precisa de outra apresentação que possa ceder essa energia.

Pela Segunda Lei, sabemos que, para obter trabalho útil, necessitamos perder parte da energia a ser transferida, sendo isso o que chamamos de rejeito térmico. Mais ainda, sabemos que os processos espontâneos são aqueles que correspondem a uma transferência de calor entre um reservatório quente para um sorvedouro frio. Notamos, assim, que, se o sistema vai obter uma certa apresentação de energia "B" a partir de uma outra "A", duas condições têm de ser satisfeitas simultaneamente:

1. "A" deve ter uma quantidade que possa ser cedida a "B".
2. O processo deve ser espontâneo.

Em uma visão simplista, e equivocada, muitas pessoas tendem a considerar apenas a condição 1, isto é, que para transferir energia de "A" para "B", o formato "A" deve ter mais energia que o formato "B". Nessa visão equivocada, o fato de que o processo tem de ser espontâneo está sendo ignorado. O problema disso é que, se o processo não for espontâneo, para obter "B" a partir de "A", o sistema teria de se desfazer de uma outra apresentação, digamos "C", que desse a espontaneidade ao processo de levar de "A" para "B". Mas isso é, então, meramente estar transferindo de "C" para "B", sendo esse o processo espontâneo.

Por que precisamos do processo espontâneo? Uma geladeira parece fazer um processo nada espontâneo: calor é transferido do frio (o interior da geladeira) para o quente (o entorno). Como se dá essa transferência? Notamos que há um "intermediário" no processo: o compressor. O compressor utiliza energia elétrica para operar. A energia elétrica é fornecida por uma central, por exemplo, uma hidrelétrica. A hidrelétrica utiliza a transformação de energia potencial gravitacional da água represada para ter fluxo e girar as turbinas que geram a eletricidade. A água desce, espontaneamente, de sua posição mais elevada para a mais baixa. A espontaneidade é dada pela gravidade terrestre. Portanto, frio está sendo transferido para o quente à custa de outro processo, esse espontâneo: a queda da água no campo gravitacional. Note que, agora, retornar a água à represa não é espontâneo; houve diminuição da capacidade de realizar trabalho.

No sistema orgânico, o mesmo se passa: tem de haver espontaneidade e, portanto, tem de ser levada em conta a variação de entropia do processo. Assim, vamos chamar o item 1 acima de variação energética e o item 2 de variação entrópica. Para obtermos a transferência de energia de "A" para "B", queremos que a combinação de variação energética e variação entrópica seja tal que haja diminuição da capacidade de realizar trabalho, pois isso denota a possibilidade (espontaneidade) de o processo ter gerado trabalho útil.

Assim, queremos uma função que leve em conta as variações energética e entrópica no processo de transferir energia de "A" para "B", de forma que essa função, caso o processo seja espontâneo, seja negativa:

$$\text{"}\Delta E_{A\to B} = (1) + (2) < 0\text{"}$$

Essa é a ideia por trás da variação de energia livre.

Nota-se que, em geral, um dado processo pode ser espontâneo em uma dada condição, mas ser tornado não espontâneo em uma outra dada condição. Vamos retomar o exemplo da geladeira, no qual queremos transferir energia na forma de calor do interior para o entorno, e discutimos, acima, como esse processo não é espontâneo. Contudo, supondo que o interior da geladeira esteja a 4 °C, por exemplo, se a colocarmos no meio da Antártida, que se encontra a −50 °C, transferir calor do interior para o entorno se torna espontâneo. Por outro lado, considerando o compressor funcionando a uma dada potência, se a temperatura do entorno sobe para, digamos, 250 °C, não há mais condição de fazer a transferência e, mesmo com o compressor em funcionamento, o interior da geladeira aquecerá. Assim, nossa "equação" pode ser menor que zero em uma dada situação, e maior que zero em outra. Para contornar esse problema, estabelece-se uma condição padrão para a medida de "$\Delta E_{A\to B}$", usualmente denotada por um "0′" sobrescrito. Assim, por exemplo, "$\Delta E^{0'}_{A\to B}$" é a variação de energia livre na condição padrão, enquanto "$\Delta E_{A\to B}$" é a variação de energia livre na condição atual de operação do sistema.

A energia livre de Gibbs é dada por:

$$G = H - T \cdot S$$

Sendo H a função entalpia. Essa função é dada pela soma da energia interna com o produto da pressão P e volume V:

$$H = U + P \cdot V$$

A entalpia é uma função que se associa a transferências por calor[31] (Chaui-Berlinck e Martins, 2013). Note, por exemplo, que $V \times \Delta P$ é uma variação de pressão sem variação de volume no sistema, o que corresponde a uma transferência de energia na forma de calor e não de trabalho, pois o tamanho do sistema não se altera. Por outro lado, $P \times \Delta V$ é uma variação de energia por trabalho, correspondendo a "força vezes distância", como vimos no início do capítulo. Sem nos preocuparmos com um detalhamento maior e mais formal da energia livre de Gibbs, vamos simplesmente escrever a variação dela, identificando as contribuições energéticas e entrópicas:

31 Daí a letra H (*heat function*).

$$\Delta G^{0'} = \underbrace{W + P \cdot \Delta V - S \cdot \Delta T}_{\text{variação energética}} - \underbrace{Q + V \cdot \Delta P - T \cdot \Delta S}_{\text{variação entrópica}}$$

Já sabemos que, se $\Delta G^{0'} < 0$, o processo será espontâneo. Dessa maneira, considerando um conjunto de reações em cadeia, se a $\Delta G^{0'}$ entre as extremidades (isto é, entre a reação inicial e a final da cadeia) é negativa, o conjunto de reações é espontâneo, mesmo se algumas etapas tenham, isoladamente, $\Delta G^{0'} > 0$.

Na condição padrão, as concentrações dos substratos e produtos da reação são de 1 molar, temperatura de 298 K e pH de 7,0. Considerando, agora, a condição da reação em um dado sistema não necessariamente nas condições padrão, temos:

$$\Delta G = \Delta G^{0'} + R \cdot T \cdot ln \frac{\prod[produtos]}{\prod[reagentes]}$$

Note que na condição padrão, como todas as concentrações são de 1 molar, o termo do logaritmo vale zero (ver "Difusão e potenciais", no volume 1 da coleção, para maior detalhamento). Ou seja, dependendo das concentrações dos reagentes e dos produtos, a ΔG poderá ser negativa **mesmo se** $\Delta G^{0'}$ for positiva. Em outras palavras, na combinação entre as variações energéticas e entrópicas, uma reação poderá (ou não) ocorrer em um dado sentido e em uma dada condição mesmo se, na condição padrão, a $\Delta G^{0'}$ indicar que o sentido da reação é o oposto. Isso nada mais é que o exemplo da geladeira já mencionado.

Apesar de o segundo termo após o sinal de igual na equação da ΔG dada parecer ter surgido do nada, sua origem está na variação de energia interna associada à variação dos componentes do sistema, algo em que não nos detivemos quando trabalhamos o conceito da energia interna no início do capítulo, como na equação 1. Assim, por motivos didáticos, insistimos na formulação "$U = U(T)$" (equação 2), mas, de fato, "$U = U(T,S,N_1,N_2 \ldots N_n)$", sendo os termos N_i relacionados à composição química do sistema. Mais detalhamentos acerca da energia livre podem ser encontrados na literatura sobre termodinâmica (p. ex., Baierlein, 2005; Callen, 1985) e, sobre a energia livre de Gibbs em reações químicas, em livros de bioquímica (p. ex., Lehninger et al., 1993).

ATP como moeda energética

Os diferentes processos celulares que requerem energia para ocorrer utilizam um mesmo composto como fornecedor de energia, o trifosfato de adenosina, ou adenosina trifosfato (ATP). Dessa maneira, processos tão diversos quanto a transformação de energia química em mecânica, como a que ocorre na extensão da cabeça da miosina (ver o capítulo "Músculos e movimento" do volume 4 desta obra), e da transformação de energia química em diferença de concentração, tornam-se unificados por uma única via de fornecimento. Além disso, o fornecedor já está, de antemão, pronto para ser utilizado diretamente, não sendo necessário, assim, que o combustível passe por toda a via metabólica para fornecer a energia. A Figura 21 ilustra essas ideias.

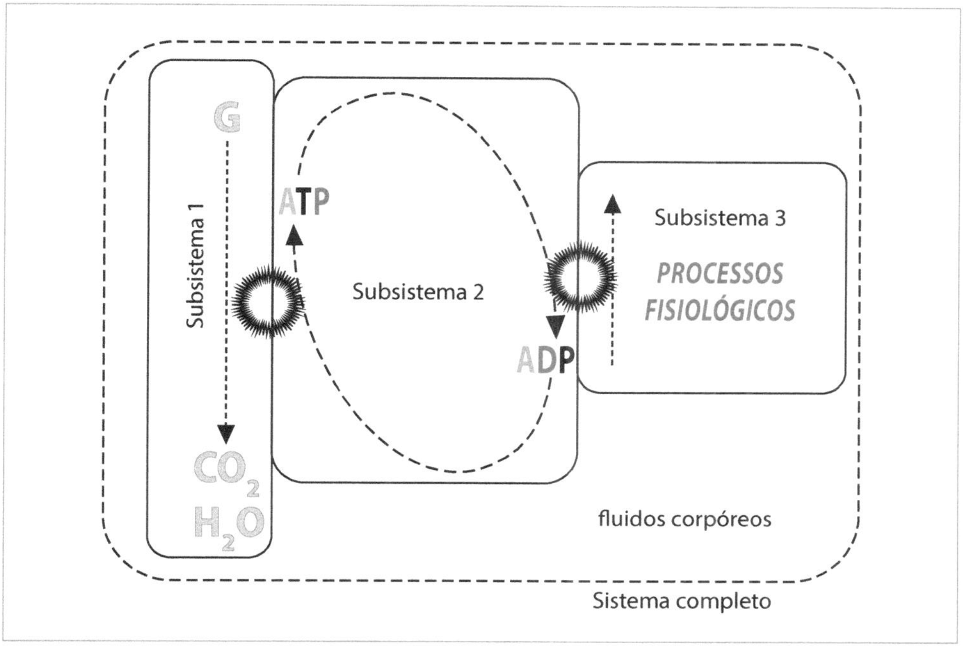

FIGURA 21 Esquema da transferência de energia entre combustíveis (representados como "Subsistema 1"), ATP/ADP (representados como "Subsistema 2") e os processos fisiológicos (representados como "Subsistema 3"). O decaimento da energia livre dos combustíveis eleva a energia no sistema ATP/ADP (isto é, é utilizada para adicionar um fósforo inorgânico à molécula de adenosina difosfato) e o decaimento da energia livre do ATP para ADP é utilizada para manter os processos fisiológicos.
Fonte: Chaui-Berlinck e Martins, 2013.

A reação química do uso do ATP pode ser escrita como:

$$ATP \leftrightharpoons ADP + P_i + \varepsilon$$

Sendo ADP difosfato de adenosina, P_i, fósforo inorgânico e ε, energia. O valor de variação de energia livre padrão da reação é $\Delta G^{0'}_{ATP \rightarrow ADP} = -30{,}5$ kJ mol^{-1}. Como visto no Box 1, a ΔG na condição de operação será, em geral, diferente do padrão $\Delta G^{0'}$. Na temperatura de 310 K (37 °C) e dadas as concentrações de ATP, ADP e fósforo intracelulares, podemos considerar, de maneira geral, $\Delta G_{ATP \rightarrow ADP} \cong -50$ kJ mol^{-1}.

A reação acima é, de fato, uma hidrólise (não explicitada na equação química apresentada), e é catalisada por enzimas denominadas, genericamente, "ATPases". Sob essa perspectiva, a cabeça da miosina e o transportador de membrana do exemplo dado funcionam como ATPases.

Problema: um ser humano adulto médio de 70 kg tem ao redor de 50 g no *pool* de ATP e um gasto energético basal aproximado de 100 watts. A composição de uma molécula de ATP é $C_{10}H_{16}N_5O_{13}P_3$, o que resulta em uma massa molecular de 507 (ou 507 g mol^{-1}). Qual o *turnover* do *pool* de ATP por minuto?

Solução: os 100 watts de taxa metabólica basal implicam um gasto de 8.640 kJ por dia. Dada a $\Delta G_{ATP \rightarrow ADP} \cong -50$ kJ mol^{-1}, necessitam-se de aproximadamente 173 mols de ATP para suprir a demanda energética diária, o que corresponde a algo em torno de 88 kg de ATP (mais do que a própria massa da pessoa de 70 kg). Como 50 g ≅ 0,1 mol de ATP, então o *pool* de ATP tem de ser renovado 1.730 vezes por dia, o que nos dá um *turnover* de 1,2 vez por minuto. Assim, de maneira aproximada, é como se estivéssemos ingerindo 50 gramas de ATP a cada minuto para nos mantermos em nosso metabolismo basal.

Uma vez que o ATP é a "moeda de troca energética orgânica", os combustíveis devem produzir esse composto para manter os sistemas em funcionamento. Como citamos anteriormente, se o processo de utilização do combustível é oxidativo (aeróbio), há um rendimento bem mais elevado do que se o processo fosse fermentativo (anaeróbio). Veja a Figura 22 para identificar essas vias, além disso, a legenda da figura detalha tanto esses aspectos quanto vários outros do metabolismo energético de forma geral.

Vamos tomar o exemplo da glicose sendo levada até piruvato/lactato (via anaeróbia da fermentação lática). No processo, do esqueleto de 6 carbonos da glicose, há a formação de 2 moléculas de lactato (cada uma com 3 carbonos), e, portanto, não há produção de CO_2. O processo consome 2 moléculas de ATP e fornece 4, havendo, então, um saldo de 2 moléculas de ATP por molécula de glicose consumida.

Agora, vamos considerar que haja oxigênio disponível e que a glicose, em vez de ter sua quebra interrompida em piruvato/lactato, seja levada à formação de 6 moléculas de CO_2. Na etapa anterior ao piruvato, continuamos com o saldo de 2 ATP e 2 nicotinamida adenina dinucleotídeo (NADH). O piruvato entra no ciclo do ácido cítrico através da formação de acetilcoenzima-A, com produção de 1 NADH. O ciclo do ácido cítrico, por sua vez, fornece 1 ATP para cada piruvato, 3 NADH e 1 flavina-adenina dinucleótido ($FADH_2$). As NADH e $FADH_2$ formadas transferem os elétrons/prótons a enzimas do complexo da cadeia respiratória, com produção de ATP, consumo de O_2 e produção de água. Cada NADH produz 3 ATP e cada $FADH_2$ produz 2 ATP. Dessa forma, contabilizando o ATP formado, temos um saldo de 38 moléculas,[32] ou seja, 19 vezes mais que o obtido no metabolismo anaeróbio.

Consumo de oxigênio e água metabólica

Na combustão completa dos carboidratos e de ácidos graxos, há o consumo de oxigênio e a produção de água. A etapa na qual ocorre o consumo de oxigênio foi deixada em realce com borda dupla na Figura 22, na qual se pode ver que um par de prótons e elétrons transportados no complexo da cadeia respiratória são, na última enzima do complexo, adicionados a oxigênio atômico (½ O_2), formando uma molécula de água, H_2O. Essa água formada é chamada de água metabólica (por sua origem) e funciona como uma entrada de água para o organismo. Pequenos roedores como o rato-canguru,

32 Esse número pode variar um pouco, dependendo do transportador de NADH do citosol para a matriz mitocondrial.

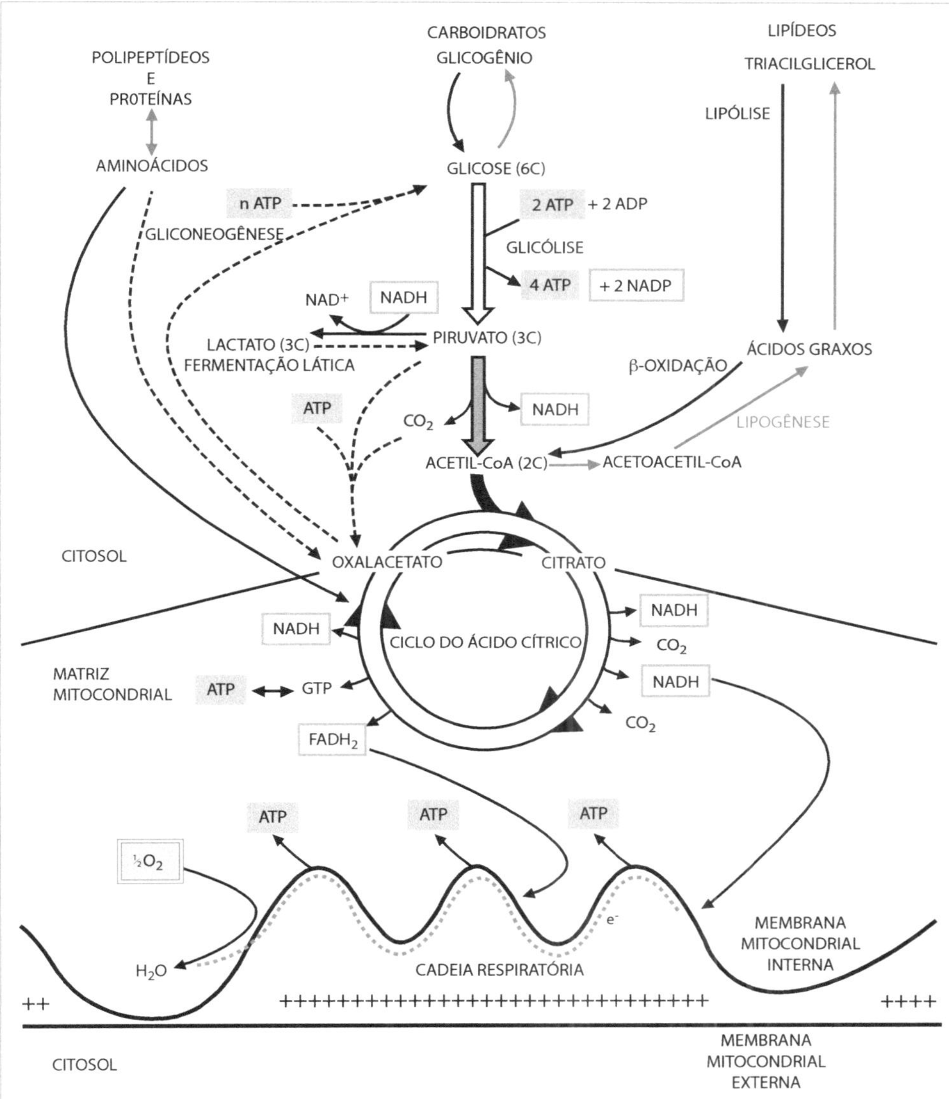

FIGURA 22 Grande mapa do metabolismo energético. A figura ilustra as principais vias relacionadas ao uso dos carboidratos, lipídeos e proteínas como substratos energéticos. As setas cinza indicam a formação dos compostos macronutrientes. Em animais, a forma de armazenamento de glicose é o glicogênio, e os lipídeos são estocados na forma de triglicérides (ver Figura 19). Aminoácidos são encontrados livres, mas a maior parte se encontra em polipeptídios e proteínas. A produção de ATP, indicada por setas pretas, é obtida em três etapas distintas, as quais descrevemos a seguir. **1) Glicólise**. A partir do esqueleto de 6 carbonos (6C) de uma molécula de glicose (ver Figura 19), há a quebra até duas moléculas de 3 carbonos (3C), o piruvato, com consumo de 2 moléculas de ATP e formação de 2 NADH e 4 ATP. A seta grossa preta indica essa biotransformação, a qual inclui vários estágios intermediários não apresentados. Se não há disponibilidade de oxigênio, o piruvato é transformado em lactato, que se acumula na célula e também cai na corrente sanguínea. Essa é a fermentação lática, que ocorre no metabolismo anaeróbio. Na disponibilidade de oxigênio, o piruvato é convertido em acetilcoenzima-A (acetil-CoA), com 2 carbonos (2C), liberando uma molécula de CO_2 para cada piruvato convertido. **2) Ciclo do ácido cítrico**. O acetil-CoA formado a partir do piruvato é combinado com oxalacetato (4C),

formando o ácido cítrico (6C). Segue-se, então, uma série ordenada de reações que extraem os dois carbonos adicionados ao oxalacetato, que é, assim, restituído, bem como todos os demais componentes da série de reações. Nesse processo, 3 NADH, 1 $FADH_2$ e 1 GTP são formados, com a liberação de duas moléculas de CO_2. O ciclo do ácido cítrico era conhecido como "ciclo de Krebs". **3) Cadeia respiratória.** Parte do ciclo do ácido cítrico ocorre na matriz mitocondrial. Os NADH e $FADH_2$ formados reagem, então, com uma série de quatro complexos enzimáticos que se encontram sequencialmente nas cristas mitocondriais internas. A descrição desses complexos vai além dos nossos objetivos e vamos nos limitar a apenas apresentar o processo de maneira geral. A molécula de NADH cede o hidrogênio ao complexo enzimático I e, em uma série de passos, os elétrons e^- associados aos prótons são transferidos entre os componentes do complexo. Durante essa passagem, a energia associada é transferida para a formação de uma diferença de concentração de hidrogênio entre a matriz mitocondrial e o espaço intermembranas. Existe, assim, uma diferença de potencial químico de H^+ entre o espaço intermembranas e a matriz mitocondrial. Esse potencial tende a ser desfeito por uma outra estrutura proteica ligada à crista mitocondrial, a ATP-sintase (isto é, íons H^+ voltam à matriz através da ATP-sintase). Nesse processo, a energia associada à perda de potencial químico é utilizada para adicionar um fósforo inorgânico a uma molécula de ADP, formando ATP. Cada NADH tem a capacidade de formar 3 moléculas de ATP, enquanto cada $FADH_2$ forma 2 moléculas de ATP. No último componente do complexo, um par de H^+ e e^- é associado a um átomo de oxigênio, formando água, H_2O. Lipídios são utilizados como substrato energético pela via da beta-oxidação (detalhada na Figura 24), que forma acetil-CoA. Proteínas são utilizadas por meio de seus aminoácidos, que entram em pontos do ciclo do ácido cítrico. **Gliconeogênese:** como citado no texto, existem tecidos e células que necessitam de glicose para o metabolismo energético. Assim, se a concentração de glicose se torna muito baixa, há necessidade de formação desse composto a partir de outros. Essa é a chamada gliconeogênese. Há três etapas da glicólise que, nas condições orgânicas, se tornam irreversíveis, sendo a conversão de piruvato em fosfoenolpiruvato uma delas. Para a formação de glicose a partir de aminoácidos ou de piruvato (ou de lactato, o qual é convertido a piruvato), é preciso formar oxalacetato e seguir por um conjunto de reações para chegar em fosfoenolpiruvato. Essa etapa é a que impede que ácidos graxos tomem parte direta na gliconeogênese: os dois carbonos da acetil-CoA formado na beta-oxidação (ver Figura 24), para chegar em oxalacetato, passam pelo ciclo do ácido cítrico e são perdidos (portanto, não podem contribuir para formar oxalacetato). Esse impedimento de levar acetil-CoA para oxalacetato é indicado pela seta grossa cinza com contorno preto que liga o piruvato à acetil-CoA. A gliconeogênese está indicada por setas tracejadas. Note que há consumo de ATP para a formação de glicose. Nesse sentido, a beta-oxidação toma parte indireta na gliconeogênese, fornecendo energia para o processo. Os aminoácidos que podem entrar na gliconeogênese o fazem através de diferentes compostos do ciclo do ácido cítrico. Na figura, indicamos apenas como diretamente direcionados ao oxalacetato. Mais detalhes fogem dos objetivos do texto e podem ser encontrados em literatura básica da área de bioquímica. Os compartimentos nos quais as diferentes etapas do processo de combustão orgânica ocorrem estão indicados na figura. Na formação de NADH há a formação, também, de H^+, o que foi omitido na figura por simplificação visual. A etapa na qual há consumo de oxigênio está realçada com borda dupla. As mitocôndrias são estudadas em maior detalhamento no capítulo sobre "Difusão e potenciais", no volume 1 da coleção.
$FADH_2$: flavina-adenina dinucleótido; NADH: nicotinamida adenina dinucleotídeo.

presente em regiões áridas, nas quais há escassez de fontes hídricas, têm sua hidratação mantida à custa da água presente nos alimentos e da água metabólica, e não bebem água nem mesmo quando ela se encontra disponível no ambiente (Schmidt-Nielsen, 1980).

Problema: qual o volume de água metabólica diário produzido por um ser humano com taxa metabólica de 100 watts?

Solução: consultando a Tabela 2, temos que 100 watts correspondem a 298,5 mL STPD O_2 por minuto, logo, são 430 litros STPD de oxigênio consumidos no dia. Em STPD, 1 mol corresponde a 22,4 litros e, assim, há o consumo de 19,2 mols de O_2. Para cada mol de O_2, produzem-se 2 mols de H_2O, logo, são 38,4 mols de água metabólica. Na forma líquida, a concentração de água é de 55,6 mols por litro (ver o capítulo "Regulação ácido-base" deste volume). Assim, esse valor de 38,4 mols corresponde a 690 mL de água metabólica diária.

Velocidade das vias

Acabamos de ver que os rendimentos do uso dos substratos energéticos dependem de se o consumo se dá por via anaeróbia ou por via aeróbia (note que lipídeos somente são utilizados nesse último tipo de metabolismo). Conforme o ATP é utilizado nos processos, os estoques são depletados e, assim, as vias metabólicas energéticas têm de operar continuamente de modo a refazer o ATP gasto, como vimos no problema acerca do *turnover* do *pool* de ATP.

Portanto, em última instância, são os macronutrientes que fornecerão a energia para os processos orgânicos, e a velocidade com que as vias metabólicas para os diferentes compostos operam influenciará na velocidade de fornecimento de ATP para um dado processo. Ou seja, a rapidez com que um dado processo orgânico pode ocorrer depende da rapidez com que as vias metabólicas podem refazer ATP a partir de ADP. E o processo de transferência de energia tem velocidade diferente dependendo do substrato utilizado. Assim, **não somente a questão do rendimento deve ser considerada, mas também a da rapidez com que uma determinada via metabólica é capaz de refazer o ATP consumido**.

ATP e o sistema creatina-fosfato (via anaeróbia alática)

O modo mais rápido de fornecer energia para um determinado processo é, obviamente, o consumo do estoque celular de ATP. Contudo, como vimos, esses estoques são bastante limitados, pois o total de ATP no organismo é pequeno. Aumentar o estoque celular de ATP traz um problema associado: a taxa de formação de ATP a partir do ADP diminui por uma questão de equilíbrio químico da reação[33] (ver Box 1 e capítulo "Difusão e potenciais" do volume 1 desta obra).

Por outro lado, colocar a energia do ATP em um outro composto que possa rapidamente refazer o próprio ATP é um modo de contornar a questão do equilíbrio químico ATP-ADP. No caso, esse outro composto é a creatina, formando o sistema creatina (Cr)/creatina fosfato (Cr-P ou fosfocreatina). A Figura 23 ilustra a operação do conjunto ATP/Cr.

Parte do ATP formado é consumido fosforilando a Cr em Cr-P. Como a quantidade de creatina é, também, limitada, esse sistema entra em equilíbrio e estabelece-se um estoque de Cr-P celular. Quando o estoque de ATP cai, a reação é desviada e os estoques de Cr-P são utilizados para refazer ATP. Como se nota, **essa reação é um passo único de transferência direta de energia entre Cr-P e ADP e, assim, é extremamente rápida. Note que não há consumo de oxigênio nem produção de lactato nessa via**.

33 Note: o sistema ATP $\leftrightarrow$ ADP + P_i não se encontra em equilíbrio; este termo está sendo usado como referência à constante da reação (ver o capítulo "Difusão e potenciais" do volume 1 desta obra).

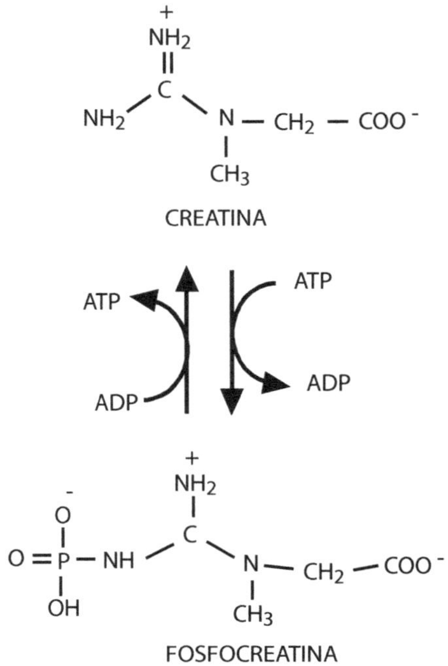

FIGURA 23 O sistema ATP/creatina fosfato.

Glicólise (via anaeróbia lática)

A glicólise com formação de lactato é a próxima forma mais rápida de obtenção de ATP. A via é operada a partir da glicose e de outros mono ou dissacarídeos presentes na célula e do estoque de glicogênio. A equação geral da via é, como ilustrado na Figura 20, a seguinte:

$$Glicose\ (6C) + 2\ ATP + 2\ ADP \leftrightharpoons 4\ ATP + 2\ NADH + 2\ \acute{A}c.\ pir\acute{u}vico\ (3C)$$

$$\acute{A}c.\ pir\acute{u}vico\ (3C) + NADH \leftrightharpoons \acute{A}c.\ l\acute{a}tico\ (3C) + NAD^{+}$$

Na qual deixamos explícitas as formas não dissociadas do ácido pirúvico e do ácido lático. Note que na fermentação lática não há produção de gás carbônico nem consumo de oxigênio. Todos os 6 átomos de carbono da glicose são mantidos nas duas moléculas de 3 carbonos do piruvato ou do lactato. Nota-se, ainda, que a NADH formada, não sendo utilizada na cadeia respiratória, é reconvertida a NAD^{+} quando o piruvato passa a lactato, de modo que a fermentação lática não consome nem produz esse composto.

Como já discutido, a glicólise tem um saldo pequeno de produção de ATP, obtendo-se 2 moléculas por molécula de glicose. Além desse baixo rendimento, tanto o ácido pirúvico quanto o ácido lático, no pH intracelular ao redor de 7,0, se dissociam em piruvato e lactato, respectivamente, causando uma acidificação do meio.

Ciclo de Cori: o destino do lactato

A fermentação lática é acompanhada por uma acidose (no caso, metabólica, como visto no capítulo "Regulação ácido-base" deste volume):

$$\text{Ác. lático} \leftrightharpoons \text{lactato} + H^+$$

Parte do lactato formado vai para a corrente sanguínea e é retido no fígado, onde é reconvertido em glicose (gliconeogênese, ver Figura 22) e exportado, via sangue, a outros órgãos, como os próprios músculos. Esse é o chamado "ciclo de Cori", o qual permite que os 3 carbonos do lactato não sejam perdidos.

Metabolismo aeróbio (via oxidativa)

Chegamos à via aeróbia de produção de ATP, a qual envolve a formação de NADH e $FADH_2$ com passagem pela cadeia respiratória e consumo de oxigênio (ver Figura 22). A velocidade da cadeia respiratória, bem como as etapas de transferência de oxigênio do ar atmosférico até as mitocôndrias que envolvem os sistemas respiratório e cardiovascular além de processos difusivos entre o capilar e as células, limitam a rapidez com que o ADP pode ser reconvertido a ATP nessa via metabólica. No caso de o combustível ser ácidos graxos (lipídeos), a beta-oxidação, à qual retornaremos adiante, impõe mais uma etapa de limitação de velocidade no *turnover* de ATP.

Potência das vias

Como se sabe, energia sendo transferida ou liberada por unidade de tempo é potência. Assim, nossas considerações sobre as velocidades com as quais as diferentes vias metabólicas fazem o *turnover* de ATP se refletem diretamente na potência com a qual uma determinada atividade ou um determinado processo pode ocorrer. Para ilustrar essa questão, utilizaremos o exercício físico (corridas) como pano de fundo, de modo que diferentes intensidades de atividade, ou seja, diferentes potências de exercício, possam ser relacionadas às vias que suprem a atividade sendo realizada.

Atividades de altíssima potência têm de ser supridas pelo consumo de estoques de ATP e de Cr-P, pois a via anaeróbia alática é a de maior velocidade no fornecimento de energia. Como esses estoques são extremamente limitados, a duração de atividades de altíssima potência é, também, limitada: algo *entre 5 e 15 segundos* é o tempo máximo que atividades de altíssima potência podem durar.

Uma vez que os estoques de Cr-P vão sendo consumidos, a potência da atividade tem de diminuir, e a atividade passa, progressivamente, a ser mantida pela **via látea da glicólise**. Contudo, como vimos, a fermentação lática leva a uma acidificação do meio. Essa acidificação associada à diminuição intensa dos estoques da glicose que está sendo consumida impedem o prosseguimento da atividade de alta potência. Assim, algo *entre 60 e 180 segundos* é o tempo que atividades de alta potência podem durar.

Pelo que acabamos de discutir, *exercícios de alta potência não podem durar mais que poucos minutos*. A via oxidativa, com consumo de oxigênio, tem vários estágios de restrição de rapidez na reposição do ATP gasto, o que impede que atividades de alta potência sejam supridas pelo metabolismo aeróbio. Assim, o metabolismo anaeróbio vai sendo substituído pelo metabolismo aeróbio conforme o tempo de atividade se prolonga e a potência vai diminuindo.

Dessa forma, existe uma correlação inversa entre a potência desenvolvida e a duração de uma dada atividade. Quanto mais longo o período de manutenção de uma dada tarefa, menor a potência com que ela pode ser desempenhada. O gráfico no painel superior da Figura 24 ilustra essa relação. Nele, observam-se as velocidades em diferentes distâncias de provas de competição atlética.

As provas de 100 e de 200 metros rasos duram ao redor de 10 e 20 segundos, respectivamente, sendo então supridas pelo sistema ATP/Cr-P, principalmente, e suas velocidades são, para atletas extremamente bem treinados, semelhantes (ao redor de 10 m s^{-1}). Nessas condições, os competidores mal ventilam os pulmões, pois, de fato, não há uso de oxigênio durante a prova. Posteriormente, o déficit de ATP e Cr-P criados são repostos pelo metabolismo aeróbio, com aumento do consumo de oxigênio após o evento (usualmente denominado "déficit ou débito de O_2").

Observa-se, então, um progressivo declínio na velocidade com que as provas conseguem ser realizadas, o que se reflete na duração da atividade (Figura 24, painel inferior). Provas como as de 400 e 800 metros são extremamente dependentes da glicólise e, portanto, dos estoques de glicogênio muscular. Para provas de maior duração, o metabolismo aeróbio vai, progressivamente, sendo o principal fornecedor de energia para *turnover* de ATP. As provas de ultramaratona (as de 100 e 1.000 quilômetros estão ilustradas) dependem, basicamente, das reservas lipídicas para sua manutenção. Assim, percebe-se uma clara diferença de biotipo entre os competidores de provas de alta velocidade e os de provas de longa distância. Os primeiros têm uma musculatura mais desenvolvida, não somente pela força utilizada na prova, mas também por seus estoques de glicogênio muscular. Os segundos têm pouquíssima massa gorda, pois os lipídeos são consumidos constantemente e a musculatura é menos hipertrofiada, dado que força não é o fator primordial no desempenho dessas pessoas.

A Figura 25 ilustra a participação das diferentes vias metabólicas em função da duração da atividade e a potência relativa que a atividade pode ter com base nas vias metabólicas que a suprem. A potência relativa foi calculada levando em conta a porcentagem de participação da via metabólica (painel superior) em relação ao *turnover* de ATP da via: 3,6 mols por minuto para ATP/Cr-P, 1,6 mol por minuto para glicólise anaeróbia, 1,0 mol por minuto para metabolismo oxidativo. Em razão do valor de *turnover* do metabolismo oxidativo, o painel inferior pode ser lido diretamente como a potência em relação à potência da via aeróbia.

No painel superior, é possível ver que o metabolismo anaeróbio (soma das vias alática e lática) é o que mantém atividades de alta potência durante o primeiro minuto. Por volta de 2 minutos, o metabolismo oxidativo passa a ter participação de 50% na potência e, por volta de 10 minutos (600 segundos), a participação das vias anaeróbias já é menor que 10% do total. Concomitantemente, vemos a queda progressiva de potência da atividade (painel inferior), semelhante ao que se observa, no nível do indivíduo, para as velocidades de corrida (Figura 24).

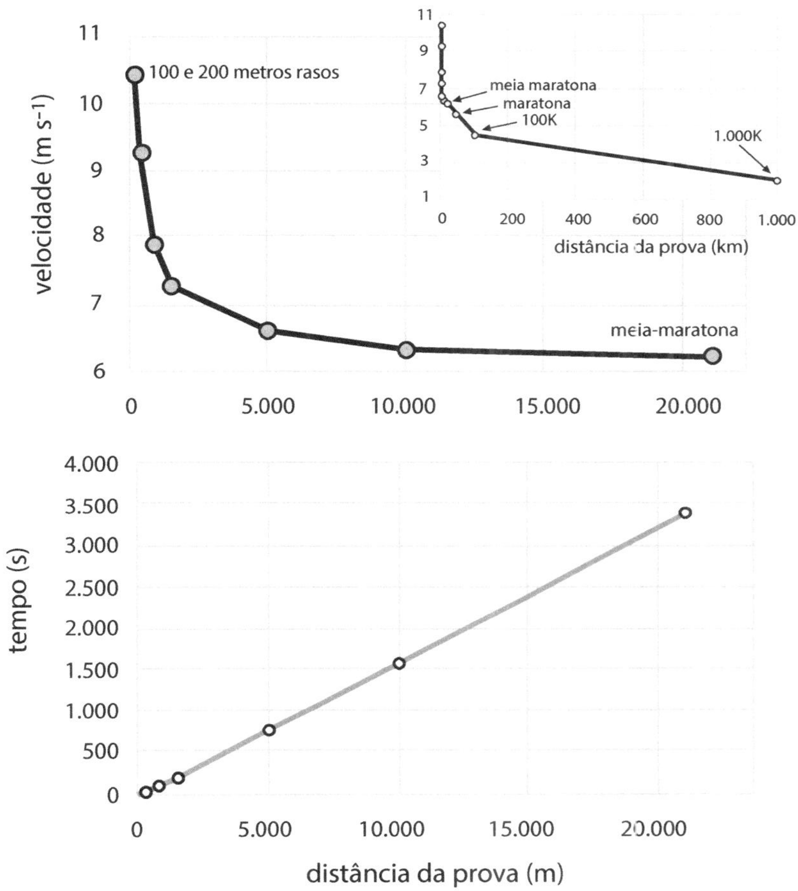

FIGURA 24 Velocidade como marcador da potência desenvolvida (painel superior) e tempo de prova (painel inferior) em função da distância percorrida. Embora a velocidade pareça tender a um platô, quando se observam provas de distância ainda maiores que a meia-maratona, percebe-se que a velocidade de desempenho vai diminuindo ainda mais (*inset* do painel superior). Dados obtidos para atletas olímpicos e provas oficiais de ultramaratona.

Rendimento energético dos substratos

Já exploramos vários aspectos das vias metabólicas energéticas nas seções precedentes. Vamos ver, agora, o quanto cada tipo de substrato pode, em média, fornecer de energia. Apesar de parecer uma tarefa simples, veremos que não é. A primeira dificuldade é um tanto óbvia: quando nos referimos a um tipo de macronutriente geral não estamos nos referindo à composição específica do que está em um determinado composto. Assim, por exemplo, o termo "gordura" faz referência a compostos que, em termos biológicos, têm diferentes quantidades de energia a ser fornecida. O mesmo se dá em relação às proteínas, cujas composições de aminoácidos resultam em diferentes quantidades de

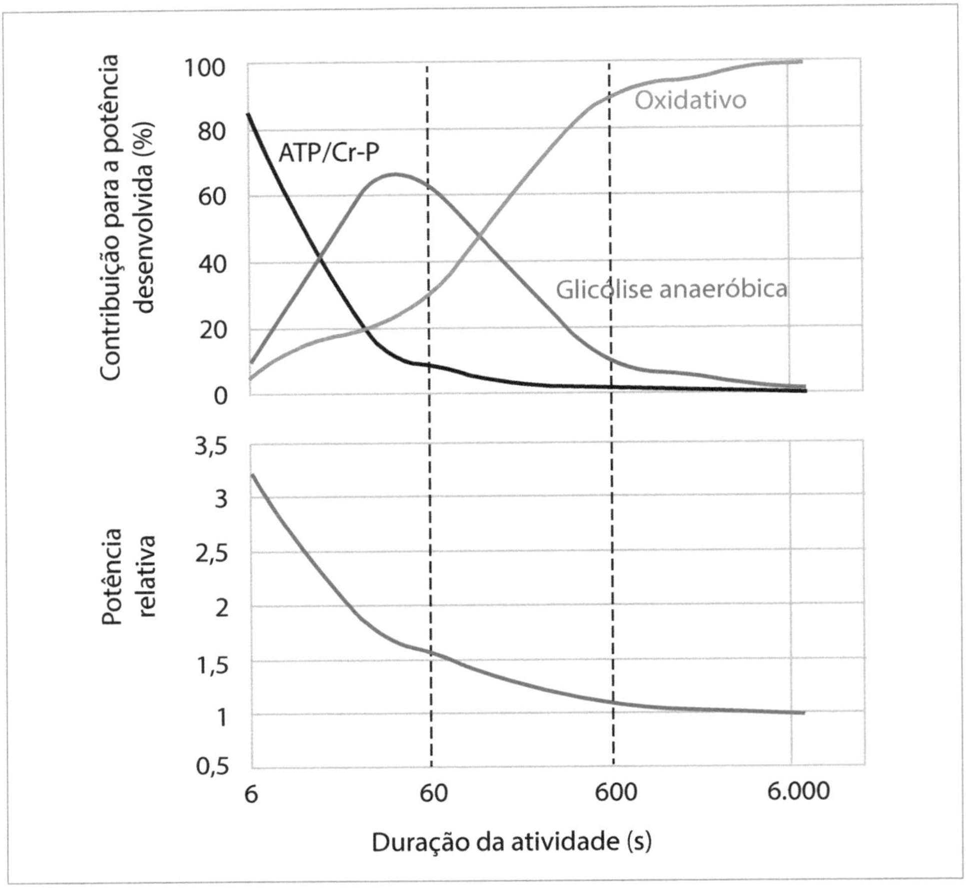

FIGURA 25 Contribuição, em porcentagem, das diferentes vias metabólicas para a potência desenvolvida (painel superior) e a potência relativa em relação ao metabolismo oxidativo (painel inferior) em função do tempo de duração da atividade. Note que, para clareza da apresentação, o tempo está em escala logarítmica.
Fonte: Damasceno et al., 2015; Foss et al., 1998; Gastin, 2001; McArdle et al., 2006.

energia disponível. Os carboidratos, apesar de um pouco menos variáveis, também sofrem desse problema de composição.

A segunda dificuldade é o processo para disponibilização do nutriente, como descrevemos em "Alimentação" (volume 2 da coleção). Alimentos diferentes exigem diferentes graus de processamento, que vão desde mastigação e quimificação até absorção, transporte e deposição celular. Uma terceira dificuldade em estabelecer o quanto cada substrato fornece de energia é decorrente de a metabolização de um dado substrato estar relacionada ao perfil hormonal do indivíduo. A título de exemplo, a ingestão de açúcares de rápida absorção (ou seja, carboidratos simples como mono ou dissacarídeos) leva a um pico de insulina que promove a lipogênese (ver Figura 21) e concomitante deposição de gordura no tecido adiposo, enquanto uma ingestão de açúcares complexos (como fibras) tem esse efeito em um grau bastante menor. Dessa maneira, o significado biológico de "uma caloria" deve ser considerado dentro de um contexto mais amplo do que o da energia medida em experimentos físicos de calorimetria.[34]

Vamos considerar um exemplo de modo a tornar a ideia mais concreta. Em repouso, uma pessoa ingere 20 gramas de um açúcar simples. Uma parte substancial dessa massa é biotransformada em trigliceróis e depositada nos adipócitos, o que incorre em uma perda do total de energia da massa incialmente ingerida. Posteriormente, a pessoa fica em jejum e passa a fazer gliconeogênese, a partir de aminoácidos, para suprir o sistema nervoso com glicose. Parte das reservas de lipídeos são, então, utilizadas para fornecer energia para esse processo e, como visto no início do capítulo, isso incorre em mais uma etapa de dissipação. Finalmente, a glicose recém-formada é utilizada como substrato energético no sistema nervoso central. Logo, da massa inicialmente ingerida, houve ao menos duas etapas nas quais se dissipou energia daquilo que foi ingerido. Vamos considerar, agora, essa mesma pessoa ingerindo os mesmos 20 gramas do açúcar simples, porém ela está em meio a uma competição esportiva, digamos uma maratona. Agora, os carboidratos absorvidos são direcionados à musculatura em atividade e utilizados prontamente para manter a contração muscular. Logo, as duas etapas de dissipação de energia que ocorreram no primeiro caso agora não ocorrem e, portanto, apesar de a ingestão ter sido a mesma em ambos os casos, a energia disponibilizada se tornou diferente. *Resumidamente, a ingestão de "uma caloria" em carboidratos é diferente da ingestão de "uma caloria" em proteínas ou "uma caloria" em lipídeos* (Feinman e Fine, 2004; Feinman e Fine, 2007; Özilgen, 2018). *Essa "uma caloria" ingerida demandará diferentes gastos para sua digestão/absorção/deposição e posterior utilização como substrato energético.*

Uma vez que estamos cientes de que o significado de "uma caloria" deve ser entendido e interpretado dentro de um contexto biológico mais amplo, podemos comparar os rendimentos energéticos dos diferentes substratos sabendo que eles são, portanto, valores de referência geral para o metabolismo energético, mas não são, necessariamente, valores que se efetivarão em contextos específicos. Essa comparação de valores é apresentada na Tabela 3.

O primeiro ponto que nos chama a atenção é que a coluna dos substratos não contém "carboidratos, lipídeos e proteínas", mas sim "glicose", "palmitato" e "proteínas". Isso é decorrente, exatamente, de parte da problemática discutida anteriormente. Glicose é o carboidrato (monossacarídeo) que entra diretamente na via energética, palmitato é o ácido graxo de depósito lipídico mais comum. Assim, esses dois compostos estão sendo utilizados como representantes de carboidratos e de gorduras, respectivamente, mas os valores apresentados na tabela não são valores para "carboidratos" e para "lipídeos". Proteínas, por sua vez, não têm um aminoácido "mais comum" para ser tomado como representante e, por isso, não têm valores em todas as colunas.

A última coluna contém a massa isocalórica de estoque (m.i.e.), que representa o quanto de massa é armazenada no organismo para que se obtenha uma unidade de energia (Schmidt-Nielsen, 1980). A m.i.e. nos dá a quantificação do motivo pelo qual

34 De fato, os rótulos alimentares atuais apresentam valores relacionados à via metabólica e não mais à queima do composto em calorímetros. Isso contorna parte do problema, mas não o resolve completamente.

TABELA 3 Comparação da energia fornecida por carboidratos (glicose), lipídeos (palmitato) e proteínas

	$\Delta G^{o'}$	$kJ\ g^{-1}$	ATP	$ATP\ C^{-1}$	$ATP\ g^{-1}$	O_2	Vo_2g^{-1}	Vo_2kJ^{-1}	QR	m.i.e.
Glicose	−2.840	15,8	38	6,3	0,21	6	0,75	47	1	1,00*
Palmitato	−9.770	38,2	129	8	0,50	23	2,01	53	0,70	0,11**
Proteínas#	–	18,0	–	–	–	–	0,96	53	0,81	0,23

$\Delta G^{o'}$ em kJ por mol (Lehninger et al., 1993); colunas ATP e O_2 em moléculas por molécula; ATP C^{-1}: moléculas de ATP por átomo de carbono no combustível; ATP g^{-1}: mols de ATP por grama do combustível; V_{O_2} em mililitros STPD (273 K, 760 torr); QR: quociente respiratório $= \frac{\dot{V}_{CO_2}}{\dot{V}_{O_2}}$; m.i.e.: massa isocalórica de estoque (Schmidt-Nielsen, 1980), expressa em gramas de combustível por kcal da combustão. Note que a m.i.e. está expressa em g $kcal^{-1}$ por simplicidade numérica; –: não computado; #: metabolizadas até ureia (Schmidt-Nielsen, 1980); *: relativo a glicogênio + água necessária para o estoque; **: relativo a lipídeos em geral (não específico para o palmitato).

estocar energia na forma de gorduras é mais eficaz do que na forma de carboidratos: o acúmulo de glicogênio necessita de água como solvente, enquanto o acúmulo de gorduras não. Dessa maneira, a massa total estocada por unidade de energia armazenada é quase dez vezes maior para carboidratos que para lipídeos. Assim, se combinarmos as informações da coluna "m.i.e." com as da coluna "kJ g^{-1}", a qual nos dá a energia por unidade de massa, obtemos que **o armazenamento de energia na forma de gorduras é 22 vezes maior que o correspondente se fosse em carboidratos**.

A coluna "QR" – quociente respiratório – será abordada mais adiante. As demais colunas são autoexplicativas. Por exemplo, a coluna Vo_2kJ^{-1} mostra que, para cada quilojoule liberado no consumo de lipídeos, consomem-se 47 mL STPD O_2 se o combustível for a glicose e 53 mL STPD O_2 se for o palmitato. Ou seja, como esperado, o consumo de oxigênio é maior quando se tem os lipídeos como combustível, já que esses compostos também liberam uma maior quantidade de energia.

Beta-oxidação

As gorduras, como acabamos de ver, são uma importante forma de reserva de energia dos organismos, sendo estocadas na forma de triacilglicerol (ver Figura 19). Quando os níveis de glicose sanguínea caem, a molécula de triacilglicerol é desfeita, com as cadeias de ácido graxo sendo desligadas da molécula de glicerol. Esses compostos são então exportados a outros tecidos, via sangue. A molécula de glicerol, com 3 carbonos, pode ser convertida em D-gliceraldeído-3-fosfato, com consumo de 1 ATP e produção de 1 NADH, e o gliceraldeído entra na via glicolítica.

A utilização dos lipídeos para a obtenção de ATP se dá pela beta-oxidação, ilustrada na Figura 26.[35] Como passo inicial do processo, a molécula deve ser ativada, com consumo de ATP e formação de AMP (o que corresponde, portanto, ao consumo de duas moléculas de ATP, pois é o necessário para refazer esse composto). Essa ativação,

35 Iremos descrever o processo para cadeias de número par de carbonos, saturadas. Para as de número ímpar ou as insaturadas, há algumas etapas precedentes (ver Lehninger et al., 1993).

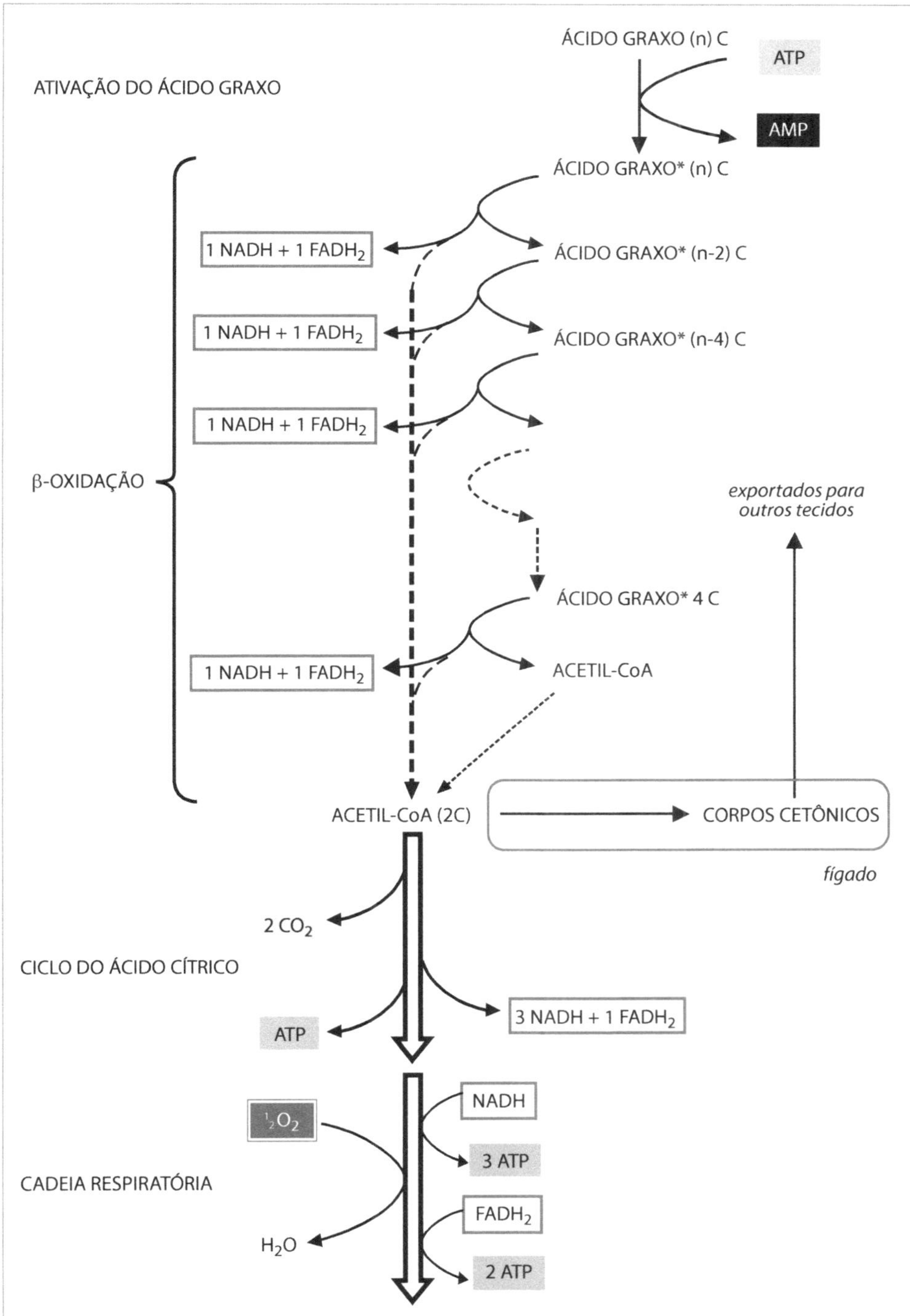

FIGURA 26 Esquema da beta-oxidação.
*: ácido graxo ativado.

que coloca um acil-CoA na terminação do ácido graxo, permite a transferência do ácido graxo do citosol para a matriz mitocondrial, onde o processo da beta-oxidação propriamente dito ocorre. O processo é uma repetição de reações que retira 2 carbonos da molécula a cada ciclo, quebrando a ligação entre o carbono alfa e o carbono beta da cadeia do ácido graxo. A molécula de 2 carbonos retirada nada mais é que uma molécula de acetil-CoA, a qual entra no ciclo do ácido cítrico (ver Figura 22). O processo se repete até que o último par de duas moléculas de acetil-CoA é formado. A cada repetição, 1 NADH e 1 $FADH_2$ são formados, indo à cadeia respiratória.

Quociente respiratório

No metabolismo aeróbio, há o consumo de oxigênio bem como a produção de gás carbônico. **A razão entre a taxa de produção de CO_2 e a taxa de consumo de O_2 é denominada quociente respiratório (QR).** Apesar de, à primeira vista, o QR parecer ser um índice sem muita importância, na verdade ele se relaciona a muitos fatores de relevância fisiológica.

Vamos, incialmente, considerar o que ocorre quando carboidratos são oxidados. Vimos que, para cada cadeia de 6 carbonos (glicose), há a produção de 6 CO_2, 10 NADH e 2 $FADH_2$. Esses últimos, ao entrarem na cadeia respiratória, representam um consumo de 12 · ½ O_2, ou seja, 6 moléculas de oxigênio serão consumidas. Portanto, o QR de carboidratos vale 1.

Vejamos, agora, o que ocorre na beta-oxidação de um ácido graxo de n carbonos (por simplicidade, consideraremos cadeias de ácido graxo de número par de carbonos). São produzidas n moléculas de CO_2, (2n – 1) NADH e (n – 1) $FADH_2$. Esses representam, então, (3n – 2) · ½ O_2 consumidos. Dessa maneira:

$$QR_{ac(n)} = \frac{2 \cdot n}{3 \cdot n - 2} \qquad \text{Equação 9}$$

Sendo ac(n) um ácido graxo de n carbonos. Calculando o QR para o palmitato, que tem 16 carbonos, obtém-se QR = 0,695. Assim, percebe-se que o QR para a queima de ácidos graxos é menor que 0,8 (esse é o valor limítrofe para n = 4 na equação 9), tendendo a 0,7 para cadeias ao redor de 14 carbonos.

Por outro lado, quando ocorre a lipogênese a partir de carboidratos, o quociente respiratório se torna mais elevado que 1,0. Para a oxidação de proteínas, o QR é em torno de 0,8.

Dessa maneira, ao obter o QR por medidas feitas no gás expirado, pode-se ter uma noção do tipo de substrato que está sendo metabolizado nas vias energéticas. Isso, por si só, já torna o QR um índice fisiologicamente relevante. Mas, além disso, é possível considerar o que ocorre em questões ventilatórias e acidobásicas.

Para obtenção de 1 kJ de energia, são necessários 47 mL O_2 na queima de carboidratos e 53 mL O_2 na queima de lipídeos (ver coluna $V_{O_2}kJ^{-1}$ na Tabela 3). Combinando esses valores com os de QR respectivos, vemos que há produção de 47 mL CO_2 por kJ obtido na queima de carboidratos e 37 mL CO_2 por kJ obtido na queima de ácidos graxos. Assim, obter 1 kJ via lipídeos impõe um aumento de 13% na ventilação em relação a carboidratos (53/47) para suprir o oxigênio demandado. Contudo, a produção de CO_2 é 21% menor (37/47), o que significa que há uma alcalose respiratória em relação ao consumo de carboidratos na oxidação de lipídeos (ou uma acidose metabólica em relação ao consumo de lipídeos na oxidação de carboidratos) por unidade de energia obtida. Portanto, a alimentação de pacientes com distúrbios ventilatórios graves (p. ex., doença pulmonar obstrutiva crônica – ver "Respiração" no volume 2 da coleção) ou de pessoas em atividades em condições extremas (p. ex., grandes altitudes) deve levar em conta esses tipos de distúrbios relativos causados pelas diferentes vias do metabolismo aeróbio.

Jejum

Após a fase absortiva e de deposição celular dos nutrientes, ou seja, quando se encerra o período dito pós-prandial, tem início o jejum, no qual passa a haver consumo dos combustíveis sem que haja reposição por alimentação.

Inicialmente, os tecidos utilizam carboidratos livres nas células e no sangue (glicose sanguínea) e, em seguida, passam a utilizar seus próprios estoques de glicogênio para a manutenção do *turnover* de ATP. Em um ser humano adulto, essa fase durará algumas horas.

Conforme os níveis de glicose sanguínea diminuem, duas sinalizações hormonais ocorrem:[36] 1) liberação do estoque de glicogênio hepático; e 2) lipólise nos adipócitos. A liberação dos estoques de glicogênio hepático mantém a glicemia em valores acima de um certo patamar, permitindo que tecidos que dependam exclusivamente de carboidratos para seu metabolismo oxidativo, como neurônios, medula renal, hemácias e testículos, tenham uma fonte desse tipo de combustível. A lipólise, com liberação das cadeias de ácidos graxos, permite que tecidos que tenham o aparato enzimático para a beta-oxidação sejam supridos. Os estoques de glicogênio hepático duram ao redor de 12 horas.

Assim, *grosso modo*, por volta de 15 a 20 horas após uma refeição média, mantendo repouso, um ser humano adulto médio tem seus principais estoques de glicose quase terminados. Nessa fase, aminoácidos livres e cadeias peptídicas curtas passam a ser utilizadas como fonte de substrato para a gliconeogênese hepática (ver Figura 22), um processo que gera moléculas de glicose que são exportadas, via sangue, aos tecidos dependentes. Esse período pode se estender por horas.

Entra-se, então, na fase dita cetogênica, a qual já caracteriza um jejum prolongado. Agora, as células dependentes de carboidratos têm ativação de um sistema enzimático que permite a utilização de outro substrato como combustível. Hepatócitos e certas células em outros tecidos, particularmente astrócitos no sistema nervoso central, utilizam ácidos graxos livres, liberados pelos adipócitos, para sintetizar beta-hidroxibutirato, um dos corpos cetônicos (ver Figura 26). O beta-hidroxibutirato é exportado, como no caso dos hepatócitos, ou cedido localmente, como no caso dos astrócitos para os

36 As sinalizações hormonais são estudadas no capítulo "Controle e regulação hormonal" deste volume.

neurônios, e servirá como fonte de acetil-CoA para aqueles tipos celulares que antes eram dependentes somente de carboidratos (Jensen et al., 2020). Essa fase durará muitos dias.

Para formar ou para degradar o beta-hidroxibutirato, passa-se por acetoacetato, outro corpo cetônico. O acetoacetato forma acetona espontaneamente. Tanto o acetoacetato quanto a acetona são voláteis e passam ao gás alveolar, o que dá um leve odor característico ao ar expirado.

Se após algumas semanas na fase cetogênica ainda não ocorrer uma alimentação, adentra-se a fase de jejum terminal. Com o progressivo fim dos estoques de lipídeos, a manutenção do metabolismo energético se tornará dependente da utilização de proteínas como combustível. Enzimas e proteínas estruturais passam a ser degradadas e, com isso, após um certo período, mesmo que se ofereça alimento ao indivíduo, ele não terá mais os sistemas enzimáticos e proteicos para digestão e transporte. Nesta última fase, somente assistência médica poderá, eventualmente, evitar a morte da pessoa.

NOÇÕES DE ESCALA BIOLÓGICA

Como última seção do capítulo, apresentaremos, de forma breve e não aprofundada, um tema que muitas vezes passa despercebido no estudo dos processos biológicos em geral e fisiológicos em particular.

Tamanho é documento

Em 1928, o fisiologista J. B. S. Haldane afirmou: "As diferenças mais óbvias entre diferentes animais são as diferenças de tamanho, mas, por alguma razão, os zoólogos têm prestado pouca atenção a elas"[37] (Haldane, 1929). Muita coisa mudou desde que essa afirmativa foi feita, porém, de uma maneira geral, o estudo das questões relacionadas às diferenças de tamanho passa intocado em uma grande parte das apresentações básicas em Biologia, ficando relegado a textos de caráter específico. A título de exemplo da importância de questões de tamanho, vamos citar três casos.

Quem já viu, em filmes ou ao vivo, o andar de uma girafa e o andar de um camundongo, percebeu que os movimentos das patas são bastante distintos. As patas da girafa parecem ir em câmara lenta, fazendo uma longa excursão aérea, enquanto as do camundongo parecem estar em um frenesi constante, mal ficando em contato com o solo durante as passadas do animal. Essas diferenças são decorrentes dos diferentes tamanhos desses animais. Assim, o tamanho corpóreo influencia o tipo de deslocamento realizado.

Folcloricamente, ursos são "conhecidos" por hibernarem, passando, no inverno, longos períodos como que em sono.[38] Nesses períodos, sua temperatura corpórea cai. Menos conhecidos são os esquilos em hibernação, que também passam longos períodos de inverno como que em sono, nos quais sua temperatura corpórea também cai. Con-

37 Tradução livre do original: "*The most obvious differences between different animals are differences of size, but for some reason the zoologists have paid singularly little attention to them*".

38 O sono é discutido em "Sistema nervoso" no volume 4 desta coleção.

sidere que a temperatura ambiente na qual um urso e um esquilo estejam hibernando seja semelhante, por exemplo, 2 °C. Se medirmos a temperatura corpórea do urso, encontraremos algo ao redor de 32 °C e, se medirmos a temperatura corpórea do esquilo, encontraremos algo em torno de 8 °C. Ou seja, os ursos, que são animais grandes, têm pequena queda de temperatura corpórea quando hibernam; já os esquilos, que são animais pequenos, têm grande queda de temperatura corpórea quando hibernam. Assim, o tamanho corpóreo influencia a queda de temperatura corpórea nos estados de torpor.

Como terceiro exemplo, temos que um elefante, com uns 3.000 kg, facilmente carrega com sua tromba uma tora de madeira de 300 a 400 kg. Uma formiga saúva, com 0,1 g, carrega um corte de folha de 0,5 g. Obviamente, o elefante consegue transportar uma massa muito maior que a formiga. Contudo, relativamente às massas corpóreas, a formiga transporta uma massa 5 vezes maior que a sua própria, enquanto o elefante leva uma que corresponde a algo ao redor de 1/10 da sua própria. Assim, o tamanho corpóreo influencia na massa relativa que consegue ser transportada.

Intuição geométrica

As relações envolvendo tamanhos são ditas relações de escala. Ainda não definimos mais formalmente o que é uma regra de escala, o que será feito na próxima seção. Contudo, tentaremos obter, agora, uma intuição geométrica[39] da questão.

A Figura 27 ilustra o que ocorre no "crescimento" de um cuboide regular em termos de comprimento (L), área (A) e volume (V). Pela figura fica claro que, se o comprimento L da aresta dobra, a área quadruplica e o volume octuplica. Isso decorre das relações entre comprimentos lineares, áreas e volumes:

- Uma área é dada pelo produto de duas dimensões lineares e, assim, se relaciona ao quadrado de um comprimento. Logo, se o comprimento dobra (é multiplicado por dois), a área é multiplicada por 4, isto é, 2 ao quadrado.
- Um volume é dado pelo produto de três dimensões lineares e, assim, se relaciona ao cubo de um comprimento. Logo, se o comprimento dobra, o volume é multiplicado por 8, isto é, 2 ao cubo.

Se o comprimento triplica, a área é multiplicada por 9 (3 ao quadrado), o volume, por 27 (3 ao cubo) e assim por diante. Para qualquer sólido regular, essas relações entre comprimento, área e volume se mantêm as mesmas já descritas, e que serão mais bem identificadas ao definirmos o que é uma regra de escala.

Embora essa abordagem por sólidos regulares possa parecer um tanto artificial, pois os organismos dificilmente se assemelham a cubos, esferas, prismas etc., de forma geral essas relações se aplicam aos seres vivos: áreas mantêm relações quadráticas e volumes mantêm relações cúbicas com comprimentos. Isso ocorre, em parte, porque os comprimentos mantêm um alto grau de correlação entre si, ou seja, os comprimentos

39 Utilizaremos a geometria euclidiana.

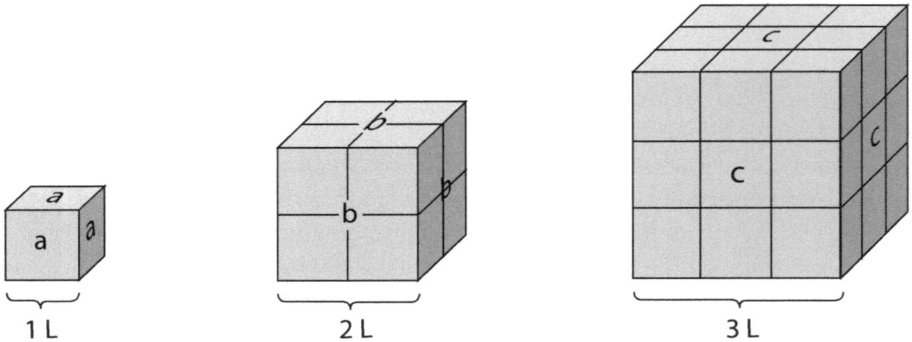

$a = L^2$ | $b = (2 \cdot L)^2 = 4 \cdot L^2 = 4 \cdot a$ | $c = (3 \cdot L)^2 = 9 \cdot L^2 = 9 \cdot a$

$A_{total} = 6 \cdot a = 6 \cdot L^2$ | $A_{total} = 6 \cdot b = 24 \cdot L^2$ | $A_{total} = 6 \cdot c = 54 \cdot L^2$

$V_{total} = L \cdot a = L^3$ | $V_{total} = 2 \cdot L \cdot b = 8 \cdot L^3$ | $V_{total} = 5 \cdot L \cdot c = 27 \cdot L^3$

FIGURA 27 Representação do crescimento de um cuboide regular.

de um organismo estão relacionados por regras de escala entre eles. Por exemplo, se um dedo é aproximado com o formato de um cilindro, vemos que o raio e o comprimento podem ser escritos um em função do outro, de maneira linear. Isso leva à área de superfície do dedo a ser uma função quadrática do comprimento (ou do raio), e o volume, uma função cúbica.

Definição de escala

Vamos, então, definir o que é uma regra de escala. Uma regra de escala é dada por uma equação que tem a seguinte forma (Barenblatt, 2003):

$$Y = \alpha \cdot X^{\beta} \qquad \text{Equação 10a}$$

X e Y são tamanhos. O coeficiente α é um parâmetro que dá um valor de referência unitário (isto é, quando o tamanho X é igual a 1, α é o valor do tamanho Y). A regra de escala propriamente dita é dada pelo expoente β.

Para o exemplo de cubos ilustrado na Figura 25, vemos que a área total tem, em relação ao comprimento L, $\alpha = 6$ e $\beta = 2$. Já o volume, no exemplo da figura, tem $\alpha = 1$ e $\beta = 3$.

Invariância, isometria e alometria

Como mencionado, a regra de uma escala se encontra no expoente β da relação dada na equação 10a. Note que, em princípio, não há restrições ao valor que o expoente β possa ter em uma relação entre duas variáveis X e Y quaisquer. Há, porém, dois valores de β que se tornam distintos dos demais possíveis: 0 e 1.

Se β = 0, temos $Y = \alpha \cdot X^0 = \alpha$. Ou seja, a variável Y é uma constante que independe da variável X. Qualquer que seja o valor de X, Y vale α. Logo, Y é invariante em relação a X. Encontrar invariantes em problemas de escala é um dos grandes focos de análise, pois invariantes geralmente revelam alguma característica fundamental para o funcionamento da estrutura ou do aparato que está sendo estudado.

Se β = 1, temos $Y = \alpha \cdot X^1 = \alpha \cdot X$. Ou seja, a variável Y é linear à variável X. Esses casos são referidos, quando as variáveis Y e X têm as mesmas dimensões, como isometria, ou seja, X e Y mantém a mesma métrica entre si. O exemplo que demos do dedo, na seção anterior, é um caso de isometria: o raio varia de forma linear ao comprimento do dedo. Isometrias são importantes, pois indicam a manutenção de proporções entre as grandezas envolvidas.

Finalmente, temos todos os demais valores que o expoente β pode assumir. Esses casos, se Y e X têm as mesmas dimensões, são referidos como relações alométricas (alo: diferente), ou seja, não há uma variação linear (isométrica) entre X e Y. Por exemplo, a relação entre o comprimento das patas dianteiras e o comprimento do pescoço de girafas é, aproximadamente, $pescoço = 0{,}34 \cdot perna^{1{,}4}$. Assim, a relação não é isométrica, e o pescoço se torna mais comprido em relação às patas conforme o animal se torna maior (pois β = 1,4 e, sendo maior que 1, indica que a variável Y se torna cada vez maior que a variável X).

A Figura 28 ilustra o padrão de crescimento de caranguejos-azuis, de um peixe pré-histórico já extinto e de um mamífero. Note como, tanto no caranguejo quanto no peixe desse exemplo, as formas mais juvenis são como os adultos em miniatura, ou seja, o adulto é uma isometria do jovem, com as proporções entre as estruturas corpóreas mantidas. Já em mamíferos, o padrão é diferente, e as proporções entre as estruturas mudam ao longo do desenvolvimento ontogenético, o que caracteriza uma relação alométrica.[40]

Como ressaltamos, falar em isometria e em alometria em seus sentidos estritos somente faz sentido se as variáveis X e Y tiverem as mesmas dimensões. Porém, em Biologia, é costume utilizar os termos isometria e alometria de modo mais relaxado para fazer referência a qualquer regra de escala que tenha β = 1 (relação isométrica) ou β ≠ 1 (relação alométrica). Dessa forma, os exemplos da área e do volume são de relações alométricas com o comprimento, pois os expoentes das respectivas relações são diferentes de 1. Note que áreas e volumes têm dimensões diferentes tanto entre si quanto em relação a comprimentos.

Podemos inverter ou combinar relações de escala. Por exemplo, se quisermos expressar o comprimento como função da área, teremos, no caso do exemplo dos sólidos regulares,

$$L = \sqrt[2]{\frac{1}{\alpha_A} \cdot A} = \alpha' \cdot A^{\frac{1}{2}}$$

40 Existe uma distinção entre relações tomadas em animais de mesmo estágio de desenvolvimento e as tomadas entre uma espécie ao longo do desenvolvimento, sendo essa última uma heterocronia em sentido exato (Klingenberg, 1998). Aqui, estamos utilizando os termos isometria e alometria na relação de escala independentemente da questão do estágio de desenvolvimento.

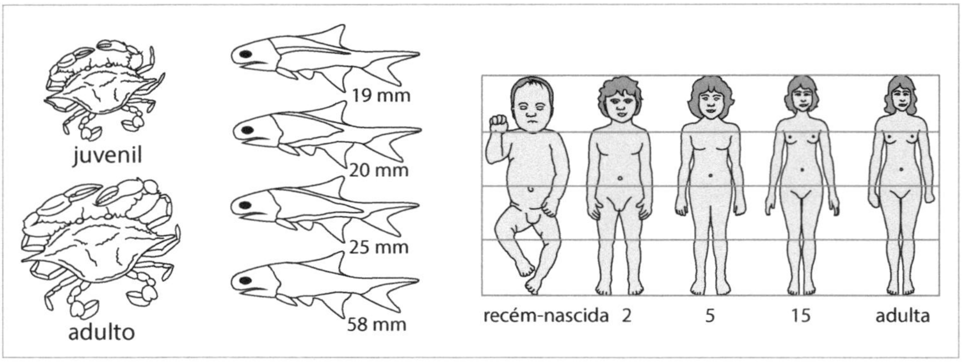

FIGURA 28 Formato corpóreo de caranguejos-azuis (*Callinectes sapidus*), de um peixe pré-histórico já extinto (*Elonichthys peltigerus*) e de um mamífero (*Homo sapiens*) ao longo do desenvolvimento ontogenético.

Fonte: adaptadas de https://www.chesapeakequarterly.net/images/uploads/siteimages/CQ/V11N2/11_atlantic-blue-crab-life-cycle-small.png; Chevrinais M, Sire J-Y, Cloutier R (2017) https://doi.org/10.1371/journal.pone.0174655; https://encrypted-tbn0.gstatic.com/images?q=tbn:ANd9GcTYnn3X1V2S7GvMLJVM3EyS_dXZW6MsbRTXkOxLNnR-3DeQ-2SuDqqik1X2Od6pHcxV4pyl&usqp=CAU

Sendo α_A o coeficiente da relação de escala da área com o comprimento e α', uma outra constante de relação, agora da escala do comprimento com a área. Se quisermos expressar o volume como função da área, utilizamos a equação anterior e temos:

$$V = \alpha_v \cdot L^3 = \alpha_v \cdot \left(\alpha' \cdot A^{\frac{1}{2}}\right)^3 = \alpha'' \cdot A^{\frac{3}{2}}$$

$$\leftrightarrow$$

$$A = \frac{1}{\alpha''} \cdot V^{\frac{2}{3}}$$

Sendo α_V o coeficiente da relação de escala do volume com o comprimento e α'', uma nova constante obtida a partir das anteriores.

É importante termos em mente que o expoente β da relação de escala pode ser negativo. Nesses casos, significa que a variável Y diminui conforme há aumento da variável X, pois $X^{-|\beta|} = \frac{1}{X^{|\beta|}}$, e estamos utilizando a notação $|\beta|$ para indicar "valor absoluto".

Ignorando o coeficiente α

Como citado, o coeficiente α é meramente um fator de valor unitário. Esse coeficiente não nos traz nenhuma informação acerca da relação de escala em si. Ou seja, sabermos quanto vale o "α" em uma dada regra de escala não nos diz nada acerca de a regra ser uma invariância, uma isometria ou uma alometria. Dessa maneira, em questões de caráter geral, no qual valores específicos não são relevantes, mas somente a regra de escala, ignora-se o coeficiente α e escreve-se a equação 10a como:

$$Y \propto X^{\beta} \qquad \text{Equação 10b}$$

O símbolo $\propto$ significa "proporcional a". Assim, ressalta-se que somente o expoente β tem importância na escala.

Massa e volume

De modo geral, a massa "m" é mais fácil de ser medida que o volume "V" de um organismo. Ao mesmo tempo, considerando que os tecidos saudáveis mantêm suas densidades independentemente do tamanho do órgão (p. ex., um fígado pequeno e um fígado grande devem ter densidades semelhantes se não houver doenças envolvidas), resulta que podemos utilizar a massa como desempenhando o papel do volume nas relações de escala. Em outras palavras, em vez de fazer relações utilizando o volume, utiliza-se a massa do organismo. Na linguagem que estamos apresentando diríamos que a massa e o volume mantêm uma relação de isometria e escreveríamos:

$$m \propto V$$

Assim, em relação a comprimentos orgânicos gerais,

$$m \propto L^3$$

Ou

$$L \propto m^{\frac{1}{3}}$$

Escala absoluta e escala relativa

No exemplo dado acerca da carga transportada por um elefante e por uma formiga fica claro que as relações de escala podem ser expressas em termos absolutos (a carga transportada pelo elefante é maior que a transportada pela formiga) ou relativos (proporcionalmente, a carga transportada pela formiga é maior que a transportada pelo elefante).

Vamos supor que tivéssemos uma regra de escala para a carga máxima C transportada por animais de massa m:

$$C = \alpha \cdot m^{\beta}$$

Essa escala está expressa em termos absolutos: para uma dada massa m, tem-se a carga máxima C que o animal de massa m consegue transportar. Se dividirmos a equação pela massa, temos:

$$C' = \frac{C}{m} = \frac{\alpha \cdot m^{\beta}}{m} = \alpha \cdot m^{\beta-1} = \alpha \cdot m^{\beta'}$$

Sendo C', nesse caso, a carga máxima *relativa* transportada. Nota-se que o coeficiente α é o mesmo tanto para o caso absoluto quanto para o relativo. O que mudará é o expoente da escala: $\beta' = \beta - 1$.

Vejamos o que ocorre se $\beta = 1$. Nesses casos, $\beta' = 0$ e, assim, a escala relativa é um invariante. Se esse fosse o caso para a carga máxima transportada, isso significaria que animais transportam cargas iguais em relação à sua massa corpórea. No exemplo dado, se o caso da formiga fosse o padrão, um elefante seria capaz de transportar outros cinco elefantes empilhados sobre seu dorso.

E se β se encontra entre zero e um? Nesses casos, $\beta' < 0$. Assim, apesar de a variável Y aumentar com o aumento da variável X, relativamente há diminuição, ou seja, a variável Y para X grandes é relativamente menor que a variável Y para X pequenos. Esse é, de fato, o caso para a carga máxima transportada: animais pequenos transportam cargas relativamente maiores que animais grandes. O motivo desse fenômeno se encontra em como a força muscular varia em relação à massa do organismo, assunto que discutimos no "Músculos e movimento" do volume 4 desta obra.

Casos nos quais β é maior que 1 ou casos nos quais β é menor que 0 são triviais na relação de escala relativa, pois o comportamento observado em termos absolutos é mantido em termos relativos: $\beta > 1$ implica $\beta' > 0$ e Y aumenta com o aumento de X, em termos absolutos ou relativos; $\beta < 0$ implica $\beta' < 0$ e Y diminui com o aumento de X, em termos absolutos ou relativos.

Escala da área de superfície corpórea humana

Resultados experimentais mostram que um grande número de processos fisiológicos se relaciona à área de superfície corpórea (A_{SC}), ao menos nos seres humanos. Por exemplo, a taxa de filtração glomerular e o débito cardíaco mantêm correlação com a A_{SC}. Vamos examinar duas equações utilizadas para calcular a A_{SC}.

A primeira delas foi obtida no início do século XX e relaciona a A_{SC} (em m^2) à altura h (em cm) e à massa m (em kg) do indivíduo (DuBois, 1916):

$$A_{SC} = 0{,}007184 \cdot m^{0{,}425} \cdot h^{0{,}725}$$

Essa equação é extremamente difundida e utilizada. Contudo, recebe críticas por sua baixa acurácia (Sawyer e Ratain, 2001). Uma segunda equação foi obtida posteriormente (Reading e Freeman, 2005):

$$A_{SC} = \frac{1}{6} \cdot (m \cdot h)^{\frac{1}{2}}$$

Nessa equação, a altura h é em metros. Vamos investigar essas duas equações sob a perspectiva de escala que desenvolvemos nas seções precedentes.

Como vimos, $m \propto L^3$, e, claramente, $h = L$. Assim, da primeira equação, temos:

$$m^{0{,}425} \propto \left(L^3\right)^{0{,}425} = L^{3 \cdot 0{,}425} = L^{1{,}275}$$

Aplicando esse resultado na primeira equação:

$$A_{SC} \propto m^{0{,}425} \cdot h^{0{,}725} \propto L^{1{,}275} \cdot L^{0{,}725} = L^{1{,}275+0{,}725} = L^2$$

Ou seja, a primeira equação nos diz que a área de superfície corpórea é proporcional ao quadrado de um comprimento, exatamente como esperaríamos da relação de escala em um sólido regular.

Vejamos a segunda equação:[41]

$$A_{SC} \propto (m \cdot h)^{\frac{1}{2}} \propto (L^3 \cdot L)^{\frac{1}{2}} = (L^4)^{\frac{1}{2}} = L^2$$

Ou seja, novamente obtivemos que a área é proporcional ao comprimento ao quadrado. Percebe-se, portanto, que a área de superfície corpórea obedece a uma lei de escala similar à de um sólido euclidiano.

Escala do metabolismo energético humano

O quanto seres humanos adultos com diferentes massas corpóreas diferem em suas taxas metabólicas de repouso? Ou seja, qual a diferença entre o consumo de oxigênio de repouso de uma pessoa de 50 kg e o de uma pessoa de 110 kg? Essa é uma questão de escala, porém uma escala que envolve a massa corpórea sendo tomada como "tamanho" e o consumo de oxigênio ($\dot{V}_{O_2}$, taxa metabólica) sendo tomado como a variável dependente do tamanho. Recentemente, Bowes e colaboradores investigaram essa questão, tanto por meio de experimentos feitos pelo grupo quanto pela análise de dados da literatura dos últimos 60 anos, e obtiveram a seguinte equação (Bowes et al., 2021):

$$\dot{M} = 11{,}574 \cdot m^{0{,}547}$$

Sendo $\dot{M}$ em watts e m em kg. Assim, uma pessoa de 55 kg teria, aproximadamente, 103 watts de taxa metabólica de repouso, e uma de 110 kg, 151 watts.

Dois pontos são importantes a serem notados: 1) os parâmetros da equação (isto é, o coeficiente e o expoente) são estatísticos e, assim, incluem uma faixa de valores cada um; e 2) a equação se aplica a adultos e não a crianças e jovens, pois pressupõe-se que não haja metabolismo relacionado a crescimento.

Escala filogenética do metabolismo energético

Nossa última etapa em questões de escala será examinar como se comporta a taxa metabólica de repouso ao longo da filogenia. A Figura 29 mostra os dados de taxa metabólica de 391 espécies de mamíferos com massa corpórea indo de 2,5 gramas (musaranho-pigmeu, *Suncus etruscus*) a 3.672 kg (elefante asiático, *Elephantus maximus*). No painel A da figura, nota-se que os dados parecem ter uma certa concavidade voltada para baixo, sugerindo que a relação de escala tem expoente menor que 1. No painel B, os dados foram transformados para uma representação logarítmica, e percebe-se que esses dados se agrupam ao redor de uma reta média.

41 O resultado obtido não é surpresa, pois essa equação foi elaborada aproximando-se os formatos das partes corpóreas por sólidos de revolução.

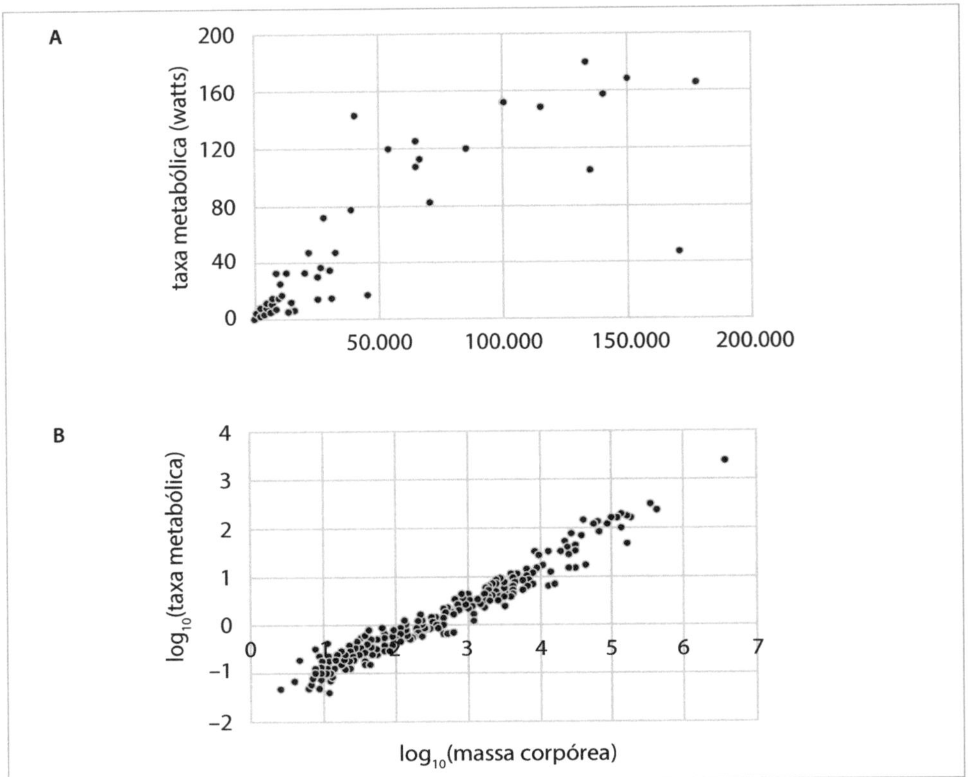

FIGURA 29 Relação entre taxa metabólica de repouso e massa corpórea em 391 espécies de mamíferos. A: dados lineares. B: dados em logaritmo. Em (A), para melhor visualização, os dados de três espécies de massa corpórea acima de 200 kg (*Elephantus maximus, Bos taurus* e *Camelus dromedarius*) foram omitidos. Note como, quando representados em escala logarítmica, os dados se agrupam em torno de uma reta.
Fonte: dados de Heusner, 1991.

Essa linearização decorre do fato que, se aplicarmos a função logaritmo na equação 10a, obtemos:[42]

$$\log(Y) = \log\left(\alpha \cdot X^{\beta}\right) = \log(\alpha) + \beta \cdot \log(X) \qquad \text{Equação 11}$$

Ou seja, passamos a ter uma função de reta cuja inclinação é dada pelo expoente β da escala. Dessa maneira, a determinação da inclinação da reta nos dá a lei de escala. Note que o coeficiente α é o antilogaritmo do intercepto da função de reta. Fazendo essa operação para os dados apresentados na Figura 27, obtemos a seguinte lei de escala:

$$\dot{M} = 2{,}85 \cdot m^{0{,}71} \qquad \text{Equação 12}$$

42 A função logaritmo é apresentada no capítulo "Modelos genéricos básicos" do volume 1 desta obra.

Sendo a massa em kg e a taxa metabólica em watts.

Vemos, então, que a escala β é positiva e menor que 1. Isso implica que a taxa metabólica aumenta com o aumento da massa corpórea, porém não de forma linear. Ou seja, ao dobrar a massa, não se dobra o metabolismo. E, como já visto, isso implica, também, que a taxa metabólica relativa tem um expoente de escala negativo. A Figura 30 ilustra os dados da Figura 29 plotados como taxa metabólica massa-específica (ou relativa), isto é, a taxa metabólica dividida pela massa corpórea do animal, indicada como $\widetilde{M}$.

Assim, sob a perspectiva da taxa metabólica relativa, animais pequenos têm gastos energéticos muito maiores que os grandes. Em outras palavras, ***por unidade de massa corpórea*, animais pequenos têm taxa metabólica mais elevada que animais grandes.**

A taxa metabólica tem impacto sobre muitos, senão todos, os processos orgânicos. Dessa forma, esperamos encontrar uma correlação importante entre o funcionamento dos sistemas relacionados a suprir a demanda energética, basicamente o sistema respiratório e o circulatório, e a escala do metabolismo. Isso, de fato, ocorre. Assim, **o débito cardíaco e o volume-minuto apresentam escalas similares à da taxa metabólica em relação à massa corpórea**. E, a título de ilustração, vamos combinar algumas escalas para obter outra.

O débito cardíaco, $\dot{Q}$, como apresentado em Circulação, é a unidade funcional do sistema cardiovascular e é dado pelo produto da frequência cardíaca, f_c, e do volume sistólico, V_s:

$$\dot{Q} = f_c \cdot V_S \leftrightarrow f_c = \frac{\dot{Q}}{V_S}$$

O volume sistólico tem escala linear com a massa corpórea, $V_s \propto m$, e, como já mencionado, o débito cardíaco tem escala similar à da taxa metabólica (utilizaremos a escala obtida nos dados apresentados na Figura 27, por simplicidade). Assim, se escrevermos

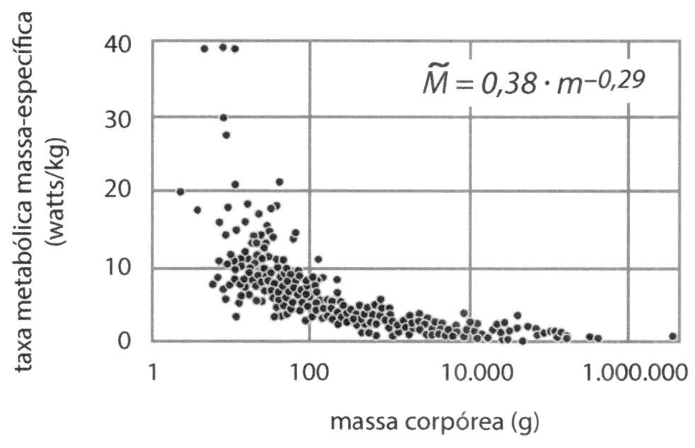

FIGURA 30 Taxa metabólica massa-específica ($\widetilde{M}$) em função da massa corpórea. Note que $\widetilde{M}$ diminui com o aumento da massa corpórea, o que é indicado pela equação de escala com expoente negativo, β = −0,29.

tanto o volume sistólico quanto o débito cardíaco em termos de suas respectivas escalas e ignorarmos as constantes envolvidas, obtemos a escala esperada da frequência cardíaca:

$$f_c = \frac{\dot{Q}}{V_s} \propto \frac{m^{0,71}}{m} = m^{-0,29}$$

Ou seja, temos o expoente de escala da frequência cardíaca similar ao do da taxa metabólica massa-específica (Figura 28). Isso explica por que **animais maiores têm frequências cardíacas mais baixas que animais menores**.

Como vemos, as Figuras 29 e 30 apresentam a mesma informação, porém de modos invertidos, e precisamos tomar cuidado para não nos confundirmos na mensagem. A Figura 29 nos diz que um elefante consome muito mais que um camundongo. Já a Figura 30 nos diz um grama de camundongo gasta mais que um grama de elefante. Dessa forma, se dizemos "comer feito um passarinho" para nos referirmos a quanto uma pessoa come, podemos estar afirmando que a pessoa come pouco (perspectiva absoluta) ou que come muito (perspectiva relativa)... É preciso especificar a referência.

Historicamente, os primeiros resultados de escala da taxa metabólica foram obtidos em cães e sugeriam que o expoente β fosse próximo a ⅔ (≅ 0,67). Isso parecia, então, estar dentro da relação de escala área:volume (ver "Invariância, isometria e alometria"), o que se explicaria de uma maneira simples: o metabolismo ocorre dentro do volume corpóreo e a energia trocada na forma de calor se dá na superfície. Contudo, coletas de uma maior quantidade de dados de um maior número de espécies abrangendo uma maior diversidade de massas corpóreas foi desviando esse valor para cerca de 0,73, que Kleiber "arredondou" para ¾ (= 0,75). Apesar das inúmeras tentativas feitas, até hoje não se conseguiu uma explicação para esse valor de "0,75", e há um enorme debate na literatura científica acerca desse problema. Esse debate foge aos nossos objetivos e, assim, não nos aprofundaremos em detalhes. As pessoas interessadas encontrarão vasto material para consulta, e para início recomendamos os seguintes: Schmidt-Nielsen, 1984 – um livro clássico sobre o tema de escala em processos fisiológicos; e Hoppeler e Weibel, 2005, assim como demais artigos nesse volume especial do *Journal of Experimental Biology* dedicado ao tema da escala do metabolismo energético.

REFERÊNCIAS

1. Baierlein R. Thermal physics. Cambridge: Cambridge University Press; 2005.
2. Barenblatt GI. Scaling. Cambridge: Cambridge University Press; 2003.
3. Blondin DP, Haman F. Shivering and nonshivering thermogenesis in skeletal muscles. Handb Clin Neurol. 2018;156:153-73.
4. Boulant JA. Neuronal basis of Hammel's model for set-point thermoregulation. J Appl Physiol. 2006;100:1347-54.
5. Bowes HM, Burdon CA, Taylor NAS. The scaling of human basal and resting metabolic rates. Eur J Appl Physiol. 2021;121:193-208.
6. Cabanac, M. Adjustable set point: to honor Harold T. Hammel. J Appl Physiol. 2006;100;1338-46.
7. Callen HB. Thermodynamics and an introduction to thermostatistics. 2.ed. New York: John Wiley & Sons; 1985.
8. Chaui-Berlinck JGm Martins RA. As duas primeiras leis: uma introdução à termodinâmica. São Paulo: Unesp; 2013.
9. Damasceno MV, Pasqua LA, Lima-Silva AE, Bertuzzi R. Energy system contribution in a maximal incremental test: correlations with pacing and overall performance in a 10-km running trial. Braz J Med Biol Res. 2015;48:1048-54.

10. DuBois DF. A formula to estimate the approximate surface area if height and body mass be known. Arch Intern Med. 1916;17:863-71.
11. Feinman RD, Fine EJ. "A calorie is a calorie" violates the second law of thermodynamics. Nutr. J. 2004;3:1-5.
12. Feinman RD, Fine EJ. Nonequilibrium thermodynamics and energy efficiency in weight loss diets. Theor Biol Med Model. 2007;4:1-13.
13. Fenn JB. Engines, energy and entropy: a thermodynamics primer. San Francisco: W. H. Freeman; 1982.
14. Foss M, Keteyian S, Fox E. Fox's physiological basis for exercise and sport. 6.ed. William C Brown Pub; 1998.
15. Frostell C, Pande JN, Hedenstierna G. Effects of high-frequency breathing on pulmonary ventilation and gas exchange. J Appl Physiol Respir Environ Exerc Physiol. 1983;55:1854-61.
16. Gagnon D, Crandall CG. Sweating as a heat loss thermoeffector. Handb Clin Neurol. 2018;156:211-32.
17. Gastin PB. Energy system interaction and relative contribution during maximal exercise. Sport Med. 2001;31:725-41.
18. Haldane JBS. On being the right size. Possible Worlds. London: Chatto & Windus; 1929.
19. Heusner AA. Size and power in mammals. J Exp Biol. 1991;160:25-54.
20. Hitrec T, Luppi M, Bastianini S, Squarcio F, Berteotti C, Lo Martire V, et al. Neural control of fasting-induced torpor in mice. Sci. Rep. 2019;9:1-12.
21. Hoppeler H, Weibel ER. Scaling functions to body size: theories and facts. J Exp Biol. 2005;208:1573-4.
22. Hulbert AJ, Else PL. Membranes as possible pacemakers of metabolism. J Theor Biol. 1999;199:257-74.
23. Jensen NJ, Wodschow HZ, Nilsson M, Rungby J. Effects of ketone bodies on brain metabolism and function in neurodegenerative diseases. Int J Mol Sci. 2020;21:1-17.
24. Klingenberg CP. Heterochrony and allometry: the analysis of evolutionary change in ontogeny. Biol Rev. 1998;73:79-123.
25. Kluger MJ. The evolution and adaptive value of fever. Am Sci. 1978;66:38-43.
26. Kluger MJ. Is fever beneficial? Yale J Biol Med. 1986;59:89-95.
27. Lehninger AL, Nelson DL, Cox MM. Principles of biochemistry. 2. ed. New York: Worth Publishers; 1993.
28. Little AG, Seebacher F. The evolution of endothermy is explained by thyroid hormonemediated responses to cold in early vertebrates. J Exp Biol. 2014;217:1642-8.
29. McArdle WD, Katch FI, Katch VL. Exercise physiology: energy, nutrition, and human performance. 6. ed. Philadelphia: Lippincott Williams & Wilkins; 2006.
30. Meyer M, Hahn G, Piiper J. Pulmonary gas exchange in panting dogs: a model for high frequency ventilation. Acta Anaesthesiol Scand. 1989;33:22-7.
31. Muller I. A history of thermodynamics: the doctrine of energy and entropy. Berlin: Springer; 2007.
32. Nakamura K, Morrison SF. A thermosensory pathway that controls body temperature. Nat Neurosci. 2008;11:62-71.
33. Nedergaard J, Cannon B. Brown adipose tissue as a heat-producing thermoeffector. Handb Clin Neurol. 2018;156:137-52.
34. Özilgen M. Nutrition and production related energies and exergies of foods. Renew Sustain Energy Rev. 2018;96:275-95.
35. Price ER, Sirsat TS, Sirsat SKG, Curran T, Venables BJ, Dzialowski EM. The membrane pacemaker hypothesis: novel tests during the ontogeny of endothermy. J Exp Biol. 2018;221.
36. Reading BD, Freeman B. Simple formula for the surface area of the body and a simple model for anthropometry. Clin Anat. 2005;18:126-30.
37. Romanovsky AA. The thermoregulation system and how it works. Handb Clin Neurol. 2018;156:3-43.
38. Sawyer M, Ratain MJ. Body surface area as a determinant of pharmacokinetics and drug dosing. Invest New Drugs. 2001;19:171-7.
39. Schmidt-Nielsen K. Animal physiology: adaptation and environment. 2. ed. Cambridge: Cambridge University Press; 1980.
40. Schmidt-Nielsen K. Scaling: why is animal size so important? New York: Cambridge University Press; 1984.
41. Seebacher F. Is endothermy an evolutionary by-product? Trends Ecol Evol. 2020;35:503-11.
42. Shibasaki M, Wilson TE, Crandall CG. Neural control and mechanisms of eccrine sweating during heat stress and exercise. J Appl Physiol. 2006;100:1692-701.
43. Silva JE. Thermogenic mechanisms and their hormonal regulation. Physiol Rev. 2006;86:435-64.

4

Controle e regulação hormonal

INTRODUÇÃO

A integração dos sistemas orgânicos exige que haja componentes atuando para coordenar ações sinérgicas e minimizar ações antagônicas. Os dois principais componentes dessa integração são os sistemas nervoso e endócrino. Pode-se afirmar que o sistema nervoso tem uma atuação mais direcionada a órgãos específicos diretamente, tomando parte de uma reposta integrativa orquestrada, e as ações desencadeadas são rápidas. Já o sistema endócrino atua de modo mais lento, menos direcionado e mais global, por meio da secreção de compostos que agem em diversos locais do organismo. Esses compostos recebem a denominação genérica de **hormônios**.

Em geral, hormônios são conservados na filogenia dos vertebrados, bem como em alguns invertebrados. Apesar dessa conservação do aspecto molecular, não necessariamente a ação hormonal será semelhante nos diversos grupos. Por exemplo, a prolactina é relacionada à lactação em mamíferos e à osmorregulação em peixes. Por outro lado, há muitos hormônios cujas principais ações são similares nos vários animais. A insulina é um exemplo desse tipo de conservação de ação, incluindo vertebrados e invertebrados (Das e Dobens, 2015; Conlon, 2000). Dessa maneira, **devemos ter a mente aberta para as eventuais discrepâncias de ação hormonal entre diferentes animais e, ao mesmo tempo, para muitas semelhanças**.

Um aspecto essencial em regulação são as alças de controle (ver capítulo "Modelos genéricos básicos" no volume 1 desta coleção). Agora, abordaremos as alças diretamente, porém não faremos referências explícitas a "ganhos", "saturações", "não linearidades" etc. Contudo, devemos saber que esses fatores e características estarão presentes nas alças reais e que, assim, poderemos observar respostas diversas para um mesmo hormônio dependendo do estado em que uma determinada alça se encontre.

Como já enfatizamos, nosso objetivo é apresentar uma visão geral e integrada dos sistemas orgânicos, e não nos concentrarmos em aspectos da biologia molecular. Tendo isso como foco, este capítulo trata dos vários componentes do sistema de controle e regulação hormonal a partir de um ponto de vista sistêmico, sem muitos detalhamentos dos eventos celulares e subcelulares desencadeados pelos compostos em cena. Iniciamos apresentando uma classificação bioquímica dos hormônios para, em seguida, irmos aos sistemas e suas alças de controle mais especificamente. Ao final do capítulo, tratamos da reprodução, que envolve vários componentes de regulação e, na gestação, de alterações na fisiologia do organismo materno.

Vale, ainda, relembrar a simbologia que utilizamos para alças de controle e sinalização (ver "Modelos genéricos básicos", volume 1 desta coleção):

	Estimulação
	Inibição
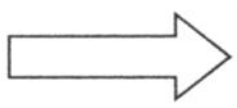	Sinal ou evento químico ou físico *per se*
	Somador de sinais
	Conversor (converte um tipo de entrada em uma saída de natureza diversa)
	Operador "E" (tem saída somente se as entradas ocorrem simultaneamente)

Tipos bioquímicos de hormônios

Os principais hormônios podem ser divididos em quatro grupos de acordo com sua natureza química: hormônios proteicos/peptídicos, catecolaminas, esteroides e iodotironinas. Dependendo dessa natureza, podem ser armazenados de diferentes modos e, em razão da possibilidade (ou não) de cruzar a membrana plasmática, podem necessitar de receptores de superfície para desencadear sua ação nos tecidos-alvo, ou agir diretamente em receptores intracelulares. Caso não sofram processo digestório, poderão ser administrados oralmente para eventual reposição ou tratamento de curto prazo. A Tabela 1 resume as principais características gerais desses grupos hormonais.

TABELA 1 Características gerais dos quatro principais grupos hormonais

	Proteínas/peptídeos	Catecolaminas	Esteroides	Iodotironinas
Fonte	Aminoácidos	Tirosina	Colesterol	Iodo + tirosina
Armazenamento	Grânulos IC	Grânulos IC	Não estocados	Folículos EC
Transporte sanguíneo	Livre no plasma	Livre no plasma + p.i.	Proteínas transportadoras	Livre no plasma + p.i.
Ação via	Receptores de membrana	Receptores de membrana	Receptores IC + receptores de membrana	Receptores IC
A.V.O.?	Não	X	Sim	Sim
Particularidades		Meia-vida na ordem de 2 minutos	Pode haver conversão periférica	Meia-vida na ordem de 7 dias
Exemplo	Insulina	Noradrenalina	Cortisol	T4

A.V.O.?: pode ser administrado via oral?; IC: intracelular; EC: extracelular; p.i.: proteínas inespecíficas; X: pode ser, porém a meia-vida é muito curta para haver efeito significativo.
Fonte: baseada em Porterfield e White, 2007.

CÁLCIO E FÓSFORO

O cálcio é um elemento fundamental na fisiologia celular, atuando principalmente como segundo mensageiro, isto é, um intermediário na transdução de sinais. Para citarmos alguns exemplos, o cálcio é o agente responsável pelo acoplamento eletromecânico na contração muscular (ver capítulo "Músculo e movimento" no volume 4 da coleção) e pela sinalização via IP_3 (ver "Processos celulares" no volume 1 da coleção), participa de maneira direta na geração da diferença de potencial de membrana e pressão osmótica (ver "Difusão e potenciais" no volume 1 da coleção), bem como no *status* hidrogeniônico dos meios (ver "Regulação ácido-base" neste volume). Além disso, com o fósforo (fosfato), é o responsável pela rigidez estrutural de ossos e dentes. Consequentemente, a concentração sanguínea de cálcio é bem regulada e mantida dentro de uma faixa estreita de 2,1 mM a 2,6 mM (Porterfield e White, 2007). Importante: note que em "Regulação ácido-base" apresentamos a concentração de cálcio plasmático como sendo ao redor de 1,4 mM. Essa diferença com os valores aqui apresentados é porque lá estamos discutindo apenas a concentração ionizada livre, que toma parte no equilíbrio hidrogeniônico, e aqui estamos nos referindo ao total de cálcio, isto é, a fração livre mais a complexada a ânions e a ligada a proteínas.

O fósforo é outro elemento essencial; basta nos lembrarmos que o ATP (trifosfato de adenosina) tem seu papel crucial como moeda energética nas células em decorrência das ligações de alta energia dos fosfatos. Como mencionado no parágrafo anterior, os fosfatos formam, juntamente ao cálcio, a estrutura que dá rigidez ao esqueleto. Muitas regulações de ativação/desativação enzimática e de sinalizações celulares se dão pela fosforilação/desfosforilação de moléculas, e o fósforo se encontra nos ácidos nucleicos ("material genético").

Grande parte do fósforo está na forma ionizada ácida, sendo denominado, de forma genérica, fosfato inorgânico (P_i; ver também "Regulação ácido-base"). Diferentemente do cálcio, no entanto, sua concentração plasmática não parece ser regulada diretamente. Contudo, uma vez que há complexão do cálcio com os fosfatos, a alteração do fósforo resulta, diretamente, em alterações do cálcio e, consequentemente, tornam-se reguladas de modo indireto.

Os dois hormônios que intermedeiam a regulação do cálcio plasmático são o paratormônio (PTH), produzido pela glândula paratireoide (Figura 1), e a 1,25-di-hidroxivitamina D (calcitriol), formada no túbulo proximal dos néfrons. A Figura 2 apresenta o esquema da malha de controle de cálcio e fósforo e a legenda detalha os processos. Além da questão da regulação do cálcio plasmático, a figura também ilustra a importância do calcitriol para a formação adequada dos ossos.

Assim, como esquematizado na Figura 2, a concentração plasmática de cálcio ionizado ($[Ca^{2+}]_s$) é percebida por células nas paratireoides e nos túbulos proximais, sendo comparada a um valor de referência (*set-point*). Essa operação é, em termos matemáticos, descrita por meio de um somador que origina um sinal de diferença (ΔCa). Esse sinal estimula a produção de paratormônio (PTH) nas paratireoides e ativação da enzima 1α-hidroxilase (1α-h) nos túbulos proximais. O PTH inibe, nos túbulos proximais, a reabsorção de P_i e estimula, na porção ascendente das alças de Henle, a

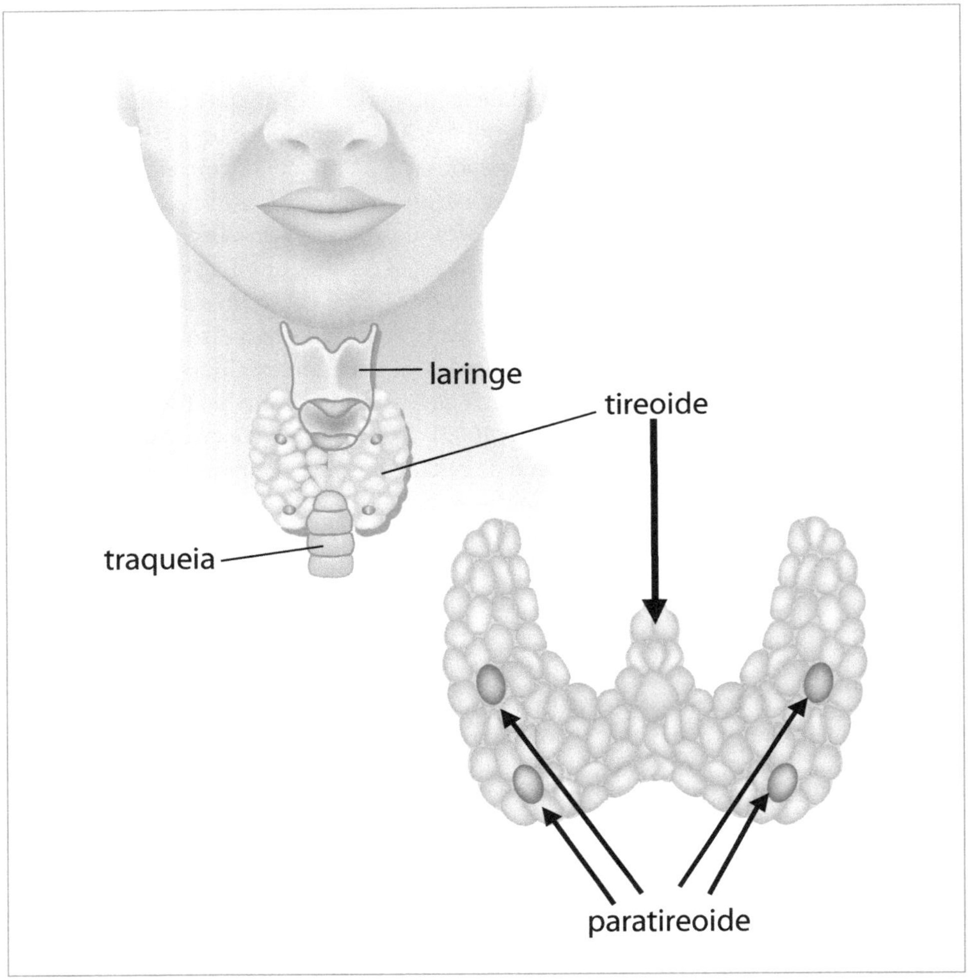

FIGURA 1 Glândulas paratireoides, sua relação anatômica com a tireoide e da tireoide com a traqueia.

reabsorção de Ca^{2+}. O PTH também é um sinal, nos túbulos proximais, para ativação da 1α-h. Ainda nos túbulos proximais, essa enzima catalisa a formação de 1,25-di-hidroxivitamina D (1,25-$(OH)_2$ D_3). A 1,25-$(OH)_2$ D_3 tem origem na 25-hidroxivitamina D (25(OH)-vit D) produzida no fígado. A produção de 25(OH)-vit D se dá a partir da vitamina D_2 (ou ergocalciferol), absorvida no trato gastrointestinal (TGI), e/ou da vitamina D_3 (ou colecalciferol) também absorvida no TGI ou produzida na pele a partir de 7-desidrocolesterol sob ação de luz ultravioleta B. A 1,25-$(OH)_2$ D_3 é um sinal de ativação da enzima 24-hidroxilase (24-h), que induz a hidroxilação no carbono 24 (em vez do 1) e inativa a formação de 1,25-$(OH)_2$ D_3. Além disso, a 1,25-$(OH)_2$ D_3 é um sinal para a diminuição da expressão de 1α-h e, na paratireoide, inibe a produção de PTH. Esses fenômenos geram, assim, uma primeira malha de retroalimentação negativa no processo. A 1,25-$(OH)_2$ D_3 estimula, no TGI, a absorção de cálcio. Nos ossos, o PTH é percebido e comparado a um valor de referência, sendo o sinal gerado por

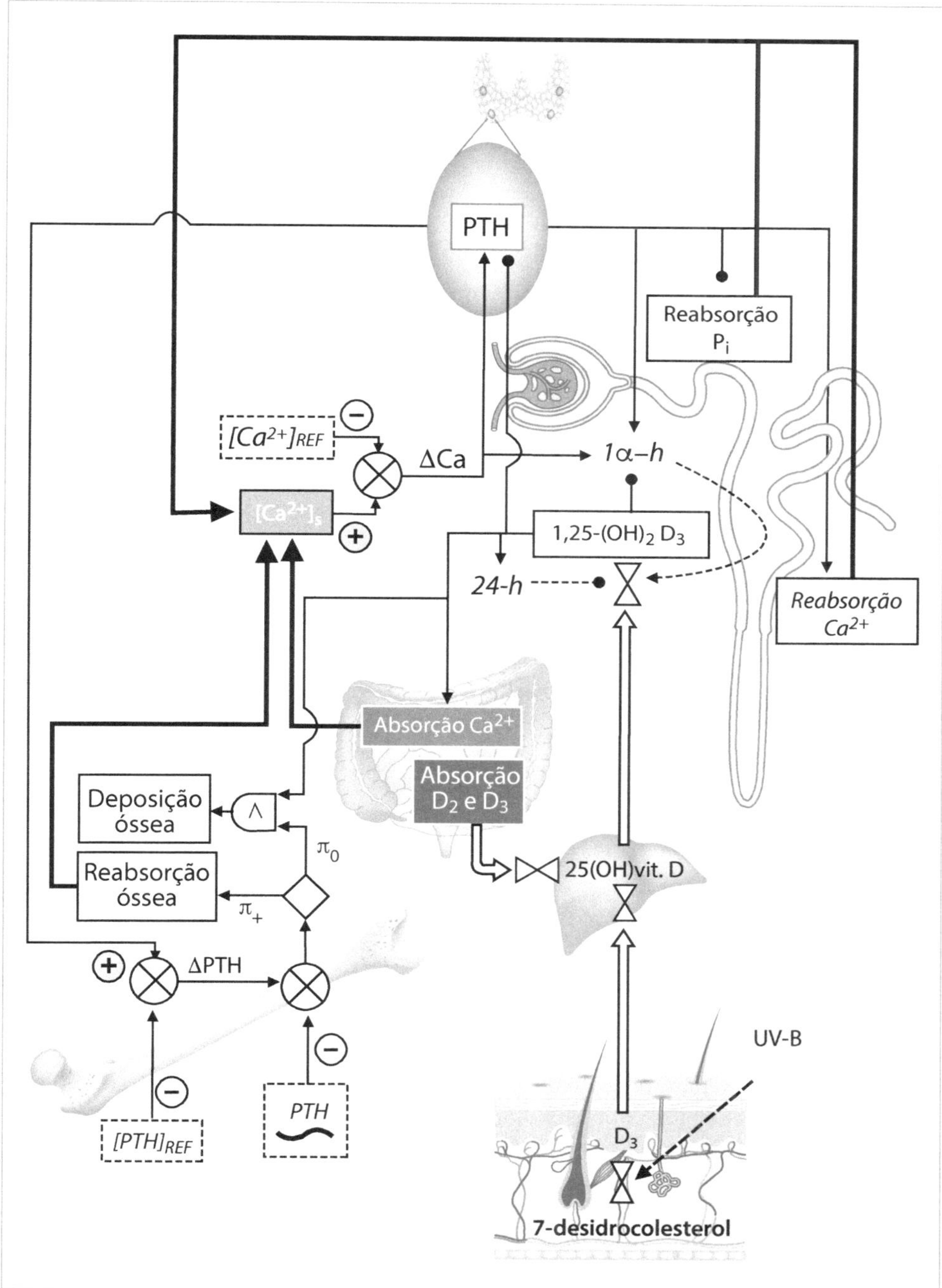

FIGURA 2 Esquema sintético da regulação da concentração de cálcio sanguíneo. Ver texto para detalhamento.

essa comparação levado a outra comparação, agora em relação a um padrão temporal de PTH. Se o sinal está dentro do padrão temporal (π_0) e há 1,25-$(OH)_2$ D_3 no sistema (operador "E"), ocorre a deposição óssea. Isso explica a importância da "vitamina D" na calcificação dos ossos, pois, se ela não está presente, o sinal não se completa. Caso o sinal de ΔPTH esteja acima do padrão temporal (π_+), o estímulo se torna de reabsorção da matriz óssea. Dessa maneira, o aumento de absorção intestinal e de reabsorção renal de cálcio, a diminuição da reabsorção renal de fosfatos e a reabsorção da matriz óssea concorrem para o aumento da concentração de Ca^{2+} plasmática, fechando a alça de retroalimentação negativa da malha de controle. Ver "Ossos" no capítulo "Músculos e movimento", volume 4 da coleção, para mais detalhes sobre a fisiologia desse tecido. A calcitonina – não representada na figura – age diminuindo a reabsorção óssea e a reabsorção desse cátion nos rins, levando a uma diminuição do cálcio plasmático. Em meio ao estroma da glândula tireoide encontram-se as células C, produtoras de calcitonina. A calcitonina tende a diminuir o cálcio sanguíneo por inibir a atividade osteoclástica (de reabsorção óssea), diminuindo a desmineralização da matriz óssea e estimulando a deposição de cálcio (Srinivasan et al., 2020). Além disso, a calcitonina reduz a reabsorção de cálcio nos rins. Em seres humanos, grandes variações da concentração plasmática de calcitonina, tanto para mais quanto para menos, não parecem estar associadas a qualquer quadro clínico, não havendo, aparentemente, nenhuma consequência para a regulação do cálcio (Porterfield e White, 2007). Assim, o exato papel fisiológico desse hormônio em humanos não está completamente esclarecido.

METABOLISMO ENERGÉTICO

Do ponto de vista endocrinológico, os quatro principais órgãos envolvidos diretamente no metabolismo energético são as ilhotas de Langerhans no pâncreas, o sistema nervoso autônomo (SNA), o tecido adiposo branco (TAB) e a tireoide. Células nas ilhotas de Langerhans e o SNA atuam de maneira mais imediata, reagindo a variações da glicemia. Já a tireoide tem um papel de mais longo prazo, regulando a taxa metabólica do organismo como um todo. Similarmente, a leptina, produzida no TAB, tem um papel menos imediato e atua como um marcador do nível dos estoques energéticos do organismo.

As ações do SNA, particularmente o ramo simpático, se dão de maneira tanto direta quanto indireta no metabolismo de carboidratos, e exploraremos essas ações no decorrer do texto. As ações dos hormônios tireoidianos serão vistas em uma seção mais adiante.

As ilhotas de Langerhans possuem quatro principais tipos celulares identificados, e a fração correspondente a cada tipo é apresentada entre parênteses: beta (75%), alfa (10%), delta (10%), gama (< 5%). Um quinto tipo, épsilon, que perfaz menos de 1% do total, também é descrito. As células epson produzem grelina, relacionada à sensação de fome, e são discutidas no capítulo "Alimentação" (volume 2 da coleção). As células gamma, atualmente mais conhecidas por células PP, produzem o polipeptídio pancreático (PP). As ações do PP são diversas e não completamente esclarecidas; por exemplo, diminui a taxa de secreção de fluido tanto pancreático quanto do TGI em geral. O mesmo pode se dizer a respeito dos sinais para sua liberação; por exemplo, uma refeição proteica e o jejum parecem ser estimuladores da secreção de PP.

As células delta produzem somatostatina. A somatostatina também é produzida em outros locais do TGI e no sistema nervoso central (SNC). As ações no SNC serão vistas adiante e as ações no TGI são estudadas no capítulo "Alimentação" do volume 2 da coleção.

Insulina e glucagon

As células beta produzem insulina e as células alfa produzem glucagon. Esses dois hormônios estão ligados diretamente ao metabolismo imediato de carboidratos e, consequentemente, ao de lipídeos e proteínas. Os principais pontos relativos à sinalização celular para a secreção de insulina, assim como sua atuação, são extensamente apresentados no capítulo "Processos celulares", no volume 1 desta coleção (ver "O metabolismo da glicose como exemplo integrador dos processos celulares"). Na proposta deste capítulo, estudaremos a integração no nível orgânico.

As duas situações prototípicas de liberação de insulina e liberação de glucagon são a ingestão alimentar, particularmente com carboidratos, e o jejum, respectivamente. Utilizaremos essas duas situações para ilustrar os eventos de regulação do metabolismo energético.

As ilhotas de Langerhans perfazem ao redor de 2% do pâncreas, porém recebem um aporte sanguíneo correspondente a 15% do que o órgão recebe, sendo, portanto, estruturas muito bem perfundidas. A glicose que entra na circulação sanguínea ao ser absorvida no TGI aumenta a glicemia (concentração de glicose no sangue) e, ao passar pelas ilhotas de Langerhans, estimula a liberação/produção de insulina pelas células beta. As ilhotas têm um arranjo estrutural e de suas células tal que o fluxo sanguíneo é orientado na seguinte ordem: beta → alfa → delta (Porterfield e White, 2007). Dessa maneira, as primeiras células a serem afetadas pela secreção de insulina são as células alfa, o que inibe a produção/liberação de glucagon. Por sua vez, as células delta são estimuladas pela insulina e a somatostatina, liberada por elas, forma uma alça de retroalimentação negativa – inibindo a produção de insulina.

Com o estímulo da absorção de glicose em uma refeição habitual (fisiológica), a secreção de insulina é em "S", com uma fase de ascensão mais rápida ao redor de 15 minutos após o início da absorção (Caumo e Luzi, 2004). Por outro lado, a injeção direta de fluido com alta concentração de glicose causa uma secreção bifásica, com um primeiro pico (fase precoce) ao redor do quinto minuto após a estimulação e um progressivo aumento ao longo da próxima hora (fase tardia). Esse fenômeno decorre da liberação inicial de insulina já pré-formada e estocada em grânulos acoplados à membrana celular e, subsequentemente, da formação (síntese) e migração de grânulos até a periferia celular. Assim, a fase fisiológica de aumento rápido na secreção de insulina corresponde a uma sobreposição entre liberação dos grânulos pré-formados e da síntese em andamento (Caumo e Luzi, 2004). A Figura 3 ilustra esses fenômenos.

O fluxo sanguíneo pancreático é drenado pela veia porta, passando, assim, primeiro pelo fígado. Lá, aproximadamente 50% da insulina liberada pelas células beta é metabo-

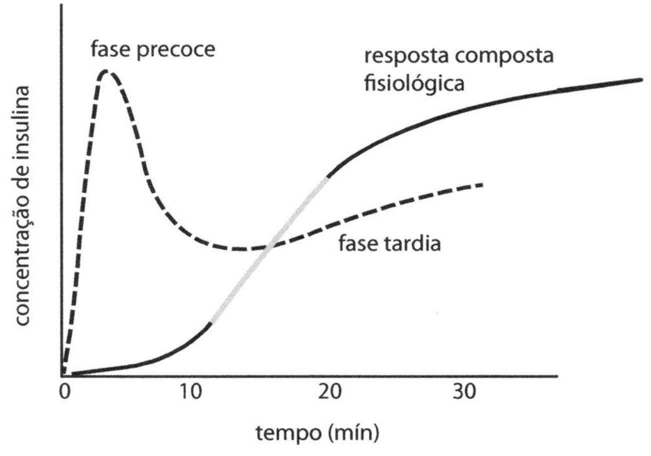

FIGURA 3 Secreção bifásica de insulina decorrente da perfusão com fluido de alta concentração de glicose (linha tracejada) e secreção observada após uma refeição (linha contínua). A fase de subida rápida fisiológica está indicada em cinza.
Fonte: adaptada de Caumo e Luzi, 2004.

lizada. Consequentemente, temos que o fígado é o órgão exposto à maior concentração de insulina, e os demais órgãos estão sujeitos a uma concentração bem menor desse hormônio. No fígado, a insulina promove a absorção de glicose sanguínea e seu uso aumenta a formação de glicogênio e diminui sua quebra, estimula a glicólise e diminui a gliconeogênese, aumenta a síntese de ácidos graxos e de lipoproteína de muito baixa densidade (VLDL),[1] a qual é utilizada como transportador plasmático de ácidos graxos.

Os estímulos químicos para a secreção de insulina são o aumento da concentração plasmática de glicose, de aminoácidos, de ácidos graxos livres e de corpos cetônicos. Outros fatores estimuladores da secreção de insulina são: gastrina, colecistocinina, secretina, peptídeo intestinal vasoativo e adrenalina (via beta-receptores). A secreção de insulina é inibida pela queda da concentração plasmática dos compostos citados, assim como pela somatostatina, leptina e adrenalina (via alfa-receptores).

As alças de retroalimentação negativa para a secreção de insulina são dadas pela estimulação da somatostatina, pela queda na concentração de glicose (decorrente da ação da insulina) e, ainda, pela indução da diminuição de seu próprio receptor de membrana nos tecidos. Essa diminuição de atividade de receptores de insulina ocorre, ainda, por outras vias moleculares que não envolvem a insulina diretamente (Porterfield e White, 2007).

No jejum, por outro lado, tem-se uma queda inerente da glicemia, o que opera como um fator inibidor da secreção de insulina e fator estimulador para a secreção de glucagon. De fato, quase como uma imagem especular dos estímulos para a secreção

1 Do inglês *very low-density lipoprotein.*

de insulina, temos os estímulos para a secreção de glucagon, sendo de particular importância a estimulação por catecolaminas (via receptores beta-adrenérgicos) oriunda da atividade simpática direta e indireta. É interessante e importante notar que aminoácidos plasmáticos estimulam a secreção de glucagon, do mesmo modo que estimulam a de insulina. Assim, para refeições com cargas significativas de proteínas, parte dos aminoácidos terminará sendo utilizada na gliconeogênese hepática (ver box 5, "Hipertrofia muscular", em "Músculos e movimento" no volume 4 desta coleção).

O glucagon é um hormônio catabólico, isto é, mobiliza estoques de nutrientes para consumo. Dada a circulação portal hepática, da mesma maneira que a insulina é retida, em grande parte, pelo fígado, o mesmo ocorre com o glucagon. No fígado, esse hormônio tem ações opostas às da insulina, o que mantém o aporte de glicose aos demais órgãos e tecidos.

Nas condições de queda de glicemia, o SNA simpático leva a um aumento de catecolaminas, cuja ação direta se dá via receptores beta-adrenérgicos no fígado, musculatura esquelética e tecido adiposo branco (TAB, ver a seguir). De maneira indireta, a ativação simpática leva à liberação de catecolaminas pela adrenal (ver adiante). Indo um pouco além do quadro prototípico de ingestão alimentar/jejum, o exercício físico e o estresse em geral são indutores da atividade simpática e levam ao aumento da secreção de glucagon e à diminuição da liberação de insulina. A Tabela 2 apresenta um quadro sintético das ações da insulina e do glucagon.

Tecido adiposo branco

Em mamíferos, identificam-se dois tipos de tecido adiposo: o branco (TAB) e o marrom (TAM). Estudamos o TAM no capítulo "Energética" e vimos que seu papel é, fundamentalmente, termogênico. O TAB, por outro lado, tem seu papel relacionado ao estoque de gorduras que serão utilizadas em momentos de carência alimentar para suprir as necessidades energéticas do organismo. Dessa maneira, o TAB participa de maneira direta na regulação do metabolismo energético (Fisman e Tenenbaum, 2014). Os hormônios produzidos pelo TAB são denominados, genericamente, adipocinas – relacionadas à regulação do acúmulo de gordura, do desenvolvimento dos adipócitos, da ingestão alimentar e do metabolismo energético. Há um grande número de adipocinas identificadas e vai além dos nossos objetivos uma cobertura extensa acerca desses hormônios. Assim, nos concentraremos em dois dos principais: leptina[2] e adiponectina.

Os depósitos de gordura branca são divididos em dois grandes grupos: o depósito subcutâneo, maior; e o depósito visceral (abdominal), menor. Esse segundo tem sua drenagem venosa pelo sistema porta hepático e, assim, a maior parte dos ácidos graxos liberados pelo depósito visceral é metabolizada pelo fígado, enquanto o depósito subcutâneo fornece ácidos graxos para a musculatura esquelética e outros órgãos (Porterfield e White, 2007).

2 Do grego *leptos*, magro.

TABELA 2 Resumo das principais características de ação da insulina e do glucagon

Hormônio	**Local de produção**	**Estímulo primário**	**Estímulos secundários**	**Fígado**	**Musculatura esquelética**	**TAB**	**Outros órgãos**
Insulina	Pâncreas (células beta)	↑ glicemia	↑ AA ↑ AGL ↑ CC Gastrina Secretina Colecistocinina	↑ síntese de glicogênio ↓ liberação de glicose ↑ síntese de triglicérides ↑ síntese de VLDL	↑ absorção e uso de glicose ↑ síntese de glicogênio ↑ síntese proteica ↓ degradação proteica	↑ absorção de glicose ↑ síntese de triglicérides ↓ lipólise	↑ absorção e uso de glicose ↑ síntese proteica ↓ degradação proteica
Glucagon	Pâncreas (células alfa)	↓ glicemia	↑ AA Exercício físico# Estresse#	↓ síntese de glicogênio ↑ liberação de glicose ↓ síntese de triglicérides ↑ gliconeogênese	↓ absorção e uso de glicose ↓ síntese de glicogênio ↑ uso de AGL	↓ absorção de glicose ↓ síntese de triglicérides ↑ lipólise	↓ absorção e uso de glicose (não no SNC)

#: via SNA simpático.
AA: aminoácidos; AGL: ácidos graxos livres; CC: corpos cetônicos; SNC: sistema nervoso central; VLDL: lipoproteína de muito baixa densidade.
Fonte: adaptada de Porterfield e White, 2007.

Os depósitos de TAB diferem entre homens e mulheres. Nas mulheres, o TAB tende a se localizar no subcutâneo em geral, enquanto nos homens o acúmulo tende a ser visceral. O tecido adiposo branco é ricamente inervado pelo SNA e sofre influência dos hormônios sexuais (estudados em uma seção adiante). O aumento da ingestão calórica induz, diretamente via ácidos graxos e indiretamente via insulina, a diferenciação de pré-adipócitos em adipócitos e a deposição de lipídeos no TAB.

Leptina

Os adipócitos produzem leptina em decorrência do armazenamento de lipídeos, e o TAB subcutâneo produz mais leptina que o TAB visceral. A leptina é um hormônio proteico e, na sua deficiência, é observado o quadro de obesidade mórbida, em humanos e camundongos. Por outro lado, na obesidade decorrente de ingestão calórica excessiva, há um aumento na concentração de leptina circulante, e a administração de leptina exógena não altera o quadro de obesidade. Dessa maneira, a leptina opera como um índice acerca dos estoques de energia (Chrysafi et al., 2020; Porterfield e White, 2007): sua queda sinaliza ao hipotálamo a queda dos estoques, desencadeando busca alimentar e diminuição de gasto energético em certos processos, como a reprodução; contudo, sua elevação não desencadeia nenhuma reação específica.

Além dessa ação no SNC, **a leptina leva a um aumento na oxidação de ácidos graxos livres nos tecidos periféricos em geral, e na musculatura estriada e no fígado, em particular**. Essa ação permite que a sensibilidade periférica à insulina seja preservada. O jejum agudo (24-72 horas) causa uma diminuição da leptina circulante, apesar de a massa do TAB não ter uma diminuição significativa nessa situação (Chrysafi et al., 2020). O exercício físico também leva a uma diminuição dos níveis de leptina circulantes (de Salles et al., 2010; Perakakis et al., 2021). Voltaremos a mencionar a leptina na seção "Regulação da ingestão alimentar", ao final do capítulo.

Adiponectina

Assim como a leptina, a adiponectina é um hormônio proteico. Sua produção pelo TAB aumenta com a restrição calórica e diminui com a obesidade, isto é, com o acúmulo de triglicérides nos adipócitos. **A adiponectina age aumentando a oxidação de ácidos graxos livres**.

Músculos produzem adiponectina de ação parácrina com o aumento da atividade física (de Salles et al., 2010), o que é um fator protetor contra inflamação e injúrias crônicas de excesso de ingestão de carboidratos e lipídeos (Martinez-Huenchullan et al., 2020). Além dessa ação local, existem estudos que sugerem que o aumento da adiponectina pelo exercício físico atua como fator antidepressivo no SNC (Yau et al., 2014).

A adiponectina tem, além das ações diretamente relacionadas ao metabolismo energético, um papel anti-inflamatório e antiaterogênico (Fisman e Tenenbaum, 2014; Nigro et al., 2014).

A Figura 4 ilustra algumas das principais ações da leptina e da adiponectina.

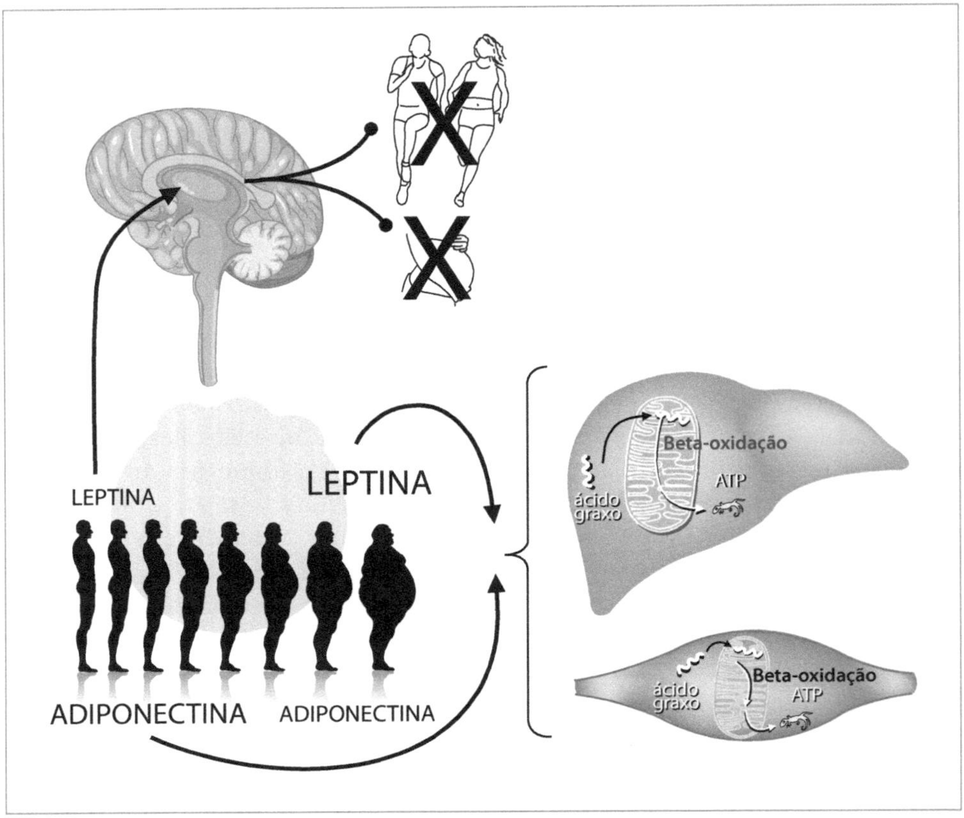

FIGURA 4 Ilustração esquemática das principais ações da leptina e da adiponectina. A estimulação hipotalâmica se dá pela baixa concentração de leptina. Nesses casos, comportamentos como atividade física e reprodução tendem a ser inibidos (setas de ponta romba). Note que tanto os aumentos da leptina quanto os da adiponectina são fatores estimuladores do consumo de ácidos graxos.

EIXO HIPOTÁLAMO-HIPOFISÁRIO

O hipotálamo, uma estrutura localizada no diencéfalo, é um centro neural de regulação de muitas funções vitais (ver capítulo "Sistema nervoso", no volume 4 da coleção, particularmente as Figuras 8 e 9, bem como a Tabela 1). Entre essas funções encontra-se a regulação de uma glândula endócrina, a hipófise. A hipófise é uma estrutura pequena, com massa ao redor de 0,5 g, que parece ser um prolongamento do hipotálamo em sua porção mais inferior e que repousa sobre a formação óssea do esfenoide denominada sela túrcica, na base do crânio (Figura 5).

A glândula, também conhecida como pituitária, é formada por duas divisões, uma anterior, a adenoipófise, e uma posterior, a neuroipófise. A neuroipófise é realmente um prolongamento do hipotálamo oriundo do crescimento na vida embrionária a partir do infundíbulo. Nessa fase da vida, o infundíbulo secreta fatores que induzem células do epitélio oral a migrarem em direção cranial, perdendo o contato com o restante da cavidade bucal e tornando-se adjacentes anteriormente ao prolongamento que cresce

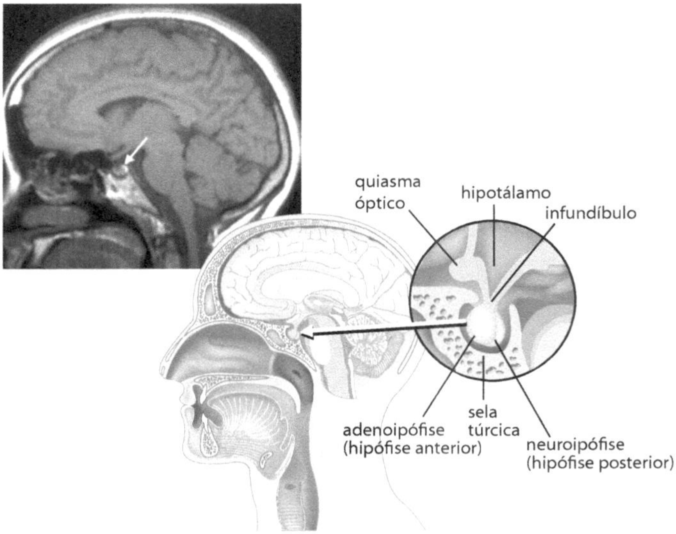

FIGURA 5 A hipófise e sua relação com o hipotálamo. A seta branca aponta para a localização da hipófise, tanto na imagem de ressonância magnética quanto no desenho esquemático.

do infundíbulo. Essas células formarão a adenoipófise, enquanto o prolongamento infundibular se tornará a neuroipófise.

Neuroipófise

Sob o ponto de vista local, a neuroipófise é formada por prolongamentos axonais de neurônios que se encontram em dois núcleos hipotalâmicos, o núcleo supraóptico e o paraventricular. Nos corpos celulares desses neurônios são produzidos dois hormônios peptídicos, o hormônio antidiurético (ADH, ou vasopressina) e a oxitocina. Os hormônios são transportados nos axônios na forma pró-hormonal e estocados no retículo endoplasmático nas porções axonais terminais, que se encontram na neuroipófise propriamente dita.

Os sinais para a secreção de ADH e de oxitocina são detectados pelos dendritos dos neurônios nos núcleos supraóptico e paraventricular, levando ao disparo de potenciais de ação que levam à liberação dos hormônios estocados de modo similar à liberação de neurotransmissores. Contudo, em vez de atuar em um neurônio pós-sináptico, os hormônios são liberados diretamente junto a uma ampla rede capilar presente na neuroipófise, ganhando a circulação sanguínea e atingindo os órgãos-alvo (ver Figura 6).

Os sinais para a liberação de ADH estão relacionados à volemia e à água corpórea, e são amplamente discutidos no capítulo "Regulação hidreletrolítica" (ver Figuras 24-27). De forma resumida, a diminuição da pressão arterial e/ou o aumento da osmolalidade plasmática levam ao aumento da secreção de ADH, o qual, por sua vez, age nos túbulos terminais e ductos coletores aumentando a reabsorção de água. A falta de ADH induz

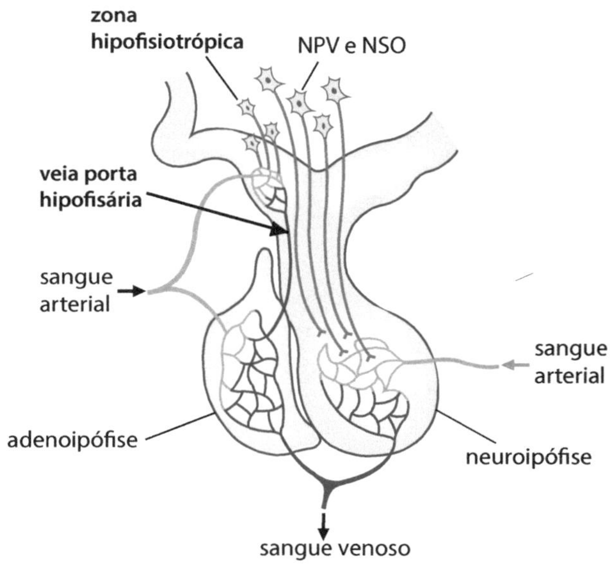

FIGURA 6 Adenoipófise e neuroipófise. Note a irrigação sanguínea da adenoipófise, composta pelo sistema porta hipofisário.
NPV: núcleo paraventricular; NSO: núcleo supraóptico.

a uma doença chamada *diabetes insipidus*, que é apresentada no capítulo "Regulação hidreletrolítica".

A oxitocina tem uma estrutura peptídica que guarda similaridade com a do ADH e, assim, pode ocorrer uma certa sobreposição de ações entre esses hormônios. As ações básicas da oxitocina estão relacionadas às contratilidades do miométrio uterino e mioepitelial mamária. Mais recentemente, a oxitocina tem sido apontada como um hormônio ou neurotransmissor importante em interações sociais (Andari, 2015; Resendez et al., 2020), contudo esse papel ainda não está esclarecido e uma discussão mais aprofundada sobre o tema foge aos nossos objetivos.

Oxitocina no ciclo menstrual

O ciclo menstrual será detalhado mais adiante, na seção "Reprodução". Vamos, aqui, falar brevemente sobre ele para vermos o perfil da concentração plasmática de oxitocina ao longo desse ciclo (Figura 7). Fora da gravidez, a oxitocina aumenta progressivamente a partir da menstruação, na fase folicular, levando a uma contração do miométrio e parada do sangramento menstrual. O pico de oxitocina se dá ao redor do dia da ovulação (14º dia do ciclo) e há, então, queda progressiva de sua concentração. Apesar de elevada em relação ao primeiro dia do ciclo (início da menstruação), na fase lútea a oxitocina tende a não causar contração uterina pela presença de altas concentrações de progesterona nessa fase, a qual inibe a resposta do miométrio tanto a estrógenos quanto à oxitocina (Porterfield e White, 2007). Pesquisas têm relacionado a queda de oxitocina no período menstrual ao aumento da incidência de cefaleia nessa fase (Krause et al., 2021).

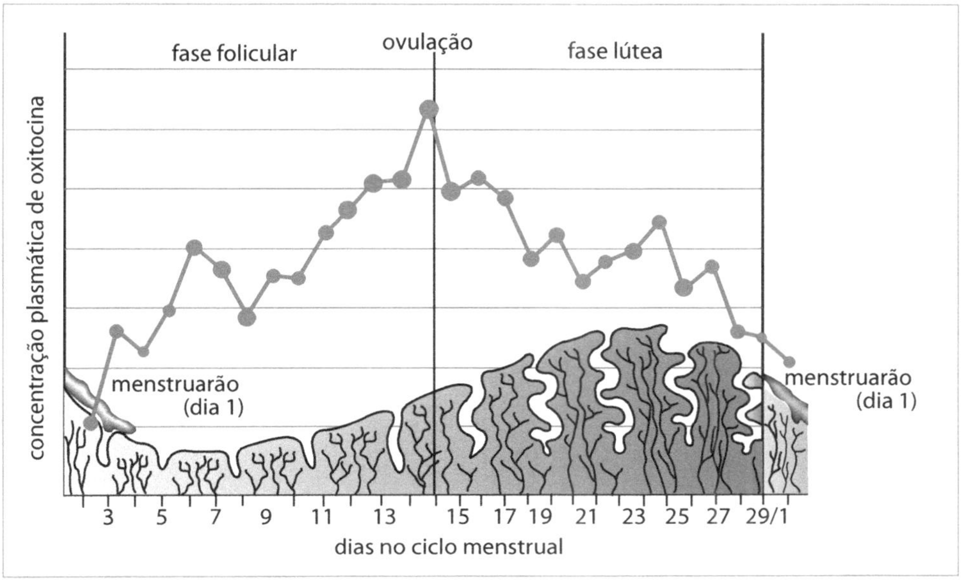

FIGURA 7 Concentração de oxitocina no ciclo menstrual. Na parte inferior do gráfico está representado o endométrio uterino.
Fonte: adaptada de Engel et al., 2019.

Oxitocina no trabalho de parto

Durante a gestação, tanto a progesterona quanto o estrógeno induzem a um aumento de oxitocina na decídua (camada funcional do endométrio que abriga o feto durante a gestação – ver adiante). A oxitocina decidual estimula, com fatores placentários como estrógenos, a expressão de receptores para oxitocina (R-O) e para prostaglandinas (R-Pg) na própria decídua. Com isso, há aumento de liberação de oxitocina e de prostaglandinas pela decídua que leva ao progressivo aumento de receptores para oxitocina, agora no miométrio (Ivanisević et al., 2001). Ao mesmo tempo, há um alto nível de progesterona plasmática e placentária tornando o miométrio pouco reativo à oxitocina.

Ao se iniciar o trabalho de parto, há laceração do colo uterino e, com isso, um processo inflamatório se inicia e se intensifica, aumentando a quantidade de prostaglandinas na decídua e no miométrio (Giraldi et al., 1990; Ivanisević et al., 2001). Agora, esse aumento de prostaglandinas leva a um aumento agudo na quantidade de R-O e de R-Pg, o que aumenta a liberação de oxitocina, a qual induz maior expressão de R-O e R-Pg, criando uma alça de retroalimentação positiva. Além disso, durante o trabalho de parto, o próprio feto libera oxitocina (e vasopressina, lembrando que, como mencionado anteriormente, há uma sobreposição de efeitos pela similaridade da cadeia peptídica entre esses hormônios), contribuindo para intensificar a alça de retroalimentação positiva (Chard et al., 1971; Giraldi et al., 1990).

Nesse quadro, o miométrio passa a se contrair, o que aumenta a lesão tecidual local e o processo inflamatório, mais uma vez intensificando a alça de retroalimentação positiva já instalada, agora por fatores mecânicos (Shynlova et al., 2009). Dessa maneira, há um progressivo aumento na taxa de contração da musculatura lisa uterina e da força de cada episódio, levando à expulsão do feto da cavidade uterina.

Oxitocina e lactação

A sucção do mamilo e auréola mamários é um estímulo para a produção e liberação de oxitocina pela neuroipófise. A oxitocina leva à contração de células chamadas mioepiteliais que circundam os alvéolos mamários, causando a expulsão do leite aí contido, facilitando e permitindo, assim, a amamentação do recém-nascido.

Essa liberação de oxitocina via estímulo mecânico é, em essência, um arco reflexo e pode ser acionado por outros estímulos. Assim, o choro de fome do bebê pode desencadear o aumento de oxitocina antes de haver o início da sucção.

Adenoipófise

Apesar de termos incluído a neuroipófise nesta seção, o chamado eixo hipotálamo-hipofisário é, de fato, estabelecido entre núcleos hipotalâmicos coletivamente denominados núcleos hipofisiotróficos e células endócrinas na adenoipófise (ver Figura 6). Esses neurônios do hipotálamo têm suas terminações axonais próximas a uma rede capilar e, quando estimulados, secretam seus neuro-hormônios nessa região. Os neuro-hormônios se difundem para o sangue e os capilares confluem em um vaso, a veia porta hipofisária, a qual volta a se ramificar em capilares junto à adenoipófise.[3] Dessa segunda rede capilar, os neuro-hormônios se difundem para as células glandulares, sendo o sinal para produção e liberação de um segundo conjunto de hormônios. Esses se difundem para o sangue capilar, o qual é drenado para a circulação pulmonar e em seguida atinge a circulação sistêmica, sendo levados aos órgãos-alvo, os quais são, basicamente, glândulas (adrenal, fígado, gônadas e tireoide). Essas glândulas periféricas, agora estimuladas, produzem hormônios de ação sistêmica ou em órgãos específicos.

Dessa maneira, o eixo hipotálamo-hipofisário (EHH) é organizado em três níveis. No nível mais baixo, ou primeiro nível, encontram-se as glândulas periféricas que produzem os hormônios que terão ação orgânica de fato. Em um nível intermediário, ou segundo nível, temos a adenoipófise, que produz os hormônios ditos fatores tróficos para as glândulas do primeiro nível. No nível mais alto, ou terceiro nível, estão os núcleos hipofisiotrópicos do hipotálamo, que produzem neuro-hormônios estimuladores para a adenoipófise. De modo geral, não é a ação orgânica desencadeada pelo hormônio de primeiro nível que fecha a malha de controle, mas sim os próprios hormônios e fatores envolvidos. Em outras palavras, o sistema de retroalimentação negativa não é baseado nos eventos desencadeados nos órgãos. A Figura 8 ilustra esse quadro geral.

Cada uma das glândulas do primeiro nível tem um eixo de controle dedicado e os estudos dos eixos têm revelado particularidades para cada caso, como veremos. Assim, a Figura 8 apresenta o que poderíamos chamar de um "esqueleto funcional" sobre o qual particularidades vão sendo adicionadas.

---

3 Um sistema porta é definido como um vaso interposto a duas redes capilares sem passar pelo coração.

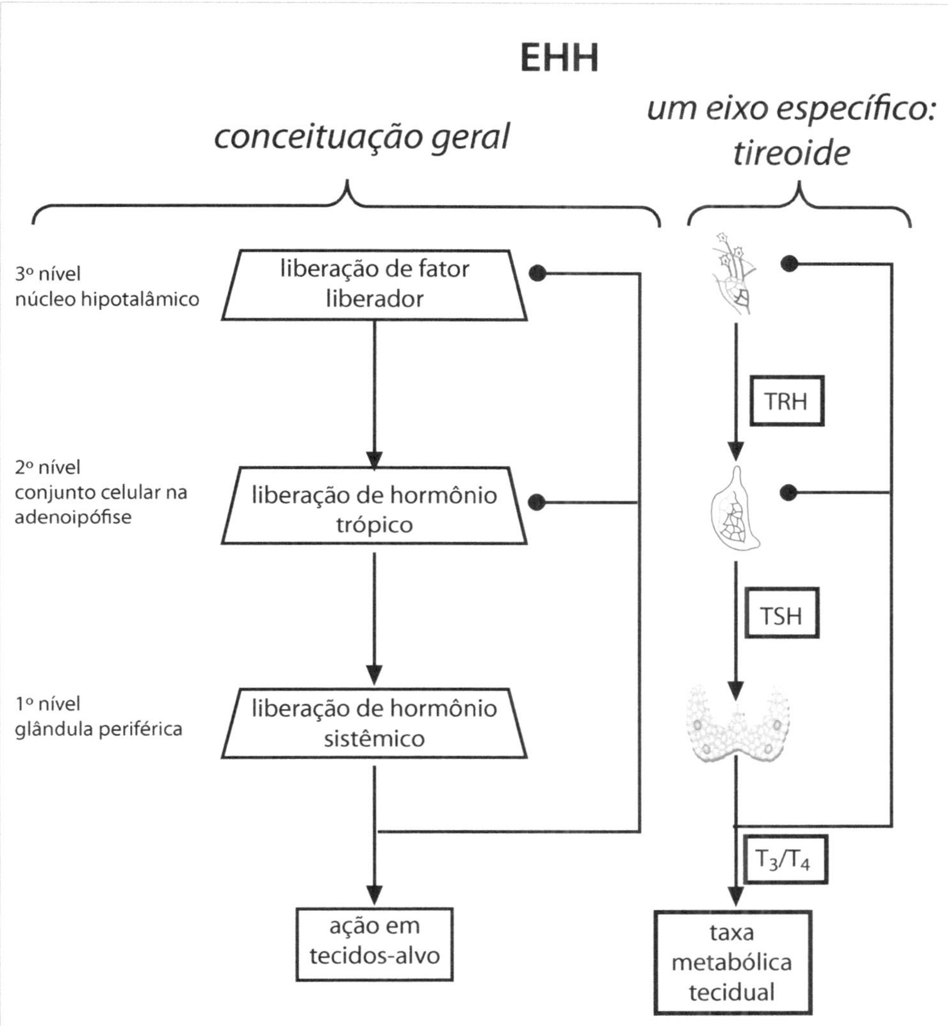

FIGURA 8 O eixo hipotálamo-hipofisário (EHH) em sua concepção geral, à esquerda, e um exemplo específico, à direita. Esse exemplo é o do eixo hipotálamo-hipófise-tireoide, que será mais detalhadamente exposto na Figura 10 e estudado adiante.

Além das alças de controle ilustradas na Figura 8, devemos ter em mente que outros sinais chegam ao hipotálamo oriundos de diversas regiões do SNC. Assim, uma multiplicidade de eventuais estímulos ou condições pode alterar o resultado de cada um dos eixos dedicados. Por exemplo, estresse psicológico, exercício físico e estação do ano podem alterar as concentrações hormonais por atuarem diretamente nos centros hipotalâmicos de controle terciário.

As siglas dos fatores liberadores e tróficos são habitualmente escritas em referência à língua inglesa. Assim, os neuro-hormônios do terceiro nível são ditos fatores liberadores, e sua sigla recebe um "R", do inglês *releasing* (liberação). Também referindo-se à língua inglesa, o "H" de "hormônio" vem por último na sigla. A Tabela 3 resume os eixos endócrinos particulares a cada subsistema glandular controlado pelo EHH. Outros hormônios são produzidos na hipófise, como hormônio estimulador de melanócitos (MSH), lipotrofina, encefalinas etc., cujas alças de controle e papel nos seres humanos ainda não são esclarecidas e, assim, não serão abordados neste livro.

TABELA 3 Eixo hipotálamo-hipofisários. Entre parênteses, nomenclatura das células da adenoipófise relacionadas à produção do hormônio em questão. Note que a prolactina não tem fator liberador nem hormônio sistêmico associado. Isso será apresentado em uma seção mais adiante

Fator liberador hipotalâmico (3º nível)	Hormônio adenoipofisário trófico (2º nível)	Glândula-alvo	Hormônio sistêmico (1º nível)
CRH	ACTH (corticotropos)	Córtex da suprarrenal	Glicocorticoides
TRH	TSH (tireotropos)	Tireoide	T_3, T_4
GnRH	FSH; LH (gonadotropos)	Ovários/testículos	Estrógeno, progesterona, testosterona
GHRH	GH (somatotropos)	Fígado	IGF-I
	PRL (lactotropos)	Mamas	

ACTH: hormônio adrenocorticotrófico; CRH: hormônio liberador de corticotrofina; FSH: hormônio foliculoestimulante; GH: hormônio do crescimento (*growth hormone*); GHRH: hormônio liberador de hormônio do crescimento; GnRH: hormônio liberador de gonadotrofina; IGF-I: fator de crescimento similar à insulina tipo I; LH: hormônio luteinizante; PRL: prolactina; TRH: hormônio liberador de tireotrofina; TSH: hormônio tireotrófico ou estimulador da tireoide.

Hormônio adrenocorticotrófico

O hormônio adrenocorticotrófico (ACTH) é um peptídeo com 39 aminoácidos e uma meia-vida sanguínea de 10 minutos. De maneira aguda, o ACTH eleva a concentração de cortisol plasmático e, de maneira crônica, em razão da estimulação de genes relacionados a enzimas estereidogênicas (ver adiante), mantém a funcionalidade do córtex da suprarrenal.

A secreção de ACTH pelos corticotropos tem um padrão circadiano com a maior liberação ocorrendo no início da manhã e a menor no começo da noite. Com isso, o estímulo para a produção de glicocorticoides é de manhã. Assim, o cortisol plasmático, o principal glicocorticoide humano, tem concentrações maiores pela manhã e concentrações baixas durante a noite, o que explica o aumento de dores, principalmente as musculoesqueléticas, no período noturno, pois há uma queda na atividade anti-inflamatória fisiológica orgânica.

Além do padrão circadiano, a secreção de ACTH (e, consequentemente, a de glicocorticoides/cortisol) tem um padrão ultradiano sobreposto, isto é, há uma oscilação com período menor que o de 24 horas (Figura 9). Esse ritmo ultradiano é essencial para o funcionamento adequado do eixo hipotálamo-hipófise-adrenal (HHA) e é gerado pela interação das alças de controle do eixo, existindo mesmo com secreção contínua de CRH (Lightman et al., 2020).

Algumas situações, como o estresse crônico, podem causar uma ruptura desse ritmo, levando a doenças ou sintomatologias sistêmicas variadas. **Outra condição potencialmente complicada é a da administração de corticosteroides exógenos**, em

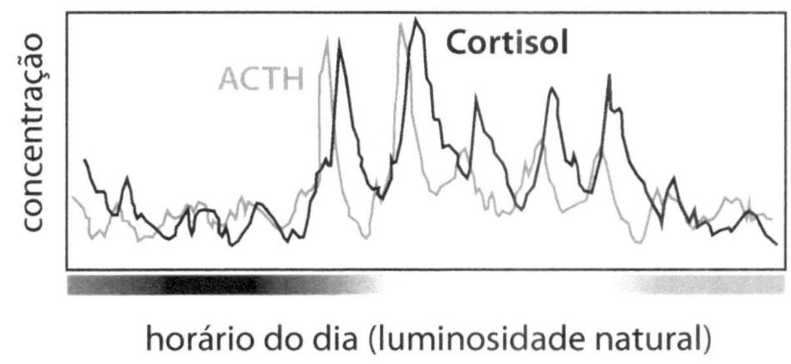

FIGURA 9 Padrão circadiano e ultradiano (vários ciclos em um dia) da concentração plasmática de ACTH e de cortisol. A barra no eixo x representa a luminosidade natural do horário do dia.
Fonte: adaptada de Lightman et al., 2020.

geral por doenças inflamatórias (ver adiante). Nesses casos, o aumento da concentração de glicocorticoides inibe o CRH e o ACTH e leva a uma atrofia da suprarrenal. Caso haja uma retirada súbita da administração exógena, a glândula suprarrenal não tem capacidade de produção de seus hormônios, e a pessoa pode entrar em um quadro de falência suprarrenal aguda ("doença de Addison aguda"), que pode ser letal.

O ACTH age via receptor de melanocortina 2. Na pele, os queratinócitos são estimulados a produzir melanina e tornar a pele mais escura via receptor de melanocortina 1. Altas concentrações de ACTH circulante terminam, por reação cruzada, a estimular receptores de melanocortina 1 e escurecer a pele. Assim, um sinal indireto de falência crônica da suprarrenal é o escurecimento cutâneo: a via de retroalimentação negativa para inibição da produção/secreção de CRH e ACTH não está operando, pois o sinal inibidor não é produzido.

O HHA será revisto em uma seção mais adiante (ver "Glicocorticoides").

Hormônio tireotrófico

O hormônio estimulador da tireoide ou tireotrófico (TSH) é um estímulo para todos os aspectos da tireoide como glândula, isto é, o TSH induz a produção e liberação dos hormônios tireoidianos (ver seção mais adiante), a diferenciação da glândula e seu crescimento (Ortiga-Carvalho et al., 2016). O TSH é um hormônio glicoproteico e tem uma meia-vida longa, de várias horas. De maneira semelhante ao ACTH, o TSH também tem um ritmo circadiano de produção/liberação pelos tireotropos. Esse ritmo está associado ao TRH, cuja maior concentração ocorre na madrugada (Porterfield e White, 2007).

Uma vez que o TSH causa hipertrofia e hiperplasia da glândula, pessoas com deficiência na produção hormonal dos hormônios tireoidianos apresentam níveis elevados de TSH (falta do fechamento da alça de retroalimentação negativa no eixo) e aumento da glândula, que surge como um intumescimento na região anterior do pescoço, o chamado bócio.

Como citamos anteriormente, os hormônios tireoidianos estão intimamente relacionados ao estado metabólico do organismo, e seus papéis serão estudados em uma seção mais adiante. Tal relacionamento é condicionado à produção do fator liberador TRH, que é modulada por fatores sazonais externos (temperatura, luminosidade média – Little, 2016) e estado metabólico interno. O estado metabólico interno é transduzido pelos níveis de leptina (ver seção "Leptina"), e a temperatura externa é transduzida por terminações nervosas simpáticas liberando catecolaminas (Ortiga-Carvalho et al., 2016). Nem todos os elementos dessa intrincada rede, bem como a dinâmica de cada interação, estão suficientemente esclarecidos para darmos um maior detalhamento do funcionamento dessa malha de controle.

As alças de controle por retroalimentação negativa no eixo hipotálamo-hipófise-tireoide se fecham via T_3. Como veremos adiante, a forma ativa do hormônio tireoidiano é a tri-iodotironina (T_3), porém a maior liberação pela glândula é de tetraiodotironina (T_4), que tem uma concentração 100 vezes maior que a de T_3. Assim, esse eixo depende de mais um passo para seu fechamento adequado, que é a conversão periférica de T_4 a T_3. A Figura 10 reapresenta o eixo ilustrado na Figura 8, agora de modo mais completo.

Hormônios foliculoestimulante e luteinizante

Os hormônios gonadotróficos foliculoestimulante (FSH) e luteinizante (LH) são glicoproteínas diméricas, com uma subunidade alfa comum e uma subunidade beta particular a cada dímero. Esses hormônios são produzidos pelos gonadotropos em decorrência da estimulação por um único fator, o hormônio liberador de gonadotrofinas (GnRH). Contudo, as produções de LH e de FSH são diferentes, dependendo do padrão temporal de estimulação pelo GnRH, do gênero e da fase do ciclo menstrual.

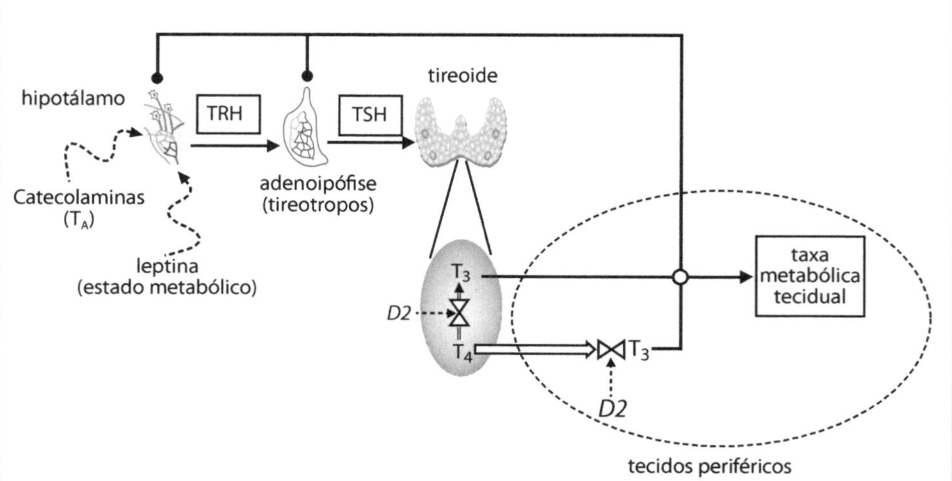

FIGURA 10 Esquema mais abrangente do eixo hipotálamo-hipófise-tireoide. Note a conversão de T_4 em T_3 na tireoide e, o mais importante, nos tecidos periféricos, pela ação catalítica da desionidase 2 (D2), sendo T_3 que fecha a alça de retroalimentação negativa. Note, ainda, que indicamos a modulação hipotalâmica de produção de TRH pela temperatura ambiente (T_A) via catecolaminas e o estado metabólico interno via leptina.

Fonte: adaptada de Joseph-Bravo et al., 2015; Mullur et al., 2014; Ortiga-Carvalho et al., 2016.

O GnRH é liberado no sistema porta hipofisário de modo intermitente, gerando concentrações com diferentes frequências de oscilação. Essas oscilações de GnRH são essenciais para o adequado funcionamento do eixo hipotálamo-hipófise-gônadas, tanto em mulheres quanto em homens (Herbison, 2018; Skorupskaite et al., 2014; Terasawa, 2019). Os picos de GnRH causam ativações diferentes nos genes relacionados à subunidade beta de LH e de FSH dependendo da frequência da oscilação; contudo, a ativação do gene relacionado à subunidade alfa é insensível a essas diferenças de frequência (Stamatiades e Kaiser, 2018).

Em mulheres em idade fértil, essas diferentes oscilações levam a respostas diversas em termos de produção de LH e FSH (Porterfield e White, 2007). Na fase folicular do ciclo menstrual (1º ao 14º dia em um ciclo regular de 28 dias – ver "Reprodução" mais adiante), as oscilações ocorrem em uma média de um pico a cada duas horas (Herbison, 2018) e induzem a produção de estrógeno e progesterona nos ovários, essa última em menor quantidade. O progressivo aumento da concentração de estrógeno forma uma alça de retroalimentação positiva, que aumenta a produção de LH e a frequência das oscilações, passando a uma média de um pico a cada hora (Herbison, 2018), e isso ocorre por volta do 12º ao 14º dia do ciclo. Esse aumento de frequência de oscilação no LH induz a ovulação e o ciclo entra na fase lútea. As oscilações de LH progressivamente diminuem de frequência e aumentam de amplitude (Herbison, 2018). Nessa fase do ciclo, a produção de progesterona se torna maior que a de estrógenos.

Em homens, as oscilações de LH e de FSH induzidas pelas oscilações de GnRH também são essenciais para a manutenção dos testículos funcionantes, com produção de testosterona e estrógenos. Essas oscilações, no entanto, têm a frequência relativamente fixa de um pico a cada duas horas. As oscilações de GnRH são observadas em todas as espécies de mamíferos estudadas em relação a esse fenômeno (Herbison, 2018).

Além dos hormônios sexuais citados (estrógeno, progesterona, testosterona), ovários e testículos produzem um composto denominado inibina, o qual age diretamente na adenoipófise em uma alça de retroalimentação negativa (Porterfield e White, 2007). Os hormônios sexuais, por sua vez, formam alças de retroalimentação negativa com a adenoipófise e com as células hipotalâmicas produtoras de GnRH, à semelhança do protótipo de EHH que apresentamos na Figura 8.

Contudo, resultados experimentais da última década revelam que existe mais um nível de controle diretamente envolvido no eixo hipotálamo-hipófise-gônadas. São células localizadas no núcleo arqueado (hipotálamo). Essas células interagem entre si e essa interação gera os ritmos de produção de GnRH. Em outras palavras, o centro gerador de padrão de GnRH é composto por essas células no núcleo arqueado.

Tanto a interação entre essas células no núcleo arqueado quanto sua ação sobre a produção de GnRH ocorre, basicamente, por meio de três neuropeptídeos identificados: kisseptinas, neurocinina B e dinorfina A (Herbison, 2018; Skorupskaite et al., 2014; Terasawa, 2019; Uenoyama et al., 2021). Assim, **coletivamente, essas células são denominadas células KNDy**. Alças de retroalimentação negativa também se formam com esse quarto nível de controle.

A Figura 11 ilustra as malhas de controle do eixo hipotálamo-hipófise-gônadas em homens e em mulheres.

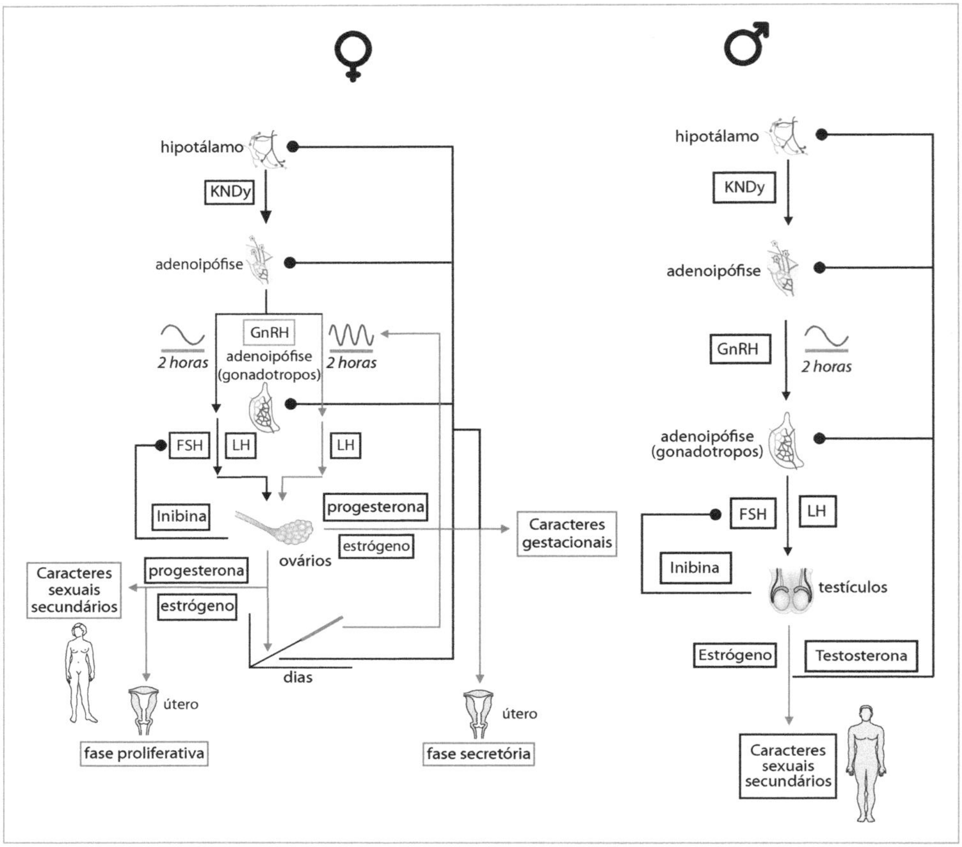

FIGURA 11 Eixo hipotálamo-hipófise-gônadas em mulheres em idade fértil (à esquerda) e em homens (à direita). Em cinza, destaca-se a alça de retroalimentação positiva formada pelas concentrações aumentadas de estrógeno na primeira fase do ciclo menstrual e a frequência de produção de LH, que termina por induzir a ovulação e a entrada na fase lútea do ciclo. Note o quarto nível de controle dado pelas células KNDy do núcleo arqueado.

Além do controle do ciclo menstrual e da atividade gonadal reprodutiva, a passagem para a puberdade é, também, ditada pelo padrão oscilatório pulsátil de GnRH (Terasawa, 2019), e existe uma diferença na sensibilidade e resposta das células KNDy entre a infância e a maturação sexual. Como mencionado, homens e mulheres diferem no tipo de resposta a esse padrão, com diferenças na sensibilidade à kisseptina ao longo do ciclo menstrual (Skorupskaite et al., 2014). Assim, a kisseptina e as células KNDy parecem estar diretamente implicadas no desencadeamento da maturação sexual de mamíferos.

Hormônio do crescimento

O hormônio do crescimento (GH), também conhecido como somatotropina, é um elemento central no desenvolvimento corpóreo em termos de tamanho. O GH promove a deposição de proteínas nas células em geral, disponibiliza glicose para o sistema nervoso enquanto aumenta o consumo de lipídeos por outros tecidos, incrementa a deposição óssea e estimula o crescimento das cartilagens epifisárias, levando ao crescimento linear do esqueleto (ver "GH, IGF-1 e ossos" mais adiante). Os hormônios liberados pela adenoipófise que vimos até aqui estimulam alguma glândula periférica e, assim, atuam indiretamente sobre órgãos e tecidos. Diferentemente, **o GH age de dois modos, tanto diretamente sobre vários tecidos, como ósseo, muscular e adiposo, quanto indiretamente, via fígado**.

No fígado, o GH estimula a liberação do fator de crescimento semelhante à insulina tipo 1 (IGF-1), ou somatomedina C, que intermedeia e complementa muitas das ações do GH. Por isso, esses hormônios são ditos eixo GH/IGF-1. Tanto o GH quanto o IGF-1 são hormônios anabólicos, isto é, aumentam o metabolismo de construção/deposição de compostos de maneira geral. Por outro lado, tanto no tecido adiposo quanto no próprio fígado, há o estímulo para lipólise, o que, a longo prazo, termina por aumentar a proporção de massa magra corpórea. O GH é, ainda, com os glicocorticoides (ver "Adrenal", mais adiante) e catecolaminas, um hormônio hiperglicemiante, ou seja, aumenta a concentração de glicose sanguínea. Essa ação é desencadeada em diversas situações, como estresse e, importantemente, na atividade física. Do mesmo modo que vários outros hormônios, o GH tem um ritmo circadiano, com aumento de produção durante a fase de sono profundo (fases III e IV – ver "Homeostasia e ritmos" no volume 1 da coleção) (Porterfield e White, 2007). Além disso, é importante saber que o IGF-1 também é produzido em vários outros órgãos além do fígado (Porterfield e White, 2007).

A liberação de GH pelos somatotropos é condicionada à liberação do hormônio liberador de GH (GHRH) pelo hipotálamo na circulação porta hipofisária. Contudo, também diferentemente dos demais hormônios da adenoipófise que vimos até aqui, há, ainda, no próprio hipotálamo, células produtoras de um hormônio inibidor da produção de GH, a somatostatina (SS). Várias alças de retroalimentação negativa já foram identificadas além de GH ⊸ GHRH, IGF-1 ⊸ GH e IGF-1 ⊸ GHRH (que formam as alças similares às que vimos para outros hormônios da adenoipófise). Por exemplo, a lipólise causa liberação de ácidos graxos livres na circulação sanguínea que atuam como sinal inibidor para o GHRH. O aumento da glicemia leva à liberação de insulina, que, dependendo do contexto, age como um sinal estimulador para a somatostatina e inibidor para o GHRH. A Figura 12 ilustra várias das alças de controle para o GH identificadas até o momento.

Assim, de uma maneira resumida, as ações do eixo GH/IGF-1 são regulação metabólica em geral, com aumento da força muscular e da capacidade aeróbia, deposição óssea, síntese proteica, lipólise, diminuição da sensibilidade da musculatura e do fígado à insulina (o que diminui a absorção de glicose nesses tecidos) (Takahashi, 2017). Por essas ações, o GH endógeno tem sido apontado como um protetor em relação à síndrome metabólica e à esteatose hepática não alcoólica (Takahashi, 2017), o que vai ao encontro da manutenção da atividade física e do ciclo vigília-sono regulares como fatores importantes à saúde.

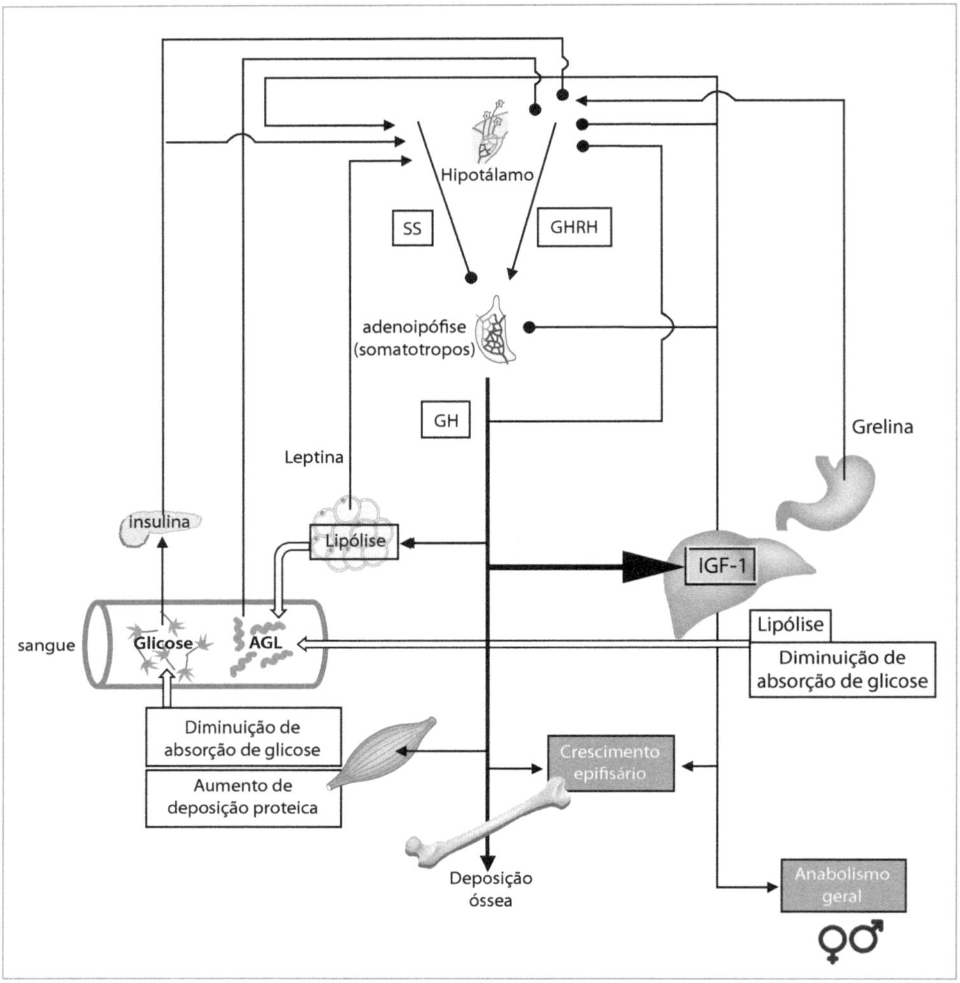

FIGURA 12 Hormônio do crescimento e várias das alças de controle já identificadas. Note que há ações diretas do GH, como nos ossos, e indiretas, por meio da liberação de IGF-1.
AGL: ácidos graxos livres.
Fonte: adaptada de Porterfield e White, 2007; Qiu et al., 2017; Ranke e Wit, 2018; Takahashi, 2017.

GH, IGF-1 e ossos

O eixo GH/IGF-1 estimula a proliferação dos condrócitos e a ossificação endocondral nas placas de crescimento (Racine e Serrat, 2020; Tritos e Klibanski, 2016). Isso leva ao crescimento longitudinal dos ossos, aumentando a estatura da pessoa, um processo que termina no início da vida adulta. A deficiência na produção de GH e/ou IGF-1 durante a infância e a puberdade leva a um déficit de crescimento em estatura, porém vários outros fatores também são relevantes no processo nesse período da vida. Por exemplo, temperatura e estado nutricional afetam o crescimento epifisário (Racine e Serrat, 2020).

Nos ossos, o GH estimula a formação de osteoclastos e a deposição de matriz óssea. O paratormônio estimula os osteoclastos a expressar IGF-1, que age como um anabólico no tecido ósseo, mas também estimula a reabsorção óssea. O resultado dessa estimulação pelo eixo GH/IGF-1 e PTH é um aumento do *turnover* ósseo, com crescimento e remodelação. T_3 e estrógenos também estimulam a secreção de IGF-1 pelos osteoclastos. Por outro lado, os glicocorticoides inibem essa secreção (Tritos e Klibanski, 2016). O sistema nervoso autônomo simpático também tem papel modulador no remodelamento ósseo (Ji-Ye et al., 2013). O tecido ósseo propriamente dito é estudado em "Músculos e movimento", no volume 4 da coleção.

A secreção aumentada de GH durante o período de crescimento leva a um quadro chamado de gigantismo, no qual o indivíduo atinge estaturas muito acima das esperadas. Por outro lado, na vida adulta, o excesso de GH leva à acromegalia, um quadro no qual os ossos, que já não mais crescem em comprimento, se tornam espessados, assim como a pele. Mais comumente, esse espessamento pode ser percebido em mãos e pés, na mandíbula e na fronte. Além do quadro osteocutâneo, várias outras complicações se associam à acromegalia, como diabetes e hipertensão arterial. A hipercalciúria (aumento do cálcio urinário) também poderá ocorrer pelo efeito direto do GH e da IGF-1 nos túbulos renais estimulando a produção de 1,25-di-hidroxivitamina D (Tritos e Klibanski, 2016).

Prolactina

Como mencionamos no início do capítulo, os grandes grupos hormonais têm alta conservação nos vertebrados. Isso é válido para a prolactina (PRL). Contudo, a maior parte dos hormônios retém seu tipo de função/atuação ao longo da filogenia, enquanto a PRL apresenta uma diversidade muito grande (ver, p. ex., Dobolyi et al., 2020). Assim, em mamíferos, como veremos a seguir, a aparente principal função da PRL se relaciona à lactação (produção de leite nas glândulas mamárias). Em aves, a PRL tem relação com o comportamento parental (incubação e alimentação da ninhada). Em peixes, os lactotropos são osmossensíveis e secretam PRL em decorrência da queda da osmolalidade plasmática. Nesses animais, a ação da prolactina ocorre no epitélio branquial, rins, bexiga urinária e trato gastrointestinal, onde promove a retenção de íons. Há estudos que sugerem que mesmo em peixes a PRL pode estar envolvida em algum tipo de comportamento parental nas espécies que apresentam essa característica. Ao mesmo tempo, os lactotropos de mamíferos também são osmossensíveis e podem variar a produção de PRL em decorrência de alterações na osmolalidade local. Dentro desse contexto amplo, **a prolactina já tem uma lista de mais de 300 funções identificadas em várias espécies** (Carretero et al., 2019) e, mesmo em mamíferos, uma multitude de ações além da lactação tem sido estabelecida, como regulação na massa de células beta das ilhotas de Langerhans (ver "Insulina e glucagon"), diferenciação de adipócitos, metabolismo ósseo, resposta adrenal ao estresse, entre outras (Bernard et al., 2019). Assim, devemos ter em perspectiva que a discussão feita neste livro se refere a algumas poucas dessas ações.

A prolactina é um hormônio proteico e não toma parte de um eixo endócrino, pois age diretamente nos órgãos-alvo. O controle da secreção da prolactina se dá por inibição hipotalâmica via liberação de dopamina. Assim, enquanto os demais hormônios que vimos têm uma regulação por estimulação oriunda do hipotálamo, com a PRL ocorre o oposto. Por esse motivo, lesões do pedúnculo hipofisário que comprometam a irrigação porta levam à diminuição de ACTH, FSH, LH, TSH e GH; contudo, a PRL aumenta (Porterfield e White, 2007). Com isso, pode-se dizer que a alça de retroalimentação negativa para controle da liberação de PRL é invertida, isto é, a prolactina ativa os neurônios dopaminérgicos no núcleo arqueado do hipotálamo, o que inibirá sua própria produção. Por outro lado, nunca se identificou um suposto "fator liberador de PRL", isto é, um fator que estimularia diretamente o aumento da produção de prolactina (Grattan, 2015).

A meia-vida da PRL é em torno de 20 minutos e a concentração plasmática desse hormônio é similar entre homens e mulheres. Curiosamente, apesar de quase 40% da adenoipófise em machos ser formada por lactotropos, a exata função da PRL em homens não está elucidada (Grattan, 2015). Como os demais hormônios que vimos, a prolactina tem um ritmo circadiano, com aumento na fase de escuro. Além disso, há aumento na produção de PRL em estresse.

A reprodução pode ser dividida didaticamente em duas etapas, a etapa sexual e a etapa parental, com os hormônios sexuais e as gonadotropinas tendo papel na primeira e a PRL na segunda (Dobolyi et al., 2020). Os lactotropos aumentam em número e tamanho na gestação, e a hipófise consequentemente também aumenta de volume. Esse processo se dá pelo estímulo por hormônios esteroides placentários, e tanto estrógeno quanto progesterona inibem os neurônios produtores de dopamina no núcleo arqueado hipotalâmico, aumentando a produção de PRL (Grattan, 2015). No período final da gestação e durante a lactação há diminuição da produção de dopamina pelos neurônios no núcleo arqueado em virtude de uma diminuição da atividade enzimática intracelular para a produção desse neurotransmissor. Assim, apesar dos níveis elevados de PRL circulante, a alça de retroalimentação negativa se torna relativamente inoperante permitindo que esses níveis elevados de PRL se mantenham. No pós-parto, o estímulo mecânico da sucção dos mamilos atua como um sinal inibidor para os neurônios dopaminérgicos hipotalâmicos, o que mantém, então, a produção de leite. Por seu turno, a PRL inibe a produção de GnRH (ver "FSH e LH"), o que leva à amenorreia lactacional durante a amamentação. A Figura 13 ilustra essas alças de controle.

A hiperprolactinemia (produção excessiva de PRL) em mulheres em idade fértil leva a oligomenorreia e ciclos anovulatórios em razão da interferência com o eixo hipotálamo-hipófise-gônadas, ou seja, a inibição da produção de GnRH pela prolactina torna o ciclo menstrual comprometido. Já em homens e em mulheres pós-menopausa, há queda da libido e sinais de hipogonadismo, além de eventuais sinais e sintomas neurológicos decorrentes do crescimento da hipófise (Porterfield e White, 2007).

ADRENAL

As glândulas adrenais se localizam adjacentes aos rins ("ad-", adjacente) e, no caso dos seres humanos, como ficam em uma posição superior, são também chamadas de suprarrenais. As adrenais possuem duas regiões distintas, a medula e o córtex. **Na medula, há a produção de adrenalina (ou epinefrina)**, um hormônio relacionado ao ramo simpático do sistema nervoso autônomo (ver "Sistema nervoso autônomo" no capítulo "Sistema nervoso" no volume 4 da coleção). **No córtex, três principais compostos são**

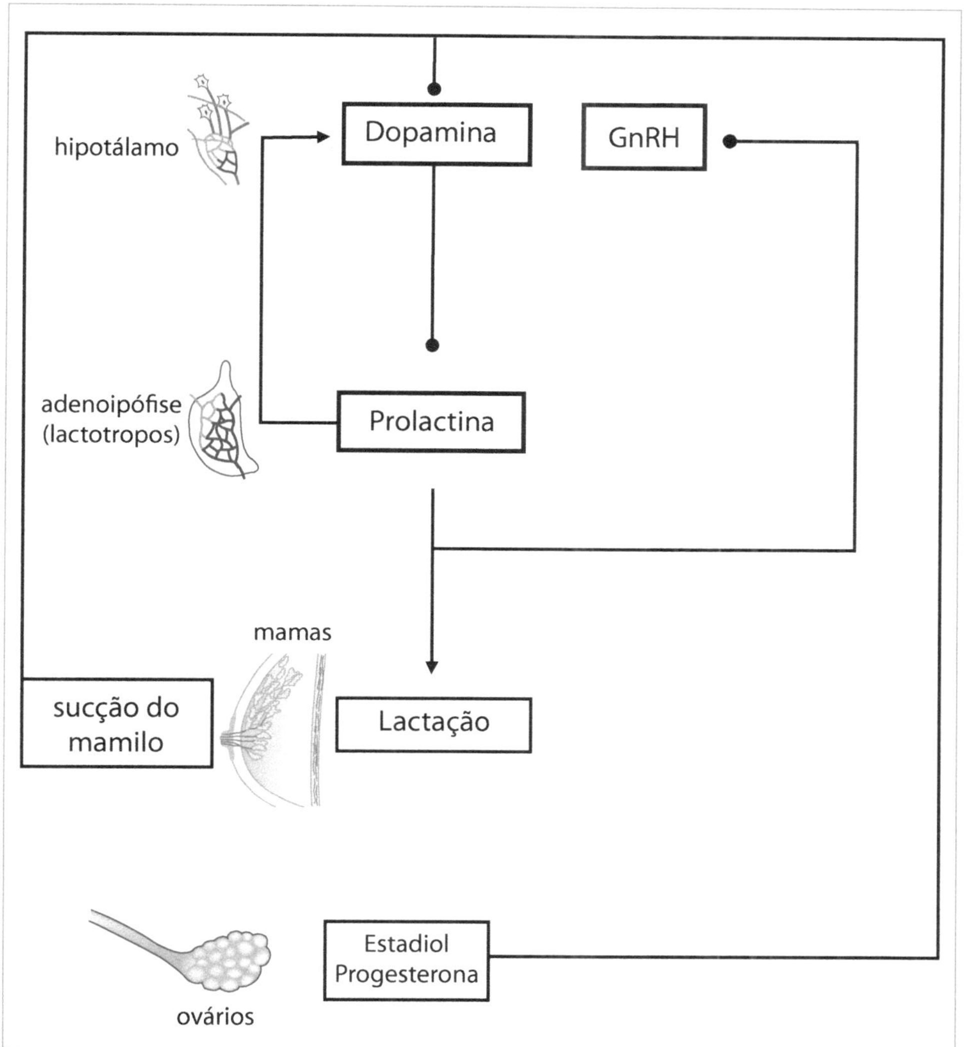

FIGURA 13 Alças de controle da produção de prolactina (PRL) pela adenoipófise. Note que a PRL age como um sinal estimulador para a produção de dopamina pelo hipotálamo, a qual é o agente inibidor da produção de prolactina.

produzidos: os mineralocorticoides, os glicocorticoides e os andrógenos adrenais ou precursores androgênicos (Figura 14).

Medula adrenal – produção de adrenalina

A adrenalina é produzida a partir da molécula precursora tirosina nas células chamadas de cromafim (em virtude da coloração histológica) na porção medular das adrenais. Essas células recebem inervação simpática e, pela organização vascular da glândula adrenal, ficam expostas a altas concentrações de cortisol (glicocorticoide)

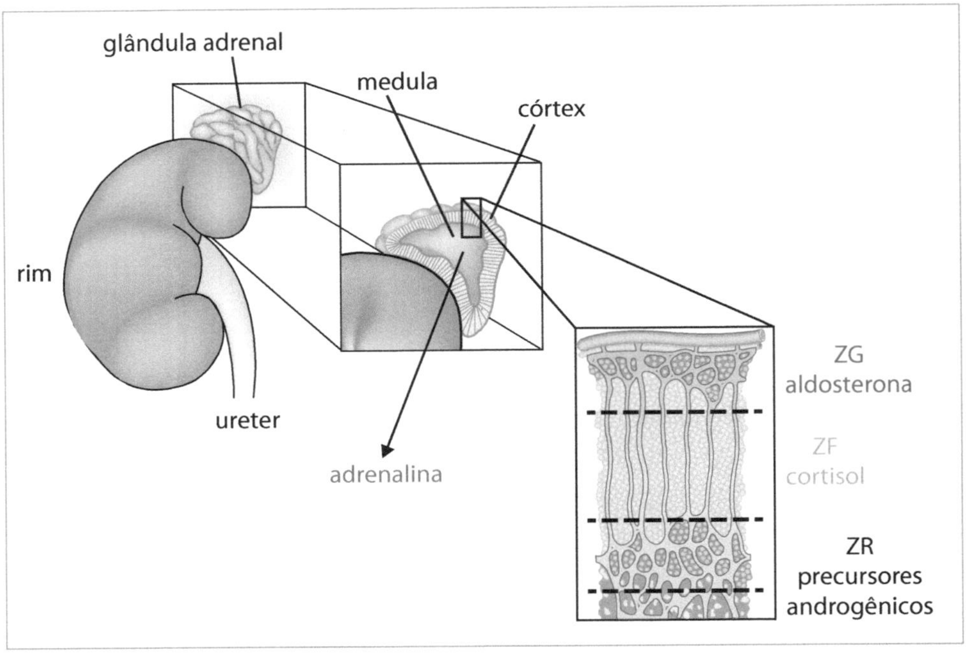

FIGURA 14 Glândula adrenal (ou suprarrenal). Na primeira ampliação, tem-se um corte da glândula ilustrando a porção medular e a cortical. Na segunda ampliação, tem-se a divisão do córtex em três áreas: zona glomerulosa (ZG), zona fasciculada (ZF) e zona reticular (ZR). Os principais hormônios de cada região estão indicados.

vindo do córtex. A estimulação simpática induz a hidroxilação da tirosina, formando di-hidroxifenilalanina (Dopa). Subsequentemente, ela é transformada em dopamina e noradrenalina. A noradrenalina sofre catálise pela enzima feniltanolamina-N-metiltransferase (PNMT), que tem sua expressão induzida pelo cortisol. Essa reação forma a adrenalina (ver Figura 15).

Adrenalina e noradrenalina são metabolizadas tanto nos terminais sinápticos que as usam como neurotransmissores quanto nos tecidos periféricos, como rins e fígado. O metabolismo segue dois caminhos intercambiáveis que terminam em um mesmo grupo de compostos, sendo esse metabolismo catalisado por duas enzimas: catecol-orto-metiltransferase (COMT) e monoamina oxidase (MAO). A Figura 15 ilustra esses dois caminhos de metabolização das catecolaminas. **Podemos notar que há três produtos: metaepinefrina, normetanefrina e ácido vanililmandélico (AVM). Esses compostos podem ser dosados na urina e são úteis em casos clínicos.**

As ações de adrenalina e noradrenalina são estudadas em "Sistema nervoso autônomo", no capítulo "Sistema nervoso", portanto, não nos deteremos neste assunto aqui.

Córtex adrenal – esteroides

O córtex adrenal tem três principais hormônios, como ilustrado na Figura 14. **Os mineralocorticoides, como a aldosterona, têm ações relacionadas à regulação hidre-**

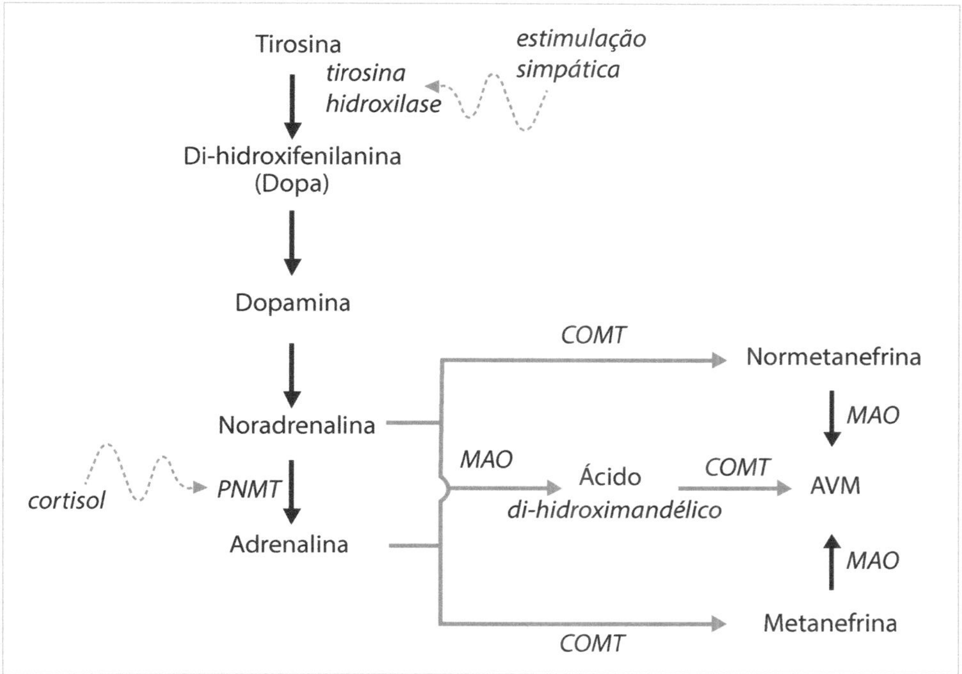

FIGURA 15 Vias de produção (em preto) e de metabolização (em cinza) de adrenalina e noradrenalina. AVM: ácido vanililmandélico; COMT: catecol-orto-metiltransferase; MAO: monoamina oxidase; PNMT: feniltanolamina-N-metiltransferase.
Fonte: adaptada de Porterfield e White, 2007.

letrolítica e são estudados no capítulo sobre esse tema. **Os glicocorticoides, como o cortisol, têm ações relacionadas ao metabolismo da glicose, processos inflamatórios e uma série de outras.** Essas serão vistas mais adiante. **Os precursores androgênicos se relacionam a caracteres sexuais secundários**, e também serão estudados adiante. Em conjunto, esses hormônios são denominados esteroides.

Hormônios esteroides são produzidos em outros órgãos além das adrenais, como ovários e testículos. Os esteroides têm, todos, uma origem comum, o colesterol, e não são armazenados nas células produtoras, ou seja, sua produção, seguida de liberação se dão em função da estimulação recebida (Turcu e Auchus, 2015). Isso decorre de serem moléculas lipídicas e, assim, terem alta difusibilidade pela membrana plasmática. A ação dos esteroides, como a de qualquer hormônio ou sinalizador celular, depende da presença de receptores celulares específicos. Contudo, no caso dos esteroides, como facilmente atravessam a membrana plasmática, os receptores são intracelulares e o mecanismo de ação se dá por alterações de expressão gênica – isto é, a ação decorre da ativação/desativação de genes por meio dos receptores hormonais (Porterfield e White, 2007; Spencer e Deak, 2017).

Os receptores para mineralocorticoides são expressos em alguns órgãos e tecidos, principalmente rins, glândulas salivares, glândulas sudoríparas. Por outro lado, os receptores para glicocorticoides são expressos em praticamente todos os tecidos estudados e, assim, têm ações sistêmicas múltiplas, como veremos adiante. Como os receptores não têm especificidade de 100%, o excesso de um tipo de esteroide pode terminar por estimular o outro receptor. Assim, por exemplo, *o aumento crônico de glicocorticoides pode desencadear retenção de sódio e água, ações típicas dos mineralocorticoides* (ver capítulo "Regulação hidreletrolítica").

A estimulação para a produção de esteroides adrenais é dada pelo hormônio adrenocorticotrófico (ACTH), produzido pelos corticotropos na adenoipófise, como vimos. O colesterol é transportado no sangue associado a proteínas, formando as chamadas lipoproteínas de baixa densidade (LDL) e lipoproteínas de alta densidade (HDL).[4] O colesterol é, então, internalizado nas células do córtex adrenal na forma de colesterol livre (Col-L), esterificado (eCol) e armazenado em gotículas lipídicas intracelulares. O eCol é reconvertido a Col-L pela ação catalítica da enzima ceh (colesterol éster hidrolase), e é o colesterol livre que entra nas vias de formação dos hormônios adrenocorticais (ver Figura 16).

A produção dos hormônios esteroides se dá de maneira seriada envolvendo duas organelas celulares: mitocôndrias e retículo endoplasmático liso. O primeiro passo na produção é a formação de pregnenolona a partir do colesterol livre. Essa etapa constitui a etapa limitante do processo e depende de um transportador de membrana e uma enzima. O transportador de membrana é proteína reguladora de esteroidogênese aguda (StAR),[5] que transfere o colesterol livre citoplasmático para a membrana interna mitocondrial. Lá, a enzima citocromo CYP450SCC[6] catalisa a clivagem da cadeia lateral do colesterol formando a pregnenolona. O ACTH, via receptor acoplado à proteína G de membrana citoplasmática, ativa tanto a StAR quanto a CYP450SCC, aumentando, assim, a formação da pregnenolona.

A pregnenolona é transferida para o retículo endoplasmático liso, onde, em decorrência de catálise enzimática, seguirá uma de três vias e será convertida até um dos produtos da esteroidogênese adrenal. As células de cada zona cortical (ver Figura 14) expressam diferentes conjuntos de enzimas e, assim, as quantidades de hormônios de cada tipo são diferentes em cada zona, o que explica as produções preferenciais encontradas. A Figura 16 resume as principais vias para esteroidogênese adrenal – note que essa é uma apresentação simplificada e se conhecem outras vias e outras ramificações dos percursos dos compostos, o que vai além dos objetivos do presente texto.

Glicocorticoides

Em seres humanos, o principal glicocorticoide produzido é o cortisol. Esse hormônio tem uma meia-vida ao redor de 70 minutos, sendo inativado, irreversivelmente, no fígado (e os metabólitos inativos excretados nos rins). Como vimos anteriormente, o ACTH é produzido pela adenoipófise com um ritmo ultradiano e outro circadiano

---

4 LDL: *low-density lipoprotein*; HDL: *high-density lipoprotein*.

5 StAR: *steroidogenic acute regulatory protein*.

6 SCC: *side-chain cleavage*.

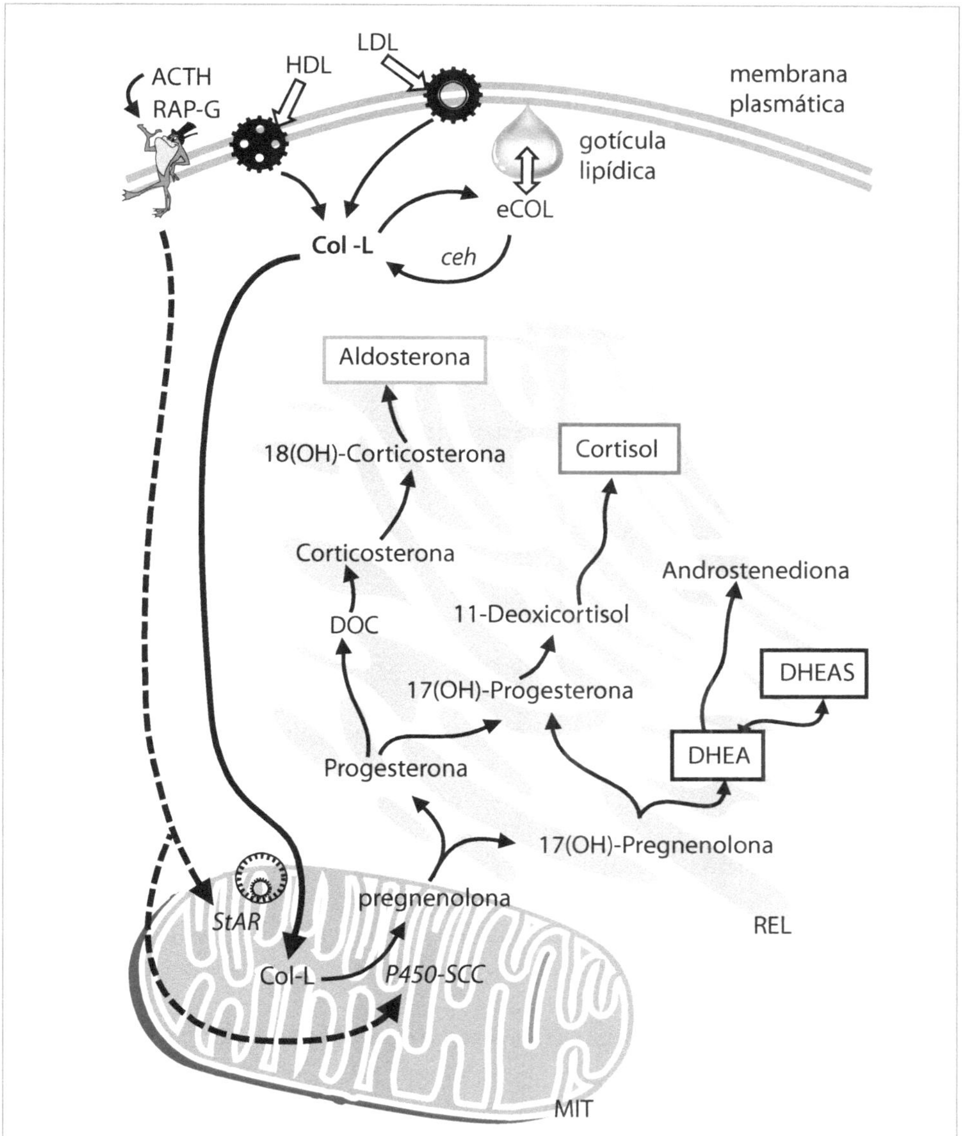

FIGURA 16 Formação de esteroides adrenais. As setas tracejadas indicam a ativação via ACTH. Em caixas de borda colorida se encontram os produtos preferenciais de cada zona cortical: em cinza claro, zona glomerulosa; em cinza escuro, zona fasciculada; em pretos, zona reticulada.

ceh: colesterol éster hidrolase; Col-L: colesterol livre; DHEA: desidroepiandrosterona; DHEAS: sulfato de desidroepiandrosterona; eCol: éster de colesterol; HDL: lipoproteína de alta densidade; LDL: lipoproteína de baixa densidade; MIT: mitocôndria; RAP-G: receptor acoplado à proteína G; REL: retículo endoplasmático liso; StAR: proteína reguladora de esteroidogênese aguda.

Fonte: adaptada de Miller, 2017; Porterfield e White, 2007; Turcu e Auchus, 2015.

(ver Figura 9), o que induz ritmos similares de cortisol circulante, com concentrações mais elevadas pela manhã e menores à noite.

Enquanto a inativação do cortisol no fígado é irreversível, os demais tecidos periféricos fazem uma inativação reversível, transformando cortisol em cortisona por meio da enzima 11-beta-hidroxiesteroide desidrogenase (11β-HSD), a qual tem uma potência de estimulação dos receptores para mineralocorticoides e glicocorticoides bem menor que a do cortisol. Como mencionamos, essa é uma inativação reversível e, dependendo da isoforma da 11β-HSD expressa, a cortisona poderá ser reconvertida a cortisol (Woods e Tomlinson, 2015). Vamos listar, a seguir, as principais ações do cortisol, e uma apresentação ilustrativa dessas é dada na Figura 17.

Ações do cortisol

1. **Na glicemia e no metabolismo energético**:
   - Antagonismo à insulina em GLUT-4 em músculos e TAB → aumento da glicose disponível.
   - Catabolismo proteico para gliconeogênese e para metabolismo energético direto.
   - Lipólise.
2. **Como anti-inflamatório**:
   - Supressão da atividade imunitária.
   - Linfopenia.
   - Inibe a proliferação de fibroblastos e a formação de colágeno.
3. **Na pressão arterial**:
   - Necessário para ação das catecolaminas nos vasos sanguíneos.
4. **Diversas**:
   - Reabsorção óssea e inibição da formação.
   - Inibe a secreção de ADH e sua ação.
   - Estimula a secreção de ácido gástrico.
   - Necessário para a integridade do TGI.
   - Estimula a produção de hemácias.
5. **Desenvolvimento de órgãos fetais ao término da gestação**:
   - Maturação dos pulmões.
   - Função de reabsorção de sódio renal.
   - Maturação do intestino.
   - Maturação da medula adrenal.

As ações 1 e 2 são as mais relevantes do cortisol, tanto que a própria nomenclatura do grupo (glicocorticoides) vem de seus efeitos sobre o metabolismo da glicose. A ação anti-inflamatória é extremamente importante, e glicocorticoides sintéticos, como dexametasona e budesonida, são amplamente utilizados na clínica médica visando a diminuição de sintomas relacionados a processos inflamatórios e, eventualmente, ao tratamento da própria condição desencadeante.

Um problema que surge com o uso crônico ou prolongado de glicocorticoides exógenos é a inibição do eixo HHA, com supressão da produção de ACTH. Com isso, o córtex adrenal sofre uma hipotrofia, dada a ausência de estimulação. Em uma eventual retirada abrupta do hormônio exógeno, a adrenal não tem capacidade de produzir os esteroides corticais em taxas adequadas para a manutenção das funções orgânicas. Esse quadro é chamado de crise adrenal (aguda) e pode ser fatal se não tratado. O tratamento consiste na reintrodução do hormônio exógeno. É por esse motivo que o tratamento envolvendo glicocorticoides exógenos deve ser finalizado de maneira progressiva, de modo a permitir que o eixo HHA volte a operar e a glândula adrenal deixe de estar hipotrofiada. Voltaremos a tratar de crise adrenal em uma seção mais adiante.

Nas últimas semanas da gestação, ocorre um grande aumento do cortisol endógeno fetal e esse aumento está relacionado à maturação final de vários órgãos antes do nascimento (Cole et al., 2019). De relevância para sobrevivência imediata do recém-nascido é o pleno desenvolvimento pulmonar, e o cortisol, entre outras ações nos pulmões, promove a produção do surfactante, essencial para a adequada ventilação alveolar (ver capítulo "Respiração" no volume 2 da coleção). Como acabamos de citar, esse grande aumento de cortisol ocorre nas últimas semanas de gestação e, assim, nascidos pré-termo não tiveram esse período intrauterino. Nesses casos, o recém-nascido permanece internado e recebe doses de glicocorticoides na tentativa de acelerar a maturação de órgãos, particularmente os pulmões/surfactante, agora já na vida extrauterina.

Crise adrenal

Vamos utilizar a chamada crise adrenal (ou insuficiência adrenal aguda ou crise addisoniana)[7] para ilustrarmos melhor as ações dos glicocorticoides e a alça de controle do eixo HHA. Podemos dividir as causas de insuficiência adrenal em três grandes grupos:

- Insuficiência primária: a própria adrenal sofre de alguma condição que resulta na incapacidade de produção hormonal.
- Insuficiência secundária: a adenoipófise tem produção deficitária de ACTH.
- Insuficiência terciária: o hipotálamo não produz CRH em quantidade adequada para estimular os corticotropos da adenoipófise.

Como mencionado pouco acima, a retirada abrupta de glicocorticoides exógenos pode ser acompanhada por uma incapacidade do córtex adrenal em produzir seus hormônios esteroides. Esses são casos nos quais há uma combinação das três insuficiências, pois a adrenal se encontra hipotrofiada e tanto a adenoipófise quanto o hipotálamo têm produção deficitária de seus hormônios por uma inibição causada pelo composto exógeno.

7 Thomas Addison descreveu a insuficiência adrenal crônica em 1855 (Puar et al., 2016).

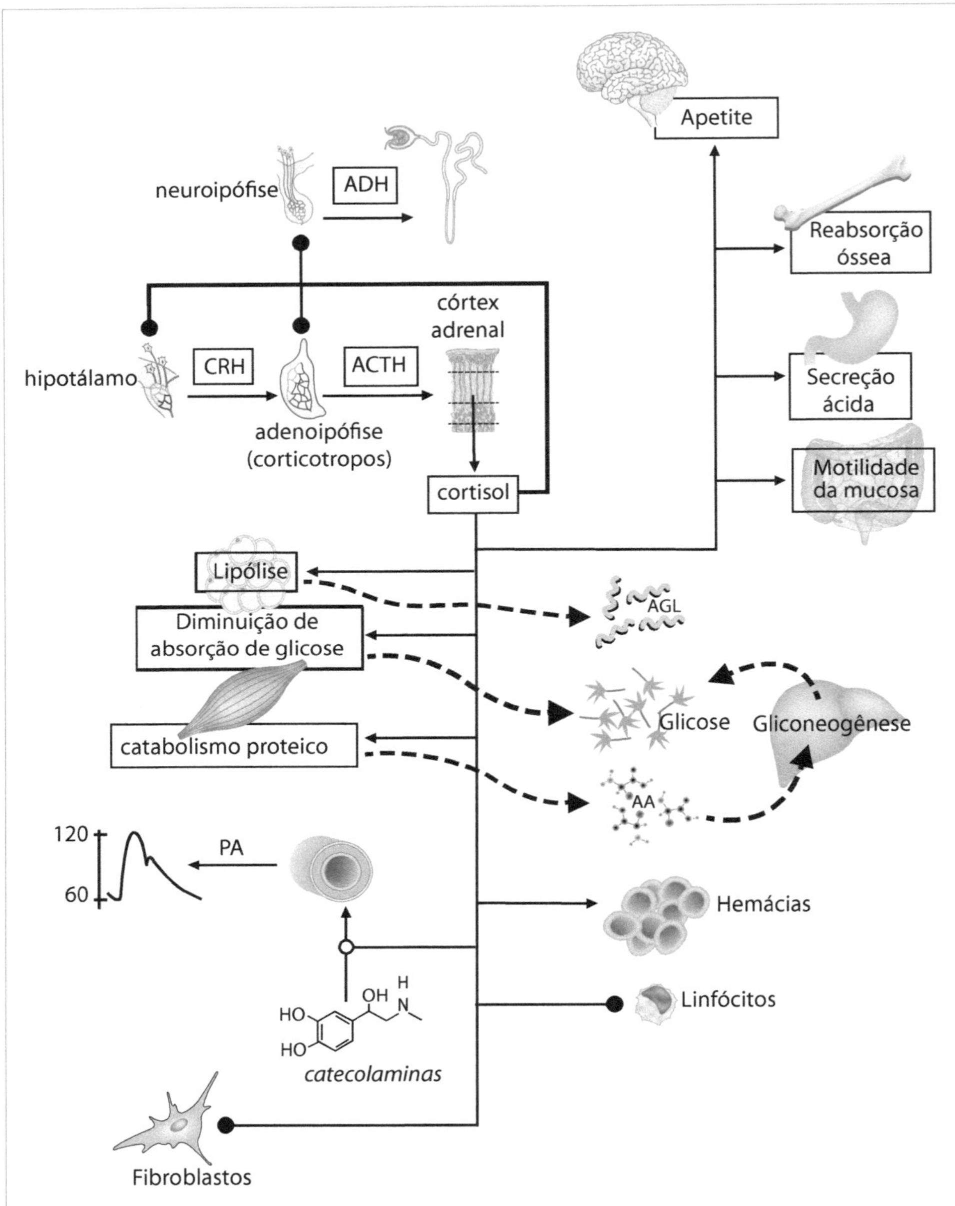

FIGURA 17 Alça de controle hipotálamo-hipófise-adrenal e ações do cortisol. Note a inibição da produção/liberação de ADH que ocorre na neuroipófise. Note, também, a ação permissiva para a atuação de catecolaminas na musculatura lisa vascular, concorrendo, assim, para a manutenção da pressão arterial (PA). Por simplificação visual, colocamos os transportes/transferências indicados por setas tracejadas.

Fonte: adaptada de Cole et al., 2019; Porterfield e White, 2007.

Em adultos, uma crise adrenal é definida como uma deterioração aguda em um paciente com insuficiência adrenal (Puar et al., 2016). Essa deterioração é dada por uma queda na pressão arterial, isto é, uma hipotensão, acompanhada por (Rushworth et al., 2019):

- Hipoglicemia.
- Hiperpotassemia e hipernatremia decorrente de deficiência de mineralocorticoides (aldosterona).
- Linfocitose.
- Anemia normocítica leve.
- Anorexia, náusea, vômitos.
- Fadiga e fraquezas excessivas.
- Síncope.
- Confusão mental.
- Pirexia (aumento da temperatura corpórea).

Comparando esses sinais e sintomas com as ações do cortisol ilustradas na Figura 19, podemos entender os motivos básicos do quadro clínico da crise adrenal. Particularmente, a hipotensão é decorrente da ação permissiva do cortisol para a atuação das catecolaminas.

Estresse

O termo "estresse" (ou o correlato, "estressores") pode ter diferentes conotações dependendo do contexto no qual é empregado. Originalmente, o termo foi cunhado por Hans Selye na década de 1930 para descrever as respostas orgânicas fisiológicas desencadeadas por injúrias físicas, grandes esforços físicos e situações nas quais a pessoa se percebia como em potencial risco (Russell e Lightman, 2019; Sapolsky, 2004). Essas respostas envolvem dois grandes eixos interligados: o HHA (particularmente a produção de cortisol) e o SNA (particularmente catecolaminas do ramo simpático). Por exemplo, uma hemorragia é acompanhada por aumento da atividade simpática e do cortisol, levando a uma vasoconstrição e recuperação da pressão arterial (ver "Circulação", volume 2 da coleção). Assim, uma resposta a um estressor, na concepção original, é basicamente uma resposta aguda, de ajuste e adaptativa, no sentido que é uma resposta oriunda de seleção natural que visa manter o organismo em condições funcionais (Roberts e Karatsoreos, 2021; Russell e Lightman, 2019; Sapolsky, 2004).

Contudo, com a organização social que os seres humanos desenvolveram, pessoas passaram a projetar aquilo que seriam eventos agudos como situações diárias. Em outras palavras, para alguns indivíduos, as situações de risco passaram a ser consideradas diárias; por exemplo, a necessidade de cumprir tarefas no emprego é percebida ou projetada como colocando a sobrevida em risco (Roberts e Karatsoreos, 2021). Esse é apenas um exemplo que podemos inserir dentro de um contexto mais amplo de "*status* social". Assim, os estressores de Selye ganham, nesse contexto, o adjetivo "crônico".

O chamado "estresse crônico" é, então, a coleção de respostas de ajuste agudo sendo desencadeada quase continuamente. No nível sistêmico, essa coleção de respostas inclui a ativação do eixo HHA e do ramo simpático do SNA, levando a respostas orgânicas e celulares. Ao que as evidências empíricas e experimentais indicam, essas respostas deixam de ser ajustadas e passam a concorrer para uma deterioração do estado de saúde do indivíduo. A ativação contínua do eixo HHA tem sido implicada na chamada síndrome metabólica, na queda de imunidade, em doenças cardiovasculares inflamatórias, entre outras ocorrências (Roberts e Karatsoreos, 2021; Russell e Lightman, 2019).

TIREOIDE

Os hormônios da tireoide são compostos evolutivamente muito antigos, e vários grupos de invertebrados sintetizam e utilizam esses hormônios em seus processos regulatórios (Huang et al., 2015; McLean et al., 2017; Taylor e Heyland, 2017). Em vertebrados, os hormônios da tireoide estão relacionados à regulação do metabolismo energético (Little e Seebacher, 2014; Porterfield e White, 2007; Seebacher, 2018), como veremos adiante, mas também a outros processos, como a metamorfose em anfíbios e agnatas (Johnson e Voss, 2013; Manzon e Manzon, 2017; Ortiga-Carvalho et al., 2016; Schmidt-Nielsen, 1997).

A glândula tireoide se encontra adiante da traqueia e um pouco abaixo da cartilagem tireóidea. A glândula, conhecida e reconhecida desde há muito, recebeu sua denominação moderna no século XVII pelo médico e anatomista inglês Thomas Wharton (1614-1673), que associou seu formato ao entalhe de brasões gregos (θυρεός – "tíreós") representando escudos. Microscopicamente, a glândula é composta por uma coleção de bolsas denominadas folículos, cuja parede é formada pelas células foliculares e cujo interior é preenchido por uma substância gelatinosa denominada coloide (Porterfield e White, 2007), como visto no painel superior da Figura 18. O coloide é composto por uma glicoproteína, a tireoglobulina, da qual derivam os hormônios tireoidianos. Em meio ao estroma da glândula encontram-se as células C, produtoras de calcitonina, da qual tratamos anteriormente (ver "Cálcio e fósforo").

Hormônios da tireoide

Os hormônios da tireoide são formados a partir da iodação de resíduos de tirosina nas moléculas de tireoglobulina (TGB). O processo exige a captação de iodo plasmático pelas células foliculares, o que se dá por meio de um cotransportador Na^+/I^- no lado sanguíneo dessas células e posterior extrusão do ânion na membrana apical (luminal) pela proteína transportadora de ânions pendrina. O iodo é, então, oxidado sob a ação catalítica da peroxidase tiroidiana a partir do peroxido de hidrogênio (H_2O_2 – água oxigenada), formando I^O e H_2O. Concomitantemente, há síntese e extrusão da glicoproteína TGB no lado apical, que forma o coloide folicular. O painel inferior da Figura 18 ilustra a produção e liberação de hormônios tireoidianos por uma célula folicular.

No coloide, o passo inicial é a iodação da tirosina pelo I^O formando a monoiodotirosina (MIT) e, subsequentemente, com uma nova adição de iodo, forma-se a diiodotirosina (DIT). A partir desses compostos, as formas tri e tetraiodotironina são obtidas por conjugação, MTI + DIT formando T_3 e DIT + DIT formando T_4, conhecida por

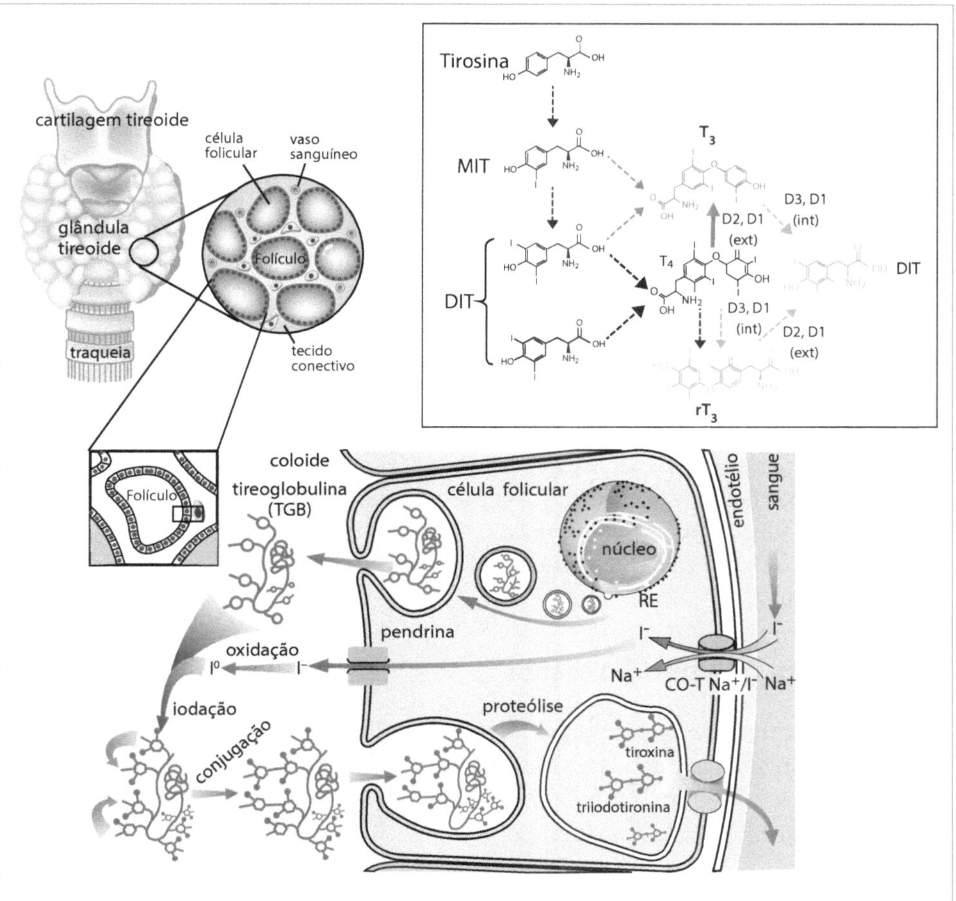

FIGURA 18 No painel superior, a glândula tireoide em sua anatomia macroscópica e relações anatômicas. No painel inferior, a produção de hormônios tireoidianos em uma célula folicular. No box, estruturas moleculares dos compostos e suas biotransformações. As setas tracejadas indicam eventos intratireoidianos, já as setas contínuas indicam eventos nos tecidos periféricos. A seta mais grossa indica a principal via periférica, a qual transforma T_4 na forma ativa T_3. Note que a inativação nos tecidos periféricos se dá sobre T_3 e rT_3 que são convertidos a DIT.

CO-T Na^+/I^-: cotransportador sódio/iodo; D1-D2-D3: desiodinases[8] tipos 1, 2 e 3; int/ext: desiodação interna/externa; DIT: diiodotirosina; MIT: monoiodotirosina; RE: retículo endoplasmático; rT_3: triiodotironina reversa; T_3: triiodotironina ou hormônio tireoidiano forma ativa; T_4: tetraiodotironina ou tiroxina; TGB: tireoglobulina.

tiroxina. Também pode ocorrer a iodação no anel interno, resultando na forma reversa da triiodotironina, rT_3. Esses são os compostos que as células foliculares reinternalizam a partir do coloide e liberam na circulação (ver painel inferior e box da Figura 18). A proporção de liberação T_4:T_3 é, aproximadamente, 5:1 (Ortiga-Carvalho et al., 2016), e a liberação de rT_3 é menor que 1% do total.

8 Note que utilizamos desiodinase e não a forma anglicista "deiodinase".

T_3 e T_4 são moléculas hidrofóbicas e, no plasma, se ligam à albumina, à pré-albumina e, principalmente, à globulina ligante (ou ligadora) de tiroxina, TGB, uma proteína de transporte (Little, 2016). **Menos que 0,5% da T_3 e 0,05% da tiroxina são encontradas livres no plasma** (Ortiga-Carvalho et al., 2016). Contudo, é a forma livre que tem acesso aos demais órgãos e tecidos e, portanto, **o *pool* circulante dos hormônios tireoidianos corresponde a 200 vezes o *pool* atuante. Isso significa que alterações efetivas de ação tecidual, tanto por aumento de concentração quanto por diminuição, ocorrem de maneira lenta**. É por esse motivo que na seção "Metabolismo energético" mencionamos que a tireoide tem um papel de mais longo prazo na regulação desse metabolismo.

Apesar de nos referirmos aos "hormônios tireoidianos", **somente a forma T_3 é reconhecidamente ativa**. Contudo, é a tiroxina (T_4) a forma produzida em maior quantidade pela tireoide (ver acima). Dessa maneira, **para haver a ação hormonal, é necessário que ocorra a desiodação de T_4 em T_3, e isso ocorre nos próprios tecidos por meio de enzimas desiodinases**. A ação em si se dá por estimulação via receptores nucelares (Porterfield e White, 2007). Da mesma maneira, a inativação da T_3 também se dá por desiodação tecidual periférica (ver box da Figura 18). O estudo mais detalhado das vias de sinalização celular com ativações enzimáticas e gênicas vai além dos nossos objetivos.

Ações dos hormônios tireoidianos

A Tabela 4 apresenta as principais ações da tri-iodotironina e da tiroxina em órgãos e tecidos em diferentes fases da vida. Note o papel na regulação do metabolismo energético.

TABELA 4 Ações dos hormônios tireoidianos

Fase da vida	Órgão ou tecido	Ação
Fetal e neonatal	Pulmão	Maturação com produção de surfactante
	Cérebro[#]	Desenvolvimento, mielinogênese, proliferação e diferenciação neuronal, formação de sinapses
Infância	Geral	Crescimento corpóreo[@]
Todas	Metabolismo[*]	Regulação da taxa metabólica basal, aumento do consumo de oxigênio, aumento da permeabilidade da membrana plasmática a sódio e potássio, aumento da taxa de atividade da Na^+/K^+ ATPase, estimulação de anabolismo e de catabolismo em geral
	Musculatura esquelética	Aumento da taxa de recaptura e do total de cálcio no retículo sarcoplasmático, aumento da atividade de quebra de ATP pelas cabeças de miosina, aumento da velocidade máxima de contração
	Sistema cardiovascular	Aumento da frequência cardíaca, aumento da força de contração (resultando em aumento do débito cardíaco), vasodilatação periférica

[#] Deficiência de T_3 na vida intrauterina até os 2 anos de idade, em média, causa danos irreversíveis ao desenvolvimento do SNC; [@] o hormônio do crescimento (GH) também é necessário; * alterações nas concentrações plasmáticas de T_3 e T_4 demoram ao redor de 10 dias para começar a apresentar efeitos sobre o metabolismo em virtude da relação *pool* ligado:*pool* livre que citamos anteriormente.

Hipotireoidismo

Como sugerido pelos dados da Tabela 4, o hipotireoidismo no recém-nascido e infante deve ter diferentes repercussões do de um adulto. Isso se deve, basicamente, a dois fatores: o desenvolvimento do sistema nervoso central e o crescimento orgânico. As causas do hipotireoidismo nessas idades são várias, e não faz parte dos nossos objetivos uma discussão aprofundada delas. Contudo, é importante sabermos que essas causas podem ser divididas em dois grandes grupos, o da deficiência de iodo e as demais, as quais são denominadas hipotireoidismo congênito esporádico. Apesar de haver uma grande sobreposição dos quadros clínicos desses dois grupos, a deficiência de iodo leva a uma incapacidade da tireoide em produzir seus hormônios e recebe o nome de cretinismo endêmico.

O hipotireoidismo no adulto se manifesta por um conjunto de sinais e sintomas característicos. Há um decréscimo na taxa metabólica basal, resultando em intolerância ao frio. A diminuição da vasodilatação cutânea resulta em uma pele seca e fria. Pode ocorrer um quadro de edema duro generalizado, chamado de mixedema, cuja origem é a deposição de glicosaminoglicanos nos espaços intersticiais com concomitante acúmulo de água nesses espaços. Outro aspecto grave do hipotireoidismo se relaciona ao funcionamento do sistema nervoso. Com a deficiência hormonal, o paciente se torna letárgico, parado, com fala arrastada e reflexos lentificados. A Tabela 5 resume os principais sinais e sintomas do hipotireoidismo no adulto.

Bócio

O bócio é um aumento na região anterior do pescoço, que se torna espessada em decorrência de uma hipertrofia da glândula tireoide. Essa hipertrofia da tireoide ocorre por uma hiperestimulação pelo TSH.

Esse aumento de TSH pode ser decorrente de dois fatores diferentes. Em um primeiro tipo, há a falta de fechamento da alça de retroalimentação negativa por T_3 (Figura 10), ou seja, a ausência de T_3 deixa de inibir o hipotálamo e a adenoipófise, os quais passam a produzir TRH e TSH na tentativa de recuperar os níveis plasmáticos de T_3. Em um segundo tipo, a despeito da produção de T_3, o hipotálamo e/ou a adenoipófise não são inibidos pelo hormônio, ou há algum fator externo ao eixo hipotálamo-hipofisário estimulando a tireoide diretamente. Assim, note que, no primeiro caso, há um hipotireoidismo; enquanto no segundo, há um hipertireoidismo.

A estimulação pelo TSH ou por fator externo faz as células foliculares aumentarem a produção de coloide e, com isso, ocorre o aumento da glândula. Assim, *o bócio pode ser encontrado tanto no hipo quanto no hipertireoidismo.*

As causas para a falta de T_3 são várias. Uma das que foram muito comuns é a deficiência de iodo na dieta. Sem o iodo em doses adequadas, a produção dos hormônios tireoidianos fica comprometida e surge o quadro descrito, sendo o bócio chamado de bócio endêmico. Por esse motivo, a adição de iodo ao sal de cozinha é uma prática adotada em muitos países.

Os fatores externos são geralmente autoanticorpos com afinidade pelo receptor de TSH nas células foliculares. Isso mimetiza a estimulação pelo TSH, contudo, sem a alça de retroalimentação negativa fisiológica.

Hipertireoidismo

Enquanto o hipotireoidismo se manifesta com sinais e sintomas relacionados à diminuição do metabolismo basal, o hipertireoidismo se manifesta com o oposto. A Tabela 5 apresenta os principais sinais e sintomas do hipertireoidismo no adulto.

TABELA 5 Sinais e sintomas do hipotireoidismo e do hipertireoidismo no adulto

Hipotireoidismo	Hipertireoidismo
Diminuição da taxa metabólica	
Intolerância ao frio	Intolerância ao quente
Letargia	Nervosismo
Fraqueza (origem neural)	Fraqueza (origem muscular)
Pele seca e fria	Pele quente e úmida
Mixedema	Mixedema periorbital (doença de Graves)
Fadiga	Fadiga
Constipação	Aumento da frequência de evacuações
Reflexos lentificados	Tremor
Cabelo fino e quebradiço	Palpitações
Língua edemaciada	Exoftalmia (doença de Graves)
Sonolência	

Fonte: baseada em Porterfield e White, 2007.

Crise tireotóxica

A chamada crise tireotóxica decorre de uma liberação excessiva de hormônios tireoidianos em um paciente já hipertireoidico. Tal liberação está associada a eventos tireoidianos ou não tireoidianos, como fratura de grandes ossos, cetoacidose diabética, cirurgia etc. Se não reconhecida e tratada, uma crise tireotóxica pode ser fatal. O quadro é composto por febre elevada, taquiarritmias, hipertensão arterial que pode evoluir para hipotensão severa e choque, vômitos, diarreia e agitação. O tratamento consiste em induzir a diminuição da produção e liberação dos hormônios tireoidianos, o que pode ser obtido por compostos como propiltiouracil. Tanto betabloqueadores, para diminuir os efeitos simpáticos da hiperestimulação periférica, quanto corticosteroides, para contornar uma eventual insuficiência adrenal aguda que se instale concomitantemente ao quadro, podem ser incorporados ao tratamento.

REPRODUÇÃO

O processo de reprodução não é vital para um organismo. Contudo, é o processo vital para a espécie. Em outras palavras, enquanto o indivíduo pode sobreviver sem o sistema reprodutor, a espécie não. Assim, do ponto de vista da espécie, podemos dizer que o indivíduo existe para garantir a reprodução.

A reprodução da maior parte dos metazoários se dá de forma sexuada e, em princípio, a reprodução sexuada aumenta a diversidade genética da espécie. Além da diversificação decorrente do encontro de dois genomas de origens distintas (isto é, um vindo do "macho" e outro vindo da "fêmea"), na formação dos gametas pode ocorrer o *crossing-over* de cromossomos, além de eventuais mutações aleatórias decorrentes de fatores físico-químicos no ambiente intracelular, ou, mais especificamente, pericromossômico. Contudo, o detalhamento do processo cromossômico e genético da formação de gametas vai além dos nossos objetivos e nos referiremos apenas a fases de interesse desse processo para o caso da gametogênese de mamíferos em geral e de seres humanos em particular (mais detalhamentos da gametogênese, além dos livros-texto de referência podem ser encontrados em Guerra, 2006 e Montanari, 2013). Dentro da perspectiva bastante geral em mamíferos, a gametogênese leva uma célula diploide (2n cromossomos) a formar quatro células haploides (1n cromossomos). A célula original é a célula germinativa primordial que se prolifera, sendo chamada de oogônio nas fêmeas e espermatogônia nos machos.

A formação do aparelho reprodutor tanto masculino quanto feminino tem origem em um mesmo conjunto de células no embrião. Esse conjunto de células terá, porém, comportamentos e desenvolvimentos diferentes dependendo do ambiente hormonal (endócrino e parácrino) e genótipo fetais. Uma revisão de embriogênese também está além dos nossos objetivos, e nosso foco será nos sistemas já formados.

Aparelho reprodutor feminino

A anatomia do aparelho reprodutor feminino está ilustrada na parte superior direita da Figura 19. Na porção à esquerda, temos uma visão mais detalhada de útero, ovários e trompas, bem como da porção superior (proximal) da vagina.

Grosso modo, podemos dizer que os dois constituintes mais relevantes do útero são o miométrio e o endométrio. O miométrio é formado por tecido muscular liso e compõe a maior massa uterina. O endométrio, como o termo indica, é a camada mais interna do órgão, sendo formado por tecido epitelial e membrana mucosa. Esses hipertrofiam e regridem ao longo do ciclo menstrual (discutido mais adiante). A cérvix uterina é a comunicação da cavidade uterina com a vagina, e é o local em que os espermatozoides são depositados no ato sexual.

As trompas de Falópio são estruturas bilaterais que se abrem na cavidade peritoneal em suas porções proximais e na cavidade uterina nas suas porções distais. Nas porções proximais, as trompas possuem um franjado, as fímbrias, que se encontram muito próximas ao respectivo ovário. Na ovulação, que veremos adiante, as fímbrias capturam o óvulo lançado na cavidade peritoneal e há o transporte até a cavidade uterina pela trompa.

Os ovários são, também, estruturas bilaterais, com algo ao redor de 25 mL de volume cada um. Nos ovários ocorre o processo de maturação final dos gametas femininos, os óvulos, bem como a maior produção orgânica de hormônios femininos (estrógenos e progesterona). Esses assuntos serão detalhados mais adiante.

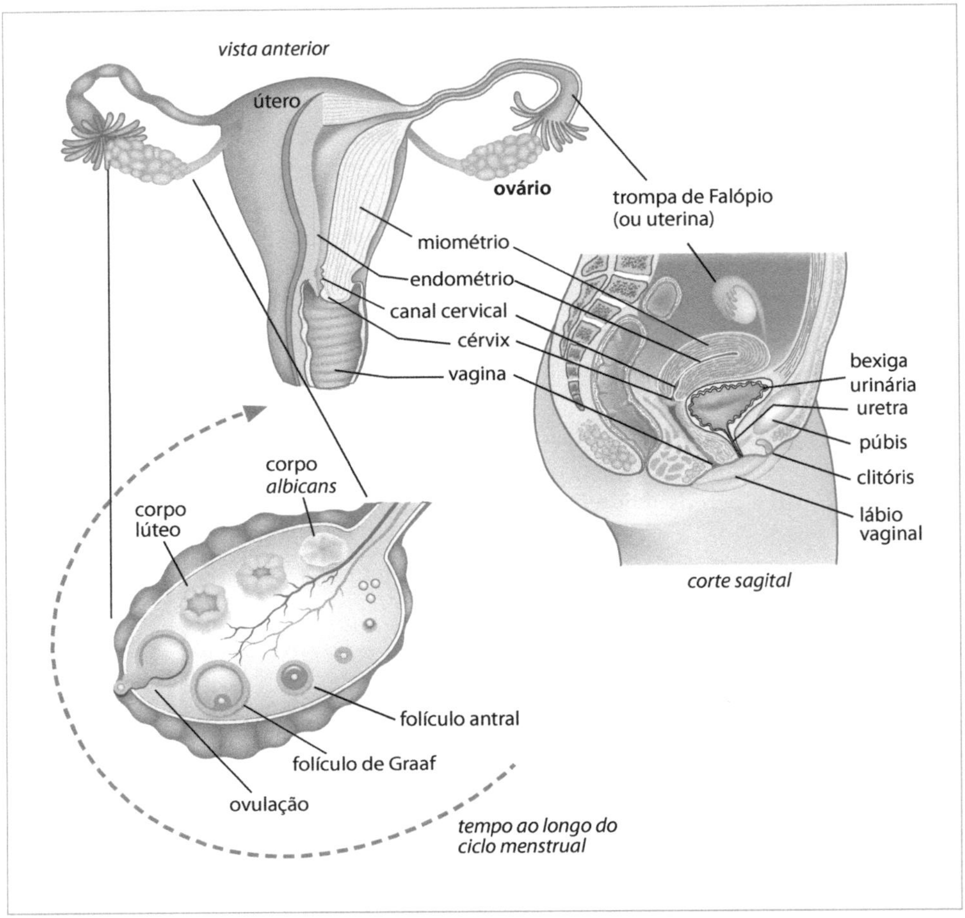

FIGURA 19 Painel superior: anatomia do aparelho reprodutor feminino. Painel inferior: visão ampliada de um ovário com a representação esquemática do desenvolvimento de um folículo ovariano (fora de escala) ao longo de um ciclo menstrual.
Fonte: adaptada de https://www.pharmacy180.com/article/anatomy-of-the-female-reproductive-system-3709/

Gametogênese feminina

A Figura 20 ilustra os principais eventos do ponto de vista da formação de um óvulo a ser fecundado. *Na vida intrauterina, os oogônios proliferam, por mitose, formando algo entre 1 e 10 milhões de células, das quais ao redor de 300 mil entram em meiose I e ficam estacionadas em prófase I. Essas células são denominadas ovócitos I e tomam parte nos folículos primordiais e, assim, uma mulher tem ao redor de 300 mil folículos primordiais ao nascimento*. Um folículo é um agregado esferoide de células que eventualmente se desenvolverão durante um ciclo menstrual. Durante a infância, os ovários estão inativos, o que não altera, portanto, o número de folículos primordiais contendo os ovócitos I.

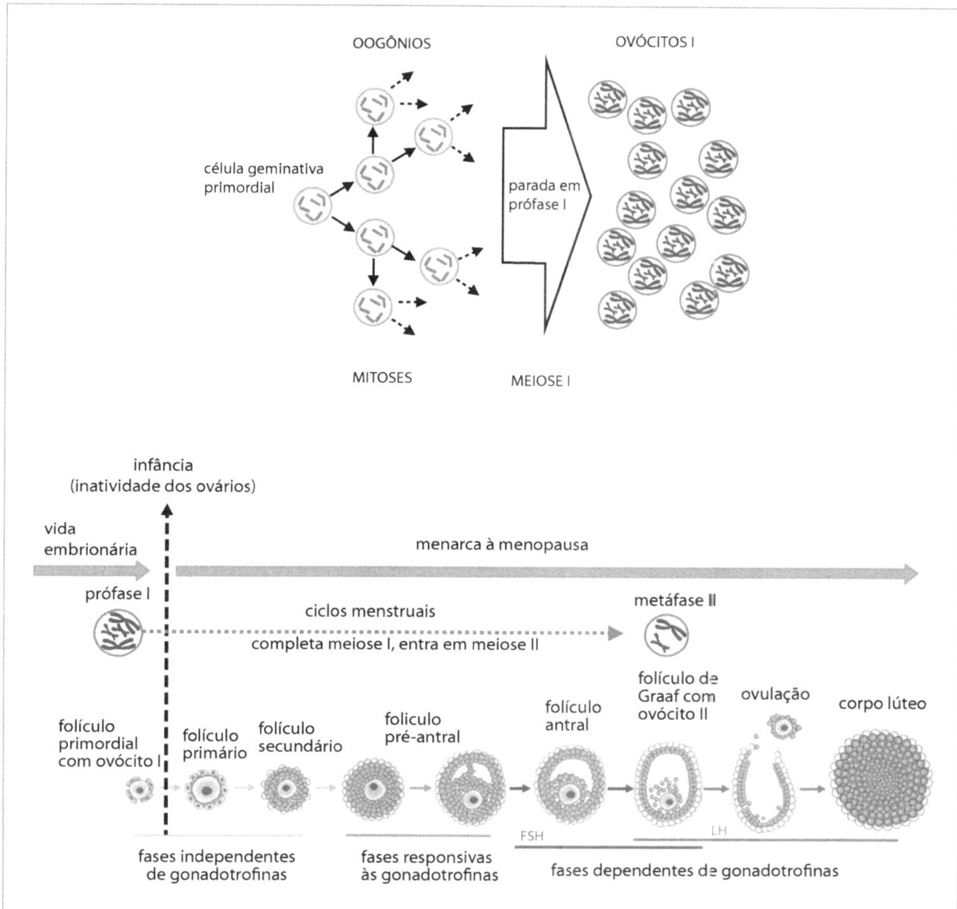

FIGURA 20 Gametogênese feminina.
Fonte: adaptada de https://www.researchgate.net/publication/354861582/figure/fig1/AS:1072653829943298@1632752010736/A-schematic-representation-of-ovarian-follicle-development-and-ovulation-At-birth-a.png

Aparelho reprodutor masculino

A Figura 21 ilustra as principais estruturas anatômicas do aparelho reprodutor masculino. Na ejaculação, os gametas masculinos, chamados de espermatozoides, são lançados próximos à, ou na, cérvix uterina (ver Figura 19), no sêmen vindo pela uretra. O sêmen é um líquido composto por produtos advindos de várias glândulas no trajeto entre o local de produção dos espermatozoides e a uretra, que vamos descrever a seguir.

Os espermatozoides são produzidos nos testículos, órgãos bilaterais que se encontram na bolsa escrotal. Mais especificamente, a produção ocorre nos túbulos seminíferos, os quais desembocam no epidídimo (ver Figura 22). O epidídimo é um túbulo enovelado com aproximadamente 6 metros de comprimento, composto por três regiões (cabeça, corpo e cauda). A cabeça é o local que recebe os espermatozoides vindos dos túbulos seminíferos. Esses espermatozoides ainda não estão aptos a fertilizar um óvulo. Durante a progressão pelo corpo, os espermatozoides adquirem motilidade e fertilidade, e são

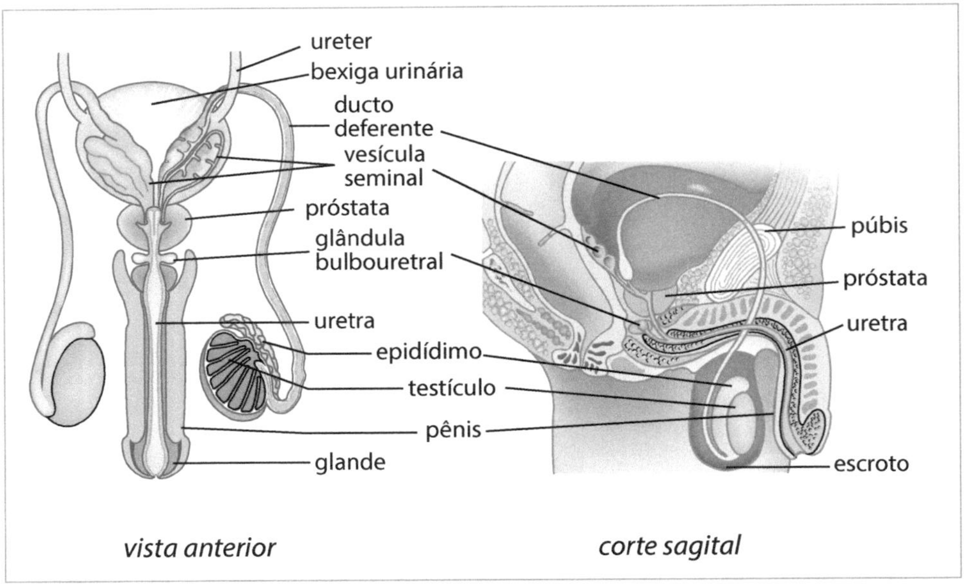

FIGURA 21 Principais estruturas do aparelho reprodutor masculino.
Fonte: adaptada de https://www.pharmacy180.com/article/anatomy-of-the-male-reproductive-system-3707/

estocados na região da cauda do epidídimo. O fluido epididimal é viscoso e contém a glicoproteína que inibe a motilidade dos espermatozoides. Estima-se que o tempo de trânsito dos espermatozoides vindos dos túbulos seminíferos no epidídimo seja de 6 dias.

O epidídimo se comunica com o ducto deferente, e os dois ductos deferentes desaguam na uretra através da próstata. Antes de atingir a próstata, contudo, cada ducto deferente passa por uma vesícula seminal. A vesícula seminal produz um fluido rico em vários compostos, particularmente aminoácidos, citrato, vitamina C, frutose e prostaglandinas. Desses, a frutose é o principal composto para fornecer energia para a motilidade dos espermatozoides quando eles se encontram na vagina e na cérvix uterina, de modo a permitir seu deslocamento em direção ao óvulo (ver "Fecundação" mais adiante). As prostaglandinas atuam como inibidores de reação inflamatória/imunitária na mucosa vaginal, a qual tenderia a eliminar os espermatozoides. O fluido das vesículas seminais compõe cerca de 70% do volume do sêmen.

Na próstata, ocorre adição de líquido contendo, entre outros compostos, enzimas proteolíticas, antígeno prostático específico (PSA) e zinco. As enzimas proteolíticas e o PSA auxiliarão na liquidificação do fluido ejaculado. O zinco é importante para estabilizar a cromatina dos espermatozoides, mantendo-os férteis. A próstata contribui com algo em torno de 25% do volume do sêmen.

Já na uretra e logo após a próstata, o sêmen recebe a secreção vinda das glândulas bulbouretrais. Essa secreção é rica em galactose e muco, que auxilia no direcionamento dos espermatozoides uma vez na vagina. Além disso, as glândulas bulbouretrais produzem o pré-ejaculado, um líquido incolor que auxilia na lubrificação da vagina. A contribuição do fluido dessas glândulas para o sêmen é ao redor de 1% do volume total.

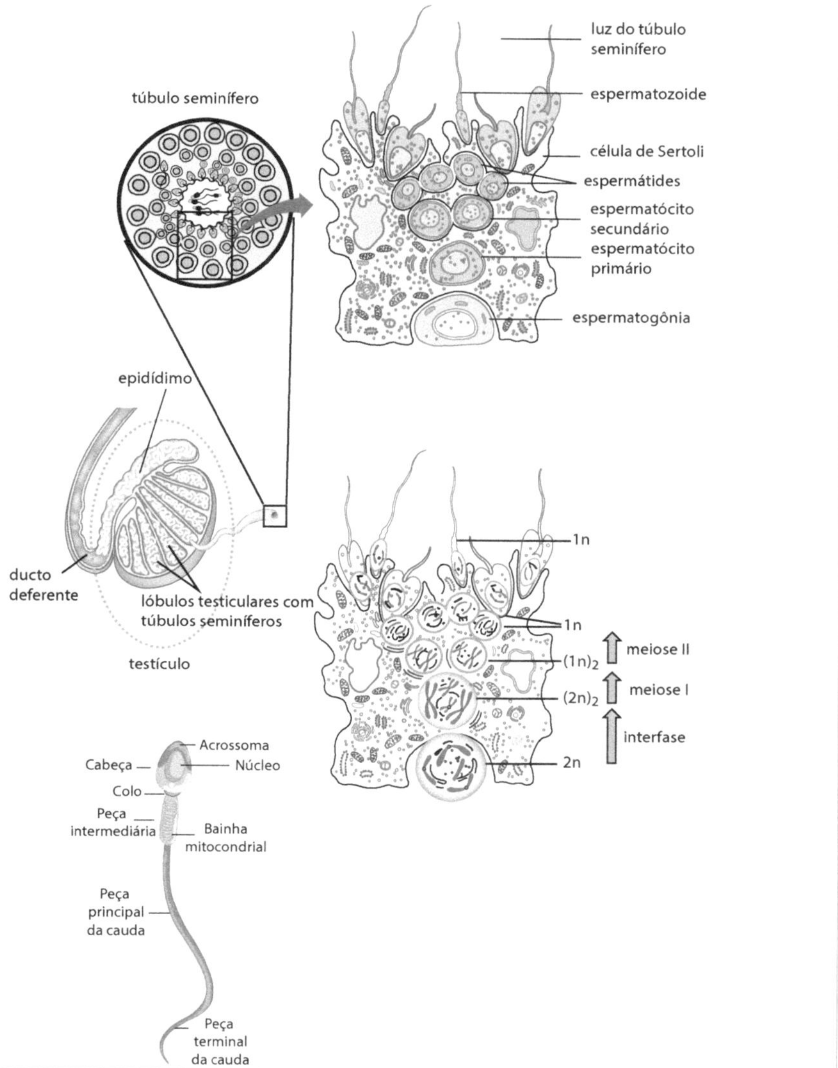

FIGURA 22 Nos painéis superior e intermediário, a gametogênese masculina. A formação dos gametas se dá com orientação espacial, sendo iniciada pelas células germinativas (espermatogônias) na porção basal dos túbulos seminíferos e progredindo em direção à luz. No painel central à direita, vemos a representação dos estágios entre as espermatogônias e os espermatozoides em termos do processo de divisão mitótica e meiótica, sendo 2n uma célula diploide (isto é, com um par de cada cromossomo), e 1n uma célula haploide (um único cromossomo do par) – os números "2" subscritos indicam o total de cromossomos de um dado tipo. No painel inferior, a estrutura celular básica de um espermatozoide. A cauda é a estrutura flagelar que permite a movimentação própria da célula uma vez na vagina/útero. Na peça intermediária do flagelo, os microtúbulos formam a estrutura responsável diretamente pela rotação flagelar e são supridos por mitocôndrias dispostas ao redor. A cabeça do espermatozoide contém o núcleo haploide, o qual, se o espermatozoide fecundar um óvulo, contribuirá com o material genético vindo do progenitor masculino do embrião, e o acrossomo. Esse é uma organela derivada do complexo de Golgi e contém enzimas degradadoras, como a hialuronidase, as quais permitem o rompimento da membrana externa (zona pelúcida) e a introdução do núcleo haploide do espermatozoide no citoplasma do óvulo, levando à fecundação propriamente dita.

Fonte: adaptada de https://www.pharmacy180.com/article/anatomy-of-the-male-reproductive-system-3707/. Espermatozoide: Freepik.

Gametogênese masculina

Como citamos anteriormente, a quantidade de ovócitos I em uma mulher é estabelecida na vida intrauterina, encontrando-se ao redor de 300 mil. No homem, não há um número predeterminado de espermatozoides e esses são, em princípio, produzidos durante toda a vida adulta.

Na base dos túbulos seminíferos encontram-se as células germinativas masculinas, as espermatogônias (ver Figura 22). Essas células se reproduzem por mitose e formam espermatócitos primários, os quais entram em processo de meiose I, produzindo espermatócitos secundários. Essa etapa da divisão é incompleta, com as células se mantendo conectadas por pontes citoplasmáticas. Dessa maneira, as fases de maturação a seguir se tornam síncronas em um grupamento celular. Os espermatócitos secundários completam a meiose II, formando as espermátides, e essas sofrem a espermatogênese, metamorfoseando-se em espermatozoides já no lado luminal dos túbulos seminíferos. O espermatozoide é uma célula que possui um flagelo, que permite mobilidade (painel inferior da Figura 22), e o acrossomo, que permite o rompimento da membrana externa do óvulo para que ocorra a fecundação.

A espermatogênese leva ao redor de 70 dias para se completar, e um conjunto de espermatogônias adjacentes entra no processo a cada 16 dias (note que, como já mencionamos, haverá uma sincronização na maturação desse grupamento celular). Contudo, como os túbulos seminíferos somam um total de 400 metros de comprimento em cada testículo, a produção de espermatozoides se torna contínua apesar do tempo de 70 dias para o processo completo em um grupo de espermatogônias (Porterfield e White, 2007).

As células de Sertoli atuam como auxiliares na espermatogênese, nutrindo os espermatócitos e as espermátides, bem como digerindo porções celulares desprendidas nos estágios finais do processo. Além disso, são essenciais no processo, pois as espermátides haploides não conseguem utilizar glicose e as células de Sertoli fornecem lactato para o metabolismo energético das espermátides (O'Donnell et al., 2022; Porterfield e White, 2007).

Além desse papel direto na espermatogênese, as células de Sertoli se mantêm interconectadas no segmento basal dos túbulos seminíferos. Isso cria uma separação física entre a porção basal, a qual contém as espermatogônias (diploides) e está próxima aos capilares sanguíneos, e a porção luminal, na qual se desenvolvem as espermátides haploides. Essa separação, a chamada barreira hematotesticular (Porterfield e White, 2007), forma um ambiente imunologicamente distinto para as espermátides – as quais, sendo haploides, podem expressar antígenos de superfície potencialmente reconhecidos como estranhos pelas células do sistema imunitário (Griswold, 2018).

Além de outras ações, as células de Sertoli também produzem o fluido no qual os espermatozoides ficam imersos nos túbulos seminíferos em seu trajeto para o epidídimo (ver acima). Do ponto de vista hormonal, são as células de Sertoli que liberam inibina, a qual fecha a alça de retroalimentação negativa de FSH/LH (ver Figura 11) e que mantém a produção de andrógenos (testosterona) pelas células de Leydig (ver adiante).

Maturação sexual

A maturação sexual consiste no surgimento dos caracteres sexuais secundários e da capacitação para a reprodução. Os caracteres sexuais secundários femininos são o desenvolvimento das mamas (telarca) e do aparelho reprodutor tanto interna quanto externamente (como o clitóris), a menarca (isto é, o início de ciclos menstruais) e mudanças de composição corpórea, como a deposição de gordura subcutânea. Os caracteres sexuais secundários masculinos incluem o crescimento peniano e testicular, as primeiras ejaculações e mudanças na composição corpórea, como o aumento da massa magra muscular, bem como o aumento da proeminência da cartilagem tireoide, o que causa a mudança de tonalidade da voz. Em ambos os sexos há o surgimento dos pelos pubianos e o aumento do tamanho corpóreo geral (Abreu e Kaiser, 2016). Em termos biológicos, esse quadro compõe a puberdade, que é a transição entre a infância (não reprodutiva) e a vida adulta (reprodutiva).

Essa transição decorre de alterações tanto de quantidade quanto de padrão de secreção dos hormônios gonadotróficos foliculoestimulante (FSH) e luteinizante (LH) – ver seção correspondente e Figura 11. Durante a vida embrionária, há a formação do eixo hipotálamo-hipófise-gonadal, que tem atividade detectável até o meio-termo gestacional, mas se torna silente no período final da gestação, possivelmente em decorrência da inibição pelos esteroides sexuais placentários que atingem o feto (Abreu e Kaiser, 2016; Herbison, 2016). Ao sair do útero, com a perda da conexão placentária pelo cordão umbilical, o recém-nascido fica livre dessa inibição e ocorre um grande aumento de GnRH, com consequente aumento de LH e FSH. Em meninos, há, então, um aumento de testosterona, a qual decai ao longo dos próximos meses com a queda de GnRH e LH. Em meninas, o FSH ainda permanecerá alto até os 2 a 3 anos (Abreu e Kaiser, 2016; Herbison, 2016). Assim, durante o resto da infância, os níveis de hormônios sexuais são baixos em ambos os sexos. No período pré-púbere, os neurônios KNDy do núcleo arqueado se tornam ativos, bem como a produção oscilatória de GnRH é retomada (ver "Hormônios foliculoestimulante (FSH) e luteinizante (LH)"). Os detalhes dessas ativações nesse período ainda não são completamente esclarecidos (Abreu e Kaiser, 2016; Herbison, 2016).

Hormônios sexuais

Na seção "Córtex adrenal", vimos a formação de esteroides a partir do colesterol (Figura 16). Os hormônios sexuais são também esteroides e, assim, sua produção tem como base os processos descritos anteriormente. O principal hormônio masculino é a testosterona, produzida nos testículos pelas células de Leydig, enquanto estradiol e progesterona são os principais hormônios femininos, produzidos pelos folículos ovarianos. A Figura 23 ilustra as biotransformações para a produção dos hormônios sexuais. As células produtoras serão descritas nas seções seguintes.

A taxa de passagem de pregnenolona a progesterona ou a 17(OH)-pregnenolona depende da catálise pela enzima 3-beta-hidroxiesteroide desidrogenase (3-β-HSD). A progesterona é um hormônio feminino e tanto ela quanto a 17(OH)-pregnenolona

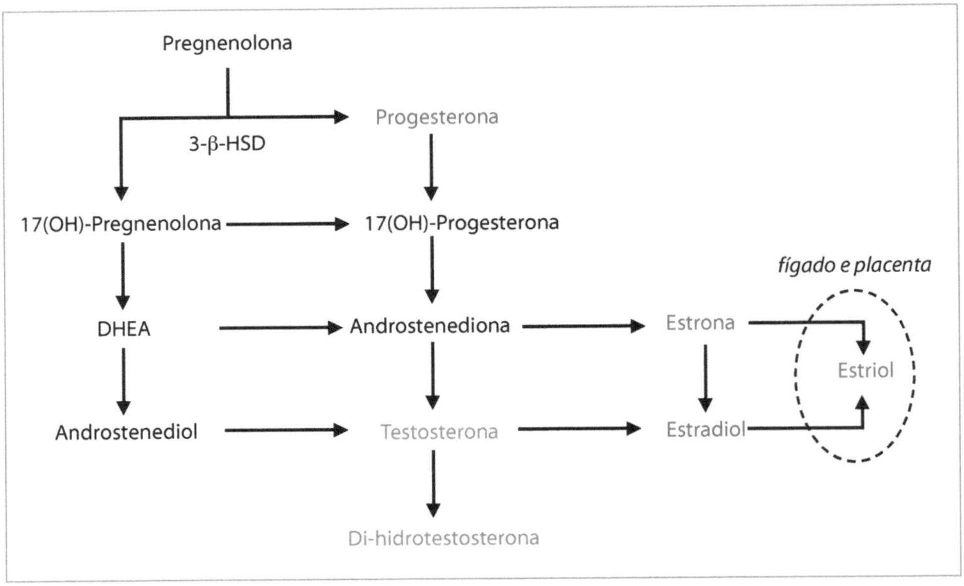

FIGURA 23 Produção de hormônios sexuais. Em cinza escuro, hormônios femininos; em cinza claro, masculinos. Em realce, os principais compostos de ação periférica e a enzima 3-β-HSD (3-β-hidroxiesteroide desidrogenase).

podem ser transformadas em estrona e estradiol (femininos) ou em testosterona (masculino). Dessa maneira, a expressão de 3-β-HSD se torna determinante para a taxa de produção dos hormônios sexuais.

Testículos – o feto e o adulto

Os testículos são órgãos de dupla função. Por um lado, são as glândulas sexuais masculinas, atuando como o principal local produtor de testosterona. Por outro lado, são, também, o local de produção dos gametas masculinos, os espermatozoides. Nos mamíferos placentários, diferentemente dos demais vertebrados em geral e das aves em particular, as quais também são endotermos-homeotermos, os testículos se tornam exteriorizados da cavidade peritoneal, onde se formam. Essa exteriorização se dá através do escroto. Ao que tudo indica, nos placentários a espermatogênese nos túbulos seminíferos e/ou a maturação dos espermatozoides na cauda do epidídimo depende de essas estruturas se encontrarem em uma temperatura abaixo da do núcleo corpóreo. Por exemplo, em seres humanos, a temperatura testicular é cerca de 2,5 °C menor que a da cavidade peritoneal. Contudo, nem todos os mamíferos apresentam tal diferença. Além disso, a exteriorização testicular torna o órgão mais vulnerável a lesões. Assim, apesar de inúmeras pesquisas, a pressão seletiva que levou à exteriorização dos testículos nos mamíferos placentários ainda não foi elucidada (Lovegrove, 2014).

Os testículos são constituídos pelo interstício e pelos túbulos seminíferos. No interstício, encontram-se as células de Leydig. Na borda interna dos túbulos seminíferos, encontram-se as células peritubulares mioides e, formando a própria parede dos túbulos, temos a linhagem gametogênica e as células de Sertoli. Na luz dos túbulos, há fluido e espermatozoides, como descrito anteriormente (ver Figuras 22 e 24).

As células mioides peritubulares são células da musculatura lisa. Sua contração coordenada é responsável pelo transporte dos espermatozoides, os quais ainda não têm motilidade própria, até o epidídimo (Zhou et al., 2019)). Além disso, essas células são importantes mantenedoras da lâmina basal dos túbulos, que garante parte do ambiente privilegiado para a gametogênese.

As células de Leydig são as produtoras de testosterona. Essas células aparecem em dois episódios ao longo da vida. Em um primeiro evento, na vida intrauterina, formam-se as células de Leydig fetais (CLF). As CLF são independentes de LH e produzem uma onda de testosterona que dura algumas semanas. Essa onda de testosterona, assim como a produção do hormônio antimülleriano pelas células de Sertoli, leva à diferenciação da genitália masculina e, em algumas espécies, a alterações ditas masculinizantes no sistema nervoso central (Zirkin e Papadopoulos, 2018). Próximo ao término da gestação, a produção de testosterona pelas CLF se torna mínima e, durante a fase juvenil, as concentrações desse hormônio são bastante baixas.

Com o progredir da infância, começa-se a detectar a presença de células de Leydig adultas (CLA). Sabe-se que tanto as CLF quanto as CLA têm uma precursora comum, e especula-se que as CLA são originárias de CLF estacionárias na vida intrauterina (Shima, 2019). As precursoras, sejam ou não as CLF, pelo progressivo aumento de receptores, tornam-se responsivas ao LH e também aumentam a síntese de 3-β-HSD. Com isso, ao final da infância, passa a haver um aumento na produção de testosterona, desencadeando a transição para a puberdade e a vida adulta, na qual os níveis desse hormônio se manterão elevados. A Figura 25 procura ilustrar, de modo esquemático, esses processos.

A espermatogênese é completamente dependente de testosterona. Contudo, a testosterona não age diretamente sobre a linhagem espermática, e sim sobre as células de Sertoli. Como vimos anteriormente, as células de Sertoli atuam de diversas

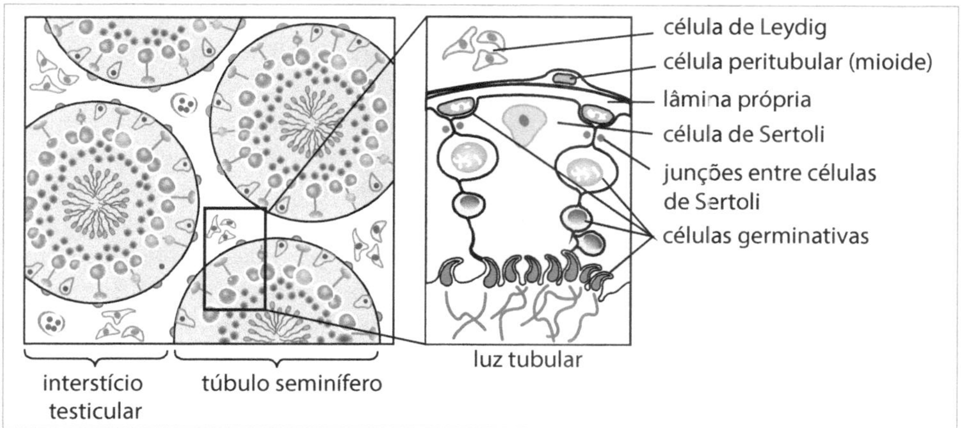

FIGURA 24 Estrutura testicular.
Fonte: adaptada de https://ars.els-cdn.com/content/image/3-s2.0-B9780128012383643593-f64359-01-9780128118993.jpg.

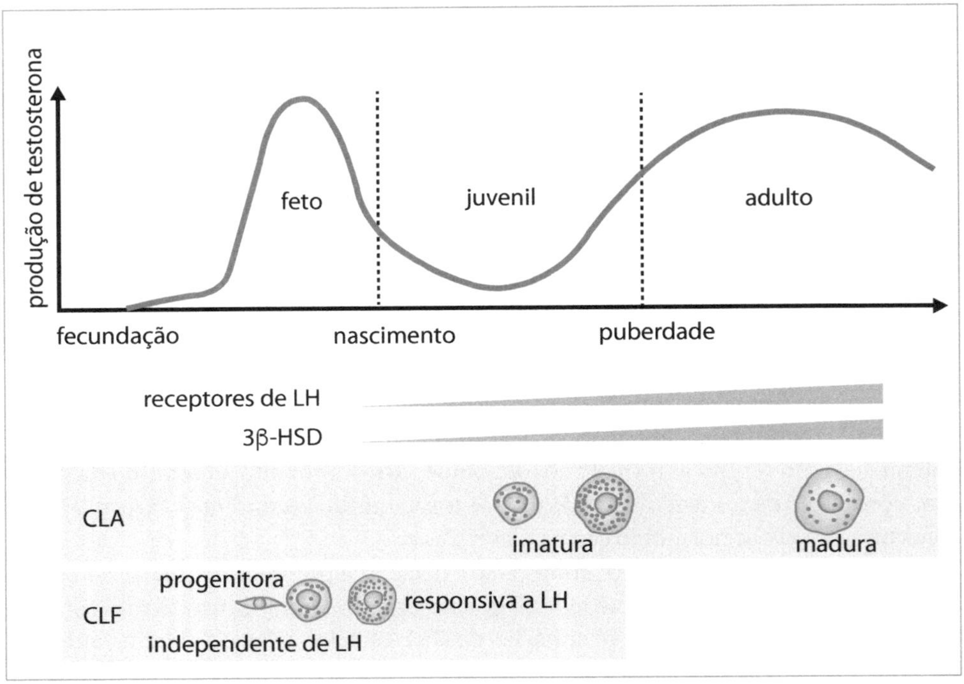

FIGURA 25 Apresentação esquemática dos eventos relacionados à produção de testosterona ao longo da vida de um ser humano masculino. No painel superior, a onda de testosterona durante a vida fetal, causada pelas células de Leydig fetais (CLF). Posteriormente, ao final da infância, as células de Leydig adultas (CLA) passam a ser responsáveis pela produção de testosterona. Note a expressão de receptores para LH e a síntese de 3-β-HSD nas CLA. Note, ainda, que o tempo não está em escala.
Fonte: adaptada de Zirkin e Papadopoulos, 2018.

maneiras mantendo a espermatogênese (Griswold, 2018; O'Donnell et al., 2022). De fato, há uma intensa troca de sinais entre as células de Leydig e as de Sertoli. As células de Sertoli possuem receptores para FSH, enquanto as de Leydig possuem receptores para LH. O FSH estimula a produção de fatores parácrinos pelas células de Sertoli, o que estimula a maturação e a manutenção das células de Leydig. Além disso, o FSH estimula a produção da globulina ligante de testosterona (ou proteína ligante de andrógenos), a qual é secretada na luz dos túbulos seminíferos. Isso mantém concentrações elevadas de testosterona nesse local, o que é essencial para a viabilidade dos espermatozoides.

Por outro lado, o LH estimula a produção de testosterona e outros fatores parácrinos pelas células de Leydig, e esses atuam sobre as células de Sertoli, bem como o FSH, induzindo a espermatogênese. Isso se dá de maneiras diretas pelas células de Sertoli, como a produção parácrina de estradiol que atua sobre as espermatogônias e espermátides, e indiretas, como o fornecimento de lactato para o metabolismo das células haploides, o qual já citamos.

Dessa maneira, *a funcionalidade dos testículos tanto como glândula endócrina quanto como produtor de gametas depende de uma intrincada rede de comunicação entre as células no órgão.* A Figura 26 procura ilustrar, de modo esquemático e conciso, os principais elementos dessa rede.

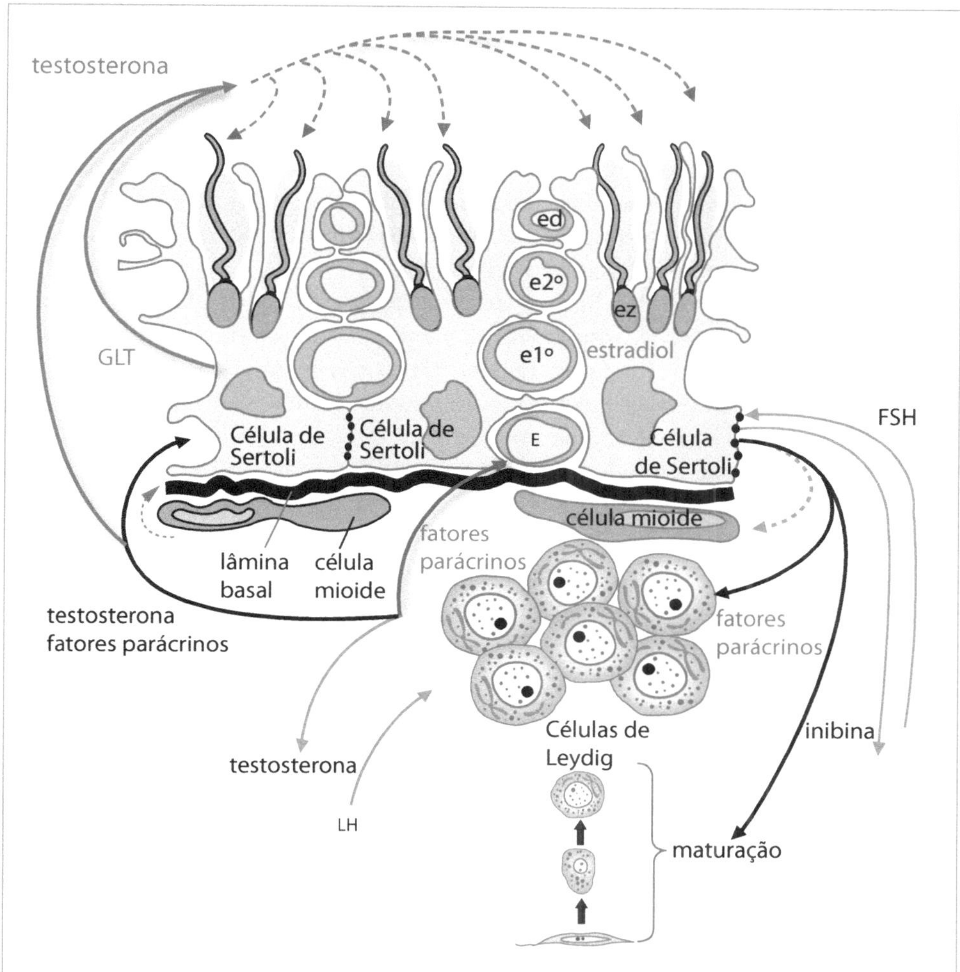

FIGURA 26 Rede de comunicação entre células testiculares. Setas cinza claro sólidas: relações endócrinas entre testículo, hipófise/hipotálamo, outros órgãos e tecidos. Setas pretas sólidas: relações parácrinas entre as células de Sertoli e as de Leydig. Setas pontilhadas em cinza claro: relações parácrinas entre células de Sertoli e mioides; e relação entre as células mioides e a lâmina basal. Setas cinza escuro sombreadas: relações parácrinas entre as células de Leydig/Sertoli e a linhagem germinativa.
GLT: globulina ligante de testosterona.
Fonte: adaptada de Washburn et al., 2022.

Ovários – o ciclo menstrual

Semelhantemente aos testículos, os ovários também cumprem uma dupla função, com a produção hormonal feminina e a produção de gametas. Diferentemente dos testículos, porém, a produção dos gametas é cíclica, bem como os níveis hormonais. Como vimos em “Gametogênese feminina”, a mulher tem, ao nascimento, ao redor de 300 mil folículos primordiais (ver Figura 20). Esses folículos produzem baixas quantidades de estradiol durante a infância.

A hipótese atual para a transição que ocorre na puberdade é que, com o passar do tempo (desenvolvimento corpóreo), aparentemente os neurônios KNDy se tornam cada vez mais sensíveis ao estradiol, mas em uma alça de retroalimentação positiva (Karapanou e Papadimitriou, 2010), terminando por desencadear o estímulo pulsátil de GnRH que passa a coordenar a atividade ovariana. Contudo, como mencionamos anteriormente, essa transição entre juvenil e adulto ainda não é completamente entendida. Uma vez estabelecida a maturação dos ovários, passamos a ter o padrão cíclico de produção de gametas e de taxas hormonais, como veremos a seguir.

Um ciclo menstrual regular dura ao redor de 28 dias. De modo didático, começamos a contagem de tempo no primeiro dia da menstruação (sangramento vaginal, ver adiante). Assim, os dias do ciclo fazem referência a esse momento tomado como inicial. A Figura 27 ilustra esquematicamente o conjunto de eventos mais relevantes de um ciclo menstrual e que serão descritos a seguir. *Note, ainda, que ocorre uma elevação da temperatura corpórea ao redor de 0,5 °C após a ovulação.*

A ovulação do ponto de vista celular

Um folículo, como vimos, é um agregado esferoide de células. Os folículos primordiais têm o ovócito I cercado por uma camada de células de origem somática. Um folículo primordial se torna um folículo primário e, então, secundário, por meio da multiplicação das células somáticas circundantes e da agregação de células do estroma na porção mais exterior. As células somáticas circundando o ovócito formam a camada dita granulosa, enquanto as mais externas, vindas do estroma ovariano, formam a teca. A granulosa exerce um papel semelhante ao das células de Sertoli, promovendo o desenvolvimento do ovócito (Porterfield e White, 2007). A teca é análoga às células de Leydig. Elas possuem receptores para LH e produzem androstenediona, a qual estimulará a maturação até o gameta. As etapas até o folículo secundário são independentes de gonadotrofinas.

Os folículos secundários são responsivos às gonadotrofinas e, a cada mês, por volta de 1.000 deles passam à fase antral, na qual uma cavidade preenchida por fluido se forma na granulosa. O ovócito I passa a ovócito II e o folículo, agora já crescido, é denominado folículo de Graaf. Um dos folículos em desenvolvimento se torna dominante e completa essa fase antes, ocorrendo a ovulação por volta do 14º dia do ciclo.

A ovulação é a extrusão do ovócito II do folículo, que ocorre pela fusão da teca com a serosa ovariana. *O ovócito II, junto a parte da granulosa, cai, então, na cavidade peritoneal, e passa a ser denominado óvulo. As fímbrias da trompa de Falópio ipsilateral capturam o óvulo e ocorre seu transporte até a cavidade uterina.* Lá, o óvulo se fixa ao endométrio (ver a seguir). Caso não ocorra a fecundação, o óvulo será perdido juntamente com o endométrio na menstruação, que se inicia após o 28º dia, e um novo ciclo terá início.

Nos ovários, os folículos que iniciaram o processo de formação do antro, mas que não ovularam, sofrem atresia, isto é, regridem e se tornam cicatriciais. *A teca e a camada da granulosa mais periférica (chamada de estrato granuloso) do folículo que ovulou formam o corpo lúteo ("amarelo"), produtor de progesterona* (e também de estrógenos; ver adiante). Caso não ocorra a fecundação, o corpo lúteo também sofrerá atresia, tornando-se o chamado corpo *albicans* ("branco"), sem mais produzir hormônios. Dos 300 mil folículos

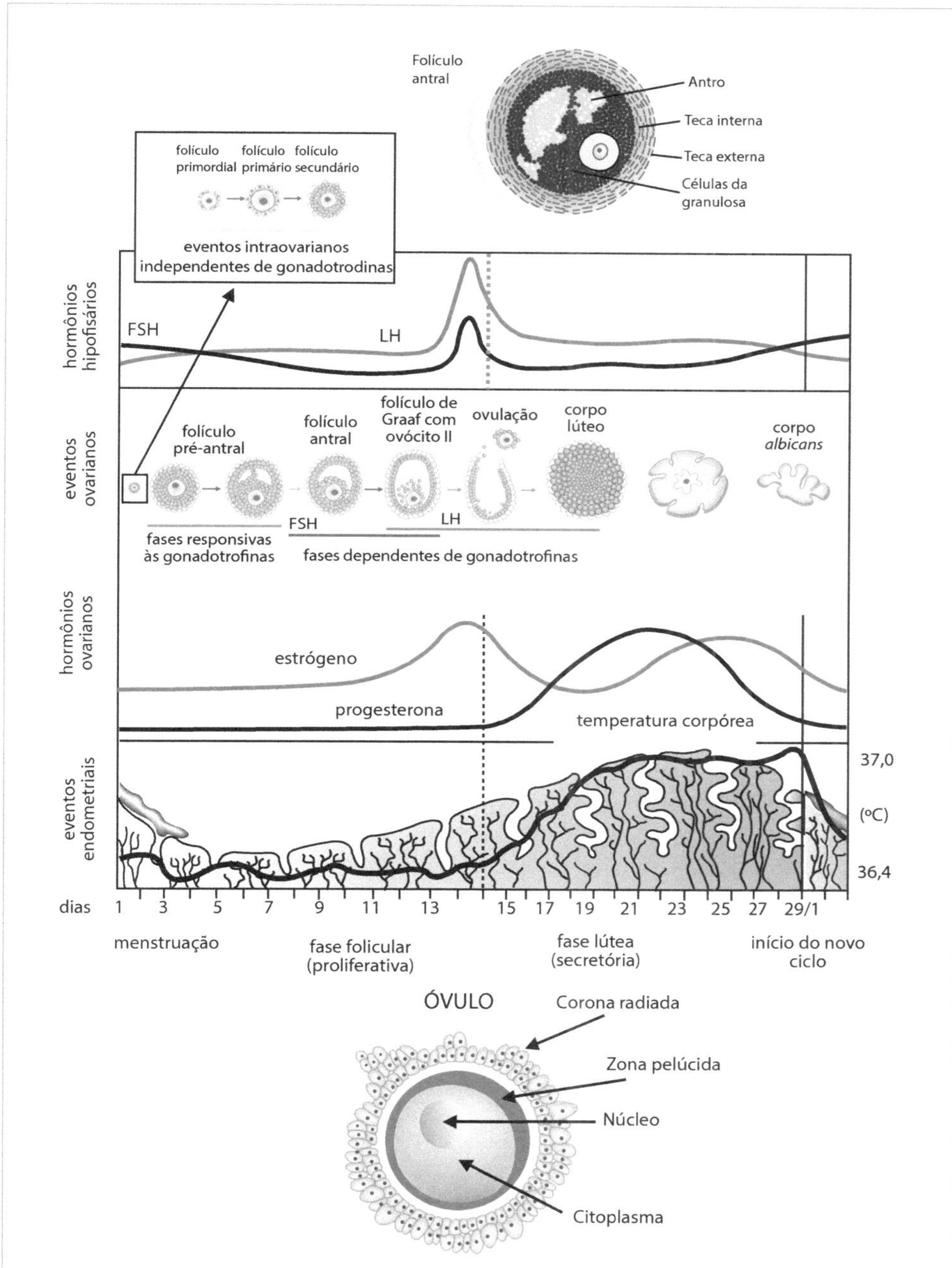

FIGURA 27 Esquema múltiplo dos eventos de um ciclo menstrual. A ovulação (linha vertical em tracejado) marca o meio do ciclo. O óvulo é a maior célula humana, com 100 mm de diâmetro, podendo ser visto a olho nu. A primeira fase é dita folicular, em termos dos eventos ovarianos, ou proliferativa, em termos dos eventos endometriais. A segunda fase é dita lútea ou secretória, do ponto de vista ovariano ou endometrial, respectivamente. Note, ainda, a elevação da temperatura corpórea que ocorre na segunda fase (lútea) do ciclo. Ver seções "A ovulação do ponto de vista celular", "A ovulação do ponto de vista hormonal" e "A cavidade uterina durante o ciclo menstrual" para mais detalhes.

primordiais ao nascimento, ao redor de 270 mil se tornam atrésicos na menarca e, dos restantes, ao redor de 500 se tornam dominantes e ovulam (Porterfield e White, 2007).

O óvulo contém, em sua região central, o ovócito II envolto pela zona pelúcida. Ao redor, células da granulosa que se desprenderam junto, na ovulação, formam a coroa radiada. A zona pelúcida é importante, porque há a expressão de glicoproteínas (ZP1, ZP2 e ZP3) nessa camada, e essas glicoproteínas são locais de fixação para receptores no acrossomo dos espermatozoides (Porterfield e White, 2007).

A ovulação do ponto de vista hormonal

A menstruação indica que não ocorreu a fecundação[9] e que, portanto, o corpo lúteo, produtor de estrógenos e progesterona, se tornou atrésico. Com isso, os níveis de estrógenos e progesterona, bem como os de inibina, caem, e a hipófise passa a produzir mais FSH. De um modo didático, podemos esquematizar o ciclo hormonal da seguinte maneira (Porterfield e White, 2007):

1. O FSH recruta folículos antrais a se desenvolverem. Os folículos em desenvolvimento produzem estrógenos e, com o correr dos dias, em razão da própria proliferação celular, essa produção aumenta progressivamente. O mesmo ocorre em relação à inibina. Dessa maneira, há uma diminuição de FSH.
2. Com a diminuição de FSH, os folículos se tornam atrésicos. Esse processo leva à seleção de um deles, o folículo dominante, o qual passa a produzir grandes quantidades de estrógenos.
3. O aumento dos estrógenos forma uma alça de retroalimentação positiva no eixo hipotálamo-hipófise, e leva a um grande aumento de LH, ocorrendo um pico desse hormônio. Há, também, um aumento de FSH.
4. O aumento de LH induz à maturação do folículo de Graaf dominante, com a ovulação e formação do corpo lúteo.
5. O corpo lúteo produz altas quantidades de estrógenos, progesterona e inibina. Isso inibirá o eixo hipotálamo-hipófise, com queda nos níveis de FSH e LH.
6. O corpo lúteo se torna insensível ao LH e, com os níveis decrescentes desse último, o corpo lúteo tende à atresia, com queda de estrógenos, progesterona e inibina, iniciando um novo ciclo.

Os eventos da etapa 3 estão relacionados à mudança de frequência na secreção de GnRH pelo hipotálamo, como discutimos anteriormente e apresentamos na Figura 11.

Apesar de o corpo lúteo produzir estrógenos, o que poderia induzir uma nova alça retroalimentação positiva, nessa etapa (5) ocorre, também, a produção de progesterona e inibina, que impedem essa indução.

O corpo lúteo perde a sensibilidade ao LH, porém há aumento de receptores para a hCG: gonadotrofina coriônica (no caso, humana). Esse hormônio é produzido pelos

---

9 Note que, eventualmente, poderá haver sangramento vaginal apesar de ter ocorrido a fecundação. Contudo, esses são casos mais para a clínica e não nos concentraremos neles aqui.

trofoblastos, que se tornarão a placenta. Assim, o corpo lúteo será mantido viável por meio de hCG, o que ocorre se há fecundação, como veremos em uma seção mais adiante.

A cavidade uterina durante o ciclo menstrual

O útero é um órgão oco que se comunica com a vagina pela cérvix e com a cavidade peritoneal pelas trompas de Falópio. A parede uterina é composta, em essência, por musculatura lisa. Internamente, a cavidade é recoberta por um epitélio colunar de camada única, o endométrio, sendo dividido em camadas basal e funcional. A camada funcional é perdida na menstruação.

Durante o ciclo menstrual (e, eventualmente, a gestação), o epitélio da camada funcional sofre diversos processos que envolvem o crescimento em espessura (isto é, uma proliferação celular) e vascularização dessa camada em crescimento. Na primeira fase do ciclo, as modificações são induzidas pelos níveis crescentes de estrógenos. Ocorre a proliferação da camada basal, pelas células-tronco endometriais (Critchley et al., 2020), formando uma nova camada funcional. Além da proliferação celular como tal, há vascularização desse epitélio com vasos sanguíneos neoformados. As arteríolas se espiralam na camada funcional, sendo denominadas artérias espirais. As vênulas se coalescem, formando pequenos "lagos" sanguíneos que são drenados para veias de pequeno calibre. Além dessa proliferação, os estrógenos induzem a expressão de receptores para progesterona no endométrio.

Na segunda fase, a progesterona inibe a progressão da proliferação celular[10] e induz a formação de glândulas que secretam fluido rico em compostos, o qual nutrirá um eventual blastocisto (ver adiante). As células do estroma funcional que formam as glândulas são chamadas de células deciduais e o processo é dito "deciduação" do endométrio. A progesterona também induz um aumento da adesividade do epitélio, de forma a facilitar a implantação de um eventual ovo fecundado. Ao mesmo tempo, promove uma diminuição de receptores estrogênicos e um aumento na enzima 17-β-hidroxiesteroide desidrogenase, o que facilitará a transformação do estradiol em estrona, a qual é inativa.

Caso não ocorra fecundação, o corpo lúteo se tornará atrésico (etapa 6 acima), com queda na progesterona, que funciona como gatilho para a menstruação (Critchley et al., 2020). **Os eventos decorrentes da queda de progesterona são, em essência, um processo similar a uma inflamação** (Critchley et al., 2020; Porterfield e White, 2007): aumento de prostaglandinas, edema tecidual, indução de síntese de metaloproteinases na matriz tecidual e leucocitose local. Esses eventos culminam com a necrose tecidual. Em virtude da grande rede vascular, essa necrose é acompanhada por sangramento, com o tecido endometrial morto e sangue sendo exteriorizados pela vagina – a menstruação. Em seguida, ocorrem eventos ainda não bem compreendidos, levando à vasoconstrição arteriolar no miométrio e camada basal, e ativação da cascata de coagulação sanguínea, o que impede a progressão do sangramento (Critchley et al., 2020).

---

10 Essa ação antiproliferativa da progesterona atua como um protetor contra câncer endometrial.

A gestação

Caso ocorra o ato sexual em uma janela temporal ao redor do período ovulatório, os espermatozoides ejaculados na vagina/cérvix uterino poderão alcançar o óvulo que se encontra na trompa da Falópio e ocorrerá a fecundação. Isso interromperá o ciclo menstrual e iniciará o processo gestacional.

A quantidade de espermatozoides no sêmen precisa ser grande para haver a chance de fecundação. Isso porque uma grande parte desses espermatozoides será perdida no caminho. Um primeiro obstáculo a ser vencido é imposto na cérvix. Durante a fase proliferativa do ciclo, há a deposição de muco nessa região. Essa secreção facilita o trânsito de espermatozoides com motilidade até a cavidade uterina – o que significa que os espermatozoides que não adquiriram motilidade em um período após a ejaculação não progredirão para a fecundação. Os espermatozoides que atingem a cavidade uterina têm seu transporte até a trompa auxiliado por contrações do miométrio estimuladas ou potencializadas por estradiol. Assim, espermatozoides são encontrados na trompa em menos de uma hora após o ato sexual (Porterfield e White, 2007). Os eventos iniciais de uma gestação humana são esquematizados na Figura 28.

Fecundação

Os espermatozoides ejaculados completam sua capacidade fertilizante, a chamada capacitação, já no útero. Essa capacitação inclui alteração de fluidez de membrana, bem como de proteínas e carboidratos expressos. Essas alterações permitirão o contato adequado com o óvulo. Além disso, há uma mudança no padrão de batimento flagelar, de rotacional para "chicotadas", e esse padrão é mais adequado para a movimentação pela mucosa uterina e para a penetração no óvulo (Porterfield e White, 2007). O encontro fisiológico com o óvulo se dá na ampola da trompa de Falópio e a fecundação por um espermatozoide envolve as seguintes etapas (ver numeração na Figura 28):

1. Passagem pela camada externa via hialuronidase e atracamento via receptores na zona pelúcida.
2. Fusão da membrana acrossômica e penetração da zona pelúcida (enzimas proteolíticas do acrossomo).
3. Encontro com a membrana plasmática do óvulo.
4. Ligação de Izumo1 (proteína espermática) com Juno[11] (proteína da membrana plasmática do óvulo) – essa ligação é essencial para a fusão de membranas.
5. O espermatozoide penetra a membrana plasmática do óvulo. Esse evento desencadeia, via liberação de cálcio, a fusão dos grânulos corticais com a membrana plasmática, o que impede que outros espermatozoides se fundam ao óvulo, evi-

11 Izumo-Ōyashiro é um dos mais antigos e importantes templos do Japão, sendo dedicado ao deus Ōkuninushi da mitologia japonesa, o qual, entre outras características, é tido como um deus do casamento. Juno é a deusa da fertilidade e do casamento na mitologia romana.

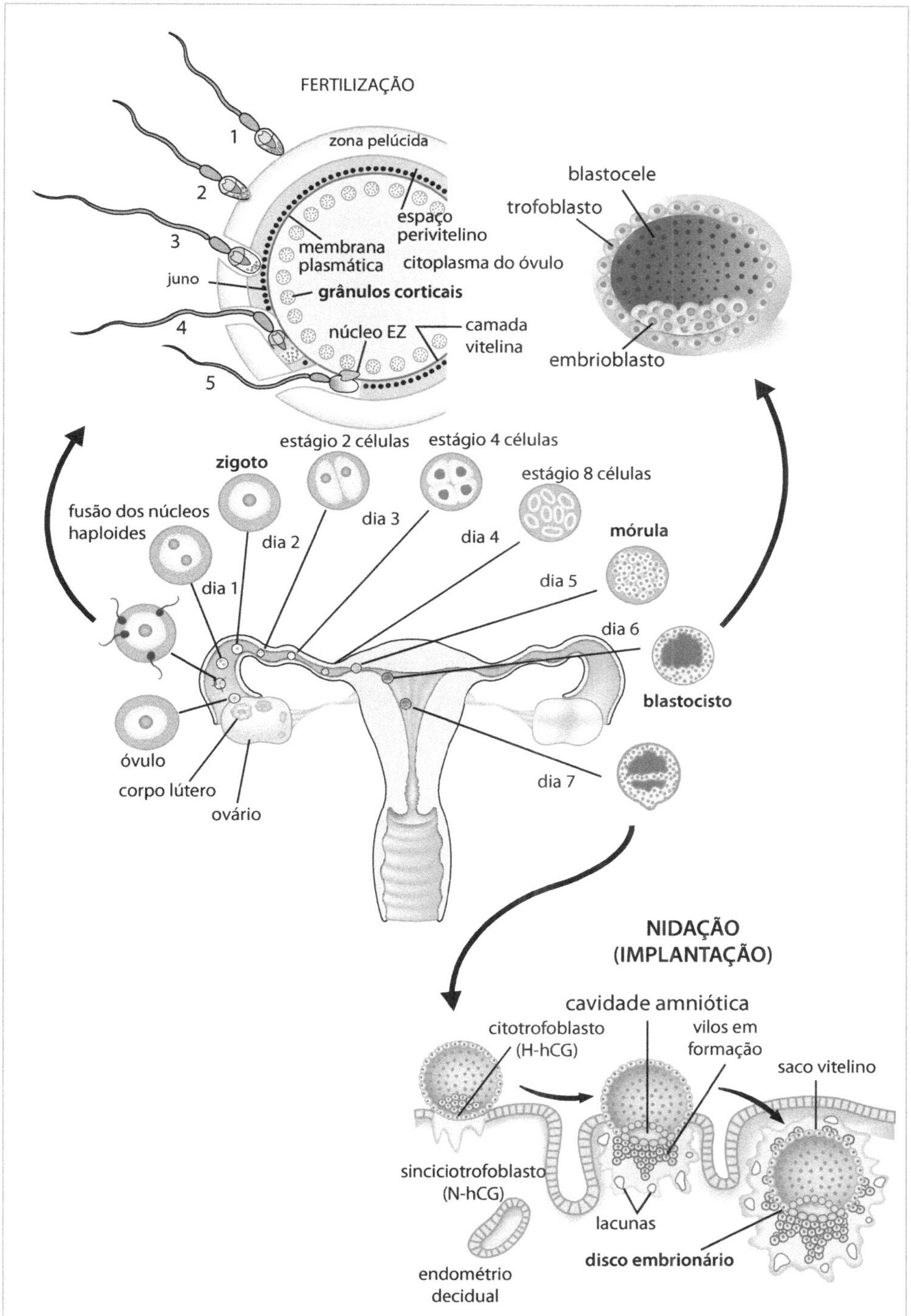

FIGURA 28 A fecundação e os primeiros dias de uma gestação humana.
H-hCG: gonadotrofina coriônica humana hiperglicosilada; N-hCG: gonadotrofina coriônica humana normal.

tando a polispermia (fecundação por mais de um espermatozoide), a qual torna o ovo inviável.

O ovócito II que é ovulado se encontra em metáfase II (ver Figura 20). Caso ocorra a fecundação, a célula completa a meiose II, tornando-se haploide, e há combinação do material genético com a vinda do espermatozoide fecundante. *Com a combinação dos núcleos, a célula se torna diploide e é denominada zigoto.*

O zigoto é transportado ao longo da trompa da Falópio e, durante esse tempo, vai sofrendo mitoses, passando por estágios de 2, 4 e 8 células ao chegar na junção com o corpo uterino, por volta do quarto dia após a fecundação. Passa, então, pelo estágio de mórula e forma-se o blastocisto.

O blastocisto

O blastocisto[12] é uma estrutura multicelular que passa a ter uma organização espacial entre suas células. Podemos identificar uma câmara acelular, a blastocele, circundada por uma camada celular, o trofoblasto,[13] e contendo uma região de maior população celular, o embrioblasto. Essa região dará origem ao futuro embrião como tal, enquanto o trofoblasto dará origem às estruturas de manutenção desse embrião na vida intrauterina, como a placenta (ver adiante).

O trofoblasto se divide, ainda, em uma camada mais externa, o sinciciotrofoblasto e o citotrofoblasto, e esse último fornece as células para o primeiro. O sinciciotrofoblasto terá um papel extremamente ativo na nidação e na placentação (ver adiante).

A nidação

Nos seres humanos, o embrião se estabelece completamente abaixo do epitélio endometrial, em um modo chamado de implantação intersticial. *Esse é o modo mais agressivo de implantação entre os mamíferos, e pode oferecer riscos à mãe caso a implantação se dê fora da cavidade uterina (prenhez ectópica)* (Porterfield e White, 2007).

A nidação (ou implantação) se dá por volta do sétimo dia após a fecundação e se inicia pelo sinciciotrofoblasto invadindo o epitélio e, em seguida, o estroma (decídua) endometrial. Nesse processo, ocorre a formação das lacunas e das vilosidades, que formarão a placenta. O processo de nidação termina quando o blastocisto se torna internalizado à decídua e essa é recoberta pelo epitélio endometrial (ver Figura 28). Nessa fase, é comum ocorrer um pequeno sangramento vaginal de coloração rósea ou marrom, de curta duração (ao redor de 24 horas). Ao término da nidação, já é possível identificar, na região do embrioblasto, os incipientes folhetos embrionários e cavidade amniótica.

Um estudo completo acerca da embriogênese vai além dos objetivos do presente texto. Na seção a seguir, apresentaremos a placenta do ponto de vista fisiológico.

---

12 Do grego βλαστο (blasto, tronco) + cito: célula-tronco.

13 Do grego τροφό (trofo): comida, nutrição.

A placenta

A placenta é o órgão de trocas materiais entre o sangue materno e o sangue fetal. Podemos dizer que, do ponto de vista de trocas, a placenta é a interface materno-fetal e, consequentemente, sua funcionalidade é o que garante a sobrevida do embrião em desenvolvimento, o qual não tem acesso ao mundo exterior nem para a obtenção nem para a eliminação de substâncias e compostos. **Uma placenta completamente formada é composta por três estruturas: vilosidades coriônicas; lacunas (ou espaços intervilosidades); decídua basal.** A decídua basal contém vilos que se estenderam para além das lacunas, com o sinciciotrofoblasto penetrando sem vasos na decídua e formando pontos de ancoragem para a placenta. Examinaremos as vilosidades e lacunas logo a seguir.

A formação da placenta (ou placentação) se inicia com a nidação. O sinciciotrofoblasto digere a decídua durante a implantação, induzindo a formação de lacunas no endométrio. Essas lacunas são inicialmente preenchidas por compostos secretados pelas glândulas endometriais (ver "A cavidade uterina durante o ciclo menstrual") que fornecem nutrição para o blastocisto. Essa é a fase de nutrição histiotrófica. Em seguida, as lacunas se tornam repletas de sangue materno, formando "lagos" sanguíneos. Nessas estruturas lacunares, não há os capilares maternos entre as partes arterial e venosa do sistema de vasos (ver capítulo "Circulação", no volume 2 da coleção, para detalhamento sobre as estruturas vasculares e suas conexões), e as lacunas são supridas por sangue arterial e drenadas para a parte venosa da circulação uterina. Essa é a fase de nutrição hemotrófica do embrião/feto (Porterfield e White, 2007).

Imersas nesses lagos, ficam as vilosidades placentárias (ou coriônicas – ver Figura 29). Originadas pela proliferação do sinciciotrofoblasto, as vilosidades formam ramificações e têm, em seu interior, vasos sanguíneos fetais vindos do cordão umbilical. Esses vasos formam uma ampla rede capilar nas extremidades das ramificações das vilosidades. Nessas regiões, chamadas de vilos terminais, é onde ocorrem as trocas difusivas entre materiais do sangue materno, nas lacunas, e o sangue fetal, nos capilares das vilosidades. Note que **o sangue fetal e o sangue materno não se misturam**. Uma descrição mais detalhada acerca da circulação fetal é apresentada no capítulo "Circulação".

A gestação do ponto de vista hormonal

Até aqui, acompanhamos a gestação dos pontos de vista celular e orgânico. Contudo, a manutenção da gestação, desde seu início, demanda de um suporte hormonal. Por exemplo, caso o endométrio se torne hipóxico e o miométrio passe a se contrair, eventos que ocorrem na menstruação, o blastocisto seria perdido. Assim, logo na fase de implantação, há necessidade de se manterem os níveis de progesterona altos, e sem atividade estrogênica sobre o útero, a qual causa contração miometrial. Nas seções a seguir, apresentaremos alguns dos principais hormônios placentários e fetais. A Figura 30 ilustra a produção de esteroides pela placenta.

Gonadotrofina coriônica (hGC)

A hGC é um hormônio similar ao LH em sua ação. Com isso, a produção de progesterona é mantida, e ela inibe a expressão de receptores estrogênicos no miométrio. A hCG é composta de duas subunidades, alfa e beta. A subunidade alfa é uma glicoproteína,

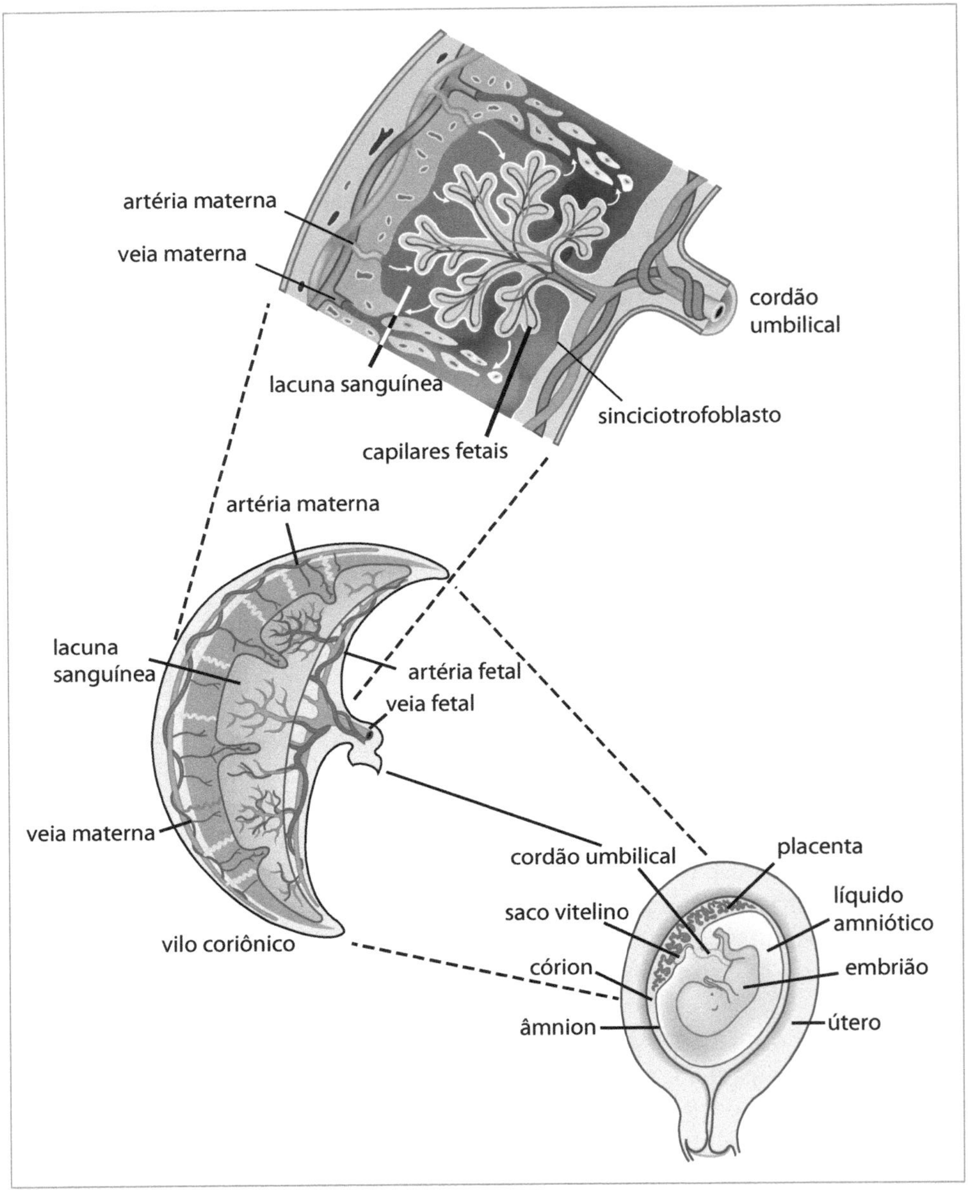

FIGURA 29 O embrião e a placenta. As setas brancas indicam o sentido do fluxo sanguíneo materno.

enquanto a subunidade beta tem atividade hormonal. Nesse sentido, *muitas vezes se faz referência a "beta-hCG", que é o composto usualmente detectado em testes de gravidez.* A subunidade beta é mais longa que o LH e permite a glicosilação. Isso aumenta a meia-vida da hCG para ao redor de 24 horas, o que eleva grandemente a concentração de hCG no sangue materno e mantém o corpo lúteo funcionante.

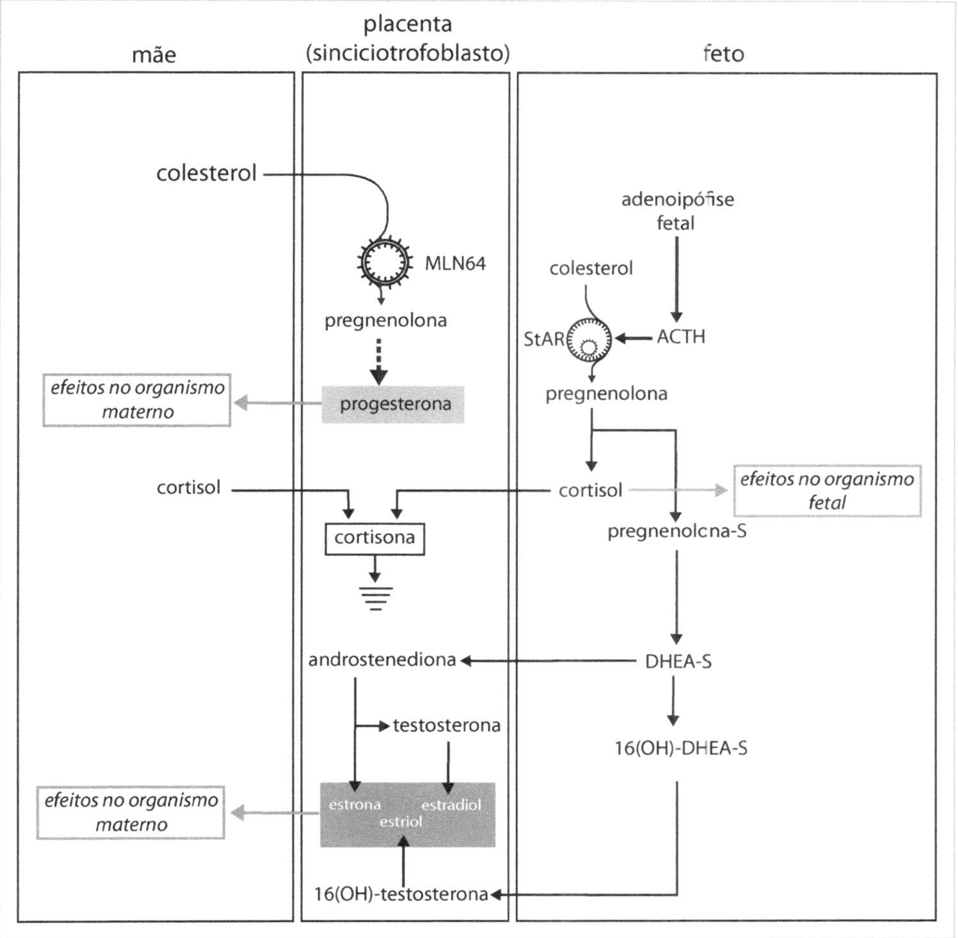

FIGURA 30 Produção de hormônios esteroides na placenta.

Ao se iniciar a nidação, o sinciciotrofoblasto ainda não é muito desenvolvido. Nessa etapa inicial, o citotrofoblasto é o responsável por produzir hCG, e o faz na forma hiperglicosilada. Com o progredir do crescimento do sinciciotrofoblasto, ele assume a produção de hCG, que deixa de estar na forma hiperglicosilada (e é chamada de forma "normal"). Dessa maneira, a produção de progesterona pelo corpo lúteo é garantida nas primeiras 10 semanas da gestação. Os níveis elevados de hCG sanguínea são responsáveis pelas náuseas do início da gravidez (Porterfield e White, 2007).

Progesterona

O sinciciotrofoblasto tem a capacidade de produzir progesterona. Contudo, enquanto ainda não está muito desenvolvido, as quantidades de progesterona são pequenas. Porém, com o passar do tempo, o sinciciotrofoblasto cresce e a produção de progesterona pelo corpo lúteo deixa de ser relevante, pois a própria placenta passa a produzir as quantidades necessárias desse hormônio. Como já mencionamos algumas vezes, a progesterona é essencial para a manutenção do útero gestacional, que crescerá com o feto e tem as contrações do miométrio inibidas. *A progesterona exerce várias outras funções que vão além da manutenção do útero gestacional* (Costa, 2016):

- Tende a inibir a resposta imunológica citotóxica (Th1) e das células NK,[14] o que impede, ou ao menos diminui, uma eventual resposta imunitária da mãe contra o feto.
- Estimula a proliferação do epitélio mamário e, ao mesmo tempo, inibe a ação de produção de leite induzida pela prolactina.
- Induz hiperfagia, deposição lipídica e resistência à insulina maternas.

A produção de progesterona no sinciciotrofoblasto difere em um importante aspecto da produção de progesterona e outros esteroides tanto pelos ovários quanto pelas adrenais: a entrada de colesterol livre nas mitocôndrias não é dependente da proteína reguladora de esteroidogênese aguda (StAR – ver "Córtex adrenal – esteroides"), mas sim da MLN64[15] (Costa, 2016). A MLN64 não depende de ACTH para sua ação de transferência do colesterol citoplasmático para as mitocôndrias. Assim, essa etapa não é limitante no processo, o que permite, ao menos em teoria, a produção elevada do hormônio.

Além dessa diferença, o sinciciotrofoblasto não possui a enzima que catalisa a conversão de progesterona em 17(OH)-progesterona. Com isso, a produção de cortisol pela placenta não é relevante (ver Figura 16). Esse arranjo enzimático é importante porque os eixos HHA tanto fetal quanto materno não sofrem uma inibição inoportuna. Mais ainda, a produção de estrógenos pela placenta se torna dependente da produção regulada, via ACTH, de DHEA (e DHEA-S) pelas adrenais fetais (ver Figura 23).

Estrógenos placentários

Como acabamos de citar, a placenta produz estrógenos, sendo o principal deles o estriol. O estriol tem baixa potência estrogênica, e considera-se que sua principal ação seja a de manutenção de fluxo sanguíneo materno elevado no útero pelo estímulo para angiogênese e vasodilatação (Costa, 2016). Contudo, o estriol ainda tem uma ação de estimulação das junções comunicantes (*gap junctions*) na musculatura lisa miometrial, o que sugere uma relevância para o trabalho de parto (Costa, 2016). Similarmente à progesterona, os estrógenos placentários também induzem a proliferação do epitélio glandular mamário, bem como a deposição lipídica materna.

Lactogênio placentário e hormônio do crescimento placentário

O lactogênio placentário humano (hPL) é um hormônio com similaridade ao hormônio do crescimento. É produzido pelo sinciciotrofoblasto e aumenta sua concentra-

---

14 *Natural killer*, células imunitárias que participam da resposta não específica.

15 *Metastatic lymph node*.

ção com a progressão da gestação. As principais funções do hPL estão relacionadas ao metabolismo energético tanto materno quanto fetal, induzindo o aumento de ácidos graxos livres plasmáticos, os quais podem ser utilizados como fonte de energia pelo feto. Somada a esse efeito, há a ação anti-insulínica promovida pelo hPL, o que aumenta o fornecimento de glicose para o feto.

Juntamente ao hPL, a placenta produz um hormônio também similar ao GH, o hPGH, porém em menores concentrações que o hPL. O hPGH induz a expressão de IGF-1 e contribui para a resistência à insulina que se desenvolve no organismo materno durante a gestação (essa resistência à insulina aumenta a oferta de glicose ao feto). O hPGH tem, ainda, uma ação parácrina na própria placenta, promovendo a invasão da decídua pelo sinciciotrofoblasto.

Leptina

A leptina é produzida em grande quantidade pela placenta, principalmente no primeiro trimestre da gestação, período no qual tem importante papel no processo de invasão, implantação e placentação, promovendo, ainda, a angiogênese endometrial. A leptina atua em mecanismos de autorregulação de diversas alças hormonais pela placenta. Por um lado, induz a produção de hCG e, por outro, inibe a produção de progesterona, estradiol e hPGH.

A partir do segundo trimestre, o organismo materno desenvolve resistência à leptina. A despeito dos níveis séricos elevados, há hiperfagia, ganho de massa corpórea e hiperinsulinemia, o que sugere que a leptina seja um importante fator no metabolismo energético do feto, mas que também atue como preparador para o período de lactação pós-parto (Costa, 2016).

Cortisol

Como mencionamos anteriormente, os glicocorticoides, e particularmente o cortisol, têm uma grande importância na maturação final dos órgãos fetais, incluindo os pulmões e o trato gastrointestinal. Durante o desenvolvimento intrauterino, os níveis plasmáticos de cortisol no feto são baixos. Contudo, nas últimas semanas da gestação, esses níveis aumentam grandemente (Busada e Cidlowski, 2017) – Figura 31.

O cortisol materno, no entanto, é mais elevado que o cortisol fetal e tende a subir durante a gestação. Assim, como os níveis baixos de cortisol fetal são mantidos? Isso se dá por intermédio da placenta. De fato, a placenta opera como um anteparo bidirecional, pois previne o feto de ficar sujeito ao cortisol materno, mas também previne a mãe de ficar exposta a níveis elevados de cortisol fetal nos períodos finais da gestação. Na placenta, o cortisol é convertido a cortisona, um glicocorticoide com potência de ação bem menos elevada (ver Figura 30). Dessa forma, a conversão a cortisona funciona como um processo que isola os eixos HHA materno e fetal (Porterfield e White, 2007).

Hormônio de liberação de corticotrofina placentário

A placenta produz hormônio de liberação de corticotrofina (CRH) similar ao CRH produzido pelo hipotálamo materno. Contudo, a produção de CRH placentário tem uma importante diferença em relação à produção de CRH hipotalâmico: o cortisol, em

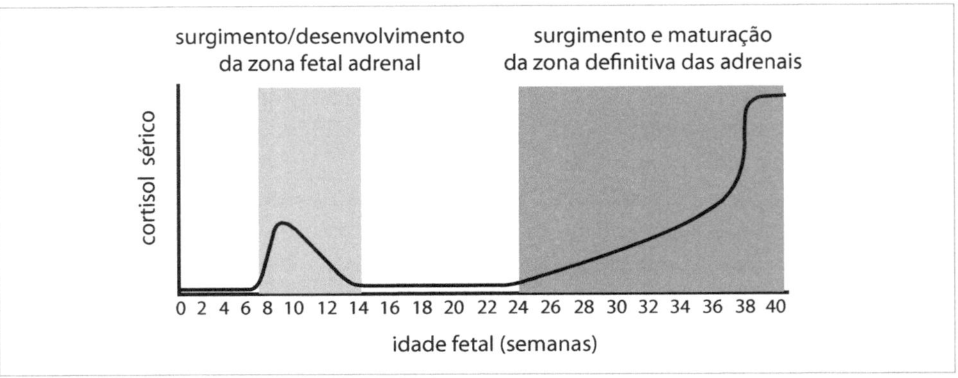

FIGURA 31 Cortisol plasmático fetal ao longo das semanas de gestação. Note a importante elevação que ocorre ao final da gestação. O desenvolvimento das adrenais na vida intrauterina é complexo e vai além dos objetivos do presente texto discuti-lo.
Fonte: adaptada de Busada e Cidlowski, 2017.

vez de fechar uma alça de retroalimentação negativa, opera como um fator de estímulo para a produção de CRH pela placenta, formando uma alça de retroalimentação positiva. Essa produção se intensifica nas semanas finais da gestação e tem importância no aumento do cortisol fetal, como já mencionado. Além de estimular o eixo HHA fetal, o CRH placentário promove o aumento da produção de estrógenos, tanto no feto quanto na própria placenta. Essa produção de estrógenos terá importância no trabalho de parto (ver a seguir).

Conjunto de alterações fisiológicas maternas durante a gestação

Além das questões hormonais diretamente envolvidas nos eixos e nas alças de controle que permitem um ambiente, por assim dizer, seguro para o desenvolvimento fetal, também há um conjunto de alterações sistêmicas maternas. Essas alterações, ao que tudo sugere, são, em última instância, voltadas a manter esse ambiente de desenvolvimento fetal. Já citamos a hiperfagia gestacional e alterações no metabolismo da glicose, por exemplo. As que citaremos agora estão relacionadas à oferta adequada de substâncias e compostos necessários ao feto.

Em essência, o sistema respiratório materno tem de dar suporte a dois organismos, o materno e o fetal, e este último tem uma alta taxa metabólica, uma vez que se encontra em pleno desenvolvimento/crescimento. De modo similar, o sistema excretório tem de dar conta da regulação de dois organismos. O sistema que permite o trânsito rápido e adequado de matéria entre os vários pontos do organismo é o cardiovascular e, assim, esse sistema deve suprir as demandas geradas pelos demais. Tendo essas considerações em perspectiva, vamos apresentar, na Tabela 6, as alterações observadas nos sistemas respiratório, excretório e circulatório maternos.

TABELA 6 Alterações dos sistemas respiratório, excretório e circulatório maternos

Sistema	Variável	Alteração
Respiratório	Volume-minuto	Aumento
	Volume corrente	Aumento
	P_{CO_2}	Diminuição*
	Volume de reserva inspiratória	Diminuição
Excretório	Sistema RAA	Aumento&
	Hormônio antidiurético	Aumento
	RFG	Aumento
Circulatório	Volume sanguíneo	Aumento
	Resistência periférica	Diminuição
	Volume sistólico#	Aumento
	Frequência cardíaca#	Aumento
	Contratilidade	Aumento

* A diminuição da P_{CO_2} deixa o organismo materno em uma alcalose respiratória; & O aumento da atividade do sistema RAA decorre da queda relativa da volemia: apesar de haver retenção de água e aumento do volume sanguíneo como um todo, a vasodilatação placentária (uterina) leva a uma diminuição de resistência periférica que resulta em uma diminuição de pressão arterial. Assim, fisiologicamente, a gestante deve apresentar uma queda na pressão arterial e uma medida dessa variável que obtenha valores "normais" (isto é, valores esperados fora da gestação) já é indicativa de uma hipertensão gestacional; # Os aumentos de volume sistólico e frequência cardíaca resultam em aumento do débito cardíaco.
RFG: ritmo de filtração glomerular; RRA: sistema renina-angiotensina-aldosterona.

Trabalho de parto

A gestação humana dura ao redor de 40 semanas a partir da data da última menstruação, o que corresponde, portanto, a 38 semanas após a fecundação. Ao que tudo indica, por meio de sinais ainda não completamente conhecidos, o feto é quem dá início ao trabalho de parto – sendo o envelhecimento das membranas do âmnio e cório um possível desencadeador do processo (Menon et al., 2016). Ele consiste em três fases:

1. Contrações uterinas que forçam o feto contra a cérvix, causando a dilatação.
2. Expulsão fetal.
3. Expulsão placentária.

A primeira fase é a mais longa das três, podendo demorar várias horas e, em casos excepcionais, até um dia completo. Nessa fase, a mãe sente episódios de cólicas, isto é, das contrações do miométrio, que progressivamente se intensificam em força e duração de cada episódio. Com a dilatação da cérvix, ela se afina e, ao atingir um diâmetro de 10 cm ou mais, tem início a fase 2. Essa fase terá uma duração bem mais curta que a primeira, ao redor de 30 minutos, e consiste em uma série de movimentos do feto causados pela contração uterina. Finalmente, após a saída do feto, o útero continua tendo contrações que levam à expulsão da placenta. A terceira fase é a mais rápida, geralmente com duração de10 minutos. As contrações uterinas não terminam, contudo, com a expulsão da placenta. Lembre-se que, na nidação e posterior placentação, formam-se as lacunas na decídua endometrial, as quais são preenchidas por sangue materno. Com

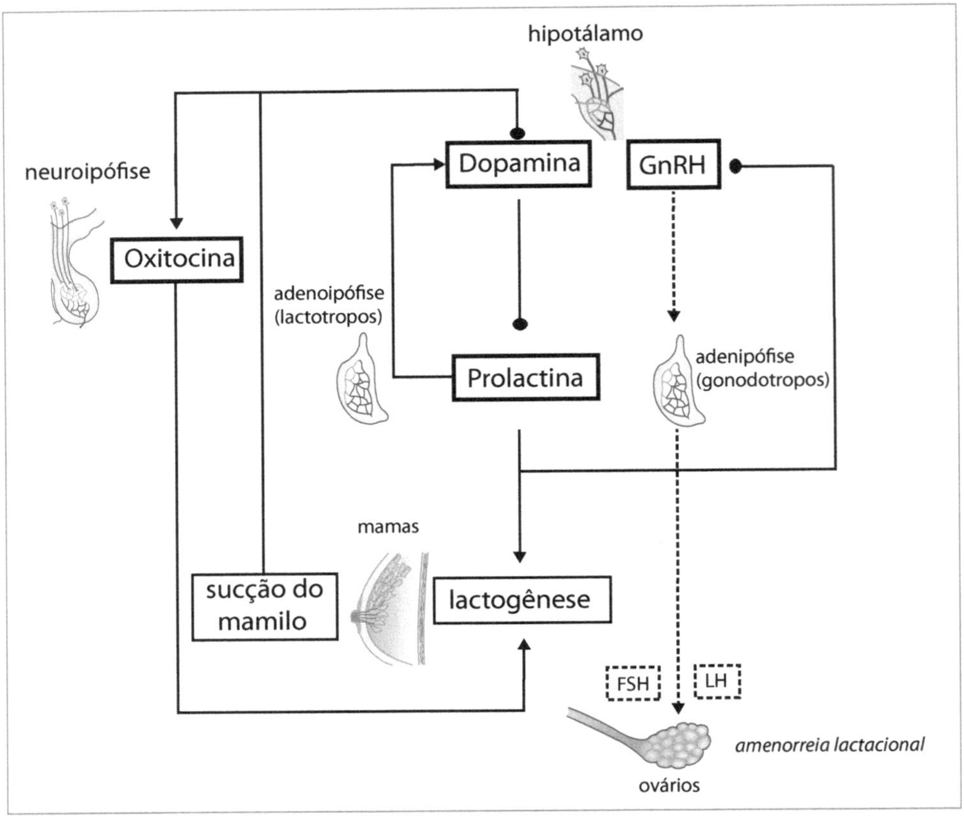

FIGURA 32 Lactogênese humana pós-gestacional. Por lactogênese entende-se a produção do leite, induzida pela prolactina, e sua ejeção, induzida pela oxitocina. Tanto a prolactina quanto a oxitocina têm suas produções mantidas em razão da sucção mamilar pelo recém-nascido. Essa incitação mecânica estimula, na neuroipófise, a liberação da oxitocina, a qual leva à contração das células mioepiteliais das glândulas mamárias, ejetando o leite produzido. No hipotálamo relacionado à adenoipófise, a sucção mamilar tem duas ações inibidoras, uma direta e outra indireta. Diretamente, o estímulo mecânico inibe a produção da dopamina, o que retira a inibição para a produção de prolactina pelos lactotropos da adenoipófise. Indiretamente, a produção de prolactina inibe a produção de GnRH, o que deixa de estimular a produção de FSH/LH e, com isso, a lactente deixa de ter ciclos menstruais e ocorre a amenorreia lactacional – não ocorrem ciclos menstruais e, em princípio, a lactente não ovula e não pode se tornar novamente gestante nesse período (escrevemos "em princípio", pois isso poderá, eventualmente, ocorrer). As setas pontilhadas indicam a ausência do estímulo.
Fonte: adaptada de Porterfield e White, 2007.

o descolamento e saída da placenta, as artérias e veias lacunares se tornam desconexas e, consequentemente, abertas para a cavidade uterina. Com isso, há sangramento (hemorragia). A continuidade das contrações miometriais é, então, essencial para colapsar os vasos abertos e impedir a progressão da perda sanguínea materna.

Lactação

Durante a gestação, há o desenvolvimento mamário estimulado diretamente por estrógenos, progesterona, lactogênio e GH placentários. Além disso, há aumento dos lactotropos hipofisários, induzido por estrógenos. Nos primeiros dias pós-parto, a lactação consiste no colostro, um fluido com proteínas antimicrobianas e anti-inflamatórias. Subsequentemente, com a diminuição da progesterona, o colostro vai sendo substituído pelo leite propriamente dito. A manutenção da lactação decorre da sucção mecânica dos mamilos – ver seções "Prolactina" e "Oxitocina". A Figura 32 apresenta o esquema da manutenção da lactação pós-gestacional.

REGULAÇÃO DA INGESTÃO ALIMENTAR

A ingestão de alimentos, o metabolismo energético e a massa corpórea são processos intimamente relacionados. Anteriormente, já mencionamos os hormônios do tecido adiposo branco, os do pâncreas endócrino e os da tireoide. Agora, vamos procurar apresentar uma ideia mais geral acerca da regulação da ingestão alimentar como um todo, envolvendo também os hormônios secretados no trato gastrointestinal – assim pode ser interessante consultar o capítulo "Alimentação" para maiores detalhes desse sistema. A Figura 33 resume, de modo esquemático, os principais eventos relacionados à regulação da ingestão alimentar, os quais detalhamos a seguir. A fisiologia relacionada à fome é apresentada no capítulo "Alimentação", no volume 2 da coleção.

A distensão gástrica e a colecistocinina (CCK) liberada pelas células I do duodeno em decorrência da presença de proteínas e gorduras na luz do órgão estimulam terminações neurais gerando sinais aferentes pelo nervo vago. Esses sinais atingem o núcleo do trato solitário e inibem a ingestão alimentar, formando uma alça de retroalimentação negativa com a própria ingestão.

A grelina, um hormônio descoberto no início do século XXI, é liberada pelas células endócrinas das glândulas oxínticas gástricas. Esse composto tem sua produção aumentada durante o jejum e estimula o apetite (busca por alimento), e seus níveis plasmáticos decaem acentuadamente logo após uma refeição. O hormônio atua na via de neurotransmissão pelo neuropeptídeo Y (NPY) no núcleo arqueado hipotalâmico, via essa que tende a diminuir o metabolismo energético e estimula a ingestão de alimentos.

Essa via é inibida por três outros hormônios: insulina, liberada pelas ilhotas de Langerhans no pâncreas; leptina, liberada pelo tecido adiposo branco; e peptídeo YY, liberado pelo íleo terminal e cólon. Assim, esses compostos estão relacionados à saciedade, com diminuição do apetite e aumento do metabolismo.

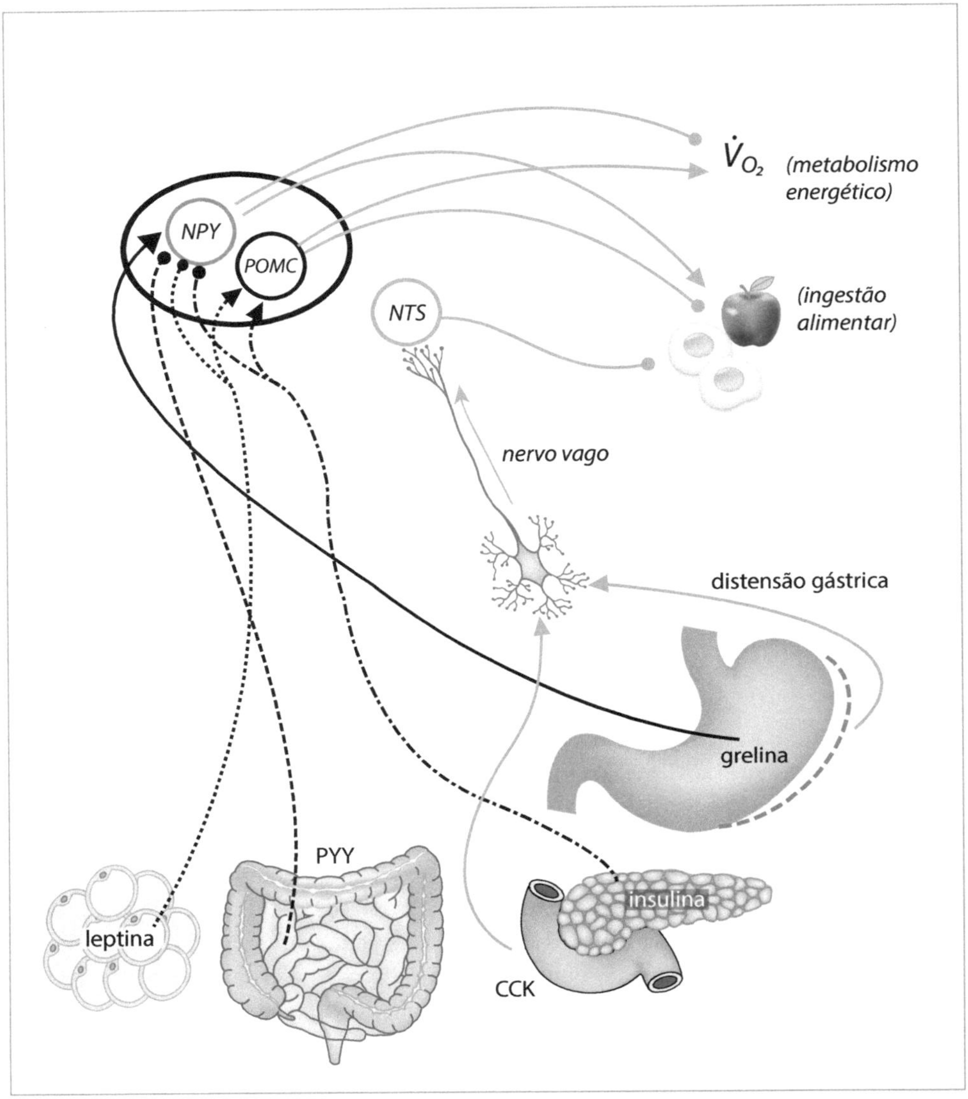

FIGURA 33 Visão esquemática dos eventos principais relacionados à regulação da ingestão alimentar. As setas em preto indicam que os compostos são carregados via circulação sanguínea. As setas em cinza indicam sinalização neural.

CCK: colecistocinina; NPY: via de neuropeptídeo Y do núcleo arqueado hipotalâmico; NTS: núcleo do trato solitário no tronco encefálico; POMC: via de pró-opiomelanocortina do núcleo arqueado hipotalâmico; PYY: peptídeo YY.

Fonte: adaptada de Johnson e Weisbrodt, 2007.

REFERÊNCIAS

1. Abreu AP, Kaiser UB. Pubertal development and regulation. Lancet Diabetes Endocrinol. 2016;4:254-64.
2. Andari E. Editorial: Oxytocin's routes in social behavior: into the 21st century. Front Behav Neurosci. 2015;9.
3. Bernard V, Young J, Binart N. Prolactin — a pleiotropic factor in health and disease. Nat Rev Endocrinol. 2019;15:356-65.
4. Busada JT, Cidlowski JA. Mechanisms of glucocorticoid action during development. Curr Top Dev Biol. 2017;125:147-70.
5. Carretero J, Sánchez-Robledo V, Carretero-Hernández M, Catalano-Iniesta L, García-Barrado MJ, et al. Prolactin system in the hippocampus. Cell Tissue Res. 2019;375:193-9.
6. Caumo A, Luzi L. First-phase insulin secretion: does it exist in real life? Considerations on shape and function. Am J Physiol Metab. 2004;287:E371-E385.
7. Chard T, Hudson CN, Edwards CRW, Boyd NRH. Release of oxytocin and vasopressin by the human foetus during labour. Nature. 1971;234:352-4.
8. Chrysafi P, Perakakis N, Farr OM, Stefanakis K, Peradze N, Sala-Vila A, Mantzoros CS. Leptin alters energy intake and fat mass but not energy expenditure in lean subjects. Nat Commun. 2020;11:5145.
9. Cole TJ, Short KL, Hooper SB. The science of steroids. Semin Fetal Neonatal Med. 2019;24:170-5.
10. Costa MA. The endocrine function of human placenta: an overview. Reprod Biomed Online. 2016;32:14-43.
11. Critchley HOD, Maybin JA, Armstrong GM, Williams ARW. Physiology of the endometrium and regulation of menstruation. Physiol Rev. 2020;100:1149-79.
12. Das R, Dobens LL. Conservation of gene and tissue networks regulating insulin signalling in flies and vertebrates. Biochem Soc Trans. 2015;43:1057-62.
13. de Salles BF, Simão R, Fleck SJ, Dias I, Kraemer-Aguiar LG, Bouskela E. Effects of resistance training on cytokines. Int J Sports Med. 2010;31:441-50.
14. Dobolyi A, Oláh S, Keller D, Kumari R, Fazekas EA, Csikós V, et al. Secretion and function of pituitary prolactin in evolutionary perspective. Front Neurosci. 2020;14:1-16.
15. Engel S, Klusmann H, Ditzen B, Knaevelsrud C, Schumacher S. Menstrual cycle-related fluctuations in oxytocin concentrations: a systematic review and meta-analysis. Front Neuroendocrinol. 2019;52:144-55.
16. Fisman EZ, Tenenbaum A. Adiponectin: a manifold therapeutic target for metabolic syndrome, diabetes, and coronary disease? Cardiovasc Diabetol. 2014;13:103.
17. Giraldi A, Enevoldsen AS, Wagner G. Oxytocin and the initiation of parturition. A review. Dan Med Bull. 1990;37:377-83.
18. Grattan DR. The hypothalamo-prolactin axis. J Endocrinol. 2015;226:T101-T122.
19. Griswold MD. 50 years of spermatogenesis: Sertoli cells and their interactions with germ cells. Biol Reprod. 2018;99:87-100.
20. Guerra MT. Gametogênese feminina: a ovogênese. Unesp. 2006. Disponível em: https://www2.ibb.unesp.br/departamentos/Morfologia/material_didatico/Prof_Wellerson/Embriologia/ovogenese.pdf. Acesso 13 mar. 2023.
21. Herbison AE. The gonadotropin-releasing hormone pulse generator. Endocrinology. 2018;159:3723-36.
22. Herbison AE. Control of puberty onset and fertility by gonadotropin-releasing hormone neurons. Nat Rev Endocrinol. 2016;12:452-66.
23. Huang W, Xu F, Qu T, Zhang R, Li L, Que H, Zhang G. Identification of thyroid hormones and functional characterization of thyroid hormone receptor in the Pacific oyster *Crassostrea gigas* provide insight into evolution of the thyroid hormone system. PLoS One. 2015;10:e0144991.
24. Ivanisević M, Djelmis J, Buković D. Review on prostaglandin and oxytocin activity in preterm labor. Coll Antropol. 2001;25:687-94.
25. Ji-Ye H, Xin-Feng Z, Lei-Sheng J. Autonomic control of bone formation: its clinical relevance. Handb Clin Neurol. 2013;117:161-71.
26. Johnson CK, Voss SR. Salamander paedomorphosis: linking thyroid hormone to life history and life cycle evolution. Curr Top Dev Biol. 2013;103:229-58.
27. Johnson LR, Weisbrodt NW. Gastrointestinal physiology. 7. ed. Philadelphia: Mosby-Elsevier; 2007.
28. Joseph-Bravo P, Jaimes-Hoy L, Uribe RM, Charli JL. TRH, the first hypophysiotropic releasing hormone isolated: control of the pituitary-thyroid axis. J Endocrinol. 2015;226:T85-T100.
29. Karapanou O, Papadimitriou A. Determinants of menarche. Reprod Biol Endocrinol. 2010;8:115.
30. Krause DN, Warfvinge K, Haanes KA, Edvinsson L. Hormonal influences in migraine — interactions of oestrogen, oxytocin and CGRP. Nat Rev Neurol. 2021;17:621-33.
31. Lightman SL, Birnie MT, Conway-Campbell BL. Dynamics of ACTH and cortisol secretion and implications for disease. Endocr Rev. 2020;41.
32. Little AG. A review of the peripheral levels of regulation by thyroid hormone. J Comp Physiol B. 2016;186:677-88.

33. Little AG, Seebacher F. The evolution of endothermy is explained by thyroid hormonemediated responses to cold in early vertebrates. J Exp Biol. 2014;217:1642-8.
34. Lovegrove BG. Cool sperm: why some placental mammals have a scrotum. J Evol Biol. 2014;27:801-14.
35. Manzon RG, Manzon LA. Lamprey metamorphosis: thyroid hormone signaling in a basal vertebrate. Mol Cell Endocrinol. 2017;459:28-42.
36. Martinez-Huenchullan SF, Tam CS, Ban LA, Ehrenfeld-Slater P, Mclennan SV, Twigg SM. Skeletal muscle adiponectin induction in obesity and exercise. Metabolism. 2020;102:154008.
37. McLean TR, Rank MM, Smooker PM, Richardson SJ. Evolution of thyroid hormone distributor proteins. Mol Cell Endocrinol. 2017;459:43-52.
38. Menon R, Bonney EA, Condon J, Mesiano S, Taylor RN. Novel concepts on pregnancy clocks and alarms: redundancy and synergy in human parturition. Hum Reprod Update. 2016;22:535-60.
39. Conlon MJ. Molecular evolution of insulin in non-mammalian vertebrates. Am Zool. 2000;40:200-12.
40. Miller WL. Steroidogenesis: unanswered questions. Trends Endocrinol Metab. 2017;28:771-93.
41. Montanari T. Embriologia: texto, atlas e roteiro de aulas práticas. UFRS. 2013. Disponível em: https://www.ufrgs.br/livrodeembrio/ppts/prefacio&sumario.pdf. Acesso em 13 mar. 2023.
42. Mullur R, Liu YY, Brent GA. Thyroid hormone regulation of metabolism. Physiol Rev. 2014;94:355-82.
43. Nigro E, Scudiero O, Monaco ML, Palmieri A, Mazzarella G, Costagliola C, et al. New insight into adiponectin role in obesity and obesity-related diseases. Biomed Res Int. 2014;658913.
44. O'Donnell L, Smith LB, Rebourcet D. Sertoli cells as key drivers of testis function. Semin Cell Dev Biol. 2022;121:2-9.
45. Ortiga-Carvalho TM, Chiamolera MI, Pazos-Moura CC, Wondisford FE. Hypothalamus-pituitary-thyroid axis. Compr Physiol. 2016;6:1387-428.
46. Perakakis N, Farr OM, Mantzoros CS. Leptin in leanness and obesity. J Am Coll Cardiol. 2021;77:745-60.
47. Porterfield S, White B. Endocrine physiology. 3. ed. Philadelphia: Mosby-Elsevier; 2007.
48. Puar THK, Stikkelbroeck NMML, Smans LCCJ, Zelissen PMJ, Hermus ARMM. Adrenal crisis: still a deadly event in the 21st century. Am J Med. 2016;129:339.e1-339.e9.
49. Qiu H, Yang JK, Chen C. Influence of insulin on growth hormone secretion, level and growth hormone signalling. Sheng Li Xue Bao. 2017;69:541-56.
50. Racine HL, Serrat MA. The actions of IGF-1 in the growth plate and its role in postnatal bone elongation. Curr Osteoporos Rep. 2020;18:210-27.
51. Ranke MB, Wit JM. Growth hormone-past, present and future. Nat Rev Endocrinol. 2018;14:285-300.
52. Resendez SL, Namboodiri VMK, Otis JM, Eckman LEH, Rodriguez-Romaguera J, Ung RL, et al. Social stimuli induce activation of oxytocin neurons within the paraventricular nucleus of the hypothalamus to promote social behavior in male mice. J Neurosci. 2020;40:2282-95.
53. Roberts BL, Karatsoreos IN. Brain–body responses to chronic stress: a brief review. Fac Rev. 2021;10.
54. Rushworth RL, Torpy DJ, Falhammar H. Adrenal crisis. N Engl J Med. 2019;381:852-61.
55. Russell G, Lightman S. The human stress response. Nat Rev Endocrinol. 2019;15:525-34.
56. Sapolsky RM. Why zebras don't get ulcers. 3. ed. New York: St. Martins Griffin; 2004.
57. Schmidt-Nielsen K. Animal physiology: adaptation and environment. 5. ed. Cambridge: Cambridge University; 1997.
58. Seebacher F. The evolution of metabolic regulation in animals. Comp Biochem Physiol B Biochem Mol Biol. 2018;224:195-203.
59. Shima Y. Development of fetal and adult Leydig cells. Reprod Med Biol. 2019;18:323-30.
60. Shynlova O, Tsui P, Jaffer S, Lye SJ. Integration of endocrine and mechanical signals in the regulation of myometrial functions during pregnancy and labour. Eur J Obstet Gynecol Reprod Biol. 2009;144 Suppl:S2-10.
61. Skorupskaite K, George JT, Anderson RA. The kisspeptin-GnRH pathway in human reproductive health and disease. Hum Reprod Update. 2014;20:485-500.
62. Spencer RL, Deak T. A users guide to HPA axis research. Physiol Behav. 2017;178:43-65.
63. Srinivasan A, Wong FK, Karponis D. Calcitonin: a useful old friend. J Musculoskelet Neuronal Interact. 2020;20:600-9.
64. Stamatiades GA, Kaiser UB. Gonadotropin regulation by pulsatile GnRH: signaling and gene expression. Mol Cell Endocrinol. 2018;463:131-41.
65. Takahashi Y. The role of growth hormone and insulin-like growth factor-I in the liver. Int J Mol Sci. 2017;18.
66. Taylor E, Heyland A. Evolution of thyroid hormone signaling in animals: non-genomic and genomic modes of action. Mol Cell Endocrinol. 2017;459:14-20.
67. Terasawa E. Mechanism of pulsatile GnRH release in primates: unresolved questions. Mol Cell Endocrinol. 2019;498:110578.
68. Tritos NA, Klibanski A. Effects of growth hormone on bone. Prog Mol Biol Transl Sci. 2016;138:193-211.
69. Turcu AF, Auchus RJ. Adrenal steroidogenesis and congenital adrenal hyperplasia. Endocrinol Metab Clin North Am. 2015;44:275-96.

70. Uenoyama Y, Nagae M, Tsuchida H, Inoue N, Tsukamura H. Role of KNDy neurons expressing kisspeptin, neurokinin B, and dynorphin A as a GnRH pulse generator controlling mammalian reproduction. Front Endocrinol (Lausanne). 2021;12:724632.
71. Washburn RL, Hibler T, Thompson LA, Kaur G, Dufour JM. Therapeutic application of Sertoli cells for treatment of various diseases. Semin Cell Dev Biol. 2022;121:10-23.
72. Woods C, Tomlinson JW. The dehydrogenase hypothesis. Adv Exp Med Biol. 2015;872:353-80.
73. Yau SY, Li A, Hoo RLC, Ching YP, Christie BR, Lee TMC, et al. Physical exercise-induced hippocampal neurogenesis and antidepressant effects are mediated by the adipocyte hormone adiponectin. Proc Natl Acad Sci U. S. A. 2014;111:15810-5.
74. Zhou R, Wu J, Liu B, Jiang Y, Chen W, Li J, et al. The roles and mechanisms of Leydig cells and myoid cells in regulating spermatogenesis. Cell Mol Life Sci. 2019;76:2681-95.
75. Zirkin BR, Papadopoulos V. Leydig cells: formation, function, and regulation. Biol Reprod. 2018;99:101-11.

Índice remissivo